高 等 职 业 教 育 规 划 教 材

国 家 在 线 精 品 课 程 配 套 教 材

"十四五"职业教育国家规划教材

化学分析技术

尚华 主编

U0385360

化学工业出版社

·北 京·

内容简介

《化学分析技术》全面贯彻党的教育方针，落实立德树人根本任务，在教材中有机融入党的二十大精神。本教材依据高等职业教育工业分析技术专业人才培养方案对化学分析技术课程的要求，结合检验检测岗位职业标准，以培养职业核心能力为目标，引入任务驱动教学模式，选择企业典型案例作为工作任务，分析完成任务需要的基本方法和所需要掌握的基础知识，突出完成任务的过程、步骤和技能。本教材共分为九个学习情境，即化学分析实验基础知识、定量分析误差及数据处理、滴定分析概论、酸碱滴定法、络合滴定法、氧化还原滴定法、沉淀滴定法、重量分析法和定量分析的一般步骤。

本教材内容新颖、通俗易懂、易教易学，尤其适合学生课后自学、自查。同时，重点、难点知识可通过扫描二维码，观看相关动画、视频等资源，便于学生进一步理解和掌握。

本教材可作为高等职业院校化工、材料、石油、煤炭、食品、环保、医药等相关专业的教学用书，也可作为检验检测工作者的参考资料。

图书在版编目（CIP）数据

化学分析技术/尚华主编 .—北京：化学工业
出版社，2021.8（2025.2 重印）
ISBN 978-7-122-39440-8

Ⅰ.①化…　Ⅱ.①尚…　Ⅲ.①化学分析-高等
职业教育-教材　Ⅳ.①O652

中国版本图书馆 CIP 数据核字（2021）第 130758 号

责任编辑：刘心怡　　　　　　　　　　　　　　　装帧设计：韩　飞
责任校对：宋　玮

出版发行：化学工业出版社（北京市东城区青年湖南街 13 号　邮政编码 100011）
印　　装：三河市双峰印刷装订有限公司
787mm×1092mm　1/16　印张 19¼　字数 504 千字　2025 年 2 月北京第 1 版第 7 次印刷

购书咨询：010-64518888　　　　　　　　　　　售后服务：010-64518899
网　　址：http://www.cip.com.cn
凡购买本书，如有缺损质量问题，本社销售中心负责调换。

定　　价：49.80 元　　　　　　　　　　　　　　　版权所有　违者必究

前　言

《化学分析技术》是高等职业教育工业分析技术专业的核心课程之一，也是检验检测行业的职业技术核心课程之一。

本教材是在陕西省"高层次人才特殊支持计划"项目支持下编写的，也是"化学分析技术"省级在线开放课程的建设成果。《化学分析技术》是针对化工及相关企业对检验检测岗位高素质技术技能型人才的需求，结合全国职业院校"工业分析检验"技能大赛及检验检测岗位要求，依据现行国家、行业及企业标准编写的教材。

遵照教育部对教材编写工作的相关要求，本教材在编写、修订及进一步完善过程中，注重融入课程思政，体现党的二十大精神，以潜移默化、润物无声的方式适当渗透德育，适时跟进时政，让学生及时了解最新前沿信息，力图更好地达到新时代教材与时俱进、科学育人之效果。

根据化学分析工作任务，本教材主要包括化学分析实验基础知识、定量分析误差及数据处理、滴定分析概论、酸碱滴定法、络合滴定法、氧化还原滴定法、沉淀滴定法、重量分析法和定量分析的一般步骤等内容。其具有以下特点。

1. 情境设计，任务驱动。本教材是课程改革的最新成果，其将每个学习情境都设计成几个工作任务，在学习开始阶段，先对学生下达"任务书"，使学生明确要完成的任务及完成该任务需具备的知识能力和操作能力，以任务驱动法激发学生的求知欲和学习的主动性。

2. 教、学、做一体化。以典型工作任务为载体，融知识与能力于一体，避免理论知识与操作技能脱节的现象，每个任务可操作性强，教学活动在实验室完成，实现了教、学、做一体化。

3. 数字化资源，拓展学习空间。数字化资源以二维码的形式呈现，实现了纸质教材＋数字化资源的完美结合，是"互联网＋"新形势下的一体化教材。

4. 注重应用，突出技能训练。充分体现高职教育教学特色，本着理论知识"必需""够用"为度的原则，突出职业能力的培养，树立学习理论知识旨在获取职业能力的理念，紧紧围绕工作任务的完成，以理论知识为指导，加强技能训练，增强学习的针对性。

5. 循序渐进，符合认知规律。无论是理论知识还是操作技能训练，均由浅入深、由简单到复杂，以便于学生理解并掌握。

6. 项目导向，提升技术应用能力。每个情境后都配有"能力测评与提升"训练项目，学生通过这一项目的自我检验训练，其技术应用能力可潜移默化地得以提升。

本教材由陕西工业职业技术学院尚华教授主编、陕西工业职业学院纪惠军教授、华研检测集团有限公司郭宝旭总经理参编，具体分工如下：尚华教授编写学习情境一、二、三、四、五、六；纪惠军教授编写学习情境七、八及附录；郭宝旭总经理编写学习情境九。全书由尚华教授拟定、编写提纲，并做最后的统稿和修改定稿工作。

在本教材编写过程中，陕西铁路工程职业技术学院的王闯教授在百忙之中进行了认真的审阅，并提出了许多宝贵意见，为本书增色不少，也使编者受益匪浅。在此表示衷心的感谢。

由于编者水平有限，书中疏漏之处在所难免，恳请使用本书的各校师生和读者批评斧正，谨此致谢！

编者

目录

学习情境一

化学分析实验基础知识

任务一　认识化学分析

一、知识目标

（1）熟悉分析化学的任务和作用；

（2）掌握分析化学的分类方法；

（3）了解分析化学的发展趋势。

二、能力目标

（1）能对分析方法进行分类；

（2）了解分析化学的发展趋势；

（3）初步具备查阅资料的能力。

三、素质目标

（1）具有热爱祖国、恪尽职守、踏实勤恳的工作作风；

（2）能做到检测行为公正公平，数据真实可靠；

（3）具有团结协作、人际沟通能力。

四、教、学、做说明

学生在学习【相关知识】的基础上，由教师引领，分组讨论，设计实施本任务的方案，并在教师的指导下认识化学分析，最后全班进行交流。

相关知识

一、分析化学的任务和作用

分析化学是研究物质化学组成、含量、结构的分析方法及有关理论的一门科学，或者说它是一门研究获取物质化学组成和结构信息的方法及有关理论的一门科学。

分析化学的主要任务是确定物质的化学组成、测定各组分的含量和表征物质的化学结构，即：有没有，有多少，相互间以什么形式存在。

分析化学是一门重要的工具学科。它不但对化学本身的发展起了重大作用，而且在与化学有关的其他各科学领域也起着十分重要的作用。如地质学、矿物学、冶金学、生物学、医学、考古学、农业科学及现代各行业中的"三废"处理、饮食卫生、环境保护等都离不开分析化学有关知识。其次，生产的发展、科学技术的进步，也促进了分析化学的发展。

在工业生产中，资源和能源的勘探、生产原料成分的鉴定、工艺条件的选择、生产过程中的质量监控和管理，都需要进行样品的分析；生产技术的改革、生产过程的自动化、"三废"的处理和环境污染的防治等都离不开分析化学。

在农业生产中，水、土壤成分的测定，农药、化肥、残留物、作物的营养诊断，肥料和农药的质量控制，新型农业生产技术的开发，农副产品的质量检验，加工过程中的质量监控等都需要分析化学提供大量信息。

在国家安全领域，国防核武器燃料的质量保障、新型武器材料和航天材料的研制、核污染和生化污染的预警与防范、出入境检验等都离不开分析化学。

在医药卫生领域，病因的调查、疾病的临床检验诊断和疗效跟踪、新药的开发研究、药物作用机理的研究、药物的质量检验、药物生产工艺条件选择和生产过程中的质量监控、疾病预防、食品安全卫生的检验和环境检测等都需要分析化学。

此外，在尖端科学和国防建设领域，如原子能材料、半导体材料、超纯物质、航天技术等的研究都要应用分析化学。在能源与资源科学、信息科学、生命科学与环境科学等学科的发展中，分析化学更是发挥着不可替代的作用。因此，人们常将分析化学称为生产、科研的"眼睛"，它在实现我国工业、农业、国防和科学技术现代化的宏伟目标中具有重要的作用。

高职高专院校相关专业的学生，通过分析化学课程的学习，不仅可以学到一些常用的分析方法和技能，而且还可以将理论知识和实践紧密结合起来，初步具备分析问题和解决问题的能力。分析化学突出"量"的概念，尤其是实验课，有助于培养学生精密进行实验的技能、严谨的工作作风和实事求是的科学态度，从而获得检验检测高素质技能型人才应具备的基本素质。

二、分析方法的分类

分析化学中有多种分析方法，可以按照分析任务、分析对象、测定原理和测定手段等项目来进行分类。

1. 根据分析任务划分

根据分析任务的不同，分析方法可分为定性分析、定量分析和结构分析三类。

① 定性分析的任务是确定物质的化学组成，即确定样品中是否含有某些化学成分，化学成分可以是元素、离子、基团、化合物等。

② 定量分析的任务是确定物质中有关化学成分的含量。

③ 结构分析的任务是确定物质中原子间的结合方式，包括化学结构、晶体结构、空间分布等。例如，要鉴定某矿石中是否含有铀元素，就属于定性分析的范畴；要确定矿石中含有多少铀，则属于定量分析的范畴；要了解矿石中铀的晶形，则属于结构分析的范畴。

定性分析、定量分析和结构分析既有不同的分工，又有联系。一般来说，对于一个已知成分的样品，可以直接进行定量分析；对于一个未知成分的样品，要先进行定性分析，再进行定量分析；对于一个新发现的未知化合物，则要先进行结构分析，然后才能进行定性分析和定量分析。例如，对于一个天然有机化合物，在经过结构分析得知其分子结构后，就可根据其分子结构信息，鉴定该物质在某样品中是否存在以及确定其具体含量。

本教材主要介绍定量分析的有关理论及技术。

2. 根据分析对象划分

根据分析对象的不同，分析方法分为无机分析、有机分析两大类。

（1）无机分析 分析对象是无机物的分析方法。无机分析包括无机定性分析、无机定量分析和无机结构分析。无机定性分析主要用于鉴定样品中的无机成分；无机定量分析主要是对样品中的无机成分进行定量测定；无机结构分析则主要是测定无机物由哪些元素、离子、基团或化合物组成。

（2）有机分析 分析对象是有机物的分析方法。有机分析包括有机定性分析、有机定量分析和有机结构分析。组成有机物的元素虽然不多，有机化合物却非常多且往往分子结构复杂，因此，有机结构分析在有机分析中占有非常重要的地位。一般只有在弄清有机物结构之后，才能有效地对其进行定性分析和定量分析。

3. 根据测定原理和测定手段划分

根据测定原理和测定手段的不同，分析方法可分为化学分析和仪器分析两类。

（1）化学分析 以物质的化学反应为基础的分析方法。化学分析的历史悠久，是分析化学的基础，故又称为经典分析方法。化学分析，主要分为重量分析法和滴定分析法。

① 重量分析法：通过称量物质在化学反应前后的质量来测定其含量的方法。它是通过化学反应及一系列操作步骤使试样中的待测组分转化为另一种纯的有固定化学组成的化合物，再通过称量该化合物的质量，从而计算出待测组分的含量的。

② 滴定分析法（容量分析法）：通过滴定的方式将已知准确浓度的试剂定量地加到被测试液中，使其与被测组分按化学计量关系刚好反应完全，从而计算出被测组分的含量。根据反应类型的不同，滴定分析法又可分为酸碱滴定法、络合滴定法、氧化还原滴定法和沉淀滴定法。它是一种简便、快速和应用广泛的定量分析方法，在常量分析中有较高的准确度。

化学分析法常用于常量组分的测定，具有仪器简单、操作方便、结果准确、应用范围广泛等特点，是分析化学中最基础、最基本的方法。但化学分析法存在对低含量物质的分析不够灵敏、分析速度较慢等的局限性。例如，对于样品中微量杂质的检查和快速分析，化学分析法往往不能满足要求，而需要用仪器分析法。

（2）仪器分析 以特殊的仪器测定物质的物理或物理化学性质的分析方法（利用仪器鉴定被测物质的某一物理或物理化学特性来达到分析目的）。这些性质有光学性质（如吸光度、发射光谱强度、旋光度、折射率等）、电学性质（如电流、电势、电导、电容等）、热学性质、磁学性质等。由于仪器分析要用到物质的物理或物理化学性质，故仪器分析法又称物理分析法或物理化学分析法。

常用的仪器分析法有：电化学分析法、光谱分析法、质谱分析法、色谱分析法、热分析法、放射化学分析法、流动注射分析法等，它们测量的物理或物理化学性质各不相同。其中每种方法又可进一步细分。例如，光谱分析法可分为吸收光谱法、发射光谱法、散射光谱法等，而吸收光谱法又可分为紫外-可见光谱法、红外光谱法、原子吸收光谱法等。

仪器分析法具有快速、灵敏、准确的优点，最适用于生产过程中的控制分析。在组分的含量很低时，更需用仪器分析。但其具有仪器设备价格高、维修困难、分析成本高等局限性。所以在进行仪器分析之前，往往要用化学方法对试样进行预测。因而化学分析法是仪器分析法的基础，两者之间相互补充。

本教材主要介绍化学分析法的相关理论及技术。

4. 根据试样用量和被测组分含量划分

根据试样用量的多少，分析方法分为常量分析、半微量分析、微量分析和超微量分析。

这些分析方法所需的试样用量见表1-1。

表 1-1　分析方法按试样用量分类

方法	试样质量/mg	试样体积/mL
常量分析	>100	>10
半微量分析	10~100	1~10
微量分析	0.1~10	0.01~1
超微量分析	<0.1	<0.01

在化学分析中，一般采用常量分析或半微量分析，其中化学定量分析常采用常量分析，化学定性分析则常采用半微量分析。微量分析和超微量分析一般用于仪器分析法。

也可根据试样中被测组分的含量将分析方法分为常量组分分析、微量组分分析和痕量组分分析等（表1-2）。

表 1-2　分析方法按被测组分含量分类

分析方法	待测组分含量
常量组分分析	>1%
微量组分分析	0.01%~1%
痕量组分分析	<0.01%

在实际分析时，具体采用哪种取样量的分析方法，一般还应该考虑试样中被测组分的含量，但并没有一一对应关系。例如，常量组分分析既可用常量分析法进行，也可用微量分析法进行。微量分析法既可用于常量组分分析，也可用于痕量组分分析。

码1-1　什么是
分析化学

微课

5. 根据工作性质划分

根据工作性质，分析方法可分为例行分析与仲裁分析。

（1）例行分析（常规分析）　一般实验室对日常生产中的原料、半成品和产品所进行的分析。例如，某工厂化验室进行的日常分析就属于常规分析。

（2）仲裁分析（裁判分析）　某仲裁单位用法定的方法对某产品进行的准确分析。当不同单位对某产品的分析结果有争议时，或同一产品分析得出不同的结果并由此发生争议时，要求权威机构用公认的标准方法进行准确分析，以裁判原分析结果的准确性。

此外还有材料分析、环境分析、食品分析、药物分析、矿物分析等。

三、分析化学的发展

1. 分析化学的发展简史

分析化学作为一门独立学科的时间并不长（开始于20世纪初），它的存在与应用历史却是非常悠久的，化学开始起源时就存在分析化学，如：早在古代炼金术的发明、质量守恒定律的发现、元素周期律的建立等，就已经包含了分析化学的一些技术。

化学的前沿一直是对新元素和新化合物的发现、合成、鉴定及研究，因此分析化学在早期化学的发展中一直处于前沿和主要的地位。但直到19世纪末，分析化学还只是处于没有系统理论指导的技术阶段。

　　进入 20 世纪，生产和科学技术及其理论的发展促进了分析化学的不断发展，其间分析化学曾经历了三次巨大的变革。

　　第一次变革开始于 20 世纪初。此时随着分析化学基础理论，特别是物理化学基本概念（如溶液理论）的发展，溶液的四大平衡（酸碱平衡、络合平衡、氧化还原平衡、沉淀溶解平衡）理论建立，从而为以溶液化学反应为基础的经典分析化学（化学分析法）奠定了理论基础，第一次使分析化学从单纯的一种技术发展成为具有系统理论的一门科学。

　　第二次变革开始于 20 世纪 40 年代。此时物理学和电子学的发展，改变了经典的以化学分析为主的局面，使仪器分析获得蓬勃发展，许多新技术（X 射线、原子光谱、极谱、红外光谱、放射性等）得到了广泛的应用，促进了一系列以测量物理或物理化学性质为基础的仪器分析法的发展，使仪器分析成为分析化学的重要内容，极大地促进了分析质量的提高和分析速度的加快。

　　第三次变革开始于 20 世纪 70 年代。此时以计算机应用为主要标志的信息时代的来临，给分析化学带来了更加深刻的变革。由于现代科学技术和生产的蓬勃发展，特别是计算机科学和生命科学的发展，分析化学不再局限于定性与定量分析，而是逐渐突破原有的框架，开始介入物质形态、能态、结构及其时空分布等的测定。同时，为最大限度地获取物质的各种信息，分析化学吸取了当代科学技术的各种最新成果，创建并运用各种方法（包括化学的、物理的、数学和统计学的、电子学的、计算机科学的乃至生物医学的方法）进行测量，建立了多种测量新方法和新技术，如无损分析、遥测分析、在线分析、原位分析等。通过此次变革，分析化学进入了一个蓬勃发展的新阶段，并上升为一门多学科交叉的化学信息学科。分析化学已成为目前最有活力的学科之一。

　　2. 分析化学发展的趋势

　　目前，分析化学正处于新的变革时期，生命科学、环境科学、新材料科学发展的要求，生物学、信息科学、计算机技术的引入，使分析化学进入了一个新的阶段。

　　新变革时期分析化学的基本特点是：从采用的手段看，是在综合光、电、热、声和磁等现象的基础上进一步采用数学、计算机科学及生物学等学科新成就对物质进行纵深分析的科学；从完成的任务看，现代分析化学已发展成为获取形形色色物质尽可能全面的信息，进一步认识自然、改造自然的科学。现代分析化学的任务已不仅限于测定物质的组成及含量，而是要对物质的形态（氧化还原态、络合态、结晶态）、结构（空间分布）、化学和生物活性等作出瞬时追踪、无损和在线监测。随着计算机科学及仪器自动化的飞速发展，分析化学家也不能只满足于分析数据的提供，而是要和其他学科的科学家配合，逐步成为生产和科学研究中实际问题的解决者。近些年来，全世界科学界和分析化学界开展了"化学正走出分析化学""分析物理""分析科学"等的探讨，反映了这次变革的深刻程度。

　　目前，在世界各个国家的科技领域，从事分析化学研究的人员占了相当大的比例。例如，在英国的全部科学家中，分析化学家就占了将近1/8。全世界有许多种分析化学专业期刊，其中被 SCI 收录的就有 68 种，这还不包括 SCI 收录的化学类综合期刊。大型的分析化学专业国际学术会议平均每年就有十多次。在美国，分析化学已被列入化学中需优先发展的领域之一。这些都说明分析化学是目前最为活跃的学科之一。

　　目前分析化学在许多领域已发挥着越来越突出的关键作用。例如，20 世纪 90 年代开始的人类基因组计划，其间曾处于停滞状态，正是由于分析化学家及时研究和开发了一系列 DNA 测序新技术，才使该计划得以完成。又如，已有人调查证实，在美国的疾病诊断中，70％靠的是分析化验，只有 30％靠的是医生的经验。

　　现在，分析化学已进入一个新的发展时期，为了使之在科学进步中发挥更为重要的作用，人们对分析化学提出了更高的要求。目前，分析化学主要有以下几个发展方向：一是要研究新的仪器和测量技术以应对日新月异的各种挑战；二是要与计算机科学等领域紧密结合，使分析化学能够从非常复杂的体系和巨量的数据中挖掘出丰富的信息，并向智能化发展；三是要积极进入生命科学、环境科学、材料科学研究等当今的研究前沿，不仅仅是作为数据的提供者，而是要成为问题的决策者和解决者。

研究解决各个学科领域中与分析化学相关的关键问题，是促使分析化学发展的原动力。当前，随着科技的进步和社会的发展，人们对健康、环境、能源、信息、材料等给予了更多的关注。因此，生命科学、环境科学、能源科学、材料科学、信息科学等已成为当前的科学前沿。分析化学的重点应用领域向生命科学等领域转移是分析化学的机遇。在这些领域中，食品安全，疾病预防、诊断和治疗，环境监测等各个方面都向分析化学提出了许多前所未有的越来越复杂的挑战，其要求分析化学提供在分子水平上实时研究生命过程、了解基因结构及表达、现场监测环境变化等方面的新技术，这些新技术包括计算机技术、激光技术、纳米技术、芯片技术、光纤技术、仿生技术、微电子技术、生物技术等。分析化学在生命科学等领域的应用必将使分析化学取得更加辉煌的成就。

目前，生产的发展、科学的进步，给分析化学提出了许多新课题。随着电子工业和真空技术的进展，许多物理方法逐渐渗透到分析化学中，形成日益增多的新的测试方法和测试仪器，它以高度灵敏和快速为特点。激光技术已经应用在可见光分光光度分析、原子吸收分光光度分析和液相色谱等方面。而各种方法的联合使用也被应用到了不少新课题中，电子计算机的使用也促进了分析化学的发展，它的使用简化了分析步骤，并能准确报出数据和进行自动调节，从而大大提高了分析工作水平。

微电子工业、大规模集成电路、微处理器和微型计算机的发展，使分析化学和其他科学与技术一样进入了自动化和智能化阶段，机器人是实现基本化学操作自动化的重要工具，专家系统是人工智能的最前沿。在分析化学中，专家系统主要用于设计实验和开发分析方法，进行谱图说明和结构解释。20世纪80年代兴起的过程分析，已经使得分析化学家摆脱传统的实验室操作，进入生产过程，甚至生态过程控制的行列。分析化学机器人和现代分析仪器作为"硬件"，化学计量学和各种计算机程序作为"软件"，对分析化学发展所带来的影响是具有十分深远的意义的。

总之，分析化学在各个领域的广泛应用，必将使分析化学取得更加辉煌的成就。

尽管分析化学发展迅速、方法繁多，但各种方法各有其特点和局限性。化学分析法是分析化学的基础，也是仪器分析法的基础，不能因为仪器分析法和目前仪器的不断更新而轻视化学分析法的基础地位。实际上，分析化学取得的巨大成就，一是依靠分析仪器和方法的不断更新，二是依靠新的化学试剂和化学反应原理的不断开拓。这就进一步证明了仪器分析和化学分析都在迅速发展，二者是相辅相成、互相补充的。

正因为化学分析法是分析化学的基础，其目前仍在不断发展并得到广泛的应用，许多仪器分析的前处理，如试样的溶解、干扰组分的消除等化学过程都离不开化学分析，而且化学分析能很好地解决常量组分的分析问题，许多经典的化学分析方法仍在被普遍应用。

码1-2 分析化学的发展历史

码1-3 为什么学习分析化学

任务二　认识化学分析实验室

一、知识目标

（1）熟悉实验室安全规则，熟记防火、防爆、灭火常识；

（2）熟悉实验室一般意外事故的紧急处理方法；

（3）掌握分析实验室用水的规格、贮存条件及选用依据；

（4）掌握化学试剂的选用及使用注意事项；

（5）了解实验室"三废"排放标准。

二、能力目标

（1）能进行中毒、化学灼烧、割伤等一般意外事故的妥善处理；

（2）能正确存放化学试剂；

（3）能根据分析要求正确选择分析实验用水；

（4）能对实验室"三废"进行简单处理。

三、素质目标

（1）熟悉实验室环境，养成自觉遵守实验规则、安全规则的良好习惯；

（2）养成科学、诚信的品质；

（3）具有绿色环保意识及安全意识。

四、教、学、做说明

学生在深刻领会【相关知识】的基础上，通过线上学习认识灭火器的构造及使用方法，然后由教师引领，熟悉实验室环境，了解化学分析实验室的一般常识，并在教师指导下完成对常用灭火器材的认识及操作演练。

五、工作准备

（1）化学试剂的分类保管　将新进的一批化学试剂分类保管。

（2）灭火练习　泡沫灭火器；二氧化碳灭火器；干粉灭火器；1211灭火器；燃烧槽；可燃物。

六、工作过程

1. 参观实验室

参观实验室、实训基地，了解化学实验室规则、实验室安全防护及"三废"处理方法。熟悉各个实验室的名称和功能，初步认识分析化学实验室。

2. 对化学试剂进行归类存放

学生分成若干小组，根据本次采购化学试剂的品种、规格、性质，在老师指导下，每组按照各自的任务进行归类，并将其存放在试剂柜中的相应位置。

3. 常用灭火器材操作

（1）火场准备

① 在远离建筑物的安全空地上准备好麦草、干柴等可燃物以代替火场。

② 将由薄钢板焊制成的燃烧槽放在安全位置，喷洒适量柴油，再加少量汽油以代替火场。

（2）灭火操作训练

① 基本知识训练。对照灭火器介绍其型号、规格、灭火原理、操作方法、使用范围和性能等，指出灭火器各组成部分的位置，讲述各部件的作用。

② 灭火操作训练。将火场可燃物点燃后，按照各种灭火器的使用方法进行灭火操作练习。

（3）注意事项

① 使用灭火器时，灭火器的筒底和桶盖不能对着人，以防喷嘴堵塞导致机体爆炸，使灭火人员遭受伤害；泡沫灭火器不能和水一起用于灭火，因为水能破坏泡沫，使其失去覆盖燃烧物的作用。

② 使用二氧化碳灭火器时，手不要握在喇叭筒的把手上，因为喷出的二氧化碳压力突然下降时，温度也必然降低，手若握在喇叭筒的把手上易被冻伤。

③ 使用二氧化碳灭火器时，一定要注意安全，因为当空气中二氧化碳含量高达 20% ~30%时，会使人精神不振、呼吸衰弱，严重时可导致灭火人员因窒息而死亡。

④ 使用灭火器时，要迅速、果断，不遗留残火，以防复燃。扑灭容器内液体燃烧时，不要直接冲击液面，以防燃烧着的液体溅出或流散到外面使火势扩大。

相关知识

作为检验检测人员，不仅要掌握相应的化学分析相关理论和分析技术，还必须熟悉与化学分析实验相关的基本知识和技能，才能全面胜任检验检测工作。

一、化学分析实验目的、要求

化学分析实验的目的是巩固和加深学生对化学分析基本概念和基本理论的理解，使学生正确、熟练地掌握化学分析的基本操作和技能，学会正确、合理地选择实验条件和实验仪器，仔细观察实验现象和进行实验数据记录，正确处理数据和表达实验结果。严格的实验训练，使学生养成准确、细致、节约、整洁、敬业的工作习惯，培养学生的创新能力；使学生了解实验室工作的有关知识，如实验室的各项规则、工作程序以及实验室可能发生的一般事故及简单的处理方法。

为了正确、熟练地掌握化学分析的基本操作和技能，必须做到以下几点。

① 进入实验室必须穿工作服，熟悉实验室环境和安全通道。

② 实验课前必须认真预习，明确实验目的和要求，理解分析方法和基本原理，熟悉实验内容、操作步骤及注意事项，对每个实验做到心中有数。

③ 实验时仔细观察，如实记录。实验过程中，认真学习分析方法的基本操作技术，并在教师的指导下正确使用仪器，严格按照规范进行操作。仔细观察实验现象，及时将分析测定的原始数据如实记录在实验报告上，不要等实验结束后再补记录，更不得随意修改实验原

始数据！

④ 在实验中严格遵守操作规程，但切忌"照法抓药"，要深入思考每一步操作的目的和作用。熟悉所用仪器的性能，发现异常情况时，应分析原因并及时找出解决办法。

⑤ 严格遵守实验室规则，注意安全，保持实验室内安静、整洁；保持实验台清洁，仪器和试剂要按照规定摆放整齐有序。

⑥ 爱护实验仪器和设备，实验中如发现仪器工作不正常，应及时报告老师处理；注意节约用水，安全使用电、煤气和有毒或有腐蚀性的试剂。

⑦ 对于不熟悉的仪器设备应仔细阅读使用说明，听从教师指导，切不可随意动手，以防损坏仪器或发生事故。使用精密仪器时，应严格遵守操作规程，不得任意拆装或搬动，用毕应及时登记，并请指导老师检查、签字。

⑧ 按规定量取用药品，注意节约；称取药品后，及时盖好瓶盖；配制好的试剂要贴上标签，注明试剂名称、浓度及配制日期。

码1-4 化学分析
实验目的、要求

⑨ 实验完毕，及时进行整理、分析、归纳、计算，并及时完成实验报告，同时总结实验中存在的问题。

⑩ 实验结束后，应将所用的试剂及仪器复原，清洗用过的器皿，整理好实验室，最后检查门、窗、水、电等关闭后方可离开。

二、实验室基本安全知识

进行化学实验，经常要用到各种仪器、药品和水、电等，如果粗心大意，不遵守操作规程，不但会造成实验失败和药品损失，更重要的是还可能发生安全事故。因此，要重视安全操作，熟悉有关安全知识，学会处理意外事故非常必要。

（一）实验室安全规则

① 熟悉实验室环境，实验室水、电阀门及消防用品的位置及使用方法。

② 不允许随意将各种化学药品任意混合，以免发生意外事故。

③ 凡进行有刺激性气味、有恶臭、有毒物质的实验，均须在通风橱里或室外通风的空地上进行。

④ 易挥发、易燃物质的实验，要远离明火。

⑤ 不能用手接触药品，更不能品尝药品的味道；闻药品的气味时，用手煽动气体入鼻。

⑥ 浓酸、浓碱具有强腐蚀性，勿溅在衣服或皮肤上。

⑦ 使用电器时，应注意安全，用毕应将电器的电源切断。

⑧ 严禁在实验室饮食、吸烟。

⑨ 实验进行时，不得擅自离开岗位，必须离开时要委托能负责任者看管。

⑩ 实验中用过的废物、废液切不可乱扔，应分别回收，按照环保要求妥善集中处理。

⑪ 实验结束后要及时洗手，离开实验室时，应认真检查，确保水、电及门、窗已关好，进行安全登记后方可锁门。

（二）实验室消防常识

在化学分析实验室，人们经常会使用一些易燃物质，如乙醇、甲醇、苯、甲苯、丙酮、煤油等。这些易燃物质挥发性强、着火点低，在明火、电火花、静电放电、雷击因素的影响下极易引燃起火，造成严重损失，因此使用易燃物质时应严格遵守操作规程。

1. 灭火原则

一旦发生火灾，实验人员应临危不惧、沉着冷静，及时采取灭火措施。若局部起火，应立即切断电源，关闭煤气阀门，用湿布或湿棉布覆盖熄火；若火势较猛，应根据具体情况选用适当的灭火器灭火，并立即拨打火警电话，请求救援。

一般燃烧需要足够的氧气来维持，因此一般灭火主要遵循两条原则：冷却燃烧物质，使其温度降低到它的着火点以下；隔绝燃烧物与空气。

2. 火源（火灾）分类

我国对火灾分类采用国际标准化组织的分类方法，依据燃烧物的性质，将火灾分为 A、B、C、D 四类，火灾的分类及可使用的灭火器见表 1-3。

表 1-3　我国火灾的分类及可使用的灭火器

分类	火灾类型	可使用的灭火器	注意事项
A 类	固体物质燃烧	水、酸碱式和泡沫灭火器	—
B 类	有可燃性液体，如石油化工产品、食品油脂	泡沫灭火器、二氧化碳灭火器、干粉灭火器、1211 灭火器	—
C 类	可燃性气体燃烧，如煤气、石油液化气	1211 灭火器、干粉灭火器	用水、酸碱式和泡沫灭火器时均无作用
D 类	可燃性金属燃烧，如钾、钠、钙、镁等	干沙土、7150 灭火器	禁止用水、酸碱式和泡沫灭火器、二氧化碳灭火器、干粉灭火器、1211 灭火器

3. 灭火器的使用

常用的灭火器有：泡沫灭火器、二氧化碳灭火器、干粉灭火器、1211 灭火器等。下面分别介绍这几种灭火器的使用方法。

（1）泡沫灭火器　泡沫灭火器喷出的是一种体积较小、相对密度较轻的泡沫群，它可以漂浮在液体表面，使燃烧物与空气隔绝，达到窒息灭火的目的。

钢筒内几乎装满浓的碳酸氢钠或碳酸钠溶液，并掺入少量能促进起泡沫的物质。钢筒的上部装有一个玻璃瓶，内装硫酸或硫酸铝溶液。使用时，把钢筒倒翻过来使筒底朝上，并将喷口朝向燃烧物，此时硫酸或硫酸铝溶液与碳酸氢钠或碳酸钠接触，立即作用产生二氧化碳气体。被二氧化碳所饱和的液体受到高压，掺着泡沫形成一股强烈的激流喷出，覆盖住火焰，使火焰与空气隔绝；另外，水的蒸发使燃烧物的温度降低，因此火焰就被扑灭。泡沫灭火器适于有机溶剂、油类着火，因为稳定的泡沫能将液体覆盖住，并使之与空气隔绝。但因为灭火时喷出的液体和泡沫是一种电的良导体，故不能用于由电器失火或漏电所引起的火灾。

（2）二氧化碳灭火器　二氧化碳灭火器是将气态二氧化碳压缩在钢制容器中，气体喷出时经过一扁平喇叭形扩散器（造雪器），使部分二氧化碳凝为雪花，喷出的雪花状二氧化碳温度可降至 $-78℃$ 左右；雪花状二氧化碳在燃烧区直接气化吸收大量热而使燃烧物温度急降，同时产生 CO_2 气体覆盖在燃烧物表面，以达到灭火目的。由于二氧化碳灭火器具有绝缘性好、灭火后不留痕迹的特点，因此适于扑灭贵重仪器和设备、图书资料、仪器仪表及 600V 以下带电物体的初起火灾。

二氧化碳灭火器在 90s 内即喷射完毕。因此，使用时应尽量靠近燃烧区。打开开关后将喷流对准火焰，由于"化雪"时的强冷却作用，可能使手冻伤，应注意防护。此种灭火器保存时应防止受热，如有漏气且质量减轻 $1/10$，应立即充气。

（3）干粉灭火器　干粉灭火器以二氧化碳为动力，将粉末喷到着火物体上，以达到灭火目的。由于桶内的干粉是一种细而轻的泡沫，所以能覆盖在燃烧的物体上，隔绝燃烧物与空气而达到灭火目的。使用时，首先要拆除铅封，拔掉安全销，手提灭火器喷射体，手捏胶管，在离火面有效距离内，将喷嘴对准火焰根部，按下压把，推动喷射。此时应不断摆动喷嘴，使氮气流及载出的干粉横扫整个火焰区，以迅速把火扑灭。这种灭火器具有灭火速度快、效率高、质量轻、使用灵活方便等特点，适用于扑救固体有机物、油漆、易燃液体、图书文件、精密仪器、气体和电器设备的初起火灾，其已在各种部门中得到广泛使用。

（4）1211灭火器　1211灭火器是利用装在桶内的氮气将1211灭火剂喷出而进行灭火的。它属于储压式的一种，是目前我国使用最广泛的一种卤代烷二氟一氯一溴甲烷（CF_2ClBr）灭火剂。1211灭火剂是一种低沸点的气体，具有毒性小、灭火效率高、久贮不变质的特点，灭火时不污染物品，不留痕迹，适用于扑救精密仪器、电子设备、文物档案资料、油类火灾。使用时，首先拆除铅封，拔掉安全销，将喷嘴对准着火点，用力紧握压把启开阀门，使储压在钢瓶内的灭火剂从喷嘴处猛力喷出。同时，灭火筒身要垂直，不可平放和颠倒使用。1211灭火器的射程较近，喷射时要站在上风处，接近着火点，对着火源根部扫射，向前推进，要注意防止复燃。1211灭火器每三个月要检查一次氮气压力，每半年要检查一次药剂质量、压力，药剂质量若减少10%，则应重新充气、灌药。

4. 灭火器的维护

① 应经常检查灭火器的内装药品是否变质和零件是否损坏，药品不够时，应及时添加，压力不足时，应及时加压；尤其要经常检查喷口是否被堵塞，如果喷口被堵塞，使用时灭火器将发生严重爆炸事故。

② 灭火器应挂在固定的位置，不得随意移动。

③ 使用时不要慌张，以正确的方法开启阀门，以使内容物喷出。

④ 灭火器一般只适用于扑灭刚刚产生的火苗或火势较小的火灾，对于已蔓延成大火的情况，应采用其他灭火方式。灭火时不要正对火焰中心喷射，以防着火物溅出使火焰蔓延，应从火焰边缘开始喷射。

⑤ 灭火器使用一次后，可再次装药加压，以备后用。

5. 实验室灭火注意事项

① 用水灭火注意事项。水是常用的灭火物质。在常用的固体和液体物质中，水的比热容（使1g物质温度升高1℃所吸收的热量）最大，水的汽化热（液体在一定温度下转化为气体时所吸收的热量）很大。因此，水有优良的冷却能力，可以有效降低燃烧区域的温度，而使火焰熄灭。其次，水蒸发成水蒸气时体积大为膨胀，增加至原体积的1500倍以上，可以大大降低燃烧区可燃气体及助燃气体的含量，有利于扑灭火焰。

但是在下列情况下，严禁以水灭火。

a. 由比水轻且与水不相溶的液体（如石油、汽油、煤油、苯等）燃烧而引起的火灾。这些可燃性液体比水轻，能浮在水面上继续燃烧，并且随着水的流散，可使燃烧面积扩大。

b. 由电气设备引起的火灾。消防用水中含有各种盐类，是良好的电解质。因此，在电气设备区域（特别是高压区）使用水灭火可能造成更大的损失。

c. 火灾地区存有钾、钠等金属。钠、钾与水发生剧烈作用并放出氢气，氢气逸散于空气中即成为爆炸性的混合物，极易爆炸。

d. 火灾地区存有电石时，水与电石反应放出乙炔，同时放出大量热，能使乙炔着火爆炸。

有时在用水灭火时，也可以在水中溶入一定量的氯化钙（$CaCl_2$）、硫酸钠（Na_2SO_4），水蒸发后这些盐附着在燃烧物表面，对熄灭火焰也有一定作用。一般情况下，所用溶液浓度：$CaCl_2$为30%～35%；Na_2SO_4为25%。

大气中的水蒸气含量高于35％时即可遏止燃烧，因此在装有锅炉设备的场所应用过热蒸汽灭火具有显著的效果。但使用时必须注意安全，小心烫伤。

② 电器设备及电器着火时，首先用四氯化碳灭火器灭火，电源切断后才能用水扑救。

③ 回流加热时，如因冷凝管效果不好，易燃蒸气在冷凝管顶端着火，则应先切断加热源，再行扑救。

④ 若在敞口的器皿中发生燃烧，则尽量先切断加热源，设法盖住器皿口，隔绝空气使火熄灭。

⑤ 扑灭产生有毒蒸气的火灾时，要特别注意防毒。

（三）实验室意外事故的处理

实验过程中，如果发生意外事故，应立即将重伤者送往医院，可采用下列方法对轻伤者进行处理。

（1）割伤　伤口内若有玻璃片，需先取出，然后抹上红药水并包扎。

（2）烫伤　切莫用水冲洗。可用高锰酸钾或苦味酸溶液洗伤处，再擦上凡士林或烫伤油膏。必要时送往医院救治。

（3）皮肤或眼睛溅上强酸或强碱　应立即用大量清水冲洗，然后，强酸用碳酸氢钠稀溶液冲洗，强碱用硼酸稀溶液冲洗，最后再用清水冲洗。

码1-5　化学分析
实验室安全常识

（4）吸入有毒或刺激性气体　可立即吸入少量酒精和乙醚的混合蒸气解毒。吸入硫化氢、一氧化碳等气体而感到不适时，应立即到室外呼吸新鲜空气。

（5）有毒物进入口内　可将5～10mL硫酸铜稀溶液加入一杯温水中，内服后，用手指伸入咽喉部，促使呕吐，然后立即送医院。

（6）触电　首先立即切断电源，必要时进行人工呼吸。

三、分析用水一般知识

分析实验室用水不同于一般生活用水，有相应的国家标准，具有一定的级别。不同的分析方法，要求使用不同级别的分析实验用水。

自来水是将天然水经过初步净化处理制得的，它仍然含有各种杂质，只能用于初步洗涤仪器或用作加热浴用水等，不能用于配制标准溶液剂。为此必须将水纯化，制备成能满足分析工作要求的纯水，这种纯水称为分析实验用水。

（一）分析实验用水规格

GB/T 6682—2008《分析实验室用水规格和试验方法》将适用于化学分析和无机痕量分析的实验用水分为三个级别。一级水：基本不含溶解或胶态离子杂质及有机物。二级水：可含有微量的无机、有机或胶态杂质。三级水：最常用的纯水。各级分析实验室用水的级别及主要技术指标见表1-4。

表1-4　分析实验用水的级别及主要技术指标

名称	一级	二级	三级
pH值范围(25℃)	—	—	5.0～7.5
电导率(25℃)/(mS/m)	≤0.01	≤0.10	≤0.50
可氧化物质(以O计)/(mg/L)	—	≤0.08	≤0.4
吸光度(254nm,1cm光程)	≤0.001	≤0.01	—

续表

名称	一级	二级	三级
蒸发残渣（105℃±2℃）/（mg/L）	—	≤1.0	≤2.0
可溶性硅（以 SiO₂ 计）/（mg/L）	≤0.01	≤0.02	—

注：1. 在一级水、二级水条件下，难以测定其 pH 值，因此，对一级水、二级水的 pH 值范围不做规定。
2. 一级水二级水的电导率必须用新制备的水"在线"测定。
3. 在一级水的纯度下，难以测定可氧化物质和蒸发残渣，对其限量不做规定。

（二）分析用水的贮存和用途

1. 贮存

各级用水均使用密闭的、专用的聚乙烯容器。三级水也可用密闭的专用玻璃容器。

新容器在使用前需用盐酸溶液浸泡 2～3 天，之后再用待测水反复冲洗，并注满待测水浸泡 6h 以上。

各级用水在贮存期间，其污染的主要来源是容器溶解的可溶性成分，以及空气中的二氧化碳和其他杂质。因此一级水不可贮存，应使用前制备。二级水、三级水可适量制备，分别贮存在预先经同级水清洗过的相应容器中。

2. 用途

一级水用于有严格分析要求的分析实验，包括对颗粒有要求的实验，如高效液相色谱分析用水。一级水可用二级水经石英设备蒸馏或离子交换混床处理后，再经 $0.2\mu m$ 滤膜过滤来制取。

二级水用于无机痕量分析等实验，如原子吸收光谱分析用水。二级水可用多次蒸馏或离子交换等方法来制取。

三级水用于一般化学分析实验，如普通化学分析用水。三级水可用蒸馏或离子交换等方法来制取。

（三）分析用水的制备方法

1. 蒸馏法

蒸馏法制备的纯水是根据水与杂质的沸点不同，将自来水用蒸馏器蒸馏而得到的。用此法制备纯水操作简便、成本低，能除去水中非蒸发性杂质，但不能除去易溶于水的气体。

目前使用的蒸馏器是由玻璃、铜、石英等材料制作而成的，由于蒸馏器的材质不同，带入蒸馏水中的室温杂质也不同。用玻璃蒸馏器制得的水中会有 Na^+、SiO_3^{2-} 等；用铜蒸馏器制得的蒸馏水中常含有 Cu^{2+} 等，故蒸馏一次所得的蒸馏水只能用于定性分析或一般工业分析。

2. 离子交换法

离子交换法是利用离子交换树脂（具有特殊网状结构的人工合成有机高分子化合物）净化水的一种方法。常用于净化水的离子交换树脂有两种，一种是强酸性阳离子交换树脂，另一种是强碱性阴离子交换树脂。当水流过两种交换树脂时，阳离子和阴离子交换树脂分别将水中的杂质阳离子和阴离子交换为 H^+ 和 OH^-，从而达到净化水的目的。由于离子交换法方便、有效且较经济，故在化工、冶金、环保、医药、食品等行业得到广泛应用。

与蒸馏法相比，离子交换法设备简单，节约燃料和冷却水，并且水质化学纯度高，因此是目前各类实验室中最常用的方法，但其局限性是不能完全除去非电解质和有机物。

3. 电渗析法

电渗析法是一种固膜分离技术。电渗析纯化水时除去原水中的电解质，故又称为电渗析脱盐，其是常用的脱盐技术之一。它是利用离子交换膜的选择透过性，即阳离子交换膜只允许阳离子透过，阴离子交换膜仅允许阴离子透过，在外加直流电的作用下，使一部分水中的离子透过离子交换膜转移到另一部分水中，使一部分淡化，另一部分浓缩，收集的淡化水即所需的纯化水。此纯化水能满足一般工业用水的需要。

码1-6　分析实验用水常识

4. 反渗透法

反渗透法的原理是让水分子在压力的作用下，通过反渗透膜成为纯水，水中的杂质被反渗透膜截留排出。反渗水克服了蒸馏水和去离子水的许多缺点，利用反渗透技术可以有效地除去水中的溶解盐、胶体、细菌和大部分有机物等杂质。

四、分析化学试剂的分类、选用、保管及制备

化学试剂种类很多，世界各国对化学试剂分类和分级的标准各不相同，各国都有自己的国家标准及其他标准（如行业标准、学会标准等）。我国化学试剂有国家标准（GB）、化工部标准（HG）及轻工行业标准（QB）、地方及企业标准三级。

1. 化学试剂的分类

将化学试剂进行科学分类，以适应化学试剂生产、科研、进出口等的需要，是化学试剂标准化研究的内容之一。

化学试剂产品众多，有分析试剂、仪器分析专用试剂、指示剂、有机合成试剂、医用试剂等。随着科学技术和生产的发展，新的试剂种类还将不断产生。

根据化学试剂所含杂质的多少，将实验室普遍使用的一般试剂划分为四个等级，具体名称、标志和主要用途见表1-5。

表1-5　一般试剂的规格、等级和用途

试剂级别	中文名称	英文名称	标签颜色	用途
一级试剂	优级纯	GR	绿色	精密分析实验及科学研究
二级试剂	分析纯	AR	红色	一般分析实验及科学研究
三级试剂	化学纯	CP	蓝色	一般化学实验
四级试剂	实验试剂	LR	棕色或黄色	一般化学实验辅助试剂

此外还有基准试剂、高纯试剂、专用试剂。基准试剂是用于衡量其他（欲测）物质化学量的标准物质。特点是主体含量高，而且准确可靠。高纯试剂的特点是杂质含量低，主体含量与优级纯相当而且规定检验的杂质项目比同种优级纯或基准试剂多，高纯试剂主要用于微量分析中试样的分解及制备。专用试剂是指具有特殊用途的试剂。其特点是不仅主体含量高，而且杂质含量低，与高纯试剂的区别是，在特定用途中有干扰的杂质成分只需控制在不致产生明显干扰的限度以下。

2. 化学试剂的选用

化学试剂的纯度越高，其生产或提纯的过程就越复杂，且价格越高，如基准试剂和高纯试剂的价格要比普通试剂高数倍乃至数十倍。故应根据所做实验的具体情况，如分析方法的灵敏度和选择性、分析对象的含量及结果的准确度要求，合理选用不同级别的试剂。

化学试剂的选用原则是：在满足实验要求的前提下，选择试剂的级别应就低不就高。这样既避免造成浪费，又不因随意降低试剂级别而影响分析结果。通常滴定分析配制标准溶液时要用分析纯试剂，仪器分析一般用专用试剂或优级纯试剂，而微量、超微量分析应用高纯试剂。

3. 化学试剂的保管

化学试剂如保管不妥，则试剂会变质。若分析测定中使用了变质试剂，不仅会导致分析误差，还会造成分析工作失败，甚至引发事故。因此了解试剂变质的原因，妥善保管化学试剂是分析实验室中十分重要的工作。

（1）影响化学试剂变质的因素　主要有空气、温度、光照、杂质及贮存期等。

① 空气影响：空气中氧易氧化、破坏还原性试剂；强碱性试剂易吸收空气中的二氧化碳变成碳酸盐；空气中的水分可以使某些试剂潮解、结块；纤维、灰尘能使某些试剂被还原、变色等。

② 温度影响：夏季高温会加快某些试剂的分解；冬季低温会使甲醛聚合而沉淀变质。

③ 光照的影响：日光中的紫外线能加速某些试剂的化学反应而使其变质。

④ 杂质的影响：某些杂质会引起不稳定试剂的变质。

⑤ 贮存期的影响：不稳定试剂在长期贮存过程中可能会发生歧化聚合、分解或沉淀等。

（2）化学试剂的贮存方法　化学试剂一般应贮存在通风、干净和干燥的环境中，远离火源，并防止水分、灰尘和其他物质的污染。

① 固体试剂应保存在广口瓶中，液体试剂应盛放在细口瓶或滴瓶中，见光易分解的试剂（如硝酸银、高锰酸钾、草酸、双氧水等）应盛放在棕色瓶中并置于暗处；容易腐蚀玻璃而影响纯度的试剂（如氢氧化钾、氢氟酸、氟化钠等）应保存在塑料瓶或涂有石蜡的玻璃瓶中。盛放碱液的试剂瓶要用橡胶塞，不能用磨口塞，以防瓶口被碱溶解而粘在一起。

② 吸水性强的试剂（如无水碳酸钠、苛性碱、过氧化钠等）应用蜡密封。

③ 剧毒试剂（如氰化物、砒霜、氢氟酸、二氯化汞等）应由专人保管，要经一定手续取用，以免发生事故。

④ 易相互作用的试剂，如蒸发性的酸与氨、氧化剂与还原剂，应分开存放。易燃试剂（如乙醇、乙醚、苯、丙酮等）与易爆炸的试剂（如高氯酸、过氧化氢、硝基化合物），应分开存放在阴凉、通风、不受阳光直射的地方。灭火方法相抵触的化学试剂不能同室存放。

⑤ 特种试剂（如金属钠）应浸在煤油中保存；白磷应浸在水中保存。

4. 常用试剂的制备

常用试剂的制备方法可参考国家标准 GB/T 603—2002《化学试剂试验方法中所用制剂及制品的制备》。

码1-7　化学试剂规格与分类

五、分析人员的环保意识

"三废"是指在检验检测过程中产生的有毒有害废气、废液、废物。"三废"排放不当时，大量有害物质会对环境造成污染，威胁人们的健康。如 SO_2、NO、Cl_2 等气体对人的呼吸道有强烈的刺激作用，对植物也有损害作用；As、Pb 和 Hg 等化合物进入人体后，不易被分解和排出，长期积累会引起胃疼、皮下出血、肾功能损伤等；氯仿、四氯化碳等可导致肝癌，多环芳烃可导致膀胱癌和皮肤癌，某些铬的化合物触及皮肤破伤处时会引起其溃烂不止等。为了保证实验人员的健康，防止环境污染，必须对实验过程中产生的毒害物质进行必要的处理后再排放。

现代分析实验室应当是无污染实验室，所以分析工作者应当具备一定的环境保护知识。

1. 了解化学物质的性质，正确使用和贮存

分析化学实验室里有着种类繁多的化学试剂，同时科研开发中有可能合成一些新的化学产品。因此作为分析工作者应当经常学习，了解所用化学试剂、新合成化学物质所用原料及产品的毒性等有关知识，以便于确定实验室是否具备使用、合成、贮存这些物质的条件。

同时在贮存化学药品时，还要注意化学物质毒性的相加、相乘作用。如盐酸是实验室常用的试剂，具有挥发性，但如果将盐酸与甲醛贮存在一个药品柜里，就会在空气中合成氯甲醚，而氯甲醚是一种致癌物质。

2. 及时了解有毒化学药品新的名单及其危害分级

随着现代科学技术的发展，人们对于现存和新合成化学物质毒性的研究日益深入，有毒化学药品的新名单不断被填充，所以作为检验检测人员应当及时掌握这一信息，在常规分析及研究中做好预防工作，对于环境保护有着重要意义。

3. 对实验室的"三废"进行简单的无害化处理

实验室"三废"通常指实验过程所产生的一些废气、废液、废物。其中有许多是有毒、有害物质，在这其中有些还是剧毒物质和强致癌物质，虽然在数量与强度方面不及工业、化工企业等单位，但是如果不及时处理也会造成环境污染。

同时，在实验过程中重视减少"三废"的产生和无害化处理工作，既可培养学生良好的实验习惯，又能为学生提供体验处理环境问题的机会，使学生将学到的理论知识应用于实验室环境污染治理的实践中，从而获得环境保护知识和掌握处理环境问题的技能，形成对待环境的正确态度，提高环保意识，最终具有解决一般环境问题的能力。

实验室所用的化学药品种类多，"三废"成分复杂，应分别进行排放或处理。

（1）实验室废液的处理

① 对不含有毒有害离子的稀酸和稀碱废水，在实验中应随时收集于相应的桶中，达到一定数量时相互中和，调节 pH 达到 6.5～8.5 后，直接排入污水管道。

② 一般盐溶液直接排放，含有害离子的盐溶液用化学方法转化处理并稀释后再排放，含有贵重金属离子的盐溶液，采用还原法处理后回收。

③ 对于某些数量较少、浓度较高且确实无法回收使用的有机废液，可采用活性炭吸附法、过氧化氢氧化法处理，或在燃烧炉中供给充分的氧气使其完全燃烧。

④ 含有有机溶液的废液进行蒸馏回收或焚烧处理。

⑤ 有毒害性的废液，采用深埋处理（1m 以下）。

（2）实验室废气的处理　化学反应产生的废气在排入大气前应做简单的处理。对可能产生较小毒害性气体或少量有毒气体的实验，在通风橱内操作，废气通过排气管道排放到室外，利用室外大量的空气来稀释有毒废气。通风管道应有一定高度，以使排出的气体易被空气稀释。对于可能产生较大毒害性气体或大量有毒气体的实验，有毒气体应通过转化处理后（吸收处理或与氧充分燃烧），再稀释才能排到室外，如氮、硫、磷等酸性氧化物气体，可用导管通入碱液中，使其被吸收后再排出。

（3）实验室废物的处理　分析化学实验室废物量相对较少，主要为实验剩余的固体原料、固体生成物和废纸、碎玻璃仪器等无毒杂物。对环境无污染、无毒害的固体废物按一般垃圾处理，易于燃烧的固体有机废物进行焚烧处理。

任务三　分析天平及其操作

一、知识目标

（1）掌握分析天平的称量方法、使用规则及注意事项；

（2）熟悉电子天平的构造原理、使用规则及注意事项；

（3）掌握测定数据的记录方法。

二、能力目标

（1）能区别分析天平的种类和分级；

（2）会用分析天平对不同的物质进行称量；

（3）能够分析称量误差产生的原因并进行消除；

（4）养成准确、整齐、简明记录实验原始数据的良好习惯。

三、素质目标

（1）具有热爱祖国、恪尽职守、踏实勤恳的工作作风；

（2）能做到检测行为公正、公平，数据真实、可靠；

（3）具有团结协作、人际沟通能力。

四、教、学、做说明

学生在认真完成对【相关知识】学习的基础上，由教师引领，线上学习常用称量仪器的构造、原理及使用方法，并在教师的指导下学会其使用方法，然后完成表面皿、称量瓶、五水硫酸铜及分析纯磷酸等物质的称量练习。

五、工作准备

学会相关仪器洗涤、干燥及使用方法。

（1）仪器　分析天平；小烧杯；表面皿；称量瓶；托盘天平等。

（2）试剂　碳酸钙固体；五水硫酸铜；分析纯磷酸等。

（3）实验原理　天平零点调定后，将被测物直接放在秤盘上，所得的读数即被测物的质量。

六、工作过程

1. 观察天平的结构，说出各部件的名称和作用

2. 分析天平（电子天平）的称量练习

（1）直接称量法练习　用直接称量法称取表面皿、称量瓶质量并记录。

（2）固定称量法练习　准确称取一定质量的碳酸钙固体。

（3）减量称量法练习　用减量法准确称取 3 份 $CuSO_4 \cdot 5H_2O$ 样品并记录数据。

（4）液体样品的称量练习　准确称取一定质量的磷酸样品，并记录数据。

七、数据记录

1. 直接称量法

称量表面皿、称量瓶质量，数据记录表见表 1-6。

表 1-6   直接称量法

称量次数	1	2	3	平均值
表面皿质量/g				
称量瓶质量/g				

2. 固定称量法

称量 0.5000g 碳酸钙固体 3 份，数据记录表见表 1-7。

表 1-7   固定称量法

称量次数	1	2	3
表面皿质量/g			
表面皿 + 试样质量/g			
试样质量/g			

3. 减量称量法

称量 0.5000gCuSO$_4$·5H$_2$O 固体，数据记录表见表 1-8。

表 1-8   减量称量法

项目	1	2	3
称量瓶及试样质量（倾出前）m_1/g			
倾出部分试样后称量瓶及试样质量 m_2/g			
倾出试样质量 m（$m_1 - m_2$）/g			

4. 液体样品的称量法

称量 0.5000g 磷酸液体样品，数据记录表见表 1-9。

表 1-9   液体样品的称量法

记录项目	1	2	3
滴瓶及试样质量（倾出前）m_1/g			
倾出部分试样后滴瓶及试样质量 m_2/g			
倾出试样质量 m（$m_1 - m_2$）/g			

八、注意事项

① 液体称量前，要检查滴管的胶帽是否完好。

② 滴瓶的外壁必须干净、干燥。

③ 从滴瓶中取出滴管时，必须将下端所挂溶液靠去，否则会造成磷酸样品溶液的洒落。

④ 加磷酸样品到容量瓶时，注意滴管不要插入容量瓶里，更不能触碰容量瓶的瓶口或内壁。

⑤ 不能将滴管倒置，否则会污染样品。

📚 **相关知识**

准确称量物质的质量是获得准确分析结果的第一步，分析天平是定量分析工作中最重要、最常用的衡量物质质量的仪器之一。因此，了解分析天平的构造、正确、熟练地使用分析天平是做好分析工作的基本保证。常用的分析天平有半自动电光天平、全自动电光天平、单盘电光天平和电子天平，这些天平在构造和使用方法上虽然有些不同，但其都是根据杠杆原理设计制造的。

一、分析天平的分类

① 根据天平的构造，分析天平可分为机械天平和电子天平。

② 根据天平的使用目的，分析天平可分为通用天平和专用天平。

③ 根据天平分度值的大小，分析天平可分为常量天平（0.1mg）、半微量天平（0.01mg）、微量天平（0.001mg）等。

④ 根据天平的精度等级，分析天平分为四级：

Ⅰ——特种准确度（精细天平）；

Ⅱ——高准确度（精密天平）；

Ⅲ——中等准确度（商用天平）；

Ⅳ——普通准确度（粗糙天平）。

⑤ 根据天平的平衡原理，分析天平可分为杠杆式天平、电磁力式天平、弹力式天平和液体静力平衡式天平四大类。

目前国内使用最为广泛的是电子天平及全自动电光天平，本书仅介绍电子天平。

常用分析天平的型号和规格见表1-10。

表 1-10 常用分析天平的型号和规格

种类	型号	名称	规格
双盘天平	TG328A	全机械加码电光天平	200g/0.1mg
	TG328B	半机械加码电光天平	200g/0.1mg
	TG332A	半微量天平	20g/0.01mg
单盘天平	DT-100	单盘精密天平	100g/0.1mg
	DTG-160	单盘精密天平	160g/0.1mg
	BWT-1	单盘半微量天平	20g/0.01mg
电子天平	MD110-2	上皿电子天平	110g/0.1mg
	MD200-3	上皿电子天平	200g/0.1mg

二、电子天平的结构及操作技术

电子天平是最新一代的天平，它是根据电磁力平衡原理直接称量的，全量程不需要砝码，放上被测物质后，在几秒钟内便达到平衡，直接显示读数，具有称量速度快、精度高的特点。它的支撑点以弹性簧片代替机械天平的玛瑙刀口，用差动变压器取代升降枢装置，用数字显示代替指针刻度。因此电子天平具有体积小、使用寿命长、性能稳定、操作简便和灵敏度高等特点。

此外，电子天平还具有自动校正、自动去皮、超载指示、故障报警等功能，此外其可与打印机、计算机联用，进一步扩展其功能，如统计称量的最大值、最小值、平均值和标准偏差等。由于电子天平具有机械天平无法比拟的优点，尽管其价格偏高，但还是被越来越广泛地应用于各个领域，并逐步取代机械天平。

1. 电子天平基本结构及称量原理

随着现代科学技术的不断发展，电子天平的结构一直在被不断改进，向着功能多、平衡快、体积小，质量轻和操作简便的趋势发展，但就其基本结构和称量原理而言，各种型号的电子天平都大同小异。常见电子分析天平的基本结构如图 1-1 所示。

2. 电子天平的使用方法

常用电子天平的外形如图 1-2 所示。

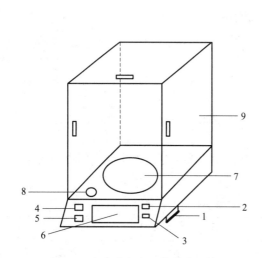

图 1-1　电子分析天平的基本结构

图 1-2　电子天平的外形

1—水平调节螺钉；2—"ON"键；3—"OFF"键；4—"CAL"校正键；5—"TARE"清零键；6—显示屏；7—称量盘；8—气泡式水平仪；9—侧门

电子天平的使用方法较自动电光天平大为简化，无需加减砝码，调节质量。复杂的操作由程序代替。其操作步骤如下。

① 取下防尘罩，叠好放于天平后；检查天平盘内是否干净，若不干净，便予以清扫。

② 检查天平是否水平，若不水平，则调节底座螺钉，使气泡位于水平仪中心。

③ 接通电源，预热 30min 后方可开启显示器。

④ 轻按开关键，显示屏全亮，先显示型号，稍后显示为 0.0000g，即可开始使用。

⑤ 如果显示的不是 0.0000g，则需按一下"调零"键。

⑥ 称量：将容器或被称量物轻轻放在秤盘上，待显示数字稳定并出现质量单位"g"后，即可读数，记录称量结果。若需清零、去皮，轻按去皮键，随即出现全零状态，容器质量显示值已去除，即去皮；可继续在容器中加入药品进行称量，显示的是药品的质量。人们可根据实验要求选用一定的称量方法进行称量。

⑦ 称量完毕，取下被称物，按一下"OFF"键（如不久还要称量，可不拔掉电源），让

天平处于待命状态；再次称量时按一下"ON"键就可使用。使用完毕，应拔下电源插头，盖上防尘罩，并进行登记。

⑧ 每次使用前，原则上都要进行校正。使用前按校正键（CAL）键，天平将显示所需校正的砝码质量（如100g），放上100g标准砝码，直至显示100.0g，即校正完毕，取下标准砝码。

电子天平的使用方法较全自动电光天平大为简化，无需加减砝码、调节质量。复杂的操作由程序代替。

3. 电子天平的使用规则

① 使用前检查天平是否正常，是否水平；秤盘是否洁净；硅胶（干燥剂）是否变色失效。

② 称量物的总质量不能超过天平的称量范围。

③ 只能在同一台天平上完成实验的全部称量。

④ 不得随意开启天平前门，被称物只能从侧门取放。

⑤ 不能用手直接取放物体。

⑥ 被称物外形不能过大，重物应位于秤盘中央。

码1-8 分析天平
的操作-调水平

⑦ 严禁将化学品直接放在秤盘上称量，对于过热或过冷的称量物，待其回到室温后方可称量。

⑧ 在开关门放取称量物时，动作必须轻缓，切不可用力过猛或过快，以免造成天平损坏。

⑨ 读数前要关闭天平两边侧门，防止气流影响读数。

⑩ 称量结束，将天平复原并核对一次零点。关闭天平，进行登记。盖好防尘罩，切断电源。

4. 电子天平的称量方法

用电子天平进行称量时，根据称量对象的不同，可采用下列几种方法。

（1）直接称量法　天平零点调定后，用一干净的纸条套住称量物（也可采用戴一次性手套、专用手套，用镊子或钳子等方法），将称量物直接置于称盘上（试剂应装入称量瓶、称量纸或烧杯），所得读数即被称物质量。称量记录完毕，取出被称物，关闭侧门，盖上防尘罩。

码1-9 分析天平
的操作——校准

码1-10 分析天平
的操作——称量

码1-11 直接称
量法

码1-12 固定称
量法

直接称量法适用于称量洁净、干燥的器皿或棒状、块状的金属及其他整块的不易潮解或不易升华的固体样品，如小烧杯、表面皿、称量瓶等。

（2）固定称量法（增量法）　固定称量法用于称量指定质量的试剂或试样。如称量基准物质，来配制一定浓度和体积的标准溶液。此方法称量速度很慢，适于称量，在空气中性质稳定，不吸水，颗粒细小或呈粉末状的样品，其操作过程如下。

① 调节零点。

② 准备一个干燥、洁净的表面皿，放在电子天平秤盘中央，按下"TARE"去皮键，使屏幕显示为零。

③ 用药匙将试样慢慢加入盛放试样的表面皿或其他器皿中。直到屏幕显示 0.5000g，此时称得试剂的质量正好是 0.5000g。重复操作 3 次，记录数据。

（3）减量称量法　取适量待称样品，置于一洁净、干燥的容器（称固体、粉状样品用称量瓶，称液体样品可用小滴瓶）中，在天平上准确称量后，将称量的样品置于实验器皿中，再次准确称量容器质量，两次称量读数之差，即所称取样品的质量。如此重复操作，可连续称取若干份样品。该方法适于一般颗粒状、粉状样品及液态样品的称量。由于称量瓶和滴瓶都有磨口瓶塞，有利于称量易吸湿、易氧化、易挥发的试样。

称量瓶是减量称量粉末状、颗粒状样品最常用的容器。用前要洗净烘干或自然晾干，称量方法如下。

① 用小纸条夹住已干燥好的装有试样的称量瓶（或戴上手套），在电子天平上称出其准确质量，记录为 m_1。

② 打开天平侧门将用纸条套住的称量瓶取出。

③ 在事先准备好的接收器上方，倾斜瓶身，打开瓶盖，用称量瓶盖轻敲瓶口上部，使试样慢慢落入接收器，当倾出的试样接近所需量时，一边用瓶盖继续轻敲瓶口，一边竖直瓶身，使粘附在瓶口上的试样落回到瓶底（注意：切勿让试样撒出接收器）。其操作方法如图 1-3 所示。

(a) 称量瓶　　　　　　(b) 称量瓶的拿法　　　　(c) 从称量瓶中敲出试样的操作

图 1-3　称量瓶及操作方法

④ 盖好称量瓶盖，把称量瓶放回天平秤盘，再次准确称量其质量，记录为 m_2。

倾出试样的质量 m 为两次称量之差（$m_1 - m_2$）。

若敲出试样恰好在所需范围，记录此时的数据。若一次倾出的试样量不够所需量，可再次倾倒直到倾出试样质量满足要求（以在欲称质量的 ±10% 以内为宜），之后记录天平读数，但添加试样不得超过 3 次，否则应重称。若敲出试样质量超出上线 0.5g，则需要弃去重称。如此操作称取 3 份试样分别于 3 个器皿中，记录实验数据。

码1-13　减量称量法（固体）

操作时应注意的事项如下。

① 试样绝不能洒落在秤盘上和天平内。

② 称好的试样必须定量地转入接收器。

③ 称量完毕后要仔细检查是否有试样洒落在天平箱的内外，必要时加以清除。

码1-14　减量称量法（液体）

任务四　化学分析常用玻璃器皿的洗涤及操作

一、知识目标

（1）了解分析化学常用玻璃仪器的规格、用途；

（2）掌握滴定管、容量瓶、移液管的使用方法；

（3）掌握常用玻璃仪器的保管方法。

二、能力目标

（1）能正确选用洗涤剂洗涤玻璃仪器并干燥；

（2）能熟练、正确地使用滴定管、容量瓶、移液管；

（3）能正确规范地保管、摆放常用玻璃仪器。

三、素质目标

（1）具有团结协作精神；

（2）能严格执行实验室 7S 管理制度；

（3）具有大局意识，科学、公正完成实验任务。

四、教、学、做说明

学生在完成【相关知识】及线上学习的基础上，由教师引领，熟悉实验室环境，了解实验室常用玻璃仪器的种类及操作方法，并在教师的指导下完成化学分析常用玻璃器皿的洗涤及操作。

五、工作准备

1. 仪器

（1）容器类　洗瓶；试管；表面皿；锥形瓶；试剂瓶；滴瓶；称量瓶等。

（2）量器类　量筒；吸量管；移液管；容量瓶；滴定管等。

（3）其他器皿　洗耳球；水浴锅；药匙；毛刷等。

（4）干燥设备　电热恒温干燥箱、电吹风机、气流烘干器等。

2. 试剂

铬酸洗液；去污粉；碱性高锰酸钾洗涤液；盐酸；乙醇；合成洗涤剂等。

3. 实验原理

玻璃仪器的洗涤原理：选择合适的洗涤剂，利用洗涤剂与污物之间的化学反应或物理化学作用，使污物脱离容器壁后与洗涤剂一起流走，最后用蒸馏水按"少量多次"原则洗涤干净。

玻璃器皿洗净的标准为内壁能被水均匀湿润而不挂水珠。

六、工作过程

1. 按要求认领、清点本次实验的玻璃器皿

2. 认识各种仪器的名称和规格

3. 洗涤并干燥玻璃仪器

4. 操作练习

（1）滴定管的使用　滴定管是滴定时准确测量溶液体积的量器。

酸式滴定管：洗涤、试漏、涂凡士林、润洗（用水代替）、装溶液（用水代替）、排空气、调"0"、滴定（连续放液、加一滴、加半滴操作练习）、读数。

碱式滴定管：洗涤、试漏、润洗（用水代替）、装溶液（用水代替）、排空气、调"0"、滴定（连续放液、加一滴、加半滴操作练习）、读数。

（2）容量瓶的使用　洗涤、试漏、转移溶液（用水代替）、稀释、定容、摇匀。

配制好的溶液长期保存时需转移到试剂瓶中。

（3）移液管、吸量管的使用　洗涤、润洗（用水代替）、吸液、调液面、移液（移至锥形瓶）。

吸量管的操作与移液管的基本相同。但放出溶液时，可以控制将不同体积的溶液移入锥形瓶。

对以上每种玻璃仪器的使用重复练习2~3次。

码1-15　酸式滴定管的操作　　码1-16　碱式滴定管的操作　　码1-17　容量瓶的使用　　码1-18　移液管的操作

5. 将仪器整齐摆放到指定位置

📚 相关知识

在分析工作中，玻璃仪器洗涤及正确、规范操作不仅是实验前必须做的准备工作，也是技术性的工作。仪器洗涤是否符合要求，操作是否规范熟练，对分析结果的准确度和精密度有很大的影响。因此人们必须掌握它们洗涤、干燥及操作技术。

一、玻璃仪器的洗涤

在滴定分析中，容量瓶、移液管、滴定管等玻璃仪器是分析化学实验中必不可少的常用仪器，实验前后对玻璃仪器的洗涤是分析化学实验的必要环节。干净的玻璃仪器既是实验室环境及实验者素质的展示，又是实验成功和数据准确度高的关键。正确和规范地使用滴定管、容量瓶和移液管等玻璃仪器对于获得准确的分析结果、减少误差，具有很重要的意义，所以玻璃器皿必须在使用前洗净，一般要求内外壁被水均匀润湿而不挂水珠。

一般的器皿，如烧杯、量筒、锥形瓶、量杯等，可用毛刷蘸去污粉或合成洗涤剂刷洗，之后再用自来水洗净、蒸馏水润洗（本着"少量、多次"的原则）3次。

滴定管、移液管、吸量管、容量瓶等，有精确刻度，为了避免容器内壁受损而影响测量的准确度，一般用 $0.2\%\sim0.5\%$ 的合成洗涤剂或铬酸洗液浸泡几分钟（铬酸洗液收回），再用自来水洗净、蒸馏水润洗 3 次，不能用刷子刷洗。

常用洗涤剂有下列几种。

铬酸洗液：具有强酸性、强氧化性，对有机物、油污等的去污能力特别强。

配制时，$10g\ K_2Cr_2O_7$ 加 20mL 水，加热搅拌溶解，冷却后慢慢加入 200mL 浓硫酸。一般贮存于玻璃瓶中。铬酸洗液有效时呈暗红色，失效时呈绿色。

碱性高锰酸钾洗涤液：用于洗涤油污及有机物。配制时，将 $4g\ K_2Cr_2O_7$ 溶于少量水中，再缓缓加入 100mL10％ NaOH 溶液。

此外还有有机溶剂洗涤剂等。

二、玻璃仪器的干燥

使用前根据不同的情况采用不同的方法。

① 空气晾干（风干）：将洗净的仪器倒立放置在仪器架上，让其在空气中自然干燥。

② 烤干：将仪器外壁擦干后用小火烘烤，烘烤时要不停转动仪器，使其受热均匀，管口必须朝下倾斜，以免水珠倒流引起炸裂。

③ 烘干：将洗净的仪器放于烘箱中，将温度控制在 105℃左右，烘干，但不能用于精密度高的容量仪器的烘干。

④ 吹干：使用电吹风或玻璃仪器气流烘干器。

一般带有刻度的仪器不得用明火或电炉加热的方法进行干燥，以免影响仪器的精密度。

三、玻璃仪器的操作技术

在滴定分析中，常用滴定管、容量瓶、移液管和吸量管等仪器来准确测量溶液体积。溶液体积测量的准确度不仅取决于所用量器是否准确，更重要的是取决于是否正确准备和使用量器。因此，对于这类仪器的正确使用，将直接影响分析结果的准确性，下面分别介绍这些常用仪器的基本操作方法。

1. 滴定管

滴定管是滴定时来准确测量所流出标准溶液体积的量器，是滴定分析最基本的仪器之一，常用滴定管的规格有 50mL 和 25mL，最小刻度为 0.1mL，可估读到 0.01mL，一般读数误差为 $\pm0.02mL$。

滴定管一般分为两种：一种是酸式滴定管，另一种是碱式滴定管，如图 1-4 所示。

酸式滴定管用来盛放酸性溶液及氧化性溶液，因磨口玻璃活塞会被碱液腐蚀，放置久了，活塞就打不开，因此不宜盛放碱液。碱式滴定管的下端连接一橡胶管，内放一玻璃珠，以控制溶液的流出，下面再连一尖嘴玻管。这种滴定管可盛放碱液及无氧化性溶液，而不能盛放可与橡胶起反应的溶液，如 $K_2Cr_2O_7$ 等。

（1）滴定前的准备　首先要对滴定管做初步检查，检查酸式滴定管活塞转动是否灵活，是否漏水；检查碱式滴定管橡胶管径与玻璃球大小是否合适，橡胶管是否有孔洞、硬化等。若胶管已

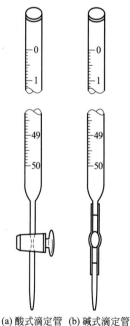

(a)酸式滴定管　(b)碱式滴定管

图 1-4　滴定管

老化，玻璃珠过大（不易操作）或过小以及不圆滑（漏水），则均应更换。

①洗涤。使用滴定管前先用自来水冲洗；再用少量蒸馏水荡洗 2~3 次，洗净后，管壁上不应附着有水珠；最后用少量待装溶液洗涤 2~3 次，防止加入的待装溶液被蒸馏水稀释。操作时两手平端滴定管，慢慢转动，使待装溶液流遍全管，然后将溶液从滴定管下端放出，以除去管内残留水分。

②涂凡士林。为了使旋转活塞灵活而又不漏水，必须给酸式滴定管旋塞涂一层凡士林，方法如图 1-5 所示。

 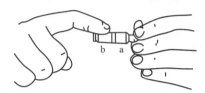

图 1-5　旋塞涂凡士林

涂凡士林时，将活塞取出，用滤纸擦干活塞及活塞套，在活塞粗端和活塞套细端分别涂一薄层凡士林，亦可在玻璃活塞孔的两端涂上一薄层凡士林，小心不要涂在孔边以防堵塞孔眼，然后将活塞放入活塞套内，沿一个方向旋转，直至透明，最后在活塞末端套一橡胶圈以防使用时将活塞顶出。

若活塞孔或玻璃尖嘴被凡士林堵塞，将滴定管充满水后，将活塞打开，此时用洗耳球在滴定管上部挤压、鼓气，一般可将凡士林排出；若还不能把凡士林排出，可将滴定管尖端插入热水中温热片刻，然后打开旋塞，此时管内的水突然流下，可将软化的凡士林冲出，之后再重新涂油、试漏。

滴定管除无色的外，还有棕色的，用以盛放见光易分解或有色的溶液，如 $AgNO_3$、$Na_2S_2O_3$、$KMnO_4$ 等溶液。

③装入滴定剂。将滴定剂加入滴定管中，至刻度"0"以上，开启旋塞或挤压玻璃球，将滴定管下端的气泡逐出，然后把管内液面的位置调节到"0"刻度。

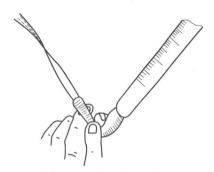

图 1-6　碱式滴定管排气方法

排气时，对于酸式滴定管，可通过溶液急速下流驱去气泡。对于碱式滴定管，可将橡胶管向上弯曲，并在稍高于玻璃珠所在处用两手指挤压，使溶液从尖嘴口喷出，气泡即被溶液挤出，如图 1-6 所示。

在装入标准溶液时，应直接倒入，不得借助其他容器（如烧杯、漏斗等），以免改变标准溶液浓度或造成污染。

（2）滴定管的操作　滴定开始前，先把悬挂在滴定管尖端的液滴除去。滴定时用左手控制活塞（注意手心不要顶住活塞，以免将活塞顶出，造成漏液），右手持锥形瓶，边滴边摇，使溶液均匀混合，反应进行完全。临近滴定终点时，滴定速度应十分缓慢，应一滴一滴地加入，防止过量，并且用洗瓶挤入少量蒸馏水洗锥形瓶内壁，以免有残留的液滴未起反应，然后再加半滴，直至终点，如图 1-7（a）所示。

半滴的滴法是：稍稍转动滴定管活塞，使半滴溶液悬于滴定管口，将锥形瓶内壁与管口接触，使溶液靠入锥形瓶并用蒸馏水冲下，滴定操作最后，待滴定管内液面完全稳定后，方可读数。

使用碱式滴定管时，左手拇指在前，食指在后，捏住橡胶管中玻璃珠所在部位稍上处，向外侧捏挤橡胶管，使橡胶管和玻璃珠之间形成一条缝隙，溶液即可流出，但注意不能捏挤玻璃珠下方的橡胶管，否则使空气进入形成气泡，如图 1-7（b）所示。

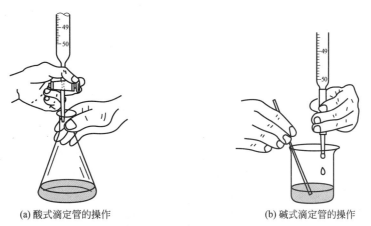

(a) 酸式滴定管的操作   (b) 碱式滴定管的操作

图 1-7　滴定管的操作

无论用哪种滴定管，都必须掌握三种加液方法：逐滴加入、加一滴、加半滴。

（3）滴定管读数　滴定管读数不准确是滴定分析误差的主要来源之一，人们应掌握正确的读数方法。滴定管读数时应遵循下列原则。

① 读数时，滴定管应保持垂直。

② 读数时，视线与溶液弯月面下缘最低点应在同一水平面上，之后读出其与弯月面相切时所对应的刻度，视线高于液面，读数偏低，视线低于液面，读数偏高，如图 1-8 所示。

③ 对于无色或浅色溶液，应读取弯月面下缘的最低点，若溶液颜色太深而不能观察到弯月面，则可读两侧最高点，也可用白色卡片作为背景，如图 1-9 所示。

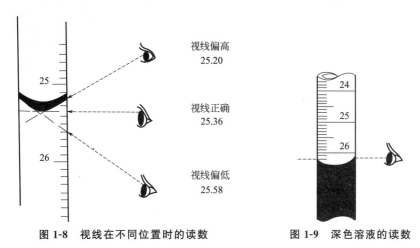

图 1-8　视线在不同位置时的读数　　　　**图 1-9　深色溶液的读数**

④ 读数时必须读到小数点后两位，即估读到 0.01mL。滴定管上相邻两个刻度之间为 0.1mL。

⑤ 每次滴定前，将液面调节在"0.00"处或稍下的位置，由于滴定管的刻度不可能绝

对均匀，所以在同一实验中，溶液的体积应控制在滴定管的相同部位，这样由刻度不准所引起的误差可以抵消。

⑥ 对于初学者，可在滴定管后衬一黑白两色的读数卡，如图 1-10 所示。

读数时，将读数卡紧贴在滴定管后，使黑色部分在弯月面下 1mm 处，此时即可看到弯月面的反射层呈现黑色，然后读此黑色弯月下缘最低点所对应的刻度。

图 1-10　读数卡

2.容量瓶

容量瓶是细颈梨形平底玻璃瓶，由无色或棕色玻璃制成，带有磨口玻璃塞，颈上有一标线，瓶上标有它的体积和标定时的温度。

容量瓶主要用来配制准确浓度的溶液或定量地稀释溶液。

常用的容量瓶有 50mL、250mL、500mL、1000mL 等多种规格。容量瓶常与移液管联合使用，容量瓶磨口塞需原配，不可在烘干箱中烘干。

（1）容量瓶使用前的检查　使用前要检查瓶口是否漏水。检查方法是：加入自来水，至标线的附近，盖好瓶塞，瓶外水珠用布擦拭干净。左手按住瓶塞，右手拿住瓶底，颠倒约10 次（每次要在倒置状态停留 10s），观察瓶塞周围是否有水渗出。如果不漏，将瓶直立，把瓶塞转动约 180°后，再检查一次，合格后用橡皮筋将瓶塞系在瓶颈上，以防摔碎或与其他瓶塞弄混。

（2）容量瓶的洗涤　用铬酸洗液清洗内壁，然后用自来水和蒸馏水洗净。

（3）容量瓶的操作方法　将固体物质（基准物质或被测样品）配制成溶液时，先将固体物质在烧杯中溶解，再将溶液转移至容量瓶。转移时，玻璃棒的下端靠近瓶颈内壁，以使溶液沿玻璃棒缓缓流入瓶中（图 1-11），溶液全部流完后将烧杯沿玻璃棒上移，同时直立，使附着在玻璃棒与烧杯嘴之间的溶液流回烧杯中。然后用蒸馏水洗涤烧杯及玻璃棒 2～3 次，洗涤液一并转入容量瓶。然后用蒸馏水稀释至容积 3/4 处，摇动容量瓶（不要盖瓶盖，不能颠倒，水平转动摇匀），使溶液混合均匀，继续加蒸馏水，至距离标线1～2cm 时，等待 1～2min，再用滴管慢慢滴加，直至溶液的弯月面最低点与标线上缘相切，塞紧瓶塞，用左手食指按住瓶塞，将容量瓶倒转 15～20 次，直到溶液混匀，如图 1-12所示。

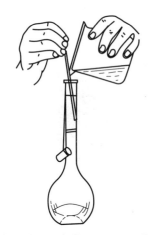

图 1-11　转移溶液入容量瓶（此图只是演示动作）　　　　**图 1-12　检查漏水及混匀溶液操作**

浓溶液的定量稀释：用移液管吸取一定体积的浓溶液，移入容量瓶，按上述方法稀释至标线，摇匀。

需避光的溶液应使用棕色容量瓶配制，热溶液冷却至室温后，才能转入容量瓶，否则会造成体积误差。

容量瓶不能长期存放溶液，不可将容量瓶当作试剂瓶使用，尤其是碱性溶液，其会侵蚀瓶塞，使容量瓶无法打开；也不能用火直接加热及烘烤。使用完毕后应立即洗净。如长时间不用，磨口处应洗净擦干，并用纸片将磨口隔开。

3. 移液管和吸量管

移液管是用于准确移取一定体积溶液的量出式玻璃器皿，通常有两种形状。一种移液管中间有膨大部分，称为胖肚移液管，管颈上部刻有一标线，用来控制所吸取溶液的体积，常用的有 5mL、10mL、20mL、25mL、50mL 等规格。由于读数部分管径小，其准确性高。另一种是直形的，管上有分刻度，称为吸量管。移液管的使用方法如下。

（1）移液管的洗涤　移液管在使用前应洗净。通常先用自来水洗涤，再用铬酸洗液洗涤，最后依次用自来水、蒸馏水润洗干净。

（2）移液管的润洗　使用时，应先用滤纸将尖端内外的水吸净，否则会因引入水滴改变溶液的浓度。然后，用少量所要移取的溶液，将移液管润洗 2～3 次，以保证移取的溶液浓度不变。润洗的方法是：用洗净并烘干的小烧杯倒出一部分欲移取的溶液，用移液管吸取 5～10mL 后，立即用右手食指按住管口（尽量不要使溶液回流，以免稀释），将管横过来，用两手的拇指及食指分别拿住移液管两端，转动移液管使溶液布满全管内壁，当溶液流至距上口 2～3cm 时，将管直立，使溶液由尖嘴放出，并弃去。

（3）移取溶液　移取溶液时，一般用右手的大拇指和中指拿住颈标线上方的玻璃管，将下端插入溶液 1～2cm，插入太深会使管外沾附溶液过多，影响量取溶液体积的准确性；太浅往往会产生空吸。吸取溶液时，左手拿洗耳球，先把球内空气压出，然后把洗耳球的尖端接在移液管顶口，慢慢松开洗耳球使溶液吸入管内，如图 1-13 所示。当溶液吸至标线以上时，移去洗耳球，立即用右手的食指按住管口，移液管离开液面，并将原插入溶液的部分沿容器内壁轻转两圈（或用滤纸擦干移液管下端）以除去管壁上沾附的溶液，然后稍松食指，待管内液体的弯月面慢慢下降到标线处时，立刻用食指压紧管口。取出移液管，将移液管移入另一容器（如锥形瓶），并使管尖与容器壁接触，松开食指让液体自由流出；流完后再等 15s 左右。残留于管尖内的液体不必吹出，因为在校正移液管时，未把这部分液体体积计算在内，如图 1-14 所示。

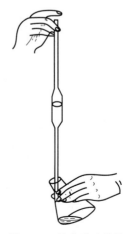

图 1-13　吸取溶液操作　　　　　　图 1-14　放出溶液操作

　　吸量管的操作方法与移液管相同，但应注意的是，凡刻有"吹"字的吸量管，使用时必须将管尖内的溶液吹出，不允许保留。

　　移液管、吸量管使用后，应洗净放在移液管架上。移液管和吸量管都不能放在烘箱中烘烤，以免引起容积变化而影响测量的准确度。

任务五　滴定分析仪器的校准

一、知识目标

　　（1）熟悉滴定分析仪器的允差范围；

　　（2）掌握滴定分析仪器的误差来源及校准方法。

二、能力目标

　　（1）会用绝对校准法和相对校准法对滴定分析仪器进行校准；

　　（2）能熟练计算校准后溶液的体积；

　　（3）进一步熟悉分析天平的称量方法。

三、素质目标

　　（1）具有团结协作精神；

　　（2）能严格按照所给方法进行校准并出具标准数据；

　　（3）具有大局意识，科学、公正完成实验任务。

四、教、学、做说明

　　学生在认真学习【相关知识】的基础上，由教师引领，分组讨论，设计实施本任务的方案，并在教师的指导下完成滴定分析仪器的校准，最后将校准结果与全班进行交流，找出误差的原因及减免误差的方法。

五、工作准备

　　（1）仪器　滴定管；容量瓶；移液管；锥形瓶；温度计；分析天平。

　　（2）试剂　蒸馏水。

六、工作过程

　　1. 滴定管的校准（称量法）

　　① 取已洗净且干燥的 50mL 磨口锥形瓶，在分析天平上称其质量，准确至小数后两位。

　　② 将 50mL 滴定管洗净，装入已测温度的水。

　　③ 将滴定管的液面调至 0.00 处。按滴定时常用速度将水放入已称重的锥形瓶中，至 10mL 左右时盖紧瓶塞，用分析天平称其质量（准确至 0.00g）。用上述方法继续校正，直至放出 50mL 水。

　　④ 每前后两次质量之差，即放出水的质量，记录称量水的质量，并计算出滴定管各部分的实际容积，最后求其校正值。

　　⑤ 重复校准一次。两次校准所得同一刻度的体积差应不大于 0.01mL，求其平均值。

水温 25℃时，校准 50mL 滴定管的实验数据列于表 1-11。

表 1-11　校准 50mL 滴定管的实验数据

水的温度 = 25℃　　　　　　　　　　　　　　1L 水的质量 = 996.12g

滴定管读数/mL	读出的总容积/mL	瓶与水的质量/g	总水质量/g	总实际容积/mL	总校准值/mL
0.03		29.20（空瓶）			
10.13	10.10	39.28	10.08	10.12	+0.02
20.10	20.07	49.19	19.99	20.07	0.00
30.17	30.14	59.27	30.07	30.19	+0.05
40.20	40.17	69.24	40.04	40.20	+0.03
49.99	49.96	79.07	49.87	50.06	+0.10

2. 移液管和容量瓶的相对校准

将 25mL 移液管和 250mL 容量瓶洗净、晾干，然后用 25mL 移液管移取蒸馏水于 250mL 容量瓶中，第 10 次后，观察液面最低点是否与标线相切。若不相切，重新作一记号为标线。以后的实验中，此容量瓶与该移液管要相配使用，并以新记号作为容量瓶的标线。

码1-19　容量瓶与移液管的相对校准

 相关知识

滴定管、容量瓶和移液管等是滴定分析常用的玻璃器皿，都具有刻度和标准容量，但由于制造工艺的限制、温度的变化、试剂的腐蚀等，它们的实际容积与所标示的容积常常存在差值，此差值必须符合一定的标准（容量允差）。若这种误差小于滴定分析允许误差，则不必进行校准，但在要求较高的分析工作中则必须进行校准。因此学习并掌握容量仪器的校准方法是十分必要的。

一、容量仪器的允差

国家规定的容量仪器容量允差见表 1-12（摘自国家标准 GB/T 12805—2011）。

表 1-12　容量仪器的容量允差

滴定管			移液管			容量瓶		
容积/mL	容量允差（±）/mL		容积/mL	容量允差（±）/mL		容积/mL	容量允差（±）/mL	
	A	B		A	B		A	B
5	0.010	0.020	2	0.010	0.020	25	0.03	0.06
10	0.025	0.050	5	0.015	0.030	50	0.05	0.10
25	0.05	0.10	10	0.020	0.040	100	0.10	0.20
50	0.05	0.10	25	0.030	0.060	250	0.15	0.30
100	0.10	0.20	50	0.050	0.100	500	0.25	0.50
			100	0.080	0.160	1000	0.40	0.80

二、容量仪器的校准方法

在实际分析工作中，对滴定管、容量瓶和移液管校准时，通常采用绝对校准和相对校准两种方法。

1. 绝对校准法（称量法）

（1）原理 称量量入式或量出式玻璃器皿中水的表观质量，再根据该温度下水的密度，计算出该玻璃器皿在该温度下的容量。

绝对校准即测定容量仪器的实际容积，常采用称量法，用分析天平称量容量仪器中所容纳或所放出水的质量，再根据该温度下纯水的密度 ρ，将水的质量换算成体积。其换算公式为：

$$V_t = m_t / \rho_{t水}$$

式中 V_t——t℃时水的体积，mL；

m_t——t℃时在空气中称得水的质量，g；

$\rho_{t水}$——t℃时空气中水的密度，g/mL。

测量体积时的基本单位是"升"，1L是指在真空中质量为1kg的纯水，在3.98℃时所占的体积。在滴定分析中常以"毫升"作为基本单位，即在3.98℃时，1mL纯水在真空中的质量为1.000g。如果校正工作也在3.98℃和真空下进行，则称出的纯水质量（g）就等于纯水的体积（mL）。但实际工作中，不可能在真空中称量，即不可能在3.98℃时进行分析测定，而是在空气中称量，在室温下进行分析测定。国产的分析仪器，其体积都是在以20℃为标准温度条件下进行标定的。如一个标有20℃、1L的仪器容量瓶，表示在20℃时，它的体积为1L，即真空中1kg纯水在3.98℃时所占有的体积。

由于称量是在空气中进行的，所以将称出的纯水质量换算成体积时，必须考虑下列三种因素的影响：

① 水的密度随温度改变而改变。在3.98℃的真空中，水的相对密度为1，高于或低于此温度时，其相对密度均小于1。

② 空气浮力对称量水质量的影响。校准时，在空气中称量，由于空气浮力的影响，水在空气中称得的质量必然小于在真空中称得的质量，此减轻的质量应加以校准。

③ 温度对玻璃仪器热胀冷缩的影响。温度改变时，因玻璃膨胀或收缩，容量器皿的容积也随之改变。因此，在不同温度校准时，必须以标准温度为基础加以校准。

在一定温度下，上述三种因素的校准值是一定的，所以可将其合并为一个总的校准值。将在20℃时玻璃容器中，在不同温度下，1mL纯水于空气中用黄铜砝码称得的质量列于表1-13中。

表 1-13 不同温度下 1mL 纯水在空气中的质量（用黄铜砝码称量）

温度/℃	质量/g	温度/℃	质量/g	温度/℃	质量/g
10	0.99839	17	0.99765	24	0.99638
11	0.99832	18	0.99751	25	0.99617
12	0.99823	19	0.99734	26	0.99593
13	0.99814	20	0.99718	27	0.99569
14	0.99804	21	0.99700	28	0.99544
15	0.99793	22	0.99680	29	0.99518
16	0.99780	23	0.99660	30	0.99491

利用此值可将不同温度下水的质量换算成 20℃时的体积，换算公式为：

$$V_{20}=m_t/\rho_t$$

式中　m_t——t℃时在空气中用砝码称得玻璃仪器中放出或装入纯水的质量，g；

ρ_t——1mL 纯水在 t℃时用黄铜砝码称得的质量，g/mL；

V_{20}——将 mt_g 纯水换算成 20℃时的体积，mL。

（2）滴定管校准

① 取已洗净且干燥的 50mL 磨口锥形瓶，在分析天平上称其质量，准确至小数后两位。

② 将 50mL 滴定管洗净，并向滴定管中装入与室温达平衡的蒸馏水。

③ 将滴定管的液面调至 0.00 处。按滴定时常用速度（3 滴/秒）将一滴蒸馏水放入已称重的锥形瓶中，注意勿将水沾到瓶口上，盖紧瓶塞，用分析天平称其质量（准确至 0.00g）。

④ 两次质量之差即滴定管放出水的质量。测定水温后从表 1-4 得到该温度下的密度，并计算该体积下滴定管的实际容积。

⑤ 重复校准一次，两次校准所得同一刻度的体积差应不大于 0.01mL（至少校准两次），算出各个体积处的校准值（两次平均），以滴定管读数为横坐标，校准值为纵坐标，用直线连接各点，绘出校准曲线。

一般，50mL 滴定管每 10mL 测得一个校准值，25mL 滴定管每隔 5mL 测得一个校准值，3mL 微量滴定管每隔 0.5mL 测得一个校准值。

【例 1-1】 校准滴定管时，在 21℃下从滴定管中放出 10.03mL 水，称得其质量为 9.981g，计算该段滴定管在 20℃时的实际体积及校准值。

解：查表 1-13 得，21℃时 $\rho_{21}=0.99700$g/mL

$$V_{20}=9.981/0.99700\approx10.01(\text{mL})$$

因此，该段滴定管在 20℃时的实际体积为 10.01mL。

体积校准值 $\Delta V=10.01-10.03=-0.02$(mL)

该段滴定管在 20℃时的体积校准值为 -0.02mL。

（3）容量瓶校准　将洗涤合格并倒置沥干的容量瓶放在天平上称量。蒸馏水充入已称重的容量瓶直至刻度处（注意容量瓶的瓶颈壁不得沾水），称量并测水温（准确至 0.5℃）。根据该温度下的密度，计算其真实体积。

【例 1-2】 15℃时，称得 250mL 容量瓶中（至刻度线时）所容纳纯水的质量为 249.520g，计算该容量瓶在 15℃时的校准值。

解：查表 1-13 得，15℃时 $\rho_{15}=0.99793$g/mL

$$V_{15}=249.520/0.99793\approx250.04(\text{mL})$$

体积校准值 $\Delta V=250.04-250.00=+0.04$(mL)

该容量瓶在 15℃时的校准值为 +0.04mL。

（4）移液管校准　将移液管洗净至内壁不挂水珠，按移液管使用方法吸取已测温度的纯水，并放入已称重的锥形瓶，在分析天平上称量盛水锥形瓶的质量，根据水的质量计算在实验室温度下移液管的实际体积。重复校准一次，两次校准值之差不得超过 0.02mL，否则重新校准。

【例 1-3】 24℃时，称得 25mL 移液管（至刻度线）所放出纯水的质量为 24.902g，计算该移液管在 24℃时的真实体积及校准值。

解：查表 1-13 得，24℃时 $\rho_{24}=0.99638$g/mL

$$V_{24}=24.902/0.99638\approx24.99(\text{mL})$$

该移液管在 24℃时的实际体积为 24.99mL

体积校准值 $\Delta V=24.99-25.00=-0.01(\text{mL})$

该移液管在 24℃时的校准值为 -0.01mL。

2. 相对校准法

相对校准法是相对比较两容器所盛液体体积的比例关系。在定量分析中，许多实验需要用容量瓶配制溶液，再用移液管移取一定比例的试样供测试用。为了保证移出试样的比例准确，就必须进行容量瓶与移液管的相对校准。因此，当两种容量仪器平行使用时，确保它们之间的容积比例正确，比校准它们的绝对容积更为重要。如用 25mL 移液管从 250mL 容量瓶中移出溶液的体积是否是容量瓶体积的 1/10，一般只需要做容量瓶与移液管的相对校准就可以了。

例如用已校准的 25mL 移液管移取蒸馏水于干净且干燥的 250mL 容量瓶中，平行移取10 次，观察容量瓶中水的弯月面下缘是否刚好与标线上缘相切，这种校准方法被称为相对校准法。若正好相切，则说明移液管与容量瓶的体积比例为 1∶10；若不相切，则说明有误差，记下弯液面位置，待容量瓶沥干后再校准一次；若连续两次相符，则用一平直的窄纸条贴在与弯月面相切之处，并在纸条上刷蜡或贴胶布来保护标记。相互校准后，移液管与容量瓶应配套使用。

在分析工作中，滴定管一般采用绝对校准法，对于配套使用的移液管和容量瓶，可采用相对校准法；用作取样的移液管，则必须采用绝对校准法。绝对校准法准确，但操作比较麻烦；相对校准法操作简单，但必须配套使用。

三、溶液体积的校准

滴定分析仪器上标示的数值都是 20℃时的容积，而在实际生产中，温度是不断变化的，当温度不是 20℃时，必然会引起仪器容积和液体体积的变化。如果在某一温度下配制溶液，并在同一温度下使用，就不必校准，因为这时所引起的误差在计算时可以抵消。如果在不同温度下使用，则需要校准。当温度变化不大时，玻璃容器容积变化很小，可以忽略不计，溶液体积变化则不能忽略。溶液体积变化是由溶液密度变化所致，稀溶液密度的变化情况和水相近。表 1-14 列出不同温度下 1000mL 水或稀溶液换算成 20℃时，其体积应增减的数值。

表 1-14　不同温度下标准溶液体积的补正值

（1000mL 溶液由 t℃换算为 20℃时的补正值）　　　　单位：mL/L

温度/℃	水和 0.05mol/L 以下的各种水溶液	0.1mol/L 和 0.2mol/L 的各种水溶液	盐酸溶液 $c(\text{HCl})=$ 0.5mol/L	盐酸溶液 $c(\text{HCl})=$ 1mol/L	硫酸溶液 $c(1/2\text{H}_2\text{SO}_4)=$ 0.5mol/L，氢氧化钠溶液 $c(\text{NaOH})=$ 0.5mol/L	硫酸溶液 $c(1/2\text{H}_2\text{SO}_4)=$ 1mol/L，氢氧化钠溶液 $c(\text{NaOH})=$ 1mol/L
5	+1.38	+1.7	+1.9	+2.3	+2.4	+3.6
6	+1.38	+1.7	+1.9	+2.2	+2.3	+3.4
7	+1.36	+1.6	+1.8	+2.2	+2.2	+3.2
8	+1.33	+1.6	+1.8	+2.1	+2.2	+3.0
9	+1.29	+1.5	+1.7	+2.0	+2.1	+2.7

续表

温度/℃	水和 0.05mol/L 以下的各种水溶液	0.1mol/L 和 0.2mol/L 的各种水溶液	盐酸溶液 c(HCl)= 0.5mol/L	盐酸溶液 c(HCl)= 1mol/L	硫酸溶液 c(1/2H₂SO₄)= 0.5mol/L,氢氧化钠溶液 c(NaOH)= 0.5mol/L	硫酸溶液 c(1/2H₂SO₄)= 1mol/L,氢氧化钠溶液 c(NaOH)=1mol/L
10	+1.23	+1.5	+1.6	+1.9	+2.0	+2.5
11	+1.17	+1.4	+1.5	+1.8	+1.8	+2.3
12	+1.10	+1.3	+1.4	+1.6	+1.7	+2.0
13	+0.99	+1.1	+1.2	+1.4	+1.5	+1.8
14	+0.88	+1.0	+1.1	+1.2	+1.3	+1.6
15	+0.77	+0.9	+0.9	+1.0	+1.1	+1.3
16	+0.64	+0.7	+0.8	+0.8	+0.9	+1.1
17	+0.50	+0.6	+0.6	+0.6	+0.7	+0.8
18	+0.34	+0.4	+0.4	+0.4	+0.5	+0.6
19	+0.18	+0.2	+0.2	+0.2	+0.2	+0.3
20	0.00	0.00	0.00	0.00	0.00	0.00
21	−0.18	−0.2	−0.2	−0.2	−0.2	−0.3
22	−0.38	−0.4	−0.4	−0.5	−0.5	−0.6
23	−0.58	−0.6	−0.7	−0.7	−0.8	−0.9
24	−0.80	−0.9	−0.9	−1.0	−1.0	−1.2
25	−1.03	−1.1	−1.1	−1.2	−1.3	−1.5
26	−1.26	−1.4	−1.4	−1.4	−1.5	−1.8
27	−1.51	−1.7	−1.7	−1.7	−1.8	−2.1
28	−1.76	−2.0	−2.0	−2.0	−2.1	−2.4
29	−2.01	−2.3	−2.3	−2.3	−2.4	−2.8
30	−2.30	−2.5	−2.5	−2.6	−2.8	−3.2
31	−2.58	−2.7	−2.7	−2.9	−3.1	−3.5
32	−2.86	−3.0	−3.0	−3.2	−3.4	−3.9
33	−3.04	−3.2	−3.3	−3.5	−3.7	−4.2
34	−3.47	−3.7	−3.6	−3.8	−4.1	−4.6
35	−3.78	−4.0	−4.0	−4.1	−4.4	−5.0
36	−4.10	−4.3	−4.3	−4.4	−4.7	−5.3

注：1. 本表数值是以 20℃为标准温度，用实测法测出的。

2. 表中带有"+""−"号的数值是以 20℃为分界的。室温低于 20℃的补正值均为"+"，高于 20℃的补正值均为"−"。

【例 1-4】 在 10℃时，滴定用去 26.00mL 0.1mol/L 标准溶液，计算 20℃时该溶液的体积。

解：查表 1-14 得，10℃时 0.1mol/L 标准溶液的补正值为+1.5，则 20℃时该溶液的体积为：26.00+1.5/1000×26.00≈26.04(mL)

任务六 实验报告的书写及实验结果的表述

一、知识目标

（1）掌握数据的记录方法；

（2）掌握实验报告的书写方法及正确表述结果的方法。

二、能力目标

（1）能设计实验数据记录表；

（2）会正确记录实验数据、正确表述分析结果。

三、素质目标

（1）能正确记录实验数据；

（2）能科学、准确地出具实验报告；

（3）具有创新和与人沟通协作的能力。

四、教、学、做说明

学生完成对【相关知识】的学习后，在教师指导下分组讨论、设计实验数据记录表，并与全班进行交流，然后将以下数据填写在表格内（用邻苯二甲酸氢钾标定氢氧化钠标准溶液时，用减量法称取了 3 份样品，质量分别为 0.5996g、0.6005g、0.5993g，在 22℃时用滴定管滴定，消耗氢氧化钠标准溶液的体积依次为 28.62mL、28.72mL、28.64mL，空白试验消耗 0.00mL，此段滴定管校正值为 +0.02mL）。

相关知识

定量分析的任务是准确测定试样中有关组分的含量。为了得到准确的分析结果，不仅要精确地进行各种测量，还要正确地记录实验数据和报告分析结果。分析结果的数据不仅展示试样中被测组分的含量，还反映测量的准确度。因此，学会正确地记录实验数据、书写实验报告、报告分析结果，是分析人员不可缺少的基本业务素质。

一、实验数据的记录

实验数据的记录应做到及时、准确、简明，不追记、漏记和凭想象记。其基本要求如下。

① 学生应有专门的数据记录本，并标上页码，不得撕去其中任何一页，也不能把数据记在单页纸上，或随意记在其他地方。

② 实验记录上要写明日期、任务名称、测定次数、实验数据及检查人。

③ 记录及时准确。

④ 记录测量数据时，其数字的准确度应与分析仪器的准确度一致。如用万分之一的分析天平称量，要记录至 0.0001g。常用滴定管的最小刻度是 0.1mL，而读数时要估读到 0.01mL。

⑤ 原始数据不准随意涂改，不能缺项。在实验过程中，如发现数据记错、测错或读错需要改动，可将该数据用一横线划去，并在其上方写上正确的数字。

⑥ 实验结束后，应检查记录是否正确、合理、齐全，是否需要重新测定等。

二、实验报告的书写

实验报告是总结实验情况，分析实验中出现的问题，归纳总结实验结果，提高学习能力不可缺少的。

独立地书写完整、规范的实验报告，是分析人员必须具备的能力，是信息加工能力的表现。因此，实验结束后，要及时地按要求完成实验报告，并注意不断总结。

1. 书写实验报告

书写实验报告时要用钢笔或圆珠笔，文字要科学规范、表达简明、字迹工整、报告整洁。实验原理部分既要简洁又不能遗漏。实验报告一般包括以下内容。

① 实验名称、实验日期。

② 实验目的。

③ 实验原理。例如滴定分析应包括滴定反应式、测定方法、测定条件、化学计量点的pH、指示剂的选择及使用的酸度范围和终点现象。

④ 实验所需的试剂、仪器。其包括特殊仪器的型号及标准溶液的浓度。

⑤ 实验步骤。实验步骤描述时要按操作的先后顺序，可用箭头流程图表示。

⑥ 实验数据及处理。采用列表法处理实验数据更为清晰、规范。列表法具有简明、便于比较等优点。滴定分析法和重量分析法常用列表法，包括测定次数、数据、结果计算式、平均值、相对极差等内容。涉及的实验数据应使用法定计量单位。

⑦ 实验误差分析。分析误差产生的原因，实验中应注意的问题及改进措施。

2. 开具分析报告

要开出完整、规范的分析报告，必须具备查阅产品标准及法定计量单位的能力，还要掌握生产工艺控制指标，这样才能针对所检验的项目得出正确的结论。同时填写时要求字迹清晰、数字用印刷体表示。分析报告的主要内容见表1-15。

表 1-15 分析报告的主要内容

名称	主要内容	名称	主要内容
分析报告的主要内容	样品名称、编号	分析报告的主要内容	测定平均值、相对极差
	实验项目		实验结论
	平行测定次数		检验人、复核人、分析日期

三、分析结果的表述

在常规分析中，一个试样通常要平行测定3次，在不超过允许相对误差范围内，取3次测定结果的平均值。分析结果一般报告3项值：测定次数、被测组分含量的平均值和标准偏差。

在非常规分析和科学研究中，分析结果应按统计学的观点反映出数据的集中趋势和分散程度，以及在一定置信度下真实值的置信区间。通常用 n 表示测定次数，用平均值来衡量分析结果的准确度，用标准偏差来衡量各数据的精密度。例如，分析某试样中铁的质量分数时，5次测定结果分别为0.3910、0.3912、0.3919、0.3917、0.3922，分析结果表述如下：

测定次数 $n=5$
平均值 $\bar{x}=0.3916$
标准偏差 $s=0.0005$

置信度 $P=95\%$ 时，其置信区间为：

$$\mu=\overline{x}\pm\frac{st}{\sqrt{n}}=0.3916\pm\frac{0.0005\times2.78}{\sqrt{5}}\approx0.3916\pm0.0006$$

在实际工作中，当判断、检查数据是否符合标准要求时，应将所得的测量值与标准规定的极限值作比较。比较方法有以下两种。

1. 修约值比较法

先将测定值进行修约（修约位数与标准规定的极限数值位数一致），再进行比较，以判定该测定值是否符合标准要求。修约值比较法示例见表1-16。

表 1-16　修约值比较法示例

项目	极限数值	测定值	修约值	是否符合标准要求
NaOH 含量/%	≥97.0	97.0 96.96 96.93 97.0	97.0 97.0 96.9 97.0	符合 符合 不符合 符合

2. 全数值比较法

将检验所得的数值不经修约处理（或进行修约处理，但应表明它是经舍、进或不进不舍而得的），用数值的全部数字与标准规定的极限值作比较，以判定该测定值是否符合标准要求。

全数值比较法示例见表1-17。

表 1-17　全数值比较法示例

项目	极限数值	测定值	修约值	是否符合标准要求
NaOH 含量/%	≥97.0	97.01 96.96 96.93 97.00	97.0（＋） 97.0（－） 96.9（＋） 97.0	符合 不符合 不符合 符合

以上所述，若标准中极限数值未加说明，均采用全数值比较法。

在标定所配制的标准溶液浓度时，要求计算测定值时按测定的准确度多保留一位数字。报出结果时按舍、进或不舍不进的修约值表示。

 能力测评与提升

1. 选择题

（1）关于高纯试剂下面说法正确的是（　　　）。

A. 纯度与基准试剂相当

B. 纯度低于基准试剂

C. 纯度低于基准试剂但杂质含量比优级纯低

D. 纯度高于基准试剂但杂质含量比优级纯低

（2）与有机物或易氧化的无机物接触时，会发生剧烈爆炸的酸是（　　　）。

A. 热的浓高氯酸　　　B. 硫酸　　　　　　C. 硝酸　　　　　　　D. 盐酸

（3）应该放在远离有机物及还原物质的地方，使用时不能戴橡胶手套的是（　　　）。

A. 浓硫酸　　　　　　B. 浓盐酸　　　　　　C. 浓硝酸　　　　　　D. 浓高氯酸

（4）称量易挥发的液体样品时用（　　　）。

A. 称量瓶　　　　　　B. 安瓿球　　　　　　C. 锥形瓶　　　　　　D. 滴瓶

（5）下列情况中会导致试剂质量增加的是（　　　）。

A. 盛浓硝酸的瓶口敞开　　　　　　　　　　B. 盛浓盐酸的瓶口敞开

C. 盛固体苛性钠的瓶口敞开　　　　　　　　D. 盛胆矾的瓶口敞开

（6）盐酸和硝酸以（　　　）的比例混合而成的混酸称为"王水"。

A. 1∶1　　　　　　　B. 1∶3　　　　　　　C. 3∶1　　　　　　　D. 3∶2

（7）红色标签试剂适应范围为（　　　）。

A. 精密分析实验　　B. 一般分析实验　　C. 一般分析工作　　D. 生化及医用化学实验

（8）进行有危险性的工作时应（　　　）。

A. 穿戴工作服　　　　B. 戴手套　　　　　　C. 有第二者陪伴　　　D. 自己独立完成

（9）若电器着火不宜选用（　　　）灭火。

A. 1211 灭火器　　　B. 泡沫灭火器　　　　C. 二氧化碳灭火器　D. 干粉灭火器

（10）在实验室，电器着火时应首先采取的措施是（　　　）。

A. 用水灭火　　　　　B. 用沙土灭火　　　　C. 及时切断电源　　　D. 用二氧化碳灭火器灭火

（11）钠着火引起的火灾属于（　　　）火灾。

A. D 类　　　　　　　B. C 类　　　　　　　C. B 类　　　　　　　D. A 类

（12）能用水扑灭的火灾种类是（　　　）。

A. 石油　　　　　　　B. 钠、钾等金属　　　C. 木材　　　　　　　D. 煤气

（13）下列中毒急救方法中错误的是（　　　）。

A. 呼吸系统急性中毒时，应使中毒者离开现场，使其呼吸新鲜空气或做抗休克处理

B. H_2S 中毒后立即进行洗胃，使之呕吐

C. 误食重金属盐溶液时立即洗胃，使之呕吐

D. 皮肤、眼、鼻受有毒物侵害时应用大量自来水冲洗

（14）实验室常用的铬酸洗液是由（　　　）配成的。

A. $K_2Cr_2O_7$ 和浓 H_2SO_4　　　　　　　B. K_2CrO_7 和浓 HCl

C. $K_2Cr_2O_7$ 和浓 HCl　　　　　　　　D. K_2CrO_7 和浓 H_2SO_4

（15）使用标准磨口仪器时，下列做法错误的是（　　　）。

A. 磨口处一般都要涂润滑剂，防止磨口处被腐蚀

B. 磨口处必须洁净

C. 安装时避免磨口连接歪斜

D. 用后立即洗净

（16）制备好的试剂应贮存于（　　　）中。

A. 广口瓶　　　　　　B. 烧杯　　　　　　　C. 称量瓶　　　　　　D. 干燥器

（17）打开浓盐酸、浓硝酸、浓氨水等的试剂瓶，应在（　　　）中进行。

A. 冷水浴　　　　　　B. 走廊　　　　　　　C. 通风橱　　　　　　D. 药品库

（18）下面有关废物的处理不正确的是（　　　）。

A. 毒性小、稳定、难溶的废物可深埋地下

B. 可用焙烧法回收汞盐沉淀残渣的汞

C. 有机废物可以倒掉

D. $AgCl$ 废物可送回国家回收银部门

(19) 实验室安全守则规定，严禁任何（　　）入口或接触伤口，不能用（　　）代替水杯。

A. 食品、烧杯　　　　B. 药品、玻璃器皿　　C. 药品、烧杯　　　　D. 食品、玻璃器皿

(20) 化学烧伤中，酸蚀伤时，应用大量的水冲洗，然后用（　　）冲洗，再用水冲洗。

A. 0.3mol/L HAc 溶液　　　　　　　　B. 2% 的 NaHCO$_3$ 溶液

C. 0.3mol/L HCl 溶液　　　　　　　　D. 2% 的 NaOH 溶液

(21) 下列仪器中不宜加热的是（　　）。

A. 试管　　　　　　　B. 坩埚　　　　　　　C. 蒸发皿　　　　　　D. 移液管

(22) 下列有关容量瓶使用方法中不正确的是（　　）。

A. 使用前应检查是否漏水　　　　　　　B. 瓶塞与容量瓶应配套使用

C. 使用前在烘箱中烘干　　　　　　　　D. 容量瓶不宜代替试剂瓶使用

(23) 正确控制碱式滴定管的操作方法是（　　）。

A. 左手捏挤玻璃珠上方胶管　　　　　　B. 左手捏挤玻璃珠稍下处

C. 左手捏挤玻璃珠稍上处　　　　　　　D. 右手捏挤玻璃珠稍上处

(24) 进行滴定时，事先不应该用所盛溶液润洗的仪器是（　　）。

A. 酸式滴定管　　　B. 碱式滴定管　　　　C. 锥形瓶　　　　　　D. 移液管

(25) 放出移液管中的溶液时，当液面降至管尖后，应等待（　　）。

A. 5s　　　　　　　　B. 10s　　　　　　　C. 15s　　　　　　　D. 30s

(26) 容量瓶的用途为（　　）。

A. 贮存标准溶液

B. 取一定体积的溶液

C. 转移溶液

D. 取准确体积的浓溶液稀释为准确体积的稀溶液

(27) 准确量取 25.00mL 高锰酸钾溶液时，可选择的仪器是（　　）。

A. 50mL 量筒　　　B. 10mL 量筒　　　　C. 50mL 酸式滴定管　D. 50mL 碱式滴定管

(28) 使用吸管时，以下操作正确的是（　　）。

A. 将洗耳球紧接在管口上方再排出其中的空气

B. 将荡洗溶液从上口放出

C. 放出溶液时，使管尖与容器内壁紧贴，且保持管垂直

D. 深色溶液按弯月面上缘读数

(29) 天平最大称量必须（　　）被测物体可能的质量。

A. 大于　　　　　　　B. 小于　　　　　　　C. 等于　　　　　　　D. 接近

(30) 分析天平的精确度是 0.0001，用分析天平称量试样时，下列结果中表述不正确的是（　　）。

A. 0.312g　　　　　　B. 0.0963g　　　　　C. 0.2587g　　　　　D. 0.3010g

2. 判断题

(1) 优级纯化学试剂的标签为深蓝色。　　　　　　　　　　　　　　　　（　　）

(2) 指示剂属于一般试剂。　　　　　　　　　　　　　　　　　　　　　（　　）

(3) 凡优级纯物质都可以用于直接法配制标准溶液。　　　　　　　　　　（　　）

(4) 实验中应根据分析任务、分析方法及分析结果准确度等要求选用不同等级的试剂。

　　　　　　　　　　　　　　　　　　　　　　　　　　　　　　　　　（　　）

(5) 实验中应优先使用纯度较高的试剂，以提高测定的准确度。　　　　　（　　）

(6) 分析结果要求不是很高的实验，可用优级纯或分析纯试剂代替基准试剂。（　　）

(7) 选用化学试剂时纯度越高越好。 （　　）

(8) 取出的液体试剂不可倒回原瓶，以免沾污。 （　　）

(9) 化学试剂选用的原则是在满足实验要求的前提下所选择试剂级别应就低不就高。（　　）

(10) 我国化学试剂一般分为优级纯、分析纯、化学纯和实验试剂四个级别，分别用 GR、AR、CR、CP 表示。 （　　）

(11) 实验室中由油类引起的火灾可用二氧化碳灭火器进行扑灭。 （　　）

(12) 普通分析用水的 pH 应为 5.0～7.0。 （　　）

(13) 水的电导率小于 10^{-6} s/cm 时，可满足一般化学分析要求。 （　　）

(14) 在分析用水的质量要求中，不用进行检验的指标是密度。 （　　）

(15) 原始记录数据应体现真实性、原始性、科学性，出现差错允许更改，而检验报告出现差错不能更改应重新填写。 （　　）

(16) 化验室内可以用干净的器皿处理食物。 （　　）

(17) 使用二氧化碳灭火器灭火时，应注意勿顺风使用。 （　　）

(18) 灭火时必须根据火源类型选择合适的灭火器。 （　　）

(19) 药品贮藏室最好向阳，以保证室内干燥、通风。 （　　）

(20) 在实验室里，倾注和使用易燃、易爆物质时，附近不得有明火。 （　　）

(21) 锥形瓶可以用去污粉直接刷洗。 （　　）

(22) 实验室所用的玻璃仪器都要经过国家计量基准器具鉴定。 （　　）

(23) 电子天平每次使用前，原则上应进行校正。 （　　）

(24) 剧毒试剂，如氰化物、砒霜、氢氟酸、氯化汞等应由专人保管，要经一定手续取用，以免发生事故。 （　　）

(25) 进行滴定操作前，要将滴定管尖处的液滴靠进锥形瓶中。 （　　）

(26) GB/T 18883—2002 中 GB/T 是指推荐性国家标准。 （　　）

(27) 企业可根据其具体情况和产品的质量状况，制定适当低于同种产品国家或行业标准的企业标准。 （　　）

(28) 在实际工作中，滴定管和移液管需要校准，容量瓶不需要校准。 （　　）

(29) 滴定管、容量瓶、移液管在使用之前都需要用试剂溶液进行润洗。 （　　）

(30) 移液管所移取溶液转移后，残留于移液管管尖处的溶液应该用洗耳球吹入容器中。 （　　）

(31) 滴定管、移液管和容量瓶校准的方法有称量法和相对校准法。 （　　）

(32) 玻璃器皿不可盛放浓碱液，但可以盛酸性溶液。 （　　）

(33) 在进行某鉴定反应时，得不到肯定结果，如怀疑试剂已变质，应做对照试验。 （　　）

(34) 滴定至临近终点时加入半滴的操作是：将酸式滴定管的旋塞稍稍转动或碱式滴定管的乳胶管稍微松动，使半滴溶液悬于管口，将锥形瓶内壁与管口接触，使液滴流出，并用洗瓶用纯水冲下。 （　　）

(35) 玻璃器皿的洗净标准是内壁能被水均匀润湿而不挂水珠。 （　　）

3. 简答题

(1) 分析方法分类的主要依据有哪些？如何分类？

(2) 分析化学的任务有哪些？学习的主要内容是什么？

(3) 化学分析和仪器分析各有何优缺点？二者关系如何？

(4) 按被测组分含量来分，分析方法中常量组分分析指含量在什么范围内？若被测组分含量在 0.01%～1%，则对其进行分析属于哪种类型的分析方法？

学习情境二

定量分析误差及数据处理

任务一　定量分析的误差

一、知识目标

（1）了解误差的来源及消除方法；

（2）熟悉误差与偏差的产生及表示方法；

（3）理解准确度、精密度的概念及二者之间的关系。

二、能力目标

（1）能区分系统误差和随机误差及产生的原因；

（2）学会用精密度和准确度判断分析结果；

（3）掌握提高分析结果准确度的方法。

三、素质目标

（1）能做到诚信为本、爱岗敬业；

（2）具有质量意识、绿色环保意识；

（3）具有较强的集体意识和团队合作精神。

四、教、学、做说明

学生在完成【相关知识】及线上学习的基础上，结合前面所学知识，在教师指导下，分组讨论：某分析化学实验室现有一瓶基准物质无水碳酸钠，标签上显示含量为 99.95%，而小李同学测得碳酸钠含量为 99.05%，请帮他分析测定结果偏低的原因，并提交完整的报告。

相关知识

定量分析的任务是测定试样中组分的含量，要求测定结果有一定的准确度，否则会导致材料浪费、产品报废，甚至得出错误的结论。

但是在实际工作中，由于受分析方法、测量仪器、试剂和分析工作者熟练程度等主、客观条件的限制，测定结果不可能和真实值完全一致，总是有一定误差。即使技术很熟练的技术人员，用最恰当的分析方法和最精密的仪器，对同一试样进行多次分析，也不可能得到完全一致的分析结果。这说明误差是客观存在的。测定的结果只能接近被测组分的真实含量，而不是被测组分的真实含量。所以，在定量分析时，分析工作者不仅要对试样中的组分进行测定，得到被测组分的含量，而且要对分析结果的数据进行正确、合理的取舍，同时还要对分析结果的准确性、可靠性进行评价，检查分析过程中误差产生的原因及误差出现的规律，并采取有效的措施来减小误差，从而使分析结果尽量达到较高的准确度。

在此主要介绍定量分析中误差的分类、来源，误差的表示，提高分析结果准确度的方法等有关知识。

一、误差的分类及其来源

误差，是测定值或其平均值与真实值之间的差值，它有正、负之分。如果测定值小于真实值，也就是结果偏低，称为负误差；相反，若测定值大于真实值，也就是结果偏高，称为正误差，正、负误差的性质相同，都应该消除或减小。

定量分析误差，按性质和产生的原因可分为系统误差和随机误差两大类。

1. 系统误差

系统误差是由某种固定的因素造成的，具有单向性，即正负、大小都有一定的规律性。当重复进行测定时，系统误差会重复出现。若能找出原因，并设法加以校正，系统误差就可以消除，因此，其也称为可测误差。系统误差主要分为以下几类。

（1）方法误差　由分析方法本身不够完善所造成的误差。例如在滴定分析中，由指示剂确定的滴定终点与化学计量点不完全符合、副反应的发生等，都将使测定结果偏高或偏低。在称量分析中，当沉淀的溶解度过大时，会造成结果偏低的负误差；而被称量的物质如果有吸湿性或形成沉淀，则会吸附杂质，将使结果偏高而导致正误差，这些都会造成这种具有一定规律性的误差。

（2）仪器误差　由仪器本身不够准确或未经校准所引起的误差。如砝码不准，使用的滴定管、容量瓶及移液管等计量器皿的刻度不准，量器与量器配合使用时不成比例，或者天平两臂不等长等都会造成有规律的称量误差。

（3）试剂误差　由所用的试剂纯度不符合要求或蒸馏水中含有微量待测组分等引起的误差。

（4）操作误差　主要是指在合理的操作情况下，由操作人员的主观原因造成的误差。例如，由于个人的习惯，不同人对终点颜色变化判断的敏锐程度不同，有人敏锐，有人迟钝；滴定管读数时，最后一位数值估读不够准确，有的人偏高，有的人偏低等。

2. 随机误差

随机误差又称偶然误差，是由一些随机的偶然因素造成的。如测量时环境温度、湿度和气压的微小波动，仪器性能的微小变化，分析人员对各份试样处理时的微小差别等。因此，这种误差是随机的、难以察觉的或不可控制的。由于随机误差是由一些不确定的偶然因素造成的，因而是可变的，有时大，有时小，有时正，有时负，其在分析操作中是无法避免的。即使一个很有经验的人，进行很仔细的操作，对同一试样进行多次分析，得到的分析结果也不可能完全一致，而是有高有低，故又称为不可测误差。

随机误差的产生没有确定原因，看似没有规律，但如果进行多次测定，便会发现数据的分布符合一般的统计规律，其特点如下。

① 大误差出现的概率小，小误差出现的概率大，特别大的误差出现的概率极小。

② 大小相等的正、负误差出现的概率相等，它们之间常能部分或完全抵消。

随机误差的这种规律性，可用图 2-1 随机误差的正态分布曲线表示。

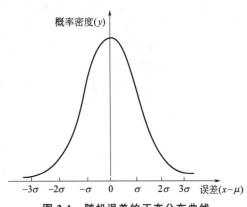

图 2-1　随机误差的正态分布曲线

从正态分布曲线可以看出，在消除系统误差的情况下，随着测定次数的增加，多次测定结果的平均值就更接近于真实值。实验证明，测定次数不多时，随机误差随测定次数的增加而迅速减小；当测定次数多于 10 次时，误差已减少到不是很显著的程度。因此，在准确度要求的许可范围内，应适当增加平行测定次数，取其平均值，以减小随机误差。

系统误差和随机误差的划分并不是绝对的，有时很难区分，随机误差比系统误差更具有普遍性。

除了系统误差和随机误差外，还会遇到化学检验人员的粗心大意或违反操作规程等引起的误差，如，操作时不严格遵守操作规程，溶液溅出、试剂被污染、沉淀损失或加错试剂，读数或计算错误等都属于"过失"，也可叫过失误差。过失误差是可以避免的，一旦发现，在计算平均值时应舍弃。

二、误差的表示

1. 准确度与误差

准确度：测定结果与真实值相接近的程度。人们通常用误差的大小来衡量分析结果的准确度，误差越小，表示分析结果越准确，即准确度越高。

误差是测定结果和真实值之间的差值。误差有正、负之分，当误差为正值时，表示测定结果偏高；当误差为负值时，表示测定结果偏低。误差可用绝对误差和相对误差表示。

绝对误差：测定结果与真实值之间的差值。其数学表达式为：

$$E = x - \mu \tag{2-1}$$

式中　E——个别测定值的绝对误差；

　　　x——个别测定值；

　　　μ——真实值。

但在实际工作中，通常要进行多次平行测定。因此，常用多次平行测定结果的平均值 $\bar{x}$ 表示测量结果，所以绝对误差为：

$$E_a = \bar{x} - \mu$$

式中　E_a——平均值的绝对误差；

　　　$\bar{x}$——平均值；

　　　μ——真实值。

相对误差：绝对误差在真实值中所占的百分率。其数学表达式为：

$$E_r = \frac{E}{\mu} \times 100\% \tag{2-2}$$

式中　E_r——相对误差。

【例 2-1】　有甲、乙两人测定试样中铜的含量，甲测得含铜量为 80.46%，真实值为 80.40%，乙测得含铜量为 2.06%，真实值为 2.00%。试比较甲、乙两人哪一个的准确度高。

解：甲测定的绝对误差为：

$$E_{甲}=x-\mu=80.46\%-80.40\%=+0.06\%$$

乙测定的绝对误差为：

$$E_{乙}=x-\mu=2.06\%-2.00\%=+0.06\%$$

两人测定的绝对误差相等，均为+0.06%，比较不出哪一个的准确度高。

甲测定的相对误差为：

$$E_{r甲}=\frac{80.46\%-80.40\%}{80.40\%}\times100\%\approx+0.07\%$$

乙测定的相对误差为：

$$E_{r乙}=\frac{2.06\%-2.00\%}{2.00\%}\times100\%=+3.0\%$$

可见甲测定的相对误差要比乙测定的相对误差小，因此甲测定的准确度高。所以，在分析测定中，用相对误差来表示测定结果的准确度要比用绝对误差表示更准确些，在实际工作中更常用。

计算绝对误差和相对误差时都必须先知道真实值的大小，但是在一般情况下，真实值是无法知道的，因此常用偏差代替误差。

2. 精密度与偏差

精密度：在相同条件下，对同一试样多次平行测量所得结果相互接近的程度。它说明测定数据的重现性，精密度常用偏差来表示，偏差大，说明分析结果的精密度低；偏差小，说明分析结果的精密度高。

偏差：各次测量值与平均值之差。

偏差有下列三种表示方式：

（1）绝对偏差和相对偏差

绝对偏差：个别测量值与平均值之差。

数学表达式为：

$$d_i=x_i-\overline{x} \tag{2-3}$$

式中　d_i——单次测量值的绝对偏差；

　　　x_i——个别测量值；

　　　$\overline{x}$——平均值。

相对偏差：某次测量的绝对偏差在平均值中所占的百分率。

其数学表达式为：

$$d_r=\frac{d_i}{\overline{x}}\times100\% \tag{2-4}$$

与绝对误差和相对误差一样，绝对偏差和相对偏差也有正和负的区别。

绝对偏差和相对偏差只能表示单次测量值与平均值的偏离程度，不能表示一组测量值中各测量值之间的分散程度，即不能表示精密度（但通常在进行二次或三次平行试验中应用）。为了描述多次测量结果的精密度，通常采用平均偏差。

（2）平均偏差和相对平均偏差

平均偏差：单次测量偏差绝对值的平均值，常用 $\overline{d}$ 表示，即先求出测定结果的算术平均值，然后计算出各次测定的绝对偏差 d_1，d_2，d_3，…，d_n，再求出这些绝对偏差的平均值，即平均偏差。

各次测量值对平均值的偏差为：

$$d_1=x_1-\overline{x}$$

$$d_2 = x_2 - \overline{x}$$

$$\cdots$$

$$d_n = x_n - \overline{x}$$

所以平均偏差为：

$$\overline{d} = \frac{|d_1| + |d_2| + \cdots + |d_n|}{n} \tag{2-5}$$

相对平均偏差：平均偏差在测量平均值中所占的百分率，以 $\overline{d}_r$ 表示，数学表达式为：

$$\overline{d}_r = \frac{\overline{d}}{\overline{x}} \times 100\% \tag{2-6}$$

个别测量值的偏差有正负，在计算平均偏差时，若不取绝对值，其值就有可能为零，就表示不出数据的精密度了。

【例 2-2】 测定某铁矿石中铁的含量时，得到下列数据：50.50%、49.60%、49.90%、50.20%、49.80%，计算测定结果的平均偏差和相对平均偏差。

解：分析结果的算术平均值为：

$$(50.50\% + 49.60\% + 49.90\% + 50.20\% + 49.80\%)/5 = 50.00\%$$

计算出每次测定结果的绝对偏差为：

测定结果	算术平均（值）	绝对偏差
50.50%	50.00%	+0.50%
49.60%		−0.40%
49.90%		−0.10%
50.20%		+0.20%
49.80%		−0.20%

分析结果的平均偏差为：

$$\overline{d} = \frac{0.50\% + 0.40\% + 0.10\% + 0.20\% + 0.20\%}{5} = 0.28\%（无正、负之分）$$

（计算时，取的是每次绝对偏差的绝对值之和）

$$\overline{d}_r = \frac{\overline{d}}{\overline{x}} \times 100\% = \frac{0.28\%}{50.00\%} \times 100\% = 0.56\%$$

当分析常量组分时，一般要求分析结果的相对平均偏差小于 0.2%。

用平均偏差表示精密度时，还不能很好地体现个别较大偏差，而采用标准偏差就可以突出较大偏差的影响。

（3）标准偏差和相对标准偏差　标准偏差用来描述有限次测定数据的分散程度。在一般分析工作中，当测定次数不多（$n \leqslant 20$）时，标准偏差 S 的表达式为：

$$S = \sqrt{\frac{\sum\limits_i d_i^2}{n-1}} = \sqrt{\frac{(x_1 - \overline{x})^2 + (x_2 - \overline{x})^2 + \cdots + (x_n - \overline{x})^2}{n-1}} \tag{2-7}$$

当 $n \geqslant 50$ 时，分母 $n-1$ 用 n 代替。

相对标准偏差：标准偏差占平均值的百分率，又称为变异系数，用 C_v 表示。数学表达式为：

$$C_v = \frac{S}{\overline{x}} \times 100\% \tag{2-8}$$

【例 2-3】 用 EDTA 滴定法四次测得某样品中铁的质量分数分别为 20.01%、20.03%、

20.04％、20.05％，计算分析结果的平均值、平均偏差、标准偏差及相对标准偏差。

解：分析结果的算术平均值为：
$$(20.01\%+20.03\%+20.04\%+20.05\%)/4\approx20.03\%$$

计算分析结果的偏差列于下表。

测定序号	测定值/％	算术平均值	绝对偏差/％
1	20.01		−0.02
2	20.03	20.03％	0.00
3	20.04		+0.01
4	20.05		+0.02

分析结果的平均偏差为：
$$(0.02\%+0.00\%+0.01\%+0.02\%)/4\approx0.01\%$$

分析结果的标准偏差 S 为：
$$S=\sqrt{\frac{\sum\limits_i d_i^2}{n-1}}=\sqrt{\frac{(0.02)^2+(0.00)^2+(0.01)^2+(0.02)^2}{4-1}}\approx0.02\%$$

相对标准偏差 C_v 为：
$$C_v=\frac{S}{\bar{x}}\times100\%=\frac{0.02\%}{20.03\%}\times100\%\approx0.1\%$$

用标准偏差表示精密度比用平均偏差更合适，因为单次测定的偏差平方之后，较大的偏差更明显地被反映出来，这样便能更好地说明数据的分散程度。但在要求不高的分析工作中，计算简便的平均偏差就能满足衡量的要求。对于要求较高的分析，经常采用标准偏差来衡量精密度。

例如，甲、乙两人各自测得一组数据，其各次测定的绝对偏差分别为：

甲：+0.2；+0.4；0.0；+0.3；+0.1；−0.3；+0.2；−0.2；−0.4；−0.3（％）

乙：+0.1；−0.2；+0.9；0.0；−0.1；+0.1；0.0；+0.1；−0.7；−0.2（％）

甲和乙两人测定结果的平均偏差均为：
$$\bar{d}=\frac{2.4\%}{10}=0.24\%$$

甲、乙两人测定结果的平均偏差相等，但明显看出乙测定数据中有两个（+0.9、−0.7）偏差较大。这时用平均偏差反映不出这两组数据精密度的高低。如果用标准偏差来表示时，便能更好地区分甲、乙两人测定结果精密度的高低，两人的标准偏差分别为：

甲的标准偏差：
$$S_{甲}=\sqrt{\frac{\sum\limits_i d_i^2}{n-1}}\approx0.28\%$$

乙的标准偏差：
$$S_{乙}=\sqrt{\frac{\sum\limits_i d_i^2}{n-1}}\approx0.40\%$$

可见：$S_{甲}<S_{乙}$，甲组数据的精密度较好。

标准偏差比平均偏差更能灵敏地反映较大偏差的存在，因此标准偏差能较好地反映测定结果的精密度。

当标定溶液准确浓度时，通常用"极差"表示精密度。极差是指一组平行测定值中最大值与最小值之差，用字母 R 表示。$R=x_{max}-x_{min}$

$$相对极差 = \frac{R}{\bar{x}} \times 100\%$$

3. 准确度与精密度的关系

准确度是指测定值与真实值之间的符合程度，它是由系统误差所决定的，系统误差是定量分析误差的主要来源。精密度是指多次测定值之间相互符合的程度，它是由随机误差所决定的。准确度与精密度二者含义不同，不可混淆，但它们之间存在一定的关系，如图 2-2 所示。

图 2-2 表示甲、乙、丙三人对同一样品进行测定所得的结果，图中竖线为真实值。

图 2-2　准确度和精密度的区别

由图 2-2 可看出，甲的精密度高，但准确度差；乙的准确度差，精密度低；丙的准确度和精密度都很高，结果可靠。

准确度与精密度的关系如下。

① 精密度是保证准确度的先决条件。精密度低，所测结果不可靠，就失去了衡量准确度的前提。准确度高，一定需要精密度高。初学者在进行分析化学实验时，首先要重视数据的精密度，精密度高是准确度高的保证。

② 精密度高，准确度却不一定高。因为在测定过程中可能存在系统误差。但是如果精密度高而准确度不高，通常是由在测定过程中可能存在系统误差所造成的。找出精密度不高的原因，加以校正或消除，从而提高分析结果的准确度和精密度，使测定结果既精密又准确。

根据准确度和精密度的关系可知，评价一个分析结果，既要考虑测量的精密度，又要考虑准确度。所以，应将系统误差与随机误差的影响结合起来考虑，当消除系统误差后，精密度才能成为评价分析结果的标准。对于一个理想的分析结果，既要精密度高，又要准确度高。

4. 公差

（1）公差的定义　从前面的讨论可知，误差与偏差具有不同的含义，误差以真实值为标准，偏差以多次测量值的平均结果为标准。但是由于真实值无法知道，人们只能通过多次反复测定得到一个测量值的平均值，之后用这个平均值代替真实值来计算误差，那么这样计算出来的误差还是偏差。因此在生产部门，并不强调误差与偏差两个概念的区别，一般统称为公差，并用公差范围来表示允许误差的大小。

公差是生产部门对于分析结果允许误差范围的一种表示方法，也就是用公差范围来表示允许误差的大小。若分析结果超出允许的公差范围，则称为超差。遇到这种情况时，该项分析应重新测定。

（2）公差范围的确定　公差范围一般是根据生产需要和实际情况来确定的。通常有下列几种确定公差范围的方法。

① 根据分析目的的不同来确定：对准确度要求高的部门，如科学研究等，允许相对误差有时小到十万分之几，甚至百万分之几。多数的工业分析中，允许相对误差在百分之几到千分之几。

② 根据试样所含组分的复杂程度来确定：试样所含组分越复杂，干扰元素就越多，分析操作就越困难，分析引起误差的可能性就越大。因此，允许的公差范围要宽一些。

③ 根据各种方法能达到的不同准确度来确定：常使用的滴定分析法、称量法，它们的准确度可达 0.2%～0.3%，少数可达到 0.1%；比色、光谱等仪器分析方法的相对误差一般较化学分析方法的相对误差大，因此，确定允许的公差范围时应考虑具体的分析方法。

④ 根据试样中被测组分含量的高低来确定：被测组分含量越高，它们的相对误差范围就越小，允许的公差范围就越小；若被测样品的含量低，允许的公差范围就可以大一些。

总之，对于每一项具体的分析工作，各主管部门都规定了具体的公差范围，可在相应的手册上查阅到相关数据。

三、提高分析结果准确度的方法

从误差产生的原因来看，要提高分析结果的准确度和精密度，就必须熟练掌握操作方法，并采取一定的措施，以尽量减少测定过程中的各种误差。

1. 选择合适的分析方法

为使测量结果达到一定的准确度，首先必须选择合适的分析方法。由于各种分析方法的准确度、灵敏度不相同，因此，在分析之前必须根据样品的组成和要求的公差范围，综合分析选择最合适的分析方法。如，称量分析法或滴定分析法准确度高，但灵敏度低，适于常量组分分析（含量在 1% 以上）；仪器分析法灵敏度比较高，但准确度低，适应于微量、痕量组分分析（含量在 1% 以下）。

2. 减小测量误差

为了保证分析结果的准确度，必须尽量减小测量误差。在分析测定中，分析结果往往不是一步就可以得到的，每步测定都有可能产生误差，并且都要传递到最终结果中。为了保证分析结果的准确度，必须尽量减小分析过程中每一步的测量误差。如，一般分析天平的称量误差是 $\pm 0.0001g$，用减量法称取一份样品时，需要称量两次，可能引起的最大误差是 $\pm 0.0002g$，为了使称量的相对误差小于 0.1%，试样的质量就不能太小。根据相对误差的计算可得到称量试样质量 m 的最小值：

$$试样的质量 = \frac{绝对误差}{相对误差} = \frac{0.0002}{0.1\%} = 0.2(g)$$

所以在进行称量时，试样的质量必须在 0.2g 以上才能保证称量的相对误差在 0.1% 以内。

在滴定分析中，滴定管读数常有 $\pm 0.01mL$ 的误差，完成一次滴定需读数两次，因此可能产生 $\pm 0.02mL$ 的误差，为了使滴定管读数的相对误差小于 0.1%，消耗滴定剂的必须在体积在 20mL 以上。

$$试样质量 = \frac{绝对误差}{相对误差} = \frac{0.02}{0.1\%} = 20(mL)$$

对于不同的测量方法，其准确度只要与方法的准确度相适应就行了。例如，用比色法测定微量组分时，要求相对误差为 2%，若称取试样 0.5g，则试样的称量误差小于 0.01g [0.5×2%＝0.01(g)] 就可以了。

3. 消除测量过程中的系统误差

根据系统误差产生的原因，人们应根据具体情况，采用不同的方法来检验和消除系统误差。

（1）对照试验　做对照试验检查分析过程有无系统误差。对照试验是用以检查分析过程有无系统误差的最有效的方法。具体做法是：用已知准确含量的标准试样（或用纯物质配成试液），按同种方法进行分析、对照，也可用不同的分析方法，或者让不同单位的分析人员分析同一试样来相互对照。

（2）空白试验　做空白试验以消除由试剂、蒸馏水、实验器皿和环境带入的杂质引起的系统误差。

空白试验就是用配制试液用的蒸馏水代替试液，按照试样的分析步骤和条件而进行分析的试验。得到的结果称为空白值。再从试样的结果中扣除空白值，就可以得到更接近真实值的分析结果。空白值不宜很大，当空白值较大时，应通过提纯试剂、使用合格蒸馏水或改用其他器皿等途径减小空白值。

（3）校准仪器　以消除由仪器不准所引起的系统误差。如天平砝码、滴定分析器皿以及很多分析仪器因制造、使用等，必有一定误差，通常当允许的相对误差大于1％时，一般不必校准；在准确度要求较高的分析中，必须对天平砝码、滴定管、移液管、容量瓶等进行校准。

4. 增加平行测定次数，减小随机误差

从随机误差的规律可知，在消除系统误差的前提下，平行测定次数越多，则测得的算术平均值越接近真实值。即可适当增加测定次数来减少随机误差以提高分析结果的准确度，一般定量分析平行测定3～4次即可，要求较高时，可适当增加测定次数。

任务二　分析结果的数据处理

一、知识目标

（1）掌握有效数字的概念、修约原则及运算规则；

（2）熟悉相关公式、规则，并能正确完成有关计算。

二、能力目标

（1）能利用有效数字进行实验数据记录与处理；

（2）能对可疑数据进行合理判断并取舍。

三、素质目标

（1）具有质量意识、绿色环保意识；

（2）能做到诚信为本，严格执行数字修约及取舍原则；

（3）具有较强的集体意识和团队合作精神。

四、教、学、做说明

学生在完成线上、线下学习【相关知识】的基础上，由教师引领，完成对下列数据的判断：某测定结果分别为22.36%、22.38%、22.39%、22.40%和22.48%，22.48%这个结果是否应舍去，并说明理由，最后与全班进行交流和评价。

📚 相关知识

在定量分析中，为了得到准确的分析结果，分析工作者不仅要细心测量，而且还要正确记录和计算数据，并合理地进行各种数据的处理，这样才能提供准确的分析结果。由于分析结果所表达的不仅仅是试样中待测组分的含量，而且还反映了测量的准确度。因此，在实验数据的记录和结果的计算中，保留几位数字不是任意的，要根据测量仪器、分析方法的准确度来确定。否则，即使实验做的再认真，数据再正确，由于记录或计算的错误，也会导致不可靠的分析结果，不仅对生产和科研都没有任何意义，甚至会造成不必要的损失。因此学习有效数字的概念、有效数字的运算规则，以及运算规则在分析化学中的应用都是十分必要的。

码2-1 认识
有效数字

一、有效数字

1. 有效数字的概念

有效数字是指分析工作中实际测量到的数字。如滴定时，从滴定管上读取的消耗标准溶液的体积数字；称量时，从天平上读取的物质的质量数字等都是有效数字。数字的最后一位是估计值，不够准确，又称为可疑值。通常可能有±0.1或±0.5个单位的误差，其他都是准确数字。

2. 有效数字的意义与计位原则

有效数字的位数，是指包括全部准确数字和一位可疑数字在内的所有数字的位数。在记录数据和计算结果时，有效数字中只允许保留一位可疑数字，它的位数直接与测定的相对误差有关。

为了正确地判断和记录测量数据的有效数字，必须学习有效数字的计位原则。具体如下。

① 非"0"数字都计位。1~9各个数字，无论处于一个数值中的什么位置，都计位。

② 数字"0"看前后。"0"可以是有效数字也可以不是有效数字，根据它所起的作用而定。当"0"位于非零数字中间时，"0"是有效数字，要计位，因为它代表了该数据的大小。如1.005其中的两个"0"均为有效数字。20.05%、1.008均为四位有效数字。以"0"开头的小数，数字前面的"0"只起定位作用，本身不是有效数字，均不计位。如0.003、0.0004，其中的"0"都不计位，均为一位有效数字。以"0"结尾的整数，有效数字难以确定，要按科学计数法表达，才能准确判断其有效数字的位数。如：130、1450、12000等数字，有效数字位数不明确。1450可看为四位有效数字，但若写成1.45×10^3就有三位有效数字，若写成1.450×10^3则为四位有效数字。小数末尾的"0"为有效数字，如1.000，35.00%均为四位有效数字。

③ 对数值的有效数字位数，是由小数部分的位数决定的，因其整数部分只代表该数的方次。如pH=11.32有两位有效数字。

④ 科学计数法，前面的系数代表有效数字。如6.02×10^{23}；3.24×10^{-8}都有三位有效数字；1.0×10^8有两位有效数字。

有效数字的位数由所使用的仪器决定。反过来，分析的准确度要求也决定了选择何种精度的仪器。如要称量5.1g样品，则只需要十分之一的简易电子天平；而要称量5.1000g样品，则必须使用万分之一的分析天平。

如，下列数据的有效数字位数分别如下。

1.0005   3.0065   五位有效数字

0.7000	41.05%	6.025×10^{23}	四位有效数字
0.0570	2.00×10^{2}	0.0160	三位有效数字
0.0064	1.3×10^{-5}	5.0×10^{2}	两位有效数字
0.8	0.002%	2×10^{-5}	一位有效数字
3600	1000	100 260	有效数字位数不确定

3. 有效数字的修约规则

在数据处理过程中，涉及的各测量值的有效数字位数可能不同，因此必须按照一定的规则，舍弃多余的数字。舍弃多余数字的过程称为数字的修约。

我国国家标准规定采用"四舍六入五留双"的规则。具体规定如下。

① 在拟舍弃的数字中，若左边的第一个数字等于或小于 4，则该数和其后的数字都舍去。例如，欲将 16.2432 修约为三位有效数字，则从第四位开始的"432"就是拟舍的数字，其左边的第一个数字是"4"，应舍去，所以修约后应为 16.2。

② 在拟舍弃的数字中，若左边的第一个数字等于或大于 6，则进 1。例如，欲将 16.47436 修约为三位有效数字，则"7436"就是拟舍弃的数字，其左边的第一个数字 7 大于 6，应进 1，所以修约后应为 16.5。

③ 在拟舍弃的数字中，若左边的第一个数字等于 5，其右边的数字并非全部为零时，则进 1。例如，2.0501 修约为两位有效数字时应是 2.1。

④ 在拟舍弃的数字中，若左边的第一个数字等于 5，其右边的数字全部为零或没有数字时，则看 5 前的一位。若为奇数则进 1，若为偶数（包括"0"）则舍去。例如，分别把下面的数字修约为三位有效数字时，结果如下：

0.7235 $\longrightarrow$ 0.724；32.25 $\longrightarrow$ 32.2；1225.0 $\longrightarrow$ 1.22×10^{3}；1235.0 $\longrightarrow$ 1.24×10^{3}

⑤ 在修约数字时，只允许对原数据一次修约至所需要位数，而不允许分次修约。如 35.457 修约至两位：

错误的做法：35.457 $\longrightarrow$ 35.46 $\longrightarrow$ 35.5 $\longrightarrow$ 36

正确的做法：35.457 $\longrightarrow$ 35

例如：将下列数据按"四舍六入五留双"的规则修约为有四位有效数字的结果为：

0.52664 $\longrightarrow$ 0.5266   0.36266 $\longrightarrow$ 0.3627

10.2350 $\longrightarrow$ 10.24   250.650 $\longrightarrow$ 250.6

37.0852 $\longrightarrow$ 37.09   21.2350 $\longrightarrow$ 21.24

4. 有效数字的运算规则

在分析结果的计算中，每个测量值的误差都要传递到结果中，因此必须运用有效数字的运算规则进行合理取舍。

在处理数据时，常遇到一些准确度不相同的数据，对于这些数据，必须按照运算规则进行计算，一方面可以节省时间，另一方面也可以避免因计算过于繁琐而引起错误。

① 加减运算：当几个数相加或相减时，它们和或差有效数字位数的保留，应以小数点后位数最少（绝对误差最大）的数据为准进行取舍。

② 乘除运算：几个数相乘或相除时，积或商有效数字位数的保留，应以其中有效数字位数最少（相对误差最大）的数据为准进行取舍。

例如，计算下式：

$$\frac{0.0243 \times 7.105 \times 70.06}{164.2}$$

码2-2 有效数字
运算规则

因最后一位都是可疑数字，各数据的相对误差分别为：

$$\frac{\pm 0.0001}{0.0243}\times 100\% \approx \pm 0.4\%$$

$$\frac{\pm 0.001}{7.105}\times 100\% \approx \pm 0.01\%$$

$$\frac{\pm 0.01}{70.06}\times 100\% \approx \pm 0.01\%$$

$$\frac{\pm 0.1}{164.2}\times 100\% \approx \pm 0.06\%$$

可见 0.0243 的相对误差最大（有效位数最少），所以以上计算式的结果，只允许保留三位有效数字：

$$\frac{0.0243\times 7.105\times 70.06}{164.2}$$

$$=\frac{0.0243\times 7.105\times 70.06}{164}$$

$$\approx 0.0737$$

③ 乘方和开方：当对数据进行乘方和开方时，所得结果的有效数字位数与原数据相同。例如：$(6.72)^2 = 45.1584 \approx 45.2$（保留三位有效数字）

5. 有效数字运算规则在分析测定中的应用

① 在乘除运算中，若首位为 8 或 9，则其有效数字的位数可多取一位。如 8.5，表面上看只有两位有效数字，但在实际计算时可当作三位有效数字。

② 在混合运算中，有效数字的保留以最后一步计算的规则执行。

③ 在计算中，经常会遇到一些倍数、分数，如 2、5、10 及 1/2、1/5、1/10、π 等，它为非测量所得，可视为足够准确，其有效数字的位数为无限多位。计算结果的有效数字位数，应由其他测量数据来决定。如从 250mL 容量瓶中移取 25mL 溶液、取 1/10（25/250），这里的"10"即足够有效位的自然数。

④ 进行单位换算时，不能改变有效数字的位数。

在计算过程中，应先对数字修约再计算，这样既可使计算简单，又不会降低数字的准确度。但是为了提高计算结果的可靠性，可以暂时多保留一位数字，再多保留就完全没有必要了，还会增加运算时间。但是得到最后结果时，一定要注意弃掉多余的数字。在用计算器处理数据时，对于运算结果，应正确保留最后计算结果的有效数字位数。

此外，在化学分析的有些计算过程中，会遇到 pH=4、pM=8 这样的数值，其有效数字的位数未明确指出，这种表示方法不恰当，应当避免。

【例 2-4】 计算 0.0121+15.64+1.05442。

解： 先把 0.0121、1.05442 分别修约为 0.012 和 1.054 后再进行计算，最后修约为小数点后两位。

$$0.0121+15.64+1.05442 \approx 16.71$$

若把 0.0121 修约为 0.01；1.05442 修约为 1.05，则计算结果为 16.70。

若把三数直接相加则得 16.70392，然后再舍弃多余数字。显然这些算法都是错误的。

二、分析结果的表示及数据处理

1. 定量分析中结果的表示

（1）正确记录测量数据 记录测量数据时，必须根据测量方法和测量仪器的准确度确定有效数字的位数。应使数值中只有最后一位是可疑的（估计的或不准确），即有效数字位数等于准确数字位数加一位可疑值。数据的位数不仅表明量的大小，而且还表明测量的准确度。

任何测量数字，其有效数字的位数必须与所用仪器的准确度相当。由分析天平称得某物质的质量为 0.5180g($\pm$0.0001g)，这对万分之一天平来讲，表示是合理的。因其第四位"0"是估计的，与天平的分度值相当。若写成 0.518g，测量值的大小虽未改变，但测量的准确度（相对误差）为：

$$\frac{\pm 0.001}{0.518} \times 100\% \approx \pm 0.2\%$$

而 0.5180g 的测量准确程度为：$\dfrac{\pm 0.0001}{0.5180} \times 100\% \approx \pm 0.02\%$

即 0.518g 的测量准确度是 0.5180g 的 1/10，表示不合理。同理，记录为 0.51800g 或 0.51795g 也是不对的，因为分析天平的分度值一般是 $\pm$0.0001 而不是 $\pm$0.00001，测量中小数点后第四位都是估读的，再多写一位不仅不能说明测量准确度高，反而说明记录者的有效数字概念不清，该数据没有可靠性。

滴定时消耗标准溶液的体积为 25.51mL，因一般滴定管读数的绝对误差为 $\pm$0.01mL，则前三位（25.5）是"准确"的，最后一位（1）是可疑的。故它有四位有效数字，其体积应是 25.51$\pm$0.01mL。

（2）正确报告分析结果　在分析化学测定及计算中，有效数字位数的保留应遵循惯例，如：对于各种化学平衡常数，一般保留两位或三位有效数字；各种误差的计算保留一位，最多保留两位有效数字；对于 pH 的计算，通常取一位或两位有效数字即可，对于溶液的准确浓度，需保留四位有效数字。

定量分析结果，高组分含量（含量>10%）一般为四位有效数字，中组分含量（含量为 1%～10%）一般为三位有效数字，微量组分（含量<1%）一般为两位有效数字。通常以此为标准，报出分析结果。

例如：甲、乙两人同时分析某一矿石中硫的含量时，每次称取样品的质量为 3.5g，分析结果报为：甲 0.042%，0.041%；乙 0.04201，0.04099%。哪一份报告合理？为什么？

甲的报告是合理的。因为甲报告表示的准确度为 $\dfrac{\pm 0.001}{0.042} \approx \pm 2\%$，与称样的准确度 $\left(\dfrac{\pm 0.1}{3.5} = \pm 3\%\right)$ 相适应。而乙报告表示的准确度为：$\dfrac{\pm 0.00001}{0.04201} = \pm 0.020\%$，似乎准确度比甲高，但与称样的准确度不相适应。这说明乙对有效数字的概念、运算、结果表示等问题不清楚，乙的结果不可靠。因此，应采用甲的结果。

总之，在分析结果的报告中，并不是保留有效数字的位数越多就越准确。如果不适当地保留过多的数字，就夸大了准确度，不符合实际，反而令人难以相信，使结果毫无意义。

2. 可疑值的检验与取舍

在定量分析中，重复、平行多次测定时，可能会出现一些与其他数据偏离较大的数据，这个数据称为可疑值，如果此值不是由明显的过失造成的，是舍弃还是保留，不能随意决定，而要根据随机误差的分布规律，决定可疑值的取舍。

目前常用取舍的方法有四倍法、Q 检验法、格鲁布斯法等。下面介绍常用的两种方法：

（1）$4\bar{d}$ 检验法　又称四倍法，此法简单，但在数理统计上不够严密，仅适用于测定 4～8 个数据的测量实验中，有一定的局限性。其方法如下。

① 找出离群值（可疑值）。

② 求除可疑数值外其余数据的平均值 $\overline{x}$ 和平均偏差 $\overline{d}$。

③ 求可疑值与平均值之差，若差值的绝对值大于或等于 $4\overline{d}$，则弃去该可疑值。否则保留。

码2-3 可疑值的取舍

【例 2-5】 在测定试样中某物质的含量时，其结果分别为 0.1014％、0.1012％、0.1019％、0.1016％，0.1019％是否该弃去？

解： 不计可疑值0.1019％，求其余数据的平均值：

$$\overline{x}=0.1014\%$$

平均偏差：
$$\overline{d}=0.00013\%$$

可疑值
$$-\overline{x}=0.1019\%-0.1014\%$$
$$=0.0005\%$$

$$4\overline{d}=4\times0.00013\%=0.00052\%$$

可疑值
$$-\overline{x}=0.0005\%<4\overline{d}=0.00052\%$$

故 0.1019％应予以保留。

用 $4\overline{d}$ 法处理可疑数据的取舍是存有较大误差的，适用于 $4\sim8$ 个数据的测定实验。但由于这种方法比较简单，不必查表，故至今仍被人们所采用。显然，这种方法只能用于处理一些要求不高的实验数据。

（2）Q 检验法 常用于检验一组测定值的一致性，剔除可疑值。其具体步骤如下：

① 将各数据从小到大排列：x_1，x_2，x_3，…，x_n；

② 计算 $(x_{大}-x_{小})$，即 (x_n-x_1)；

③ 计算离群值与其临近数据之差：$(x_{可}-x_{邻})$；

④ 计算 Q 值，$Q_{计}=|x_{可}-x_{邻}|/(x_n-x_1)$；

⑤ 根据测定次数 n 和要求的置信度查表 2-1 得 $Q_{表}$；

⑥ 比较 $Q_{表}$ 与 $Q_{计}$：

若 $Q_{计}\geqslant Q_{表}$，则可疑值应舍去；

$Q_{计}<Q_{表}$，可疑值应保留。

表 2-1 舍弃可疑数据的 Q 表值（置信度为 90％和 95％）

测定次数	3	4	5	6	7	8	9	10
$Q_{90\%}$	0.94	0.76	0.64	0.56	0.51	0.47	0.44	0.41
$Q_{95\%}$	1.53	1.05	0.86	0.76	0.69	0.64	0.60	0.58

【例 2-6】 用 Q 检验法判断下列一组数据 1.25、1.28、1.31、1.40 中的 1.40 是否取舍（置信度为 90％）。

解： ① 求最大值与最小值之差：

$$x_n-x_1=1.40-1.25=0.15$$

② 求可疑值与最邻近值之差：

$$x_n-x_{n-1}=1.40-1.31=0.09$$

③ 计算 Q 值：

$$Q=\frac{x_n-x_{n-1}}{x_n-x_1}$$

$$Q_{计}=\frac{|1.40-1.31|}{1.40-1.25}=0.60$$

④ 查表 2-1，$n=4$ 时，$Q_{90\%}=0.76$

由于 $Q_{计}<Q_{表}$，所以 1.40 应予以保留。

以上两种方法，$4\bar{d}$ 计算简单，不必查表，但数据统计处理不够严密，常用于处理一些要求不高的实验数据。Q 检验法符合数理统计原理，比较严谨，方法也较简单，置信度可达 90% 以上，适于测定次数为 3～10 次的数据的处理及一组数据中有一个可疑值的判断，可重复检验至无其他可疑值。

能力测评与提升

1. 填空题

(1) 准确度的高低用_____来衡量，它是测定结果与_____之间的差异；精密度的高低用_____来衡量，它是测定结果与_____之间的差异。

(2) 误差按性质可分为_____误差和_____误差。

(3) 减免系统误差的方法主要有_____、_____、_____等。减小随机误差的有效方法是_____。

(4) 标定 HCl 溶液用的 NaOH 标准溶液中吸收了 CO_2，对分析结果所引起的误差属于_____误差。

(5) 平行四次测定某溶液的浓度，结果分别为 0.2041mol/L、0.2049mol/L、0.2039mol/L、0.2043mol/L。则其测定的平均值等于_____，平均偏差等于_____，相对平均偏差等于_____。

(6) 在称量试样时，吸收了少量水分，对结果引起的误差是属于_____误差。

(7) 标定 NaOH 溶液浓度时，所用的基准物邻苯二甲酸氢钾中含有少量的邻苯二甲酸，对标定结果将产生_____误差。

(8) 在定量分析中_____误差影响测定结果的精密度；_____误差影响测定结果的准确度。

(9) 随机误差服从_____规律，因此可采取_____的措施减免偶然误差。

(10) 移液管、容量瓶相对体积未校准，由此对分析结果引起的误差属于_____误差。

2. 选择题

(1) 分析工作中实际能够测量到的数字称为（　　　）。

A. 精密数字　　　　　B. 准确数字　　　　　C. 可靠数字　　　　　D. 有效数字

(2) 定量分析中，精密度与准确度之间的关系是（　　　）。

A. 精密度高，准确度必然高　　　　　B. 准确度高，精密度也就高

C. 精密度是保证准确度的前提　　　　　D. 准确度是保证精密度的前提

(3) 下列各项定义中不正确的是（　　　）。

A. 绝对误差是测定值和真实值之差

B. 相对误差是绝对误差在真实值中所占的百分率

C. 偏差是指测定值与平均值之差

D. 总体平均值就是真实值

(4) 从精密度好可以断定分析结果可靠的前提是（　　　）。

A. 随机误差小　　　　B. 系统误差小　　　　C. 平均偏差小　　　　D. 标准偏差小

(5) 测定某铁矿石中硫的含量时，称取样品 0.2952g，下列分析中结果合理的是（　　）。

A. 32%　　　　　　　B. 32.4%　　　　　　C. 32.42%　　　　　　D. 32.420%

(6) 可用于减免分析测试中系统误差的是（　　）。

A. 进行仪器校正　　　　　　　　　　B. 增加测定次数

C. 认真细心操作　　　　　　　　　　D. 测定时保证环境的湿度一致。

(7) 随机误差具有（　　）。

A. 可测性　　　　　　B. 重复性　　　　　　C. 非单向性　　　　　　D. 可校正性。

(8) 下列（　　）方法可以减小分析测试定中的随机误差。

A. 对照试验　　　　　B. 空白试验　　　　　C. 仪器校正　　　　　　D. 增加平行试验的次数

(9) 在进行样品称量时，由汽车经过天平室附近引起天平震动是属于（　　）。

A. 系统误差　　　　　B. 随机误差　　　　　C. 过失误差　　　　　　D. 操作误差

(10) 按四舍六入五留双规则将可以修约为四位有效数字 0.2546 的是（　　）。

A. 0.25454　　　　　B. 0.254549　　　　　C. 0.25465　　　　　　D. 0.254651

(11) 下列叙述中错误的是（　　）。

A. 方法误差属于系统误差　　　　　　B. 终点误差属于系统误差

C. 系统误差呈正态分布　　　　　　　D. 系统误差可以测定

(12) 下面数值中，有效数字为四位的是（　　）。

A. $w=25.30\%$　　B. $pH=11.50$　　C. $\pi=3.141$　　　D. 1000

(13) 测定试样中 CaO 的质量分数，称取试样 0.9080g，滴定耗去 EDTA 标准溶液 20.50mL，以下结果表示正确的是（　　）。

A. 10%　　　　　　　B. 10.1%　　　　　　C. 10.08%　　　　　　D. 10.077%

(14) 按有效数字运算规则，$0.854\times2.187+9.6\times10^{-5}-0.0326\times0.00814=$（　　）。

A. 1.9　　　　　　　B. 1.87　　　　　　　C. 1.868　　　　　　　D. 1.8680

(15) 比较两组测定结果的精密度（　　）。

甲组：0.19%，0.19%，0.20%，0.21%，0.21%

乙组：0.18%，0.20%，0.20%，0.21%，0.22%

A. 甲、乙两组相同　　　　　　　　　B. 甲组比乙组高

C. 乙组比甲组高　　　　　　　　　　D. 无法判别

(16) 在不加样品的情况下，用测定样品同样的方法、步骤，对空白样品进行定量分析，称为（　　）。

A. 对照试验　　　　　B. 空白试验　　　　　C. 平行试验　　　　　　D. 预试验

(17) 实验室湿度偏高，使测定结果不准确，所引起的误差是（　　）。

A. 系统误差　　　　　B. 随机误差　　　　　C. 过失误差　　　　　　D. 无法确定

(18) 使用试剂不纯会造成（　　）。

A. 系统误差　　　　　B. 过失误差　　　　　C. 方法误差　　　　　　D. 操作误差

(19) 用 25mL 移液管移取溶液，其有效数字应为（　　）。

A. 二位　　　　　　　B. 三位　　　　　　　C. 四位　　　　　　　　D. 五位

(20) 用分析天平准确称取 0.2g 试样，正确的记录应是（　　）。

A. 0.2g　　　　　　　B. 0.20g　　　　　　C. 0.200g　　　　　　　D. 0.2000g

3. 判断题

(1) 测定的精度度好，但准确度不一定好，消除了系统误差后，精度度好的，结果准确

度就好。　　　　　　　　　　　　　　　　　　　　　　　　　　　　　（　　）

（2）分析测定结果的随机误差可通过适当增加平行测定次数来减免。（　　）

（3）将 7.63350 修约为四位有效数字的结果是 7.634。（　　）

（4）标准偏差可以使大偏差能更显著地被反映出来。（　　）

（5）两位分析者同时测定某一试样中硫的质量分数，称取试样均为 3.5g，报告结果如下：甲：0.042%，0.041%；乙：0.04099%，0.04201%。甲的报告是合理的。（　　）

（6）要求分析结果达到 0.2% 的准确度，即指分析结果的相对误差为 0.2%。（　　）

（7）记录测量数据时，绝不要因为最后一位数字是零而随意舍去。（　　）

（8）有效数字不仅表明数字的大小，同时还反映测量的准确度。（　　）

（9）分析化验结果的有效数字及有效位数与测定仪器的精密度无关。（　　）

（10）精密度的好坏是由系统误差造成的。（　　）

（11）有效数字中的所有数字都是准确有效的。（　　）

（12）仪器、方法、试剂，以及分析者掌握操作条件不好造成的误差，其表现为偶然性，所以对分析结果影响不固定。（　　）

（13）增加测量次数，可以减少随机误差对测定结果的影响，所以在分析测量时，测量的次数越多越好。（　　）

（14）定量分析工作要求测定误差越小越好。（　　）

（15）称量时，天平零点稍有变动，所引起的误差属系统误差。（　　）

4. 简答题

（1）指出在下列情况下，各会引起哪种误差？如果是系统误差，应该采用什么方法减免？

① 砝码被腐蚀；

② 天平的两臂不等长；

③ 容量瓶和移液管不配套；

④ 试剂中含有微量被测组分；

⑤ 称量开始时天平零点未调；

⑥ 读取滴定体积时最后一位数字估计不准；

⑦ 滴定时不慎从锥形瓶中溅出一滴溶液；

⑧ 标定 HCl 溶液用的 NaOH 标准溶液吸收了 CO_2；

⑨ 天平零点突然有变动；

⑩ 称量时试样吸收了空气中的水。

（2）如果分析天平的称量误差为 ±0.0002g，如果分别称取 0.1g 和 1g 左右的试样，称量的相对误差各为多少？这些结果说明了什么问题？

（3）滴定管的读数误差为 ±0.02mL。如果滴定中用去标准溶液的体积分别为 2mL 和 20mL 左右，读数的相对误差各是多少？相对误差的大小说明了什么问题？

（4）下列数据各包括了几位有效数字？

① 0.0330　② 10.030　③ 0.01020　④ 8.7×10^{-5}　⑤ $pK_a = 4.74$　⑥ pH=10.00

（5）用返滴定法测定软锰矿中 MnO_2 的质量分数，其结果按下式进行计算：

$$w(MnO_2) = \frac{\left(\frac{0.8000}{126.07} - 8.00 \times 0.1000 \times 10^{-3} \times \frac{5}{2}\right) \times 86.94}{0.5000} \times 100\%$$

测定结果应以几位有效数字报出？

（6）有一样品送至甲、乙两处分析，分析方法相同，其分析结果为：

（甲）50.15%；50.14%；50.16%

（乙）50.02%；50.25%；50.18%

试分别计算两处的精密度（标准偏差和相对标准偏差），哪处分析结果较为可靠？

（7）分析方法分类的主要依据有哪些？如何分类？

（8）分析化学的任务有哪些？人们学习的主要内容是什么？

（9）化学分析和仪器分析各有何优缺点？二者关系如何？

（10）按被测组分含量来分，分析方法中常量组分分析指含量在什么范围内？若被测组分含量为 0.01%～1%，则对其进行分析属应属于哪种类型的分析方法？

（11）某人测定一个试样结果应为 30.68%，相对标准偏差为 0.5%。后来发现计算公式的分子误乘以 2，因此正确的结果应为 15.34%，正确的相对标准偏差应为多少？

（12）有两位学生使用相同的分析仪器标定某溶液的浓度（mol/L），结果如下：

甲：0.12，0.12，0.12（相对平均偏差 0.00%）；

乙：0.1243，0.1237，0.1240（相对平均偏差 0.16%）。

如何评价他们的实验结果的准确度和精密度？

5. 计算题

（1）测定某铜矿试样，其中铜的质量分数为 24.87%、24.93% 和 24.69%。真实值为 25.06%，计算：①测定结果的平均值；②绝对误差；③相对误差。

（2）测定铁矿石中铁的质量分数，5 次结果分别为 67.48%、67.37%、67.47%、67.43% 和 67.40%。计算：①平均偏差；②相对平均偏差；③标准偏差；④相对标准偏差；⑤相对极差。

（3）标定浓度约为 0.1mol/L 的 NaOH，欲消耗 NaOH 溶液 20mL 左右，应称取基准物质 $H_2C_2O_4 \cdot 2H_2O$ 多少克？其称量的相对误差能否达到 0.1%？若不能，可以用什么方法予以改善？若改用邻苯二甲酸氢钾为基准物质，结果又如何？

（4）测定石灰中铁的质量分数，4 次测定结果分别为 1.59%、1.53%、1.54% 和 1.83%。①用 $4\bar{d}$ 检验法判断 1.83% 这个数据是否弃去？②如第 5 次测定结果为 1.65，这时第四个结果可以弃去吗？

（5）根据有效数字的运算规则计算下列各题：

① $7.9936 \div 0.9967 - 5.02$

② $0.0325 \times 5.103 \times 60.06 \div 139.8$

③ $(1.276 \times 4.17) + 1.7 \times 10^{-4} - (0.0021764 \times 0.0121)$

（6）将下列数据修约为三位有效数字

①1.05499；②4.715；③4.149；④1.352；⑤6.3612；⑥22.5501；⑦25.50。

学习情境三

滴定分析概论

任务一　认识滴定分析

一、知识目标
(1) 掌握滴定分析法中的常用术语；
(2) 掌握滴定分析法对滴定反应的要求；
(3) 掌握滴定分析法的分类及滴定方式的特点和适用范围。

二、能力目标
(1) 熟悉滴定分析法中的常用术语；
(2) 能判断滴定反应用于滴定分析的合理性；
(3) 学会区分滴定分析中常用的四种滴定方式及适用范围。

三、素质目标
(1) 具有热爱祖国、恪尽职守、踏实勤恳的工作作风；
(2) 能做到检测行为公正、公平，数据真实、可靠；
(3) 具有团结协作、人际沟通能力。

四、教、学、做说明
学生在完成【相关知识】线上、线下学习的基础上，在教师的指导下，分组讨论，列出自己熟悉的化学反应，并指出哪些能用于滴定分析，最后与全班进行交流与评价。

相关知识

滴定分析法是化学分析法中的重要方法之一，在分析工作中，许多物质的测定都是通过滴定分析法来完成的。滴定分析法是用滴定管将一种已知准确浓度的溶液滴加到被测物质的溶液中，直至所加的已知准确浓度的溶液与被测物质按化学计量关系恰好完全反应，然后根据所加溶液的浓度和所消耗的体积，依据化学反应方程式的关系，来计算被测物质含量的方法。由于这类方法以测量溶液体积为基础，故滴定分析法又称容量分析法。

滴定分析法通常用于测定常量组分的含量。该法具有操作简便、测定快速、仪器简单、准确度较高、用途广泛等特点，适用于各种化学反应的测定。一般常量分析的相对误差在±0.1%以内，因此，滴定分析法在生产和科研中具有重要的实用价值。

在此，主要介绍滴定分析法中的常用术语、滴定分析法对化学反应的要求、滴定分析的方法及滴定方式等内容。滴定分析法是本课程的主要内容，将在后续部分详细介绍。

一、滴定分析法中的常用术语

滴定：滴加标准溶液的操作过程称为滴定。

滴定反应：滴定时发生的化学反应称为滴定反应。

标准溶液：已知准确浓度的试剂溶液，也可称为滴定剂。

化学计量点：标准溶液和待测组分恰好完全反应的那一点。

指示剂：由于滴定到化学计量点时，许多滴定反应往往没有用肉眼能观察到的明显外部特征，因此，常在被滴定溶液中加入一种辅助试剂，借助其颜色的突变来判断化学计量点的到达，这种辅助试剂叫指示剂。

滴定终点：在滴定过程中，当指示剂发生颜色突变时，即停止滴定，停止滴定反应的这一点称为滴定终点，简称终点。化学计量点是根据化学反应计量关系求得的理论值，而滴定终点是由实际滴定所确定的。因此，滴定终点与化学计量点不可能完全符合，它们之间总存在着很小的差别，由此引起终点误差或滴定误差。

终点误差：滴定终点与化学计量点之间的差值，也称滴定误差。滴定误差的大小，取决于滴定反应和指示剂的性能及用量。

二、滴定分析法对化学反应的要求

化学反应的类型很多，但适于滴定分析的化学反应并不多，为了保证滴定分析的准确度，用于滴定分析的化学反应必须具备下列条件。

① 反应必须定量完成。即待测物与标准溶液的反应必须按一定的化学反应式进行，通常要求反应完全程度达99.9%以上，并且无副反应发生。

② 反应速率要快。滴定反应要在瞬间完成，如果反应速率较慢，将无法确定终点。对于速率较慢的反应，通常可以采用加热或加入催化剂等的方法加快反应。

③ 要有适当的方法确定终点。即可利用变色敏锐指示剂的变色或反应物与生产物颜色具有明显差异的方法来确定终点。

凡能满足上述条件的反应均可用滴定分析法进行分析。

三、滴定分析法的分类

滴定分析法的分类方法有下列两种。

1. 根据化学反应类型进行分类

滴定分析法根据化学反应类型的不同可分为以下四种。

（1）酸碱滴定法（中和滴定法） 以质子转移反应为基础的滴定分析方法。可用于测定酸、碱以及能直接或间接与酸、碱发生反应的物质的含量。

如，强酸滴定强碱：$H_3O^+ + OH^- \longrightarrow 2H_2O$

强酸滴定弱碱：$H_3O^+ + A^- \longrightarrow HA + H_2O$

强碱滴定弱酸：$OH^- + HA \longrightarrow A^- + H_2O$

（2）络合滴定法 以络合反应为基础的滴定分析方法，反应的最终产物为络合物，可用于测定金属离子或络合剂。如：

$$Mg^{2+}+Y^{4-}\longrightarrow MgY^{2-}$$

$$Ag^++2CN^-\longrightarrow[Ag(CN)_2]^-$$

（3）氧化还原滴定法　以氧化还原反应为基础的滴定分析方法。其中包括高锰酸钾法、重铬酸钾法、碘量法和铈量法等。可用于直接测定具有氧化性或还原性的物质，或者间接测定某些不具有氧化性或还原性的物质。例如：

$$Cr_2O_7^{2-}+6Fe^{2+}+14H^+\longrightarrow2Cr^{3+}+6Fe^{3+}+7H_2O$$

$$I_2+2S_2O_3^{2-}\longrightarrow2I^-+S_4O_6^{2-}$$

$$MnO_4^-+5Fe^{2+}+8H^+\longrightarrow Mn^{2+}+5Fe^{3+}+4H_2O$$

$$Ce^{4+}+Fe^{2+}\longrightarrow Ce^{3+}+Fe^{3+}$$

（4）沉淀滴定法　以沉淀反应为基础的滴定分析方法。可用于测定 Ag^+、CN^-、SCN^- 及卤素等离子。例如，食盐中 NaCl 的测定（以硝酸银为标准溶液进行滴定）。

$$Ag^++Cl^-\longrightarrow AgCl\downarrow$$
$$\text{白色}$$

2. 根据滴定方式进行分类

滴定分析法根据滴定方式的不同可分为以下四种。

（1）直接滴定法　用标准溶液直接滴定被测物质，利用指示剂或仪器指示化学计量点的滴定方式。此法适用于反应速率快，反应能定量完成，并且有简单方法确定滴定终点的化学反应。由于它简便、快速、引入误差的因素较少，所以是最常用、最基本的滴定方式。如用盐酸标准溶液滴定氢氧化钠溶液；用高锰酸钾标准溶液滴定 H_2O_2 溶液；用 EDTA 标准溶液滴定金属离子；用 $AgNO_3$ 标准溶液滴定 Cl^- 等，都属于直接滴定法。

当滴定反应不能完全满足上述基本要求时，可采用以下方式进行滴定。

（2）间接滴定法　如果被测组分与标准溶液之间不能发生反应，但能找出一种既可与待测组分反应又能与标准溶液反应的物质，则可利用间接滴定法进行滴定。

如利用高锰酸钾法测定钙，Ca^{2+} 不能直接与 $KMnO_4$ 溶液反应，可借助于既可与 Ca^{2+} 反应又可与高锰酸钾标准溶液反应的草酸来测定。加入草酸使 Ca^{2+} 沉淀为 CaC_2O_4，将沉淀过滤、洗净溶于稀硫酸，这时可用 $KMnO_4$ 标准溶液滴定生成的 $H_2C_2O_4$，从而间接测出 Ca^{2+} 的含量。其反应式为：

$$Ca^{2+}+C_2O_4^{2-}\longrightarrow CaC_2O_4\downarrow$$

$$CaC_2O_4+2H^+\longrightarrow Ca^{2+}+H_2C_2O_4$$

$$5H_2C_2O_4+2MnO_4^-+6H^+\longrightarrow2Mn^{2+}+10CO_2\uparrow+8H_2O$$

该方法适用于不能与标准溶液发生化学反应的物质的测定。

（3）返滴定法　也叫剩余量滴定法，先在被测物质溶液中加入准确且过量的滴定剂，当其与被测物质反应完成后，再用一种标准溶液滴定剩余的滴定剂。如测定石灰石中碳酸钙含量，由于试样是固体，难溶于水，与稀酸反应较慢，故不能用 HCl 标准溶液直接滴定，此时可加入一定量且过量的 HCl 标准溶液，加热使碳酸钙完全溶解，冷却后再用 NaOH 滴定剩余 HCl。反应式为：

$$CaCO_3+2HCl\longrightarrow CaCl_2+CO_2\uparrow+H_2O$$
$$\text{（固体）　（过量）}$$

$$HCl+NaOH\longrightarrow NaCl+H_2O$$
$$\text{（剩余）}$$

该方法适用于反应速率较慢或难溶于水的固体试样，以及某些无适当确定终点方法的反应。

（4）置换滴定法　先用适当的试剂与被测物质反应，定量置换出另一种能被定量滴定的物质，然后再用适当的标准溶液滴定此物质。

如用硫代硫酸钠（$Na_2S_2O_3$）测定废水中的 $K_2Cr_2O_7$，由于直接反应

$$S_2O_3^{2-}+Cr_2O_7^{2-}\longrightarrow S_4O_6^{2-}/SO_4^{2-}$$（有副反应，所以氧化产物中含有连四硫酸根及硫酸根）副产物多，没有一定的化学计量关系，所以不能直接滴定。因此，首先加入过量碘化钾与 $K_2Cr_2O_7$ 反应置换出碘：

$$Cr_2O_7^{2-}+6I^-+14H^+\longrightarrow 2Cr^{3+}+3I_2+7H_2O$$

再用 $Na_2S_2O_3$ 标准溶液滴定生成的碘：

$$2S_2O_3^{2-}+I_2\longrightarrow S_4O_6^{2-}+2I^-$$

以淀粉作指示剂，终点的现象是蓝色消失。

该方法适于无明显定量关系的反应，伴有副反应或缺乏合适指示剂的物质的测定。

滴定分析中返滴定、置换滴定、间接滴定等滴定方式的应用，大大扩展了滴定分析法的应用范围。

任务二　标准溶液的配制

一、知识目标
（1）熟悉基准物质的条件；
（2）掌握用基准物质标定酸碱溶液浓度的基本原理；
（3）掌握溶液浓度的表示方法及换算方法。

二、能力目标
（1）能用基准物质直接配制标准溶液；
（2）能熟练运用不同的方法表示溶液浓度；
（3）学会用两种方法标定一般酸碱标准溶液。

三、素质目标
（1）具有热爱祖国、恪尽职守、踏实勤恳的工作作风；
（2）能做到检测行为公正、公平，数据真实、可靠；
（3）具有团结协作、人际沟通能力。

四、教、学、做说明
学生在完成对【相关知识】线上、线下学习基础上，结合前面所学知识，由教师引领，熟悉实验室环境，并在教师的指导下，配制和标定盐酸、氢氧化钠标准溶液。

五、工作准备
1.任务用品准备
（1）仪器　分析天平；台秤；酸式滴定管（50mL）；碱式滴定管（50mL）；锥形瓶（250mL）；容量瓶（250mL）；移液管（25mL）；试剂瓶（500mL）；量筒；称量瓶；烧杯等。

（2）试剂　浓 HCl（密度 1.19g/cm³，质量分数为 37%）；无水 Na₂CO₃（AR）；0.1%甲基橙指示剂；溴甲酚绿 - 甲基红指示剂（溶液 1：称取 0.1g 溴甲酚绿，溶于 95%乙醇，用 95%乙醇稀释至 100mL；溶液 2：称取 0.2g 甲基红，溶于 95%乙醇，用 95%乙醇稀释至 100mL。取 30mL 溶液 1 和 10mL 溶液 2，混匀即可）；NaOH 固体；邻苯二甲酸氢钾（105~110℃烘至恒重）；酚酞指示剂等。

2. 实验原理

（1）盐酸标准溶液　市售浓盐酸含量大约为 37%~38%，物质的量浓度为 12mol/L，由于盐酸易挥发，所以只能用标定法（间接法）来配制，即先配成近似浓度的溶液，再用基准物质标定其准确浓度。配制时，浓盐酸所取量应多于计算量。

标定 HCl 的基准物质有无水碳酸钠和硼砂（Na₂B₄O₇·10H₂O）等，其中最常用的是无水碳酸钠。

① 用无水碳酸钠标定：准确称量适量的基准物质无水碳酸钠，溶解后用 HCl 溶液直接滴定，若以甲基橙为指示剂，则滴定至溶液由黄色变为橙色，即为终点；若以溴甲酚绿 - 甲基红为指示剂，则滴定至溶液由绿色变为暗红色，即为终点。其反应式为：

$$2HCl + Na_2CO_3 \longrightarrow 2NaCl + CO_2\uparrow + H_2O$$

② 用硼砂标定：硼砂较易提纯，不易吸潮，性质比较稳定，且摩尔质量大，标定同样浓度的盐酸所需硼砂质量比 Na₂CO₃ 质量多，因此称量的相对误差较小。其反应式为：

$$2HCl + Na_2B_4O_7 \cdot 10H_2O \longrightarrow 2NaCl + 4H_3BO_3 + 5H_2O$$

化学计量点时的产物是很弱的硼酸，溶液的 pH 是 5.1，可选用甲基红为指示剂。

标定后，根据硼砂的质量及盐酸溶液的用量计算盐酸标准溶液的准确浓度。

（2）NaOH 标准溶液　由于 NaOH 易吸收空气中的水分和二氧化碳，因此，配制氢氧化钠标准溶液时不能采用直接法，而应采用间接法。先配制成近似浓度的溶液，再用基准物质来标定其准确浓度；也可以用另一种已知准确浓度的标准溶液滴定该溶液，再根据它们的体积比求得该溶液的浓度。

市售 NaOH 常含有 Na₂CO₃，由于 Na₂CO₃ 的存在对指示剂的使用影响较大，故应设法除去。制备不含碳酸钠的氢氧化钠溶液时，按照国家标准，先将市售氢氧化钠配制成饱和溶液，即一份固体氢氧化钠与一份水制成溶液，质量分数约为 50%，物质的量浓度为 18mol/L，此时碳酸钠几乎不溶，将此溶液装塑料瓶中静置过夜后，吸取一定量上层清液，用无 CO₂ 的蒸馏水稀释至所需浓度后，再进行标定。

标定 NaOH 常用的基准物质有草酸和邻苯二甲酸氢钾等。其中最常用的是邻苯二甲酸氢钾（KHP）。

① 用基准物质标定：邻苯二甲酸氢钾的优点是易制得纯品，在空气中不吸水，易保存，摩尔质量大，与 NaOH 反应的计量比为 1:1。

其标定原理如下：

$$KHC_8H_4O_4 + NaOH \longrightarrow KNaC_8H_4O_4 + H_2O$$

化学计量点时反应产物是强碱弱酸盐邻苯二甲酸钾钠，溶液呈碱性，所以可用酚酞作指示剂，用 NaOH 溶液滴定至溶液由无色变为微红色且 30s 内不褪色，即为滴定终点。根据基准物质邻苯二甲酸氢钾的质量及所用 NaOH 的体积，计算 NaOH 溶液的准确浓度。

② 用盐酸标定：用盐酸标准溶液与氢氧化钠溶液相互滴定，根据两种溶液所消耗的体积及盐酸标准溶液的浓度，可计算出氢氧化钠溶液的准确浓度。

以上两种标定方法测得的氢氧化钠标准溶液浓度值的相对误差不得大于 0.2%，否则以基准物质邻苯二甲酸氢钾标定所得数值为准。

码3-1　盐酸标准溶液的标定

六、工作过程

1. 盐酸标准溶液的配制

（1）配制 $c(HCl) = 0.1mol/L$ 的 HCl 溶液 500mL　所需浓盐酸的体积 $V(HCl) = 0.1 \times 500/12 \approx 4.2 (mL)$。

用 10mL 洁净的量筒量取约 4.5mL 浓 HCl（因为浓盐酸易挥发，实际浓度小于 12mol/L，故应量取稍多于计算量的 HCl），小心倒入已加 300mL 蒸馏水的 500mL 烧杯中，摇匀，再稀释至 500mL。之后转入洁净的玻璃塞试剂瓶中，盖好瓶塞，贴上标签，待标定。

（2）$c(HCl) = 0.1mol/L$ 的 HCl 标准溶液的标定

① 用甲基橙作指示剂指示终点。在分析天平上用减量法准确称取 3 份无水碳酸钠，每份为 0.15~0.20g。分别放入 3 个洁净的 250mL 锥形瓶中，各加入 25mL 蒸馏水使其溶解，之后各加 1~2 滴甲基橙指示剂。用 0.1mol/L 的 HCl 溶液滴定至溶液由黄色变为橙色且 30s 内不褪色，即为终点，记录所消耗的 HCl 溶液的体积。平行标定 3 次，同时做空白试验。计算 HCl 标准溶液的浓度。

② 用溴甲酚绿 - 甲基红混合指示剂指示终点。用称量瓶按减量法称取 3 份已烘干的基准物质无水碳酸钠（0.15~0.20g）于 3 个洁净的 250mL 锥形瓶中，各加入 50mL 蒸馏水使其溶解，摇匀，加 10 滴溴甲酚绿 - 甲基红混合指示剂，用 0.1mol/L 的 HCl 溶液滴定至溶液由绿色变为暗红色，煮沸 2min，冷却后继续滴定至溶液再呈现暗红色，即为终点。同时做空白试验。记录所消耗的 HCl 标准溶液的体积，平行测定 3 次，计算 HCl 标准溶液的浓度。

（3）数据记录与处理

① 数据记录

项目	1	2	3
倾出前（称量瓶 + Na_2CO_3）质量/g			
倾出后（称量瓶 + Na_2CO_3）质量/g			
$m(Na_2CO_3)$/g			
滴定温度下溶液的体积校正值/（mL/L）			
滴定管校正值/mL			
滴定管初读数/mL			
滴定消耗 HCl 标准溶液的体积/mL			
空白试验消耗 HCl 标准溶液的体积/mL			
实际消耗 HCl 标准溶液的体积/mL			
$c(HCl)$/（mol/L）			
$c(HCl)$ 平均值/（mol/L）			
相对极差/%			

② 结果计算

$$c(HCl) = \frac{2m(Na_2CO_3)}{M(Na_2CO_3) \times [V(HCl) - V_0] \times 10^{-3}}$$

式中　$c(HCl)$——盐酸标准溶液的浓度，mol/L；

　　　　$V(HCl)$——滴定盐酸溶液的体积，mL；

　　　　　　V_0——空白消耗盐酸溶液的体积，mL；

　　$m(Na_2CO_3)$——称取碳酸钠的质量，g；

　　$M(Na_2CO_3)$——Na_2CO_3 的摩尔质量，g/mol。

码3-2　氢氧化钠
标准溶液的标定

2. 氢氧化钠标准溶液的配制

（1）$c(NaOH) = 0.1mol/L$ 的 NaOH 溶液的配制　称取 NaOH 约 110g，倒入装有 100mL 蒸馏水的烧杯中，搅拌使之成为饱和溶液，之后置于塑料瓶中，放置至溶液清亮，用塑料管吸取 5.4mL 上层清液，用无二氧化碳的水稀释至 1000mL，摇匀，贴上标签，待标定。

（2）0.1mol/L 的 NaOH 溶液的标定　在分析天平上用减量法准确称取干燥的邻苯二甲酸氢钾 3 份，每份为 0.5~0.6g，分别放入 3 个洁净且已编号的 250mL 锥形瓶中，加 20~30mL 煮沸并已冷却的无 CO_2 的蒸馏水使其充分溶解，若没有完全溶解，可稍微加热。加 2~3 滴酚酞指示剂，用待标定的 NaOH 溶液滴定至呈微红色并保持 30s 不褪色，即为终点。记录所消耗 NaOH 标准溶液的体积，平行标定 3 次。同时做空白试验。

（3）数据记录与处理

① 数据记录

项目	1	2	3
倾出前质量/g			
倾出后质量/g			
m(邻苯二甲酸氢钾)/g			
滴定温度下溶液的体积校正值/（mL/L）			
滴定管校正值/mL			
滴定管初读数/mL			
滴定消耗 NaOH 标准溶液的体积/mL			
空白试验消耗 NaOH 标准溶液的体积/mL			
实际消耗 NaOH 标准溶液的体积/mL			
$c(NaOH)/$（mol/L）			
$c(NaOH)$ 平均值/（mol/L）			
相对极差/%			

② 结果计算

NaOH 标准溶液的浓度：

$$c(NaOH) = \frac{m(KHC_8H_4O_4)}{M(KHC_8H_4O_4) \times [V(NaOH) - V_0] \times 10^{-3}}$$

式中　$c(NaOH)$——氢氧化钠标准溶液的浓度，mol/L；

m（$KHC_8H_4O_4$）——称取邻苯二甲酸氢钾的质量，g；

M（$KHC_8H_4O_4$）——邻苯二甲酸氢钾的摩尔质量，g/mol；

V（NaOH）——滴定 NaOH 溶液的体积，mL；

V_0——空白试验消耗 NaOH 的体积。

相关知识

在滴定分析中，不管采用何种滴定方法，都必须使用标准溶液，然后通过标准溶液的浓度和消耗的体积，求出被测物质的含量。所以标准溶液的浓度必须准确，通常表示标准溶液的浓度时保留四位有效数字，其浓度的表示方法有两种，即物质的量浓度和滴定度。

一、标准溶液浓度的表示方法

1. 物质的量浓度

物质的量浓度简称浓度，是指单位体积溶液中所含溶质 B 的物质的量。其用符号 c_B 表示，单位为 mol/L，其数学表达式为：

$$c_B = \frac{n_B}{V} \tag{3-1}$$

式中 c_B——物质的量浓度，mol/L；

n_B——物质的量，mol；

V——溶液的体积，L。

由上式可得出溶质的物质的量为：

$$n_B = c_B V \tag{3-2}$$

溶质的质量为：

$$m_B = c_B V M_B \tag{3-3}$$

式中 M_B 为该物质的摩尔质量，单位为 g/mol，其值与所选的基本单元有关。因此，使用摩尔质量时，必须根据摩尔的定义，指明基本单元。

按国际单位制（SI），n_B 的单位为摩尔（mol），溶液体积（V）的单位为 m^3，c_B 的单位为 mol/m^3，而在实际工作中多采用 mol/L。同时在使用物质的量 n_B 时，式中 B 代表溶质的基本单元，常以计量式表达，计量式可以是原子、分子、离子、电子等，也可以是这些粒子的特定组合。例如，硫酸的基本单元可以是 H_2SO_4，也可以是 $\frac{1}{2}H_2SO_4$，同样质量的物质，由于采用的基本单元不同，物质的量也不同。当选 H_2SO_4 作基本单元时，M（H_2SO_4）= 98.08g/mol，则 98.08g H_2SO_4 的物质的量 n（H_2SO_4）= 1mol，当选 $\frac{1}{2}H_2SO_4$ 为基本单元时，$M\left(\frac{1}{2}H_2SO_4\right)$ = 49.04g/mol，98.08g 的 H_2SO_4 的物质的量 $n\left(\frac{1}{2}H_2SO_4\right)$ = 2mol。

物质的量浓度 c_B 是由物质的量 n_B 导出的，所以在使用物质的量浓度时也必须指明基本单元。需要注意的是，除非特别说明，一般不选粒子的特定组合为计量式，所以基本单元一般可认为是其化学式。对于选定基本单元来说，其摩尔质量在数值上等于该基本单元对应物质的式量。

【例 3-1】 市售盐酸的质量分数为 37.5%，密度为 $1.19g/cm^3$，则其物质的量浓度是多少？

解： $n(HCl) = \dfrac{m(HCl)}{M(HCl)} = \dfrac{1.19 \times 1000 \times 37.5\%}{36.46} \approx 12.24(mol)$

$c(HCl) = \dfrac{n(HCl)}{V(HCl)} = \dfrac{12.24}{1.00} = 12.24(mol/L)$

【例 3-2】 配制 $0.1000mol/L$ 的 NaCl 标准溶液 250mL，应称取 NaCl 多少克？（NaCl 的摩尔质量为 $58.44g/mol$）

解： 设应称取 NaCl 的质量为 m，

首先计算其溶质的物质的量，

根据 $n_B = c_B V_B$ 得：

$$n(NaCl) = 0.1000 \times 0.25 = 0.025(mol)$$
$$m(NaCl) = n(NaCl) \times M(NaCl)$$
$$= 0.025 \times 58.44$$
$$\approx 1.461 \ (g)$$

2. 滴定度

在生产部门和实验室中需要对大批量的同种待测物进行分析时，常采用滴定度来表示标准溶液的浓度。

滴定度是指 1mL 滴定剂 A 相当于待测组分 B 的质量。用符号 T（待测物/滴定剂）表示，单位为 g/mL。

例如，有一盐酸标准溶液，每 mL 此溶液可与 $0.02000g$ 的氢氧化钠完全反应，则此盐酸标准溶液对氢氧化钠的滴定度 $T(NaOH/HCl) = 0.02000g/mL$。

如果用此标准溶液测定某烧碱溶液，滴定时用去盐酸标准溶液 25.00mL，则此试样中所含氢氧化钠的质量为：

$$m(NaOH) = T(NaOH/HCl) \times V(HCl)$$
$$= 0.02000 \times 25.00$$
$$= 0.5000(g)$$

可见，对大批试样进行某一组分的例行分析时，用滴定度表示十分方便。

如果试样是固体，滴定度还可以表示为每毫升标准溶液相当于被测物的质量分数。例如，$T(Fe^{2+}/K_2Cr_2O_7) = 1.03\%/mL$，其表示 1mL $K_2Cr_2O_7$ 标准溶液可与试样中 1.03% 的 Fe^{2+} 完全反应。

同时滴定度也可以表示每毫升标准溶液中所含溶质的质量，用 g/mL 来表示。如：$T(NaOH) = 0.0020g/mL$，即每毫升 NaOH 溶液中含有 NaOH 0.0020gNaOH，这种表示不常用，只在配制专用标准溶液时使用。

【例 3-3】 用含硫量为 0.051% 的标准钢样来标定 I_2 溶液，固定称样为 $0.5000g$，滴定时消耗 I_2 溶液 11.8mL。用上述两种方法表示碘溶液的滴定度。

解： $T(I_2/S) = \dfrac{0.5000 \times 0.051\%}{11.8} \approx 0.000022(g/mL)$

$T(I_2/S) = \dfrac{0.051\%}{11.8mL} \approx 0.0043\%/mL$

二、基准物质及其条件

能直接配制成标准溶液或标定标准溶液的物质，称为基准物质或基准试剂。

基准物质必须具备下列条件。

① 纯度高于 99.9％，且杂质的含量应少到不影响分析的准确度。

② 实际组成应与它的化学式完全相符合。若含结晶水，如硼砂 $Na_2B_4O_7 \cdot 10H_2O$，其结晶水的含量也应与化学式完全相符。

③ 性质十分稳定，在烘干、放置和称量的过程中不发生变化。如不与空气中的组分发生反应，不易吸水，不易丢失结晶水，烘干时不易分解。

④ 最好具有较大的摩尔质量，以减小称量时的相对误差。

在分析化学中，基准物质常被用来直接配制标准溶液或标定标准溶液的浓度。常用的基准物质有纯金属和纯化合物。它们的含量一般在 99.9％，甚至可高达 99.99％以上。有些超纯物质和光谱纯试剂的纯度很高，但这只说明其中金属杂质的含量很低，并不表明它主要成分的含量在 99.9％以上，有时候因为其中含有不定组成的水分和气体杂质，以及试剂本身的组成不固定等，主成分的含量达不到 99.9％以上，这时就不能用作基准物质了。所以，基准物质不能随意选择。

在生产、运输、贮存过程中可能会引进少量水分和杂质，因此，在使用前必须经过一定的处理。常见基准物质的干燥条件和应用范围见表 3-1。

表 3-1   常见基准物质的干燥条件和应用范围

基准物质		干燥后的组成	干燥条件/℃	标定对象
名称	分子式			
碳酸氢钠	$NaHCO_3$	Na_2CO_3	270～300	酸
无水碳酸钠	Na_2CO_3	Na_2CO_3	270～300	酸
十水合碳酸钠	$Na_2CO_3 \cdot 10H_2O$	Na_2CO_3	270～300	酸
硼砂	$Na_2B_4O_7 \cdot 10H_2O$	$Na_2B_4O_7 \cdot 10H_2O$	放在装有 NaCl 和蔗糖饱和溶液的干燥器中	酸
碳酸氢钾	$KHCO_3$	K_2CO_3	270～300	酸
二水合草酸	$H_2C_2O_4 \cdot 2H_2O$	$H_2C_2O_4 \cdot 2H_2O$	室温空气干燥	碱或 $KMnO_4$
邻苯二甲酸氢钾	$KHC_8H_4O_4$	$KHC_8H_4O_4$	110～120	碱
重铬酸钾	$K_2Cr_2O_7$	$K_2Cr_2O_7$	140～150	还原剂
溴酸钾	$KBrO_3$	$KBrO_3$	130	还原剂
碘酸钾	KIO_3	KIO_3	130	还原剂
铜	Cu	Cu	室温干燥器中保存	还原剂
三氧化二砷	As_2O_3	As_2O_3	室温干燥器中保存	氧化剂
草酸钠	$Na_2C_2O_4$	$Na_2C_2O_4$	130	氧化剂
碳酸钙	$CaCO_3$	$CaCO_3$	110	EDTA
锌	Zn	Zn	室温干燥器中保存	EDTA
氧化锌	ZnO	ZnO	900～1000	EDTA
氯化钠	NaCl	NaCl	500～600	$AgNO_3$
氯化钾	KCl	KCl	500～600	$AgNO_3$
硝酸银	$AgNO_3$	$AgNO_3$	220～250	氯化物

三、标准溶液的配制方法

滴定分析离不开标准溶液,因此,标准溶液浓度的准确度,直接影响滴定分析结果的准确性。标准溶液的配制及保管应严格按照规定方法进行。

标准溶液的配制一般采用下列两种方法。

1. 直接配制法

对于符合基准物质条件的试剂,其标准溶液用直接法配制。方法是:准确称取一定量的基准物质,溶解后定量转入容量瓶,用蒸馏水准确稀释至一定体积。根据所称基准物质的质量和容量瓶的体积,可算出该标准溶液的浓度,这种溶液叫基准溶液,可用来标定其他标准溶液的浓度。其配制方法如图 3-1 所示。

图 3-1　直接配制法

例如,欲配制 1L 0.1000mol/L 的 Na_2CO_3 标准溶液时,首先在分析天平上准确称取 10.60g 优级纯的 Na_2CO_3,置于烧杯中,加适量水溶解后转移到 1000mL 容量瓶中,然后再用水稀释至刻度即可。其浓度为:$\dfrac{10.60}{1 \times 105.99} = 0.1000(mol/L)$。

直接配制法的优点是:简便,一经配制即可使用。但必须用基准物质来配制。

2. 间接配制法(标定法)

大多数化学试剂不符合基准物质的条件,如市售盐酸,由于具有挥发性,每批产品中 HCl 的浓度均在 36%～38% 之间波动,无法确定其准确浓度;氢氧化钠极易吸收空气中的水分和二氧化碳,如果直接配制标准溶液,称出的质量为水、Na_2CO_3、$NaHCO_3$ 和 NaOH 混合物的质量,则不能表示纯氢氧化钠的质量。$KMnO_4$ 或 $Na_2S_2O_3$ 等试剂本身含有杂质,且见光易分解,因此以上各种物质均不能作为基准物质,这些物质的标准溶液必须采用间接法配制。首先配制成接近所需浓度的溶液,再用基准物质或已知浓度的标准溶液通过滴定的方法测定它的准确浓度。

这种利用基准物质或已知准确浓度的溶液来测定待标溶液准确浓度的操作过程称为标定。

如,欲配制 1000mL0.1mol/L 的 NaOH。先粗称 4gNaOH 溶于 1000mL 蒸馏水中摇匀。然后用该溶液滴定一定质量的邻苯二甲酸氢钾,指示剂变色时停止滴定。根据 NaOH 的用量和邻苯二甲酸氢钾的质量可计算出 NaOH 的准确浓度。

标准溶液浓度的标定方法有直接标定法(基准物质标定法)和比较标定法(标准溶液比较标定法)两种。

(1) 直接标定法(用基准物质标定)　准确称取一定量的基准物质,溶解后用待标液滴定,根据基准物质的质量和待标液所消耗的体积,计算出待标液的准确浓度。大多数标准溶液用基准物质来标定其准确浓度。例如,NaOH 标准溶液常用邻苯二甲酸氢钾、草酸等基准物质来标定其准确浓度。

实际标定时有两种方法：一种是准确称取几份基准物于锥形瓶中，溶解后直接标定；另一种是准确称取 10 倍的基准物，溶解后，定量转入容量瓶中配制，然后用移液管移取一定体积的该溶液用来标定。前者称小份标定，后者称大份标定。

（2）比较标定法（用标准溶液标定）　准确吸取一定量的待标定溶液，用已知准确浓度的标准溶液滴定，或者准确吸取一定量的标准溶液，用待标定的溶液滴定，根据到达终点时所消耗标准溶液的体积和标准溶液的浓度，计算待标定溶液的准确浓度。这种用标准溶液来测定待标定溶液准确浓度的操作过程称为比较标定法。如欲标定 0.1mol/L 盐酸溶液的准确浓度，可利用实验室已有的氢氧化钠标准溶液进行滴定，通过比较的方法确定盐酸的准确浓度。

标准溶液浓度范围一般为 0.01000～1.000mol/L。

常用标准溶液的配制可参考国家标准 GB/T 601—2016《化学试剂　标准滴定溶液的制备》。

四、配制标定时应注意的问题

① 标定时一般至少进行 3～4 次平行测定，相对偏差为 0.1%～0.2%。

② 选择合适的基准物质；所称取基准物质的质量不能太少，以减少称量误差；标准溶液用量要大，以减少滴定误差；尽量用直接滴定法滴定。

③ 配制和标定溶液时所用分析天平的砝码、滴定管、移液管及容量瓶均需定期校正。

④ 标定后的标准溶液要妥善保管。

⑤ 配制硫酸、磷酸、硝酸等溶液时，都应把酸倒入水中。

⑥ 尽量用直接标定法进行标定。因为采用另一种标准溶液进行标定时，要进行两次以上，而每次滴定都存在误差，另外如果标准溶液的浓度不准确，会直接影响待标定溶液的浓度。

⑦ 直接配制法和间接配制法所用的仪器有差别。如间接配制法可用量筒、托盘天平等仪器，而直接配制法必须使用移液管、分析天平、容量瓶等仪器。

⑧ 标定时的温度和使用时的温度最好接近。一般温差要求如下：0.1mol/L 标准溶液不大于 10℃，0.5mol/L 标准溶液不大于 5℃。

任务三　滴定分析结果的计算

一、知识目标

（1）掌握滴定分析法的计算原则；

（2）掌握溶液浓度的表示方法及换算方法；

（3）掌握滴定分析法的计算方法。

二、能力目标

（1）能进行各种浓度的计算及相互换算；

（2）熟练计算标准溶液的浓度；

（3）能根据化学反应方程式计算待测组分的含量。

三、素质目标

（1）具有热爱祖国、恪尽职守、踏实勤恳的工作作风；

（2）能做到检测行为公正、公平，数据真实、可靠；

（3）具有团结协作、人际沟通能力。

四、教、学、做说明

学生在认真完成对【相关知识】学习的基础上，结合前面所学知识，在教师的指导下分组讨论，并完成课后相关计算题，最后与全班进行交流与评价。

📚 相关知识

滴定分析中涉及一系列的计算问题，如标准溶液的配制和浓度的标定，标准溶液和被测物质之间的计量关系及测量结果的计算等。在化学分析中，计算要规范、准确，要特别突出"量"的概念。计算时必须按有效数字的概念及运算规则进行，同时要明确滴定分析中的计量关系。

码3-3　滴定分析
结果的计算

一、滴定分析计算的依据

在滴定分析中，若选取分子、离子或原子作为反应的基本单元，滴定分析计算的依据是：当滴定剂与被测物完全作用时，滴定反应到达化学计量点，此时，化学方程式中各物质的化学计量系数之比等于反应中各物质的物质的量之比。

虽然滴定分析时有不同的滴定方法，滴定结果计算方法也不尽相同，但都是根据滴定剂的用量及反应物质之间的化学计量关系，来计算被测定物的质量或含量的。所以，在进行计算时，首先必须写出正确的化学反应式，明确其中的化学计量关系。

设滴定剂 A 与被测物质 B 完全反应，生成 C 和 D，其物质的量之间关系恰好与化学反应式中的化学计量关系相符合。其滴定反应式为：

$$aA\ +\ bB\ ==\!=cC+dD$$
$$\text{滴定剂}\quad\text{被测物}\quad\text{生成物}$$

当反应到达化学计量点时，各反应物与生成物的物质的量之间的关系为：

$$n_A:n_B:n_C:n_D=a:b:c:d$$

A、B 的物质的量 n_A 与 n_B 之比等于其系数之比，即：

$$\frac{n_A}{n_B}=\frac{a}{b}\text{或}\ n_B=\frac{b}{a}\times n_A \tag{3-4}$$

式中　n_B——被测物质的物质的量；

　　　n_A——滴定剂 A 的物质的量；

　　　$\dfrac{a}{b}$——比例系数。

由于滴定分析相关反应均在溶液中进行，若设被测物的浓度为 c_B、体积为 V_B，滴定至化学计量点时，消耗浓度为 c_A 的标准溶液的体积为 V_A，根据物质的量浓度的定义可知：

$$n_A=c_A\times V_A\qquad n_B=c_B\times V_B$$

则：

$$n_B=\frac{b}{a}n_A=\frac{b}{a}c_A\times V_A$$

$$c_B\times V_B=\frac{b}{a}\times c_A\times V_A$$

$$c_B = \frac{b}{a} \times \frac{c_A \times V_A}{V_B} \tag{3-5}$$

在滴定分析中，通常还需知道被测溶液中所含溶质的质量。根据物质的量的定义可知：

$$n_B = \frac{m_B}{M_B}$$

$$m_B = n_B \times M_B = \frac{b}{a} c_A \times V_A \times M_B \tag{3-6}$$

若被测物 B 是某未知试样的组分之一，且测定时所称取试样的质量为 m_s，则可以进一步计算出物质 B 在试样中的质量分数：

$$w_B = \frac{m_B}{m_s} \times 100\% = \frac{b}{a} \times \frac{c_A \times V_A \times M_B}{m_s} \times 100\% \tag{3-7}$$

式(3-4)是滴定分析定量计算的基本依据。由此式可扩展解决一系列滴定分析计算中所涉及的问题。式(3-5)可用于计算被测溶液的浓度，也可用于浓溶液的稀释计算；式(3-6)不仅用来计算溶质的质量，同时还可用于配制和标定标准溶液；式(3-7)用于计算被测物的含量。

二、滴定分析计算示例

从滴定的全过程看，人们遇到的计算问题主要涉及基准物质的称量范围、标准溶液浓度、滴定分析结果的计算等内容。

1. 基准物质称量范围的估算

在滴定分析中，为了减少滴定管的读数误差，一般将消耗标准溶液的体积控制在 20～30mL 之间。而应称取基准物质的范围可根据式(3-6)求出。

【例 3-4】 要求在标定时用去 20～25mL 0.2000mol/L 的 NaOH 溶液，应称取基准物质邻苯二甲酸氢钾（KHC₈H₄O₄）多少 g？若将草酸（H₂C₂O₄·2H₂O）作为基准物质，则应称取多少 g？

解： 设应称取邻苯二甲酸氢钾的质量为 m，

$$n(\mathrm{KHC_8H_4O_4}) = n(\mathrm{NaOH})$$
$$M(\mathrm{KHC_8H_4O_4}) = 204.23 \mathrm{g/mol}$$

根据题意得：

$$m_1 = 0.2000 \times \frac{20}{1000} \times 204.23 = 0.81692 \approx 0.8(\mathrm{g})$$

$$m_2 = 0.2000 \times \frac{25}{1000} \times 204.23 = 1.02115 \approx 1(\mathrm{g})$$

由此可计算得：称量 KHC₈H₄O₄ 0.8～1.0g。

此类计算属于估算，因此不必考虑有效数字的位数，不必按有效数字的运算规则进行运算。

若将二水合草酸作为基准物，草酸与 NaOH 的反应式为：

$$\mathrm{H_2C_2O_4 \cdot 2H_2O + 2NaOH \longrightarrow Na_2C_2O_4 + 2H_2O}$$

当达到化学计量点时：

$$n(H_2C_2O_4 \cdot 2H_2O) = \frac{1}{2}n(NaOH)，即：$$

$$\frac{m}{M(H_2C_2O_4 \cdot 2H_2O)} = \frac{1}{2} \times 0.2000 \times V(NaOH)$$

$$m_1 = \frac{1}{2} \times 0.2000 \times \frac{20}{1000} \times 126.07 = 0.2521 \approx 0.2(g)$$

$$m_2 = \frac{1}{2} \times 0.2 \times \frac{25}{1000} \times 126.07 = 0.3152 \approx 0.3(g)$$

前者的称量误差为：$\pm\dfrac{0.0002g}{1g} = \pm 0.02\%$，后者的称量误差为：

$\pm\dfrac{0.0002g}{0.3g} = \pm 0.07\%$。虽然二者的称量误差都小于滴定分析允许误差（$\pm 0.1\% \sim \pm 0.2\%$），但摩尔质量较大的物质由于称量得较多，可以减小称量误差。

2. 标准溶液的配制及标定

【例 3-5】 配制 1000mL0.1mol/L 的 HCl 溶液，需市售浓盐酸（密度 1.19g/cm³，质量分数 37%）多少毫升？标定时称取基准物质硼砂（$Na_2B_4O_7 \cdot 10H_2O$）0.5001g，加水溶解后用该 HCl 溶液滴定至终点，消耗 HCl 溶液的体积为 25.30mL，计算所配制 HCl 标准溶液的浓度。

解：①设需浓盐酸 VmL，

由 $c(浓)V(浓) = c(稀)V(稀)$

$$c(浓) = \frac{1000 \times \rho w}{M}$$

则： $$\frac{1000 \times 1.19 \times 0.37}{36.46} \times V(浓) = 0.1 \times 1000$$

$$V(浓) \approx 8.3(mL)$$

② 标定的反应为：

$$Na_2B_4O_7 \cdot 10H_2O + 2HCl \longrightarrow 4H_3BO_3 + 2NaCl + 5H_2O$$

$$n(Na_2B_4O_7 \cdot 10H_2O) = \frac{1}{2}n(HCl)$$

$$\frac{m}{M(Na_2B_4O_7 \cdot 10H_2O)} = \frac{1}{2}c(HCl)V(HCl)$$

$$c(HCl) = 2 \times \frac{m}{M(Na_2B_4O_7 \cdot 10H_2O)V(HCl)}$$

$$= 2 \times \frac{0.5001}{381.37 \times 25.30 \times 10^{-3}}$$

$$\approx 0.1037(mol/L)$$

3. 分析结果的计算

【例 3-6】 称取工业纯碱 0.2650g，用 0.2000mol/L 的 HCl 标准溶液滴定至终点时，用去 HCl 标准溶液 23.45mL，求纯碱中 Na_2CO_3 的含量。

解：滴定反应为：

$$2HCl + Na_2CO_3 \longrightarrow 2NaCl + H_2O + CO_2 \uparrow$$

$$n(Na_2CO_3) = \frac{1}{2}n(HCl)$$

由式(3-6) 得

$$m(\text{Na}_2\text{CO}_3) = \frac{1}{2} c(\text{HCl}) \times V(\text{HCl}) \times M(\text{Na}_2\text{CO}_3)$$

$$= \frac{1}{2} \times 0.2000 \times 23.45 \times 10^{-3} \times 105.99$$

$$\approx 0.2486(\text{g})$$

即 0.2650g 纯碱中含 Na_2CO_3 0.2486g，但一般试样中待测物含量以质量分数的形式表示。

【例 3-7】　称取铁矿石试样 0.2532g，溶于酸使铁试样呈 Fe^{2+} 状态，用 0.0200mol/L $\text{K}_2\text{Cr}_2\text{O}_7$ 标准溶液滴定，终点时消耗 $\text{K}_2\text{Cr}_2\text{O}_7$ 的体积为 20.35mL，求试样中 Fe_2O_3 的质量分数。

解：滴定反应为：

$$\text{Cr}_2\text{O}_7^{2-} + 6\text{Fe}^{2+} + 14\text{H}^+ \longrightarrow 2\text{Cr}^{3+} + 6\text{Fe}^{3+} + 7\text{H}_2\text{O}$$

$$n(\text{Fe}_2\text{O}_3) = \frac{1}{2} n(\text{Fe}^{2+}) = \frac{1}{2} \times 6 n(\text{K}_2\text{CrO}_7)$$

$$n(\text{Fe}_2\text{O}_3) = 3 n(\text{K}_2\text{CrO}_7)$$

$$w(\text{Fe}_2\text{O}_3) = \frac{3 \times c(\text{K}_2\text{Cr}_2\text{O}_7) V(\text{K}_2\text{Cr}_2\text{O}_7) M(\text{Fe}_2\text{O}_3)}{m(\text{样})} \times 100\%$$

$$\approx 77.01\%$$

4. 物质的量浓度与滴定度之间的换算

$$T(\text{A/B}) = \frac{m_\text{A}}{V_\text{B}} = \frac{a}{b} \times c_\text{B} \times M_\text{A} \times 10^{-3}$$

【例 3-8】　设 HCl 标准溶液的浓度为 0.2015mol/L，试计算此标准溶液的滴定度。

解： $T(\text{HCl}) = 0.2015 \times 36.46 / 1000 \approx 0.007347(\text{g/mL})$

【例 3-9】　试计算 0.02030mol/L $\text{K}_2\text{Cr}_2\text{O}_7$ 溶液对 Fe 和 Fe_2O_3 的滴定度。

解： $\text{K}_2\text{Cr}_2\text{O}_7$ 与 Fe^{2+} 的反应为：

$$\text{Cr}_2\text{O}_7^{2-} + 6\text{Fe}^{2+} + 14\text{H}^+ \longrightarrow 2\text{Cr}^{3+} + 6\text{Fe}^{3+} + 7\text{H}_2\text{O}$$

其计量系数之比为 1：6。即：

$$n(\text{K}_2\text{Cr}_2\text{O}_7) = \frac{1}{6} n(\text{Fe}^{2+})$$

$$\frac{c(\text{K}_2\text{Cr}_2\text{O}_7)}{1000} = \frac{\frac{1}{6} \times T(\text{Fe}/\text{K}_2\text{Cr}_2\text{O}_7)}{M(\text{Fe})}$$

$$T(\text{Fe}/\text{K}_2\text{Cr}_2\text{O}_7) = \frac{c(\text{K}_2\text{Cr}_2\text{O}_7) \times M(\text{Fe}) \times 6}{1000}$$

$$= \frac{0.02030 \times 55.85 \times 6}{1000}$$

$$\approx 0.006803 \ (\text{g/mL})$$

同理可得：

$$n(\text{K}_2\text{Cr}_2\text{O}_7) = \frac{1}{3} n(\text{Fe}_2\text{O}_3)$$

$$\frac{c(\mathrm{K_2Cr_2O_7})}{1000}=\frac{\dfrac{1}{3}\times T(\mathrm{Fe_2O_3/K_2Cr_2O_7})}{M(\mathrm{Fe_2O_3})}$$

$$T(\mathrm{Fe_2O_3/K_2Cr_2O_7})=\frac{c(\mathrm{K_2Cr_2O_7})\times M(\mathrm{Fe_2O_3})\times 3}{1000}$$

$$=\frac{0.02030\times 159.69\times 3}{1000}$$

$$\approx 0.009725(\mathrm{g/mL})$$

✖ 能力测评与提升

1. 填空题

(1) 滴定分析常用于测定_____组分的含量。

(2) 根据化学反应的类型,滴定分析法可分为_____、_____、_____和_____四大类。

(3) 欲配制 0.1000mol/L 的 NaOH 溶液 500mL,应称取_____(质量)固体 NaOH。

(4) 称取 0.2500g 纯金属锌,溶于 HCl 后,稀释定容到 250mL 的容量瓶中,则 $\mathrm{Zn^{2+}}$ 溶液的物质的量浓度为_____。

(5) 称取 0.3280g $\mathrm{H_2C_2O_4 \cdot 2H_2O}$ 来标定 NaOH 溶液,消耗 20.85mL,则 $c(\mathrm{NaOH})=$_____。

(6) $T(\mathrm{NaOH/HCl})=0.003000\mathrm{g/mL}$,表示每_____相当于 0.003000_____。

(7) 标准溶液的配制方法有_____和_____两种。

(8) 标定 HCl 溶液的浓度时,可用无水 $\mathrm{Na_2CO_3}$ 或硼砂为基准物质,若无水 $\mathrm{Na_2CO_3}$ 吸水,则标定结果_____;若硼砂失去部分结晶水,则标定结果_____;(以上两项填无影响、偏高、偏低)若两者均保存妥当,不存在上述问题,则选_____作为基准物质好,原因为_____。

(9) 滴定管在装标准溶液前需要用该溶液润洗_____次,其目的为_____。

(10) 滴定分析法要求反应按一定的化学方程式定量进行,而且实际进行完全,通常要求达到_____以上。

2. 选择题

(1) 可用于直接配制标准溶液的是 (   )。

A. $\mathrm{KMnO_4(AR)}$ B. $\mathrm{K_2Cr_2O_7(AR)}$

C. $\mathrm{Na_2S_2O_3 \cdot 5H_2O(AR)}$ D. $\mathrm{NaOH(AR)}$

(2) 在滴定分析中,一般用指示剂颜色的突变来判断化学计量点的到达,在指示剂变色时停止滴定。这一点称为 (   )。

A. 化学计量点   B. 滴定误差   C. 滴定终点   D. 滴定分析

(3) 将称好的基准物质倒入湿烧杯,对分析结果产生的影响是 (   )。

A. 正误差   B. 负误差   C. 无影响   D. 结果混乱

(4) 将置于普通干燥器中保存的 $\mathrm{Na_2B_4O_7 \cdot 10H_2O}$ 作为基准物质用于标定盐酸的浓度,则对所标定盐酸溶液浓度的结果影响是 (   )。

A. 偏高 B. 偏低 C. 无影响 D. 不能确定

(5) 滴定管可估读到±0.01mL，若要求滴定的相对误差小于0.1%，至少应耗用体积（　　）mL。

A. 10 B. 20 C. 30 D. 40

(6) 0.2000mol/LNaOH 溶液对 H_2SO_4 的滴定度为（　　）g/mL。

A. 0.00049 B. 0.0049 C. 0.00098 D. 0.0098

(7) 已知 $M(Na_2CO_3)=105.99g/mol$，用它来标定 0.1mol/L HCl 溶液，宜称取 Na_2CO_3 为（　　）。

A. 0.5~1g B. 0.05~0.1g C. 1~2g D. 0.1~0.2g

(8) 配制 HCl 标准溶液宜取的试剂规格是（　　）。

A. HCl（AR） B. HCl（GR） C. HCl（LR） D. HCl（CP）

(9) 欲配制 1000mL 0.1mol/L HCl 溶液，应取浓度为 12mol/L 的浓盐酸（　　）。

A. 0.84mL B. 8.3mL C. 1.2mL D. 12mL

(10) 将浓度为 5.000mol/LNaOH 溶液 100mL，加水稀释至 500mL，则稀释后的溶液浓度为（　　）。

A. 3.000mol/L B. 2.5000mol/L C. 1.000mol/L D. 4.000mol/L

(11) 终点误差的产生是由于（　　）。

A. 滴定终点与化学计量点不符　　　　B. 滴定反应不完全

C. 试样不够纯净　　　　　　　　　　D. 滴定管读数不准确

(12) 滴定分析所用指示剂是（　　）。

A. 本身具有颜色的辅助试剂

B. 利用本身颜色变化确定化学计量点的外加试剂

C. 本身无色的辅助试剂

D. 能与标准溶液起作用的外加试剂

(13) 已知邻苯二甲酸氢钾的摩尔质量为 204.23g/mol，用它来标定 0.1000mol/L 的 NaOH 溶液，宜称取邻苯二甲酸氢钾的质量为（　　）。

A. 0.25g 左右 B. 1g 左右 C. 0.1g 左右 D. 0.45g 左右

(14) 7.4g$Na_2H_2Y \cdot 2H_2O$（M＝372.26g/mol）配成 1L 溶液，其浓度约为（　　）mol/L。

A. 0.02 B. 0.01 C. 0.1 D. 0.2

(15) 滴定分析的相对误差一般要求为 0.1%，滴定时消耗标准溶液的体积应控制在（　　）。

A. 10~15mL B. 15~20mL C. 20~30mL D. 50mL

(16) 直接滴定法是用标准溶液（　　）滴定被测组分。

A. 直接 B. 间接 C. 置换 D. 取代

(17) 用来测定物质含量的具有准确浓度的溶液叫作（　　）。

A. 一般溶液 B. 标准溶液 C. 悬浊液 D. 电解质

(18) 间接滴定法适用于（　　）物质的测定。

A. 被测物与标准溶液不能直接反应的　　B. 反应物为固体

C. 能发生置换反应　　　　　　　　　　D. 能发生取代反应

(19) 一般情况下，滴定分析法的相对误差（　　）。

A. 不大于0.1% B. 不小于0.1% C. 不大于0.2% D. 不小于0.2%

(20) 滴定反应要求在（　　）完成。

A. 一定时间内   B. 瞬间

C. 越快越好   D. 不需加热或加催化剂的情况下

3. 判断题

(1) 在滴定分析中，滴定终点与化学计量点是一致的。   ( )

(2) 终点误差是由操作者终点判断失误或操作不熟练而引起的。   ( )

(3) 滴定分析的相对误差一般要求为小于 0.1%，滴定时消耗的标准溶液体积应控制在 $10 \sim 15$mL。   ( )

(4) 用来直接配制标准溶液的物质称为基准物质，$KMnO_4$ 是基准物质。   ( )

(5) 溶解基准物质时用移液管移取 $20 \sim 30$mL 水加入。   ( )

(6) 测量的准确度要求较高时，容量瓶在使用前应进行体积校正。   ( )

(7) 1L 溶液中含有 98.08gH_2SO_4，则 $c(H_2SO_4) = 2$mol/L。   ( )

(8) 用浓溶液配制稀溶液的计算依据是稀释前后溶质的物质的量不变。   ( )

(9) 基准物质就是标准溶液。   ( )

(10) 配制硫酸、盐酸和硝酸溶液时都应将酸注入水中。   ( )

(11) 作为基准物质，其纯度应达到 99% 以上。   ( )

(12) 配制酸碱标准溶液时，用吸量管量取 HCl，用台秤称取 NaOH。   ( )

(13) 用优级纯 NaOH，可直接配制成标准溶液。   ( )

(14) 凡能满足滴定分析要求的化学反应，都能用于直接滴定法分析。   ( )

(15) 硫代硫酸钠是基准物，可直接配制成标准溶液。   ( )

(16) 配制一般的溶液，称量几到几十克物质，准确到 0.1g，应选择最大载荷 100g，分度值 0.1g 的天平。   ( )

(17) 先在被测物质溶液中加入准确且过量的滴定剂，当与被测物质反应完成后，再用一种标准溶液滴定剩余的滴定剂。这种滴定方式称为返滴定法。   ( )

(18) 滴定分析中，标定后的标准溶液不需要妥善保管。   ( )

(19) 直接配制法是准确称取一定量的基准物质，溶解后定量转入容量瓶中，用蒸馏水准确稀释至一定体积。   ( )

(20) 沉淀滴定法是以沉淀反应为基础的滴定分析法。   ( )

4. 简答题

(1) 滴定分析法的特点是什么？滴定分析法对反应有什么的要求？

(2) 什么叫基准物质？作为基准物质必须具备什么条件？标定碱标准溶液时，邻苯二甲酸氢钾（$KHC_8H_4O_4$，$M = 204.23$g/mol）和二水合草酸（$H_2C_2O_4 \cdot 2H_2O$，$M = 126.07$g/mol）都可以作为基准物质，选择哪一种更好？为什么？

(3) 化学计量点与滴定终点有什么区别？

(4) 滴定分析法的分类有哪些？根据什么进行分类？

(5) 配制和标定 NaOH 标准溶液时，称取 NaOH 及 $KHC_8H_4O_4$ 各用什么天平？为什么？

(6) HCl 标准溶液为什么不能采用直接配制法？

5. 计算题

(1) 称取基准物无水 Na_2CO_3 0.1580g，以甲基橙为指示剂，标定 HCl 溶液的浓度，消耗 HCl 体积 24.80mL，计算此 HCl 溶液的浓度。

(2) 取 0.3280g $H_2C_2O_4 \cdot 2H_2O$ 标定 NaOH 溶液，消耗 NaOH 溶液体积 25.35mL，

求此 NaOH 溶液的浓度。

（3）称取铁矿石试样 3.649g，用 HCl 溶液溶解后，经预处理使铁呈 Fe^{2+} 状态，用 $K_2Cr_2O_7$ 标准溶液滴定，到达终点时消耗 0.1250mol/L 的 $K_2Cr_2O_7$ 标准溶液 28.56mL，计算以 Fe、Fe_2O_3 表示的质量分数。

（4）用硼砂（$Na_2B_4O_7 \cdot 10H_2O$）0.4800g 标定 HCl 溶液，滴定至化学计量点时消耗 HCl 溶液 25.23mL，试计算该盐酸溶液的物质的量浓度。（提示：$Na_2B_4O_7 \cdot 10H_2O + 2HCl \longrightarrow 4H_3BO_3 + 2NaCl + 5H_2O$）

（5）已知 H_2SO_4 质量分数为 96%，相对密度为 1.84g/mL，欲配制 0.5000mol/L 的 H_2SO_4 溶液，需这种 H_2SO_4 多少毫升？

（6）用 0.2100mol/L 的 HCl 滴定 1.0000g 含惰性杂质的 K_2CO_3 样品，完全中和时需 HCl35.00mL，计算样品中 K_2CO_3 的含量。

（7）称取不纯的 $CaCO_3$ 试样 0.3000g，加入浓度为 0.2500mol/L 的 HCl 标准溶液 25.00mL，煮沸除去 CO_2，用 0.2012mol/L 的 NaOH 溶液返滴定过量的 HCl 溶液，消耗 NaOH 溶液 5.84mL，计算试样中 $CaCO_3$ 的质量分数。

（8）欲使滴定时消耗 0.2mol/L 的盐酸溶液 20～25mL，计算应称取分析纯的 Na_2CO_3 试剂质量。

（9）市售盐酸的密度为 1.18g/mL，质量分数为 37%，欲用此盐酸配 500mL0.1mol/L 的 HCl 溶液，试计算应量取市售盐酸的体积。

（10）测定氮肥中 NH_3 的含量。称取试样 1.6160g，溶解后在 250mL 容量瓶中定容，移取此溶液 25.00mL，加入过量 NaOH 溶液，将产生的 NH_3 导入 40.00mL 0.1020mol/L 的 H_2SO_4 标准溶液中吸收，剩余的 H_2SO_4 需 17.00mL 0.09600mol/L NaOH 溶液中和。计算氮肥中 NH_3 的含量。

学习情境四

酸碱滴定法

任务一　认识酸碱溶液

一、知识目标

（1）根据质子理论，正确理解酸碱定义，共轭酸碱对、酸碱反应的实质及溶剂的质子自递反应；

（2）熟悉缓冲溶液的缓冲范围及缓冲溶液的选择与配制；

（3）掌握酸碱平衡体系中酸碱度的计算方法。

二、能力目标

（1）能熟练应用酸碱质子理论判断酸碱类别；

（2）能熟练计算一元酸碱溶液的 pH 及缓冲溶液的 pH；

（3）能确定缓冲溶液的缓冲范围，并能正确选择缓冲溶液。

三、素质目标

（1）具有热爱祖国、恪尽职守、踏实勤恳的工作作风；

（2）能做到检测行为公正、公平，数据真实、可靠；

（3）具有团结协作、人际沟通能力。

四、教、学、做说明

学生在完成【相关知识】学习的基础上，在教师的指导下，完成【任务一】认识酸碱溶液，并与全班进行交流与评价。

相关知识

一、酸碱质子理论

酸、碱是很重要的化合物，人们对酸碱概念的认识也经历了一个由表及里、由浅入深、由片面到较全面的发展过程。在这个过程中，人们提出了许多酸碱理论：阿伦尼乌斯在 19 世纪 80 年代提出的电离理论；布朗斯特和劳莱于 1923 年提出的质子理论；以及后来路易斯提出的酸碱电子理论等。

酸碱电离理论中对酸碱的定义为：电解质在水溶液中电离时，产生的阳离子全部是 H^+ 的化合物叫作酸；电离时产生的阴离子全部是 OH^- 的化合物叫作碱。酸碱中和生成盐和水。

电解质有强电解质和弱电解质两大类。强电解质在水溶液中完全电离，包括强酸、强碱及大部分盐类。弱电解质在水溶液中部分电离，电离过程是可逆的，弱电解质包括弱酸、弱碱及水。

酸碱电离理论，从物质的化学组成上揭露了酸碱的本质，明确指出 H^+ 是酸的特征；OH^- 是碱的特征，中和反应的实质就是 H^+ 与 OH^- 作用生成水。根据化学平衡的原理，找出了衡量酸碱强度的标准——K_a、K_b、pH。酸碱电离理论首次赋予酸碱科学的定义，对化学科学的发展起到了积极的推动作用，并且至今仍在应用。

酸：　　　　$HAc \rightleftharpoons H^+ + Ac^-$

碱：　　　　$NaOH \longrightarrow Na^+ + OH^-$

酸碱中和反应生成盐和水：$NaOH + HAc \longrightarrow NaAc + H_2O$

但酸碱电离理论有一定的局限性，它只适用于水溶液，不适用于非水溶液。按照电离理论，离开水溶液就没有酸碱及中和反应，也不能用 H^+ 浓度和 OH^- 浓度的相对大小来衡量物质的酸碱性强弱，所以无法说明物质在非水溶液中的酸碱问题。另外，酸碱电离理论把碱限制为氢氧化物，因此，对 NH_3、Na_2CO_3 等不含 OH^- 的物质，表现为碱性这一事实无法解释，所以酸碱电离理论尚不完善。为此 1923 年，丹麦化学家布朗斯特（U. N. Bronated）和英国化学家劳莱在酸碱电离理论的基础上，提出了酸碱质子理论。

1. 酸碱的基本概念

酸碱质子理论认为，凡是能给出质子（H^+）的物质就是酸；凡是能接受质子（H^+）的物质就是碱。

它们之间的关系可用下式表示：

$$酸 \rightleftharpoons 质子 + 碱$$

如：　　　　　　　　　　$HAc \rightleftharpoons H^+ + Ac^-$

其中，HAc 能给出质子（H^+），所以它是一种酸；它给出质子后的剩余部分（Ac^-），对质子具有一定的亲和力，能接受质子，因而 Ac^- 是一种碱。

酸、碱之间通过质子而互相转化的关系叫酸、碱共轭关系。这种因一个质子的得失而互相转变的每一对酸碱称为共轭酸碱对。共轭酸碱对质子得失的反应称为酸碱半反应。

酸给出质子后生成它的共轭碱；碱接受质子后生成它的共轭酸。如上式中的 Ac^- 是 HAc 的共轭碱；而 HAc 是 Ac^- 的共轭酸。HAc 与 Ac^- 为共轭酸碱对。例如：

酸		质子		碱
HAc	$\rightleftharpoons$	H^+	$+$	Ac^-
H_2CO_3	$\rightleftharpoons$	H^+	$+$	HCO_3^-
HCO_3^-	$\rightleftharpoons$	H^+	$+$	CO_3^-
NH_4^+	$\rightleftharpoons$	H^+	$+$	NH_3
$(CH_2)_6N_4H^+$	$\rightleftharpoons$	H^+	$+$	$(CH_2)_6N_4$

从以上例子可看出：在质子理论中，酸碱概念的范围扩大了，酸碱可以是中性分子，也可以是阴离子、阳离子。

2.酸碱的反应

(1) 酸碱半反应　酸给出质子形成共轭碱，或碱接受质子形成共轭酸的反应，就是酸碱半反应。或共轭酸碱对质子得失的反应叫酸碱半反应，它与氧化还原反应中原电池的半反应相类似。

由于质子的半径特别小，电荷密度很高，所以其在水溶液中很难单独存在，因此在水溶液中并不能单独进行共轭酸碱对的半反应，而是当一种酸给出质子的同时，溶液中必须有一种碱来接受质子。

(2) 酸碱反应的实质

① 酸碱的电离。在水溶液中酸碱电离是质子的转移反应。如，乙酸在水溶液中的电离，溶剂水是接受质子的碱。其反应可表示为：

酸的半反应：$\qquad HAc(酸_1) \Longleftrightarrow H^+ + Ac^-(碱_1)$

碱的半反应：$\qquad H_2O(碱_2) + H^+ \Longleftrightarrow H_3O^+(酸_2)$

总反应：

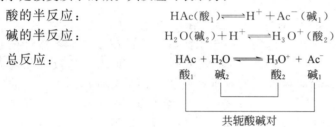

上述酸碱反应的结果是质子从 HAc 转移到水，在这个过程中，由于溶剂水起碱的作用，没有 H_2O，质子转移就无法实现。因此酸的电离平衡实际是两个共轭酸碱对共同作用而达到的平衡，其实质是质子转移。

一般，为了书写方便，通常将 H_3O^+ 写成 H^+，上式可以简写为：

$$HAc \Longleftrightarrow H^+ + Ac^-$$

注意：此式代表的是一个完整的酸碱反应，而不是一个半反应。

同理，碱在溶液中的电离反应也必须有溶剂水的参与。

如：NH_3 在水中的反应：

碱的半反应：$\qquad NH_3(碱_1) + H^+ \Longleftrightarrow NH_4^+ \quad (酸_1)$

酸的半反应：$\qquad H_2O(酸_2) \Longleftrightarrow H^+ + OH^- \quad (碱_2)$

总反应：

$$NH_3 + H_2O \Longleftrightarrow OH^- + NH_4^+$$
$$碱_1 \quad\; 酸_2 \qquad\quad 碱_2 \quad\; 酸_1$$
$$\text{共轭酸碱对}$$

在这个平衡中，溶剂水给出质子起酸的作用，NH_3 分子中的氮原子有孤对电子，能接受质子生成它的共轭酸 NH_4^+。氨水电离的实质也是质子的转移。所以，碱在水溶液中电离的实质也是质子的转移。

溶剂水既能给出质子起酸的作用，又能接受质子起碱的作用，这种既能给出质子又能接受质子的物质叫两性物质。

② 水的质子自递反应。从以上讨论可知，溶剂水是一个两性物质。水分子之间也存在着质子转移作用，人们把发生在水分子之间的质子转移作用，称为水的质子自递反应。这个反应的平衡常数称为水的质子自递常数或水的离子积常数，用 K_w 表示。

$$H_2O + H_2O \Longrightarrow H_3O^+ + OH^-$$

酸$_1$ 碱$_2$ 酸$_2$ 碱$_1$

共轭酸碱对

当达到平衡时 $K_w = \dfrac{[H_3O^+][OH^-]^{\bullet}}{[H_2O][H_2O]}$，由于水的电离度很小，故可将 $[H_2O]$（酸$_1$）和 $[H_2O]$（碱$_2$）看成常数。所以 $K_w = [H_3O^+][OH^-]$

水合质子 H_3O^+ 也可以简写为 H^+，因此水的质子自递常数可简写为：

$$K_w = [H^+][OH^-] = 1.00 \times 10^{-14}(25℃)$$

$$pK_w = pH + pOH = 14.00$$

K_w 随温度的升高而增大，水的离子积常数不仅适用于纯水，也适用于任何稀的水溶液。

③ 酸碱中和反应。质子理论认为，电离理论中的酸碱中和反应也可以看成质子在不同物质之间的转移，并没有生成"盐"。例如，HCl 与 NH_3 的反应，质子并非直接从酸转移给碱，而是通过溶剂水传递。

HCl 水溶液中： $HCl + H_2O \longrightarrow H_3O^+ + Cl^-$

NH_3 水溶液中： $NH_3 + H_2O \Longrightarrow NH_4^+ + OH^-$

总反应为： $HCl + NH_3 \Longrightarrow NH_4^+ + Cl^-$

反应的结果为转化为各自的共轭酸 NH_4^+ 和共轭碱 Cl^-。因此，不存在"盐"，更不存在盐的水解。

④ 盐的水解。在电离理论中，盐的水解是盐电离出的离子与水电离出的 H^+ 或 OH^- 结合生成弱酸或弱碱，从而使溶液酸碱性发生改变的过程。按质子理论，盐的水解反应实质也是质子转移。例如，Na_2CO_3、NH_4Cl 的水解：

$$CO_3^{2-} + H_2O \Longrightarrow HCO_3^- + OH^-$$

$$NH_4^+ + H_2O \Longrightarrow NH_3 + H_3O^+$$

综上所述，按照酸碱质子理论，各种酸碱反应过程都是质子转移过程，实质就是酸失去质子、碱得到质子，因此酸碱反应实质是酸碱之间发生了质子转移。

酸在水溶液中电离时，水起碱的作用，而碱在水溶液中电离时，水起酸的作用。所以，水是两性物质，水分子之间也可以发生质子转移。

这样运用质子理论，就把各种酸碱反应统一起来了。酸碱电离、盐的水解反应实质和酸碱中和反应一样，都是酸碱反应，都是质子的转移反应。

3. 酸碱平衡

（1）共轭酸碱对中 K_a 与 K_b 的关系　共轭关系中的酸、碱称为共轭酸碱对，根据酸碱质子理论，酸或碱在水中的电离，实际是酸或碱与水之间发生了质子转移。

酸的电离平衡实际是两个酸碱对相互作用达到的平衡；碱的电离平衡实际也是两个酸碱对相互作用达到的平衡。

如：乙酸 HAc 在水中的电离反应为：

---

❶ 本学习情境中，用中括号表示某物质摩尔浓度。

$$HAc + H_2O \Longrightarrow H_3O^+ + Ac^-$$

达到平衡时，平衡常数 K_a 可表示为：

$$K_a = \frac{[H_3O^+][Ac^-]}{[HAc]}$$

K_a 为酸的电离常数，在一定温度条件下是一个常数。

HAc 的共轭碱 Ac^- 在水中的电离反应为：

$$Ac^- + H_2O \Longrightarrow HAc + OH^-$$

达到平衡时，平衡常数 K_b 可表示为：

$$K_b = \frac{[HAc][OH^-]}{[Ac^-]}$$

K_b 为碱的电离常数，在一定温度条件下也是一个常数。

电离常数不受浓度的影响，只与温度有关。由于电离过程是一个吸热过程，温度升高，电离常数增大，既然酸或碱在水中电离时，会产生与其对应的共轭碱或共轭酸，它们之间相互依存，酸中有碱，碱中有酸，那么 K_a 与 K_b 一定有联系。

$$\begin{aligned} K_a K_b &= \frac{[H_3O^+][Ac^-]}{[HAc]} \times \frac{[HAc][OH^-]}{[Ac^-]} \\ &= [H_3O^+][OH^-] \\ &= [H^+][OH^-] \end{aligned}$$

即：$K_a K_b = K_w = 1.00 \times 10^{-14}$（25℃）

或：$pK_a + pK_b = pK_w$

对于共轭酸碱对，如果酸的酸性越强，则对应碱的碱性越弱；反之亦然。在共轭酸碱对中，若知道了酸或碱的电离常数，就可以算出其共轭碱或共轭酸的电离常数。

上面讨论的是一元共轭酸碱对 K_a 与 K_b 的关系，而对于多元酸或多元碱，它们在水溶液中是分级电离的，有多个共轭酸碱对，且这些共轭酸碱对也存在着一定关系。例如，二元酸 $H_2C_2O_4$ 在水溶液中的电离反应为：

$$H_2C_2O_4 \Longrightarrow H^+ + HC_2O_4^- \qquad\qquad K_{a1}$$

$$HC_2O_4^- \Longrightarrow H^+ + C_2O_4^{2-} \qquad\qquad K_{a2}$$

同理 $C_2O_4^{2-}$ 也进行两步水解：

$$C_2O_4^{2-} + H_2O \Longrightarrow HC_2O_4^- + OH^- \qquad K_{b1}$$

$$HC_2O_4^- + H_2O \Longrightarrow H_2C_2O_4 + OH^- \qquad K_{b2}$$

显然共轭酸碱对 K_a 与 K_b 有如下关系：

$$K_{a1} K_{b2} = K_{a2} K_{b1} = [H^+][OH^-] = K_w$$

对于三元弱酸，同理可得如下关系：

$$K_{a1} K_{b3} = K_{a2} K_{b2} = K_{a3} K_{b1} = [H^+][OH^-] = K_w$$

（2）共轭酸碱的相对强弱　从以上讨论可知：酸碱的强弱通常用电离常数 K_a 和 K_b 的大小来表示，K_a 值越大，该酸酸性越强；K_b 值越大，该碱碱性越强。同时，根据酸的 K_a 可以求出其共轭碱的 K_b，根据碱的 K_b 可以求出其共轭酸的 K_a。

如果酸给出质子的能力愈强，则它的酸性就愈强，反之酸性就愈弱；同样碱接受质子的能力愈强，碱性愈强，反之碱性就愈弱。在共轭酸碱对中，如果共轭酸愈易给出质子，则其酸性越强，其共轭碱对质子的亲和力就越弱，不易接受质子，碱性越弱。相反共轭酸愈弱，给出质子的能力愈弱，其共轭碱碱性就越强。

例如：$HAc + H_2O \Longrightarrow H_3O^+ + Ac^-$　　　$K_a = 1.8 \times 10^{-5}$

$HF + H_2O \Longrightarrow H_3O^+ + F^-$　　　$K_a = 3.5 \times 10^{-4}$

$HCN + H_2O \Longrightarrow H_3O^+ + CN^-$　　　$K_a = 6.2 \times 10^{-10}$

三种酸的强弱顺序是：$HF > HAc > HCN$。

再如上述三种酸的共轭碱的电离常数 K_b 值分别如下。

$Ac^- + H_2O \Longrightarrow HAc + OH^-$　　　$K_b = 5.6 \times 10^{-10}$

$F^- + H_2O \Longrightarrow HF + OH^-$　　　$K_b = 2.8 \times 10^{-11}$

$CN^- + H_2O \Longrightarrow HCN + OH^-$　　　$K_b = 1.6 \times 10^{-5}$

三种共轭碱的强弱顺序是：$CN^- > Ac^- > F^-$。这个次序正好与上面三种共轭酸的强弱次序相反。

因此，酸碱反应的规律是：强酸与强碱反应生成弱酸、弱碱；较强的酸与较强的碱反应生成较弱的酸和较弱的碱。

【例 4-1】 已知 HAc 的电离反应为：$HAc + H_2O \Longrightarrow H_3O^+ + Ac^-$，$K_a = 1.8 \times 10^{-5}$，计算其共轭碱 Ac^- 的电离常数 K_b。

解： HAc 的共轭碱为 Ac^-，它的电离反应为：

$$Ac^- + H_2O \Longrightarrow HAc + OH^-$$

$K_a K_b = K_w = 1.00 \times 10^{-14}$，则：

$$K_b = \frac{K_w}{K_a} = \frac{1.00 \times 10^{-14}}{1.8 \times 10^{-5}} \approx 5.6 \times 10^{-10}$$

【例 4-2】 试求 HPO_4^{2-} 共轭碱 PO_4^{3-} 的 K_{b1}。已知 $K_{a1} = 7.6 \times 10^{-3}$，$K_{a2} = 6.3 \times 10^{-8}$，$K_{a3} = 4.4 \times 10^{-13}$

解： PO_4^{3-} 水解平衡为：

$$PO_4^{3-} + H_2O \Longrightarrow HPO_4^{2-} + OH^-$$

平衡常数为 K_{b1}，

根据 $K_{a3} K_{b1} = K_w = 1.0 \times 10^{-14}$ 得：

$$K_{b1} = \frac{K_w}{K_{a3}} = \frac{1.00 \times 10^{-14}}{4.4 \times 10^{-13}} \approx 2.3 \times 10^{-2}$$

由以上讨论可知：酸碱质子理论，扩大了酸碱的范围，使酸碱不再局限于水溶液体系。质子的转移过程，可以在水溶液、非水溶剂或无溶剂等条件下进行。例如盐酸和氨反应，无论是在水溶液中，还是在苯溶液或气相条件下，其实质都是一样的，盐酸是酸，给出质子转变成它的共轭碱氯离子；氨是碱，接受质子转变成它的共轭酸氨根离子。把电离理论中的电离、中和、盐的水解统一为"质子转移"反应。因此，酸碱电离、酸碱中和反应、盐类的水解反应都是质子转移的反应。但它仍然存在一定的局限性：如仍局限于有质子（H^+）的体系，无 H^+ 的体系不适应。

二、酸碱溶液 pH 的计算

在酸碱滴定中，随着滴定剂的加入，溶液的 pH 不断发生变化，为了弄清滴定过程中溶液 pH 的变化规律，选用合适的指示剂，就必须掌握酸碱溶液 pH 的计算方法。在应用公式计算时，必须注意各个公式的使用条件，这样才能保证计算结果的准确性。

溶液的酸碱性通常用 $pH=-lg[H^+]$ 表示，也可用 $pOH=-lg[OH^-]$ 表示，下面分门别类地对溶液 pH 的计算方法进行讨论。

1. 强酸（碱）溶液

强酸、强碱在溶液中完全电离，pH 的计算很简单。在其浓度不是太低（$c_a \geq 10^{-6} mol/L$ 或 $c_b \geq 10^{-6} mol/L$）时，可忽略水的电离。所以 $c_a=[H^+]$，$c_b=[OH^-]$

例如：0.1mol/L 的 HCl 溶液，$c(HCl)=0.1mol/L=[H^+]$

$$pH=-lg[H^+]=-lg0.1=1.0$$

0.1mol/L 的 NaOH 溶液，$c(NaOH)=0.1mol/L=[OH^-]$

$$pOH=-lg[OH^-]=-lg0.1=1.0$$

$$pH=pK_w-pOH=14.00-1.00=13.00$$

或

$$[H^+]=\frac{K_w}{[OH^-]}=\frac{1.0\times10^{-14}}{0.1}=1.0\times10^{-13} \quad pH=13.00$$

2. 一元弱酸（弱碱）溶液

弱酸、弱碱在水溶液中部分电离，它电离出的阴、阳离子和未电离的分子之间存在着电离平衡。

例如，若 HA 为一元弱酸，它在水溶液中存在着下列电离平衡：

$$HA \rightleftharpoons H^+ + A^-$$

达到平衡时，

$$K_a=\frac{[H^+][A^-]}{[HA]}$$

设弱酸 HA 的起始浓度为 c，达到平衡时，各物质的平衡浓度分别为 $[H^+]$、$[A^-]$、$[HA]$，而且平衡时 $[H^+]$ 与 $[A^-]$ 的浓度近似相等，即 $[H^+] \approx [A^-]$。此时溶液中还存在着水的电离平衡：对于浓度不太小和强度不太弱的弱酸溶液，可忽略水电离产生的 H^+ 和 OH^- 的影响，判别条件为 $cK_a \geq 20K_w$。

由一元弱酸的电离平衡可知：未电离的 HA 的浓度应为 HA 的起始浓度减去 $[H^+]$ 或 $[A^-]$，即：

$$[HA]=c-[A^-]=c-[H^+]$$

将平衡时各物质的浓度代入平衡常数表达式：

$$K_a=\frac{[H^+][A^-]}{[HA]}=\frac{[H^+]^2}{c-[H^+]} \quad \text{整理得：}$$

$$[H^+]^2+K_a[H^+]-K_ac=0$$

$$[H^+]=\frac{-K_a+\sqrt{K_a^2+4K_ac}}{2} \tag{4-1}$$

此式是计算一元弱酸溶液中 $[H^+]$ 的近似公式，使用条件是：$cK_a \geq 20K_w$（可忽略水的电离），并且 $c/K_a < 500$（不能忽略弱酸电离对平衡浓度的影响）。

HA 是弱酸，如果弱酸的电离常数很小，平衡时溶液中 $[H^+]$ 远远小于弱酸的原始浓度，所以平衡时 $[HA]=c-[H^+] \approx c$，在计算时可忽略 $[H^+]$ 不计，上式可简化为：

$$K_a=\frac{[H^+][A^-]}{[HA]}=\frac{[H^+]^2}{c}$$

$$[H^+]=\sqrt{K_ac} \tag{4-2}$$

式（4-2）是计算一元弱酸的最简公式，使用条件：$cK_a \geq 20K_w$ 且 $c/K_a \geq 500$。这是忽

略了水的电离和弱酸的电离后的 $[H^+]$ 的计算公式。

但对于极稀（$c_a < 10^{-6}$ mol/L）或极弱（$K_a < 10^{-12}$ 或 $K_b < 10^{-12}$）的酸碱溶液，则需要考虑水的电离和弱酸的电离，以上近似公式和最简公式都不能使用。此时，就要使用精确公式进行计算，即：

$$[H^+] = [A^-] + [OH^-] = K_a \times \frac{c - [H^+] + [OH^-]}{[H^+]} + \frac{K_w}{[H^+]}$$

经整理得其准确浓度。在实际工作中，一般无须精确计算，所以在此不进行介绍。

同理可推导出一元弱碱溶液中 OH^- 浓度的计算公式：

当 $cK_b \geqslant 20K_w$，$c/K_b < 500$ 时，其近似公式为：

$$[OH^-] = \frac{-K_b + \sqrt{K_b^2 + 4K_b c}}{2} \tag{4-3}$$

当 $cK_b \geqslant 20K_w$，且 $c/K_b \geqslant 500$ 时，其最简公式为：

$$[OH^-] = \sqrt{K_b c} \tag{4-4}$$

总之，计算一元弱酸（弱碱）需要用哪一个公式，在确定准确度的前提下（一般以相对误差 $< 5\%$ 为标准），取决于弱酸（弱碱）的起始浓度与电离常数的大小。

当 $cK_a \geqslant 20K_w$，且 $c/K_a \geqslant 500$ 或 $cK_b \geqslant 20K_w$，且 $c/K_b \geqslant 500$ 时，则可忽略水和该弱酸（或弱碱）的电离，可用最简公式计算。

当 $cK_a \geqslant 20K_w$ 且 $c/K_a < 500$ 时或 $cK_b \geqslant 20K_w$ 且 $c/K_b < 500$ 时，可忽略水的电离，但不能忽略该弱酸或弱碱的电离，可用近似公式计算。

当 $cK_a < 20K_w$ 或 $cK_b < 20K_w$ 时，不能忽略水的电离，$[H^+] \approx 10^{-7}$ mol/L，以上近似公式和最简公式均不适用，需要用精确公式计算，但更准确的计算，既复杂而又不太必要，将不进行讨论。

【例 4-3】 有一弱酸，其浓度为 0.001000mol/L，$K_a = 1.8 \times 10^{-4}$，计算溶液的 pH。

解： 已知 $c = 0.001000$mol/L，$K_a = 1.8 \times 10^{-4}$，

则：$cK_a > 20K_w$，$c/K_a < 500$，应用近似公式计算：

$$[H^+] = \frac{-K_a + \sqrt{K_a^2 + 4K_a c}}{2} = \frac{-1.8 \times 10^{-4} + \sqrt{(1.8 \times 10^{-4})^2 + 4 \times 1.8 \times 10^{-4} \times 0.001000}}{2}$$

$$\approx 3.4 \times 10^{-4} \text{(mol/L)}$$

$$pH \approx 3.47$$

若用最简公式计算：$[H^+] = \sqrt{cK_a} = \sqrt{0.001000 \times 1.8 \times 10^{-4}} \approx 4.2 \times 10^{-4}$（mol/L）

用最简公式计算所得结果的相对误差为：

$$\frac{4.2 \times 10^{-4} - 3.4 \times 10^{-4}}{3.4 \times 10^{-4}} \times 100\% \approx 24\%$$

误差太大，显然该弱酸的 pH 不能用最简公式计算。

【例 4-4】 计算 0.1000mol/L 的 NH_3 的 pH。

解： 已知 $c = 0.1000$mol/L，$K_b = 1.8 \times 10^{-5}$，则

$$cK_b > 20K_w, c/K_b > 500$$

故可用最简式计算：

$$[OH^-] = \sqrt{cK_b} = \sqrt{0.1000 \times 1.8 \times 10^{-5}} \approx 1.3 \times 10^{-3} \text{(mol/L)}$$

$$pOH \approx 2.89$$

$$pH=14.00-2.89=11.11$$

【例 4-5】 计算 0.1000mol/L NaAc 溶液的 pH。

解： Ac^- 是 HAc 的共轭碱，它在水溶液中有如下平衡：

$$Ac^-+H_2O \Longrightarrow HAc+OH^-$$

已知：HAc 的 $K_a=1.8\times10^{-5}$，其共轭碱的 $K_b=\dfrac{K_w}{K_a}=\dfrac{1.0\times10^{-14}}{1.8\times10^{-5}}\approx5.6\times10^{-10}$

$cK_b>20K_w$，故可忽略水的电离；又因 $c/K_b>500$，故可忽略 Ac^- 的电离，用最简公式：

$$[OH^-]=\sqrt{cK_b}=\sqrt{0.1000\times5.6\times10^{-10}}\approx7.5\times10^{-6}(mol/L)$$
$$pOH=5.12 \quad pH=14.00-5.12=8.88$$

【例 4-6】 计算 0.1000mol/L NH_4Cl 溶液的 pH。

解： NH_4Cl 在水溶液中完全电离为 NH_4^+ 和 Cl^-，根据质子理论，NH_4^+ 为一元弱酸，Cl^- 为极弱的碱，可忽略其影响；NH_4^+ 可以给出质子，形成它的共轭碱 NH_3，由于 NH_4^+ 的共轭碱是 NH_3，而 NH_3 的 K_b 值是已知的，所以：

$$K_a=\dfrac{K_w}{K_b}=\dfrac{1.0\times10^{-14}}{1.8\times10^{-5}}\approx5.6\times10^{-10}$$

因为 $cK_a=0.1000\times5.6\times10^{-10}>20K_w$，故可以忽略水的电离，并且 $c/K_a=0.1000/5.6\times10^{-10}>500$，故可以忽略 NH_4^+ 的电离，选用最简公式计算。

$$[H^+]=\sqrt{cK_a}=\sqrt{0.1000\times5.6\times10^{-10}}\approx7.5\times10^{-6}(mol/L)$$
$$pH=-\lg[H^+]=-\lg7.5\times10^{-6}=5.12$$

3. 多元弱酸（弱碱）溶液

对于多元弱酸、弱碱溶液 pH 的计算，只介绍一些可以忽略二级电离的弱酸、弱碱，其可当作一元弱酸、弱碱来处理。

多元弱酸、弱碱在水溶液中是分级电离的，每一级都有相应的电离平衡。如：设 H_2A 为二元酸，它在溶液中的电离方程式为：

$$H_2A \Longrightarrow H^++HA^- \qquad K_{a1}=\dfrac{[H^+][HA^-]}{[H_2A]}$$

$$HA^- \Longrightarrow H^++A^{2-} \qquad K_{a2}=\dfrac{[H^+][A^{2-}]}{[HA^-]}$$

如果 $K_{a1}/K_{a2}\geqslant10^5$，$K_{a1}\gg K_{a2}$，则说明二级电离比一级电离困难得多，因此可认为溶液中 H^+ 主要来自 H_2A 的第一级电离，第二级电离产生的 H^+ 极少，可以忽略不计。此时，二元弱酸可按一元弱酸处理。

当 $cK_{a1}\geqslant20K_w$，且 $c/K_{a1}<500$ 时，则应用近似公式，即：

$$[H^+]=\dfrac{-K_{a1}+\sqrt{K_{a1}^2+4K_{a1}c}}{2}$$

当 $cK_{a1}\geqslant20K_w$，$c/K_{a1}\geqslant500$ 时，则应用最简公式，即：

$$[H^+]=\sqrt{K_{a1}c}$$

同理二元以上的酸也按上述办法处理。

对于多元弱碱，如同多元弱酸一样，也是主要以一级电离进行处理。如二元弱碱，若 $K_{b1}\gg K_{b2}$，$cK_{b1}\geqslant20K_w$，且 $c/K_{b1}\geqslant500$ 时，用最简式计算，即：$[OH^-]=\sqrt{K_{b1}c}$

【例 4-7】 计算 0.04000mol/L H_2CO_3 溶液的 pH。

解：已知 H_2CO_3 的 $K_{a1}=4.2\times10^{-7}$，$K_{a2}=5.6\times10^{-11}$，所以 $K_{a1}\gg K_{a2}$，可按一元弱酸处理；又因为：

$cK_{a1}>20K_w$，$c/K_{a1}>500$，故可用最简式计算：

$$[H^+]=\sqrt{cK_{a1}}=\sqrt{0.04000\times4.2\times10^{-7}}\approx1.3\times10^{-4}\,(mol/L)$$
$$pH\approx3.89$$

4. 两性物质溶液

按质子理论，既可给出质子又可以接受质子的物质是两性物质，如多元酸的酸式盐（$NaHCO_3$）及弱酸弱碱盐（NH_4Ac）等。

接下来主要介绍多元弱酸的酸式盐和一元弱酸弱碱盐两类简单两性物质溶液 pH 的计算。

现以浓度为 c 的酸式盐 $NaHCO_3$ 为例，在其水溶液中存在着下列平衡：

$NaHCO_3 \Longrightarrow Na^+ + HCO_3^-$ （完全电离）

$HCO_3^- + H_2O \Longrightarrow H_3O^+ + CO_3^{2-}$ （酸式电离 K_{a2}）

$HCO_3^- + H_2O \Longrightarrow H_2CO_3 + OH^-$ （碱式电离 K_{b2}）

溶液中 HCO_3^- 电离产生的 H^+（H_3O^+）浓度不等于 CO_3^{2-} 的浓度，因为有一部分 H^+ 与 HCO_3^- 结合生成了 H_2CO_3，如果忽略溶液中水的电离，则：

$$[H^+]=[CO_3^{2-}]-[H_2CO_3] \tag{4-5}$$

由平衡关系式可知：$[CO_3^{2-}]=K_{a2}\times\dfrac{[HCO_3^-]}{[H^+]}$，$[H_2CO_3]=\dfrac{[H^+][HCO_3^-]}{K_{a1}}$

将 $[H_2CO_3]$ 和 $[CO_3^{2-}]$ 代入式(4-5)，并整理得：

$$[H^+]^2=\frac{K_{a1}K_{a2}[HCO_3^-]}{K_{a1}+[HCO_3^-]} \tag{4-6}$$

式(4-6) 为计算两性物质溶液 pH 的近似公式，应用条件为 $cK_{a2}>20K_w$。

若 $c/K_{a1}>20$，$[HCO_3^-]\gg K_{a1}$，在上式中 $K_{a1}+[HCO_3^-]\approx[HCO_3^-]$，则：

$$[H^+]=\sqrt{K_{a1}K_{a2}} \tag{4-7}$$

式(4-7) 为计算两性物质溶液 pH 的最简公式，也是最常用的公式，应用条件是：水的电离可以忽略，$cK_{a2}>20K_w$；且两性物质的浓度不是很小（$c>20K_{a1}$）。

【例 4-8】 计算 0.1000mol/L $NaHCO_3$ 溶液的 pH。

解：H_2CO_3 的 $K_{a1}=4.2\times10^{-7}$，$K_{a2}=5.6\times10^{-11}$，

因 $cK_{a2}>20K_w$；$c/K_{a1}>20$，故可采用最简公式计算：

$$[H^+]=\sqrt{K_{a1}K_{a2}}$$
$$=\sqrt{4.2\times10^{-7}\times5.6\times10^{-11}}$$
$$\approx4.8\times10^{-9}\,(mol/L)$$
$$pH=-lg[H^+]\approx8.32$$

三、缓冲溶液及其 pH 的计算

在分析化学中，许多反应必须在一定的 pH 范围内进行，才能达到要求。因此，在反应中常需要控制溶液的酸度，以使其 pH 基本不变，这时就需要用到缓冲溶液。

缓冲溶液是一种对溶液的酸度起稳定作用的溶液，具有抵抗外加少量强酸或强碱或稍加

微课

码4-1　缓冲溶液的作用原理

稀释，使其 pH 值基本保持不变的作用。即它的酸度不因外加少量酸或碱及反应中产生的少量酸或碱而显著变化，也不因稀释而发生显著变化。

1. 缓冲溶液的组成及作用原理

常用的缓冲溶液主要有两类。一类是由浓度较大的弱酸及其共轭碱或弱碱及其共轭酸组成的，如：HAc-NaAc、NH_3-NH_4Cl 等。这类缓冲溶液中存在弱酸及其共轭碱、弱碱及其共轭酸的酸碱平衡反应，当向溶液中加入少量的酸或碱时，酸碱平衡就会向生成碱或酸的方向移动，所以溶液的 pH 基本保持不变。另一类是由高浓度的强酸（pH<2.0）或强碱溶液（pH>12.0）组成，如 0.50mol/L 的 HNO_3 溶液、0.1mol/L 的 NaOH 溶液等。这类缓冲溶液本身是强酸或强碱，所以〔H^+〕或〔OH^-〕比较高，向溶液中加入少量的酸或碱不会对溶液的 pH 有较大的影响，此外，一些由多元酸的两性物质组成的共轭酸碱对也可组成缓冲溶液。

下面以 HAc-NaAc 组成的缓冲溶液为例说明其作用原理：

$$NaAc \Longrightarrow Na^+ + Ac^-$$

$$HAc \Longrightarrow H^+ + Ac^-$$

由于 NaAc 是强电解质，完全电离，溶液中存在大量的 Ac^-。HAc 是弱电解质，部分电离，同时同离子效应，降低了 HAc 的电离度，所以此时溶液中还存在大量的 HAc，也就是说该缓冲溶液中有大量的 HAc 和 Ac^-。

当向此溶液中加入少量的强酸（如 HCl）时，加入的 H^+ 与溶液中的主要成分 Ac^- 作用，生成 HAc，使 HAc 的电离平衡向左移动，溶液中的〔H^+〕增加得极少，即 pH 基本不变，Ac^- 称为抗酸成分。

$$
\begin{array}{ccc}
NaAc \longrightarrow & \boxed{Ac^-} & + Na^+ \\
HCl \longrightarrow & \boxed{H^+} & + Cl^- \\
& \Downarrow & \\
& HAc &
\end{array}
$$

当向此溶液中加入少量强碱时，加入的 OH^- 与溶液中的 H^+ 反应，生成 H_2O，促使 HAc 继续电离，平衡向右移动，溶液中〔H^+〕几乎没有降低，pH 基本不变。HAc 称为抗碱成分。

$$
\begin{array}{ccc}
HAc \Longrightarrow & \boxed{H^+} & + Ac^- \\
NaOH \longrightarrow & \boxed{OH^-} & + Na^+ \\
& \Downarrow & \\
& H_2O &
\end{array}
$$

如果将此溶液适当稀释，HAc 和 Ac^- 的浓度都相应降低，使 HAc 的电离度相应增大，在一定程度上抵消了因溶液稀释而引起的〔H^+〕下降，因而 pH 基本不变。

缓冲溶液有备而不用的酸和备而不用的碱，即抗碱成分和抗酸成分，当外加少量酸或碱时，仅仅使弱电解质的电离平衡发生了移动，实现了抗酸、抗碱成分的互变，借以控制溶液的〔H^+〕。

2. 缓冲溶液 pH 的计算

缓冲溶液 pH 的计算公式可从酸的电离平衡求得。对于由弱酸及其共轭碱组成的缓冲溶液，如 HAc-NaAc，存在着下列电离平衡。

设：HAc 和 NaAc 的起始浓度分别为 $c_{酸}$、$c_{盐}$。

$$NaAc \Longrightarrow Na^+ + Ac^- （完全电离）$$

$$HAc \Longrightarrow H^+ + Ac^-$$

达到平衡时：

$$K_a = \frac{[H^+][Ac^-]}{[HAc]} \qquad [H^+] = K_a \times \frac{[HAc]}{[Ac^-]}$$

$$[HAc] = c_{酸} - [H^+] \qquad [Ac^-] = c_{盐} + [H^+]$$

由于 NaAc 的电离，溶液中存在大量的 Ac^-，使 HAc 的电离平衡向左移动，电离度更小，$[H^+]$ 可忽略不计，所以 $[HAc] = c_{酸} - [H^+] \approx c_{酸}$ $[Ac^-] = c_{盐} + [H^+] \approx c_{盐}$

将此代入上式得最简式：

$$[H^+] = K_a \times \frac{c_{酸}}{c_{盐}} \tag{4-8}$$

对式（4-8）两边取以 10 为底的负对数并整理得：

$$pH = pK_a - \lg \frac{c_{酸}}{c_{盐}}$$

这是计算缓冲溶液中 $[H^+]$ 的最简公式，也是最常用的公式。

对于弱碱及其共轭酸组成的缓冲溶液，可用同样的方法推出溶液中 $[OH^-]$ 的计算公式：

$$[OH^-] = K_b \times \frac{c_{碱}}{c_{盐}} \tag{4-9}$$

$$pOH = pK_b - \lg \frac{c_{碱}}{c_{盐}}$$

【例 4-9】 计算由 0.1000mol/L HAc 和 0.1000mol/L NaAc 组成的缓冲溶液的 pH。

解：已知 HAc 的 $K_a = 1.8 \times 10^{-5}$，$[HAc] = 0.1000mol/L$，$[Ac^-] = 0.1000mol/L$

$$[H^+] = K_a \times \frac{c_{酸}}{c_{盐}}$$

$$pH = pK_a - \lg \frac{c_{酸}}{c_{盐}}$$

$$\approx 4.74 - \lg \frac{0.1000}{0.1000}$$

$$= 4.74$$

【例 4-10】 计算由 0.2000mol/L NH_3 和 0.1000mol/L NH_4Cl 组成的缓冲溶液的 pH。

解：查附录二得 NH_3 的 $pK_b = 4.74$，由于 $c(NH_3)$ 和 $c(NH_4^+)$ 均较大，故可以用最简式计算。

$$pOH = pK_b - \lg \frac{c_{碱}}{c_{盐}} = 4.74 - \lg \frac{0.2000}{0.1000} \approx 4.44$$

$$pH = 14.00 - 4.44 = 9.56$$

由以上计算可知，缓冲溶液的 pH 与组成它的弱酸或弱碱的电离常数有关，同时还与弱酸及其共轭碱或弱碱及其共轭酸的浓度比有关。由于浓度比的对数相对于 pK_a 或 pK_b 是一个较小的数值，因此缓冲溶液的 pH 主要取决于它的 pK_a 或 pK_b，不同的共轭酸碱对，由于它们的 K_a 值不同，组成的缓冲溶液所能控制的 pH 也不同。

3.缓冲容量及缓冲范围

缓冲溶液对溶液酸度起一定的稳定作用。如果向溶液中加入少量强酸、强碱，或将其稍加稀释，溶液的 pH 基本保持不变。但是，继续加入强酸或强碱，缓冲溶液对酸或碱的抵抗能力就会减小，甚至失去缓冲作用。因此，一切缓冲溶液的作用都是有限度的，每种缓冲溶液均具有一定的缓冲能力。

缓冲能力的大小通常用缓冲容量来衡量。

缓冲容量是指使 1L 缓冲溶液 pH 改变 1 个单位时所需加入强酸或强碱的物质的量，加入强酸时 pH 减小，加入强碱时 pH 增大。

缓冲容量的大小与缓冲溶液中组分的总浓度和各组分的浓度比有关，缓冲溶液的容量越大，其缓冲能力越强，所需加入的酸或碱越多。

同一种缓冲溶液各组分的浓度比相同时，总浓度越大，缓冲容量越大。所以，过分稀释将导致缓冲溶液的缓冲能力显著降低。

同一种缓冲溶液的总浓度相同时，各缓冲组分的浓度比越接近 1，其缓冲容量越大，缓冲组分的浓度比离 1 越远，缓冲容量越小，甚至失去缓冲作用。因此，缓冲溶液的缓冲作用都有一个有效的 pH 范围，任何缓冲溶液的缓冲容量都有一定的有效范围。

缓冲范围是指缓冲溶液所能控制的 pH 范围，简称缓冲范围。

实际应用中常将缓冲组分浓度比为 $\frac{1}{10}\sim 10$ 时的范围作为缓冲溶液 pH 的缓冲范围。所以，缓冲溶液 pH 的缓冲范围为：$pH=pK_a\pm 1$。在此范围内，缓冲溶液有较好的缓冲效果，超出该范围，缓冲能力显著下降。

对于碱式缓冲溶液，缓冲范围为：$pH=14-(pK_b\pm 1)$ 或 $pOH=pK_b\pm 1$。例如，由 HAc-NaAc 组成的缓冲溶液，$pK_a=4.74$；其缓冲范围为 $pH=3.74\sim 5.74$，即它可将溶液 pH 控制在 $3.74\sim 5.74$ 之内。

不同的共轭酸碱对，由于其 K_a 值不同，所组成的缓冲溶液所能控制的 pH 也不同，常用的缓冲溶液可控制的 pH 范围见表 4-1。

表 4-1　常用的缓冲溶液可控制的 pH 范围

缓冲溶液	共轭酸	共轭碱	pK_a	可控制的 pH 范围
邻苯二甲酸氢钾-HCl	[苯环]—COOH —COOH	[苯环]—COO⁻ —COOH	2.95	2.0~4.0
六亚甲基四胺-HCl	$(CH_2)_6N_4H^+$	$(CH_2)_6N_4$	5.15	4.2~6.2
$H_2PO_4^- - HPO_4^{2-}$	$H_2PO_4^-$	HPO_4^{2-}	7.20	6.2~8.2
$Na_2B_4O_7$-HCl	H_3BO_3	$H_2BO_3^-$	9.24	8.2~10.2
$HCO_3^- - CO_3^{2-}$	HCO_3^-	CO_3^{2-}	10.25	9.3~11.3
$Ac^- - HAc$	HAc	Ac^-	4.74	3.7~5.7
$NH_4^+ - NH_3$	NH_4^+	NH_3	9.26	8.3~10.3

常用的缓冲溶液很多，通常应根据实际情况进行选择，其选择原则如下。

① 缓冲溶液对分析过程无干扰。

② 所需控制的 pH 应在缓冲溶液的缓冲范围之内。因此，若缓冲溶液由弱酸及其共轭碱组成，则 pK_a 应尽量与 pH 一致，即 $pH\approx pK_a$；若缓冲溶液由弱碱及其共轭酸组成，则

pK_b 应尽量与 pOH 值一致，即 $pOH \approx pK_b$。

③ 若要求将溶液酸度控制在高酸度（pH<2.0）或高碱度（pH>12.0），则可用强酸或强碱来控制。

④ 缓冲溶液应有足够的缓冲容量，通常缓冲组分的浓度一般在 0.01~1.0mol/L。一般认为：pH 为 0~2，用强酸控制酸度；pH 为 2~12，用弱酸及其共轭碱或弱碱及其共轭酸组成的缓冲溶液控制酸度；pH 为 12~14，用强碱控制酸度。例如，若要控制溶液的酸度在 pH=5 左右，可选择 HAc-NaAc 组成的缓冲溶液。又如，若要控制溶液的酸度在 pH=10 左右，可选择 NH_3-NH_4Cl 组成的缓冲溶液。

任务二　认识酸碱指示剂

一、知识目标

（1）掌握酸碱指示剂的变色原理；

（2）掌握常用酸碱指示剂的变色范围和选择原则。

二、能力目标

（1）能正确配制常见的酸碱指示剂；

（2）熟悉常用酸碱指示剂的变色范围及影响因素。

三、素质目标

（1）具有热爱祖国、恪尽职守、踏实勤恳的工作作风；

（2）能做到检测行为公正、公平，数据真实、可靠；

（3）具有团结协作、人际沟通能力。

四、教、学、做说明

学生在深刻理解【相关知识】的基础上，结合前面所学知识，在教师的指导下，分组讨论，设计出检验石蕊试液变色范围的工作方案，并提前向实验室申请所需仪器和试剂，按规定时间完成任务，并提交实验报告。

五、工作准备

（1）仪器　天平；试管等。

（2）试剂　石蕊指示剂；pH 为 3、5、7、8、10 的五种溶液。

（3）实验原理　酚酞是一种弱酸，变色范围为 pH=8~10，小于 8 时为无色，大于 10 的时候为红色，8~10 的时候是粉红色，所以碱使它变红色，酸使它变无色。

六、工作过程

（1）配制 pH 为 3、5、7、8、10 的五种溶液。

（2）配制酚酞指示剂。

（3）各取少许不同 pH 的溶液于洁净的小试管中，依次滴加两滴试液，振荡后观察颜色，并记录实验现象。

码4-2 甲基橙
指示剂

码4-3 酚酞指
示剂

码4-4 溴甲酚绿+
甲基红混合指示剂

⋑ 相关知识

在酸碱滴定过程中，外观通常不发生任何的变化，因此必须借助指示剂颜色的突变来指示终点。将酸碱滴定中用以指示终点的试液称为酸碱指示剂。

一、酸碱指示剂的变色原理

常用的酸碱指示剂一般是结构比较复杂的有机弱酸或有机弱碱，它们的共轭酸碱对具有不同的结构，而且颜色也不相同。当溶液的 pH 改变时，酸式指示剂失去质子转变为共轭碱，或碱式指示剂得到质子转化为共轭酸，使指示剂的结构发生变化，从而引起溶液颜色的变化。

例如：酚酞（PP）指示剂是一种有机弱酸，在水溶液中存在着下列平衡：

无色分子（内酯式）　　　　无色　　　　无色离子　　　　红色离子

由上式可以看出，当溶液中 [H⁺] 增大时，平衡向左移动，酚酞由红色离子最终转变为无色分子。当溶液中 [OH⁻] 增大时，平衡向右移动，酚酞由无色分子最终转变为红色离子。

甲基橙是一种有机弱碱，它在溶液中存在如下电离平衡和颜色变化：

黄色（偶氮式）　　　　　　　　　红色（醌式）

由平衡关系式可见，当溶液中 [H⁺] 增大时，平衡向右移动，甲基橙主要以醌式结构存在，表现为红色；当溶液中 [OH⁻] 增大时，平衡向右移动，甲基橙主要以偶氮式结构存在，表现为黄色。

甲基橙的酸式和碱式均有颜色，故称为双色指示剂，而酚酞在酸性中无色，在碱性中为红色，也就是在酸式或碱式中仅有一种型体具有颜色，像这样的指示剂称为单色指示剂。酸碱指示剂变色的内因是指示剂本身结构的变化，外因是溶液 pH 的改变。但并不是溶液的pH 稍有改变，就能看到溶液颜色的变化，而是当溶液的 pH 改变到一定范围时，才能观察到溶液颜色的变化。这说明指示剂变色时，其 pH 是有一定范围的，只有超过这个范围才能明显看到指示剂颜色的变化。

二、酸碱指示剂的变色范围

将人们能明显看出指示剂由一种颜色转变成另一种颜色的 pH 范围称为指示剂的变色范围。

以弱酸型指示剂 HIn 为例，其在溶液中有如下平衡：

$$HIn \Longleftrightarrow H^+ + In^-$$

$$（酸式）\qquad （碱式）$$

用 K_{HIn} 代表指示剂的电离平衡常数，达到平衡时有：

$$K_{HIn} = \frac{[H^+][In^-]}{[HIn]}$$

即：

$$\frac{K_{HIn}}{[H^+]} = \frac{[In^-]}{[HIn]}$$

式中，K_{HIn} 为指示剂的电离平衡常数，$[In^-]$ 和 $[HIn]$ 为平衡时指示剂碱式色和酸式色的浓度。

由上式可知，溶液的颜色取决于指示剂碱式色与酸式色平衡浓度的比值，因此 $[In^-]$ 与 $[HIn]$ 的比值代表了溶液的颜色。

而 $[In^-]$ 与 $[HIn]$ 二者的比值与 K_{HIn} 值和溶液的酸度 $[H^+]$ 有关。K_{HIn} 是指示剂的电离平衡常数，对于给定的指示剂，在一定的条件下，K_{HIn} 是个常数。因此，某一指示剂颜色的变化只取决于溶液中 H^+ 的浓度。

当 $[HIn]=[In^-]$ 时，溶液呈现的是酸式色和碱式色的中间颜色，此时，$[H^+]=K_{HIn}$

即：$pH = -\lg K_{HIn} = pK_{HIn}$，此值为指示剂的理论变色点。

当溶液中 H^+ 发生变化时，$[In^-]$ 与 $[HIn]$ 的比值也发生变化，同时溶液的颜色也发生变化。但是，由于人眼对颜色的分辨能力有一定的限度，极少量 $[H^+]$ 变化时，人们很难分辨出溶液颜色的变化。一般来说，只有当二者的浓度相差 10 倍或 10 倍以上时，人眼才能分辨出其中浓度较大者的颜色。

即当 $[In^-] \geqslant 10[HIn]$ 时，观察到的是碱式 In^- 的颜色；当 $[HIn] \geqslant 10[In^-]$ 时，观察到的是酸式 HIn 的颜色。

也就是说：

当 $\dfrac{[In^-]}{[HIn]}=10$ 时，$[H^+]=1/10 K_{HIn}$，$pH=pK_{HIn}+1$，溶液显 In^- 颜色；

当 $\dfrac{[In^-]}{[HIn]}=1/10$ 时，$[H^+]=10 K_{HIn}$，$pH=pK_{HIn}-1$，溶液显 HIn 颜色。

由以上讨论可知，当溶液的 pH 由 $pK_{HIn}-1$ 变化到 $pK_{HIn}+1$ 时，就可明显看到指示剂由酸式色变为碱式色。所以指示剂的理论变色范围为：

$$pH = pK_{HIn} \pm 1 \qquad\qquad\qquad (4\text{-}10)$$

指示剂颜色改变的酸度或 pH 范围称为指示剂的变色范围。不同的酸碱指示剂，K_{HIn} 值不同，其变色范围也不同，这是指示剂能在不同 pH 范围内变色的关键所在。指示剂的变色范围理论上应是 2 个 pH 单位，但实际变色范围小于 2 个 pH 单位，并且由于人眼对颜色的敏感程度不同，其理论变色点也不是变色范围的中间点，它更靠近于人较敏感的颜色的一端。

如甲基橙指示剂，当 pH≤3.1 时溶液呈现红色；pH≥4.4 时呈现黄色，pH 在 3.1～4.4 之间溶液呈现橙色（红色与黄色的混合色）。甲基橙的变色范围为 3.1～4.4，理论变色范围为 2.4～4.4，产生这种差别的原因是理论上的指示剂变色范围是通过 pKa 值计算出来的，而实际变色范围是由眼睛观察测出来的。由于人的眼睛对各种颜色的敏锐程度不同，再加上指示剂两种型体颜色的相互掩盖，从而导致实测值与理论值之间有一定差异，故不同资料中有关指示剂的变色范围略有不同。

指示剂的变色范围越窄越好，这样，在酸碱反应到达化学计量点时，pH 稍有变化，就可观察到溶液颜色的改变，有利于提高测定结果的准确度。

综上所述，可以得出下列结论：

① 不同指示剂由于 pK_{HIn} 不同，其变色范围也不同；

② 指示剂的颜色随 pH 的变化而变化，在变色范围内颜色是逐渐变化的；

③ 不同指示剂变色范围的幅度不同，但一般在 1.6～1.8 个 pH 单位之间。

另外，指示剂的变色范围还与指示剂的用量、溶液的温度、滴定顺序等因素有关。指示剂用量过多或浓度过高，会使终点颜色变化不明显，况且指示剂本身就是弱酸或弱碱，也会消耗一些滴定剂，从而带来误差。因此，指示剂的用量应少一些，以使变色较明显。如，甲基橙变色范围在 18℃ 为 3.1～4.4；而在 100℃ 时则为 2.5～3.7。常用酸碱指示剂及变色范围、颜色变化、配制浓度等见表 4-2。

表 4-2 常用酸碱指示剂及其变色范围（单一指示剂）

指示剂	变色范围（pH）	颜色		pK_{HIn}	浓度
		酸式色	碱式色		
百里酚蓝（第一次变色）	1.2～2.8	红色	黄色	1.7	0.1%（20%乙醇溶液）
甲基黄	2.9～4.0	红色	黄色	3.3	0.1%（90%乙醇溶液）
甲基橙	3.1～4.4	红色	黄色	3.4	0.05%（水溶液）
溴酚蓝	3.1～4.6	黄色	紫色	4.1	0.1%（20%乙醇溶液）或指示剂钠盐的水溶液
溴甲酚绿	3.8～5.4	黄色	蓝色	4.9	0.1%的水溶液，每 100mg 指示剂加 0.05mol/L NaOH 2.9mL
甲基红	4.4～6.2	红色	黄色	5.2	0.1%（60%乙醇溶液），或指示剂钠盐的水溶液
溴百里酚蓝	6.2～7.6	黄色	蓝色	7.3	0.1%（20%乙醇溶液），或指示剂钠盐的水溶液
中性红	6.8～8.0	红色	黄橙色	7.4	0.1%（60%乙醇溶液）
酚红	6.7～8.4	黄色	红色	8.0	0.1%（60%乙醇溶液），或指示剂钠盐的水溶液
酚酞	8.0～10.0	无色	红色	9.1	0.1%（90%乙醇溶液）
百里酚蓝（第二次变色）	8.0～9.6	黄色	蓝色	8.9	0.1%（20%乙醇溶液）
百里酚酞	9.4～10.6	无色	蓝色	10.0	0.1%（90%乙醇溶液）

从表 4-2 可看出，不同的指示剂，具有不同的变色范围，有的在酸性溶液中变色，如甲基橙、甲基红；有的在接近中性的溶液中变色，如中性红、酚红等；有的则在碱性溶液中变色，如酚酞、百里酚酞等。

三、混合指示剂

单一指示剂变色间隔较宽，且颜色变化不敏锐，如甲基橙、酚酞等。而且，有些指示剂变色过程中还有过渡色,不易辨认。在酸碱滴定中,有时需要将终点控制在化学计量点附近 pH 变化幅度很小的范围内,这时用上述单一指示剂就无法指示终点,可采用混合指示剂。

混合指示剂主要是利用颜色的互补作用原理,指示剂的变色范围变窄,变色更敏锐。常见的混合指示剂有两大类。一类由两种或两种以上的指示剂混合而成,利用颜色的互补作用,使指示剂变色范围变窄,变色更敏锐,有利于判断终点,减少终点误差,提高分析的准确度。例如,溴甲酚绿（$pK_a=4.9$）和甲基红（$pK_a=5.2$）,两者按 3∶1 的比例混合后,在 pH＜5.1 的溶液中呈酒红色,而在 pH＞5.1 的溶液中呈绿色,且变色非常敏锐。

另一类混合指示剂是在某种指示剂中加入另一种惰性染料。例如,由中性红与次甲基蓝混合而配制的指示剂,当配比为 1∶1 时,混合指示剂在 pH＝7.0 时呈现蓝紫色,其酸色为蓝紫色,碱色为绿色,变色也很敏锐。

在配制混合指示剂时,一定要控制组分的比例,否则颜色变化不明显,常用混合指示剂及变色范围见表 4-3。

表 4-3　常用混合指示剂及变色范围

指示剂组成	变色点 pH	颜色		备注
		酸色	碱色	
0.1%甲基橙水溶液＋0.25%靛蓝磺酸钠水溶液(1+1)	4.1	紫色	黄绿色	
0.1%溴甲酚绿乙醇溶液＋0.2%甲基红乙醇溶液(3+1)	5.1	酒红色	绿色	
0.1%中性红乙醇溶液＋0.1%次甲基蓝乙醇溶液(1+1)	7.0	蓝紫色	绿色	pH＝7.0 蓝紫色
0.1%百里酚蓝的 50%乙醇溶液＋0.1%酚酞的 50%乙醇溶液(1+3)	9.0	黄色	紫色	从黄色到绿色再到紫色
0.1%溴甲酚绿钠盐水溶液＋0.1%氯酚红钠盐水溶液(1+1)	6.1	蓝绿色	蓝紫色	pH＝5.4 蓝绿色,5.8 蓝色, 6.0 蓝色带紫色,6.2 蓝紫色
0.1%甲酚红钠盐水溶液＋0.1%百里酚蓝钠盐水溶液(1+3)	8.3	黄色	紫色	pH＝8.2 玫瑰红色 pH＝8.4 紫色

实验室使用的 pH 试纸,就是基于混合指示剂的原理而制成的。

四、酸碱指示剂的选择

选择酸碱指示剂的主要依据是滴定突跃范围。

1. 滴定突跃

在化学计量点前后（一般在 ±0.1% 相对误差范围内）,因滴定剂的微小变化引起溶液 pH 发生急剧变化的现象,称为滴定突跃。

2. 滴定突跃范围

滴定突跃所在的 pH 变化范围,称为滴定突跃范围,简称突跃范围。

3. 选择指示剂的原则

为了满足滴定分析对准确度的要求,指示剂选择的原则是:指示剂的变色范围应部分或全部处于滴定突跃范围内;指示剂的变色范围越接近化学计量点越好;同时还应注意人的视觉对颜色的敏感性。

任务三　混合碱含量的测定

一、知识目标

（1）掌握酸碱滴定的基本原理，并能进行酸碱滴定的可行性分析；

（2）了解酸碱滴定过程中溶液 pH 的变化情况，理解滴定突跃；

（3）掌握酸碱滴定过程中确定滴定终点的方法；

（4）掌握混合碱中各组分含量的计算方法。

二、能力目标

（1）能熟练使用酸碱滴定管进行酸碱滴定操作，并能准确判断滴定终点；

（2）会计算酸碱滴定过程中溶液的 pH，并正确选择合适的酸碱指示剂；

（3）能熟练进行混合碱试样中各组分含量的测定；

（4）能熟练计算混合碱中各组分的含量。

三、素质目标

（1）具有热爱祖国、恪尽职守、踏实勤恳的工作作风；

（2）能做到检测行为公正、公平，数据真实、可靠；

（3）具有团结协作，人际沟通能力。

四、教、学、做说明

学生在掌握【相关知识】的基础上，结合前面所学知识，由教师引导，熟悉实验室环境，在教师的指导下完成【任务三】混合碱含量的测定，并提交实验报告。

五、工作准备

（1）仪器　分析天平；称量瓶；锥形瓶；烧杯；酸式滴定管；容量瓶（250mL）；移液管等。

（2）试剂　0.1mol/LHCl 标准溶液；酚酞指示剂；甲基橙指示剂；混合碱的样品。

（3）实验原理　混合碱一般是 Na_2CO_3 与 $NaOH$ 或 Na_2CO_3 与 $NaHCO_3$ 的混合物，可采用双指示剂法测定各组分的含量。

双指示剂法是在混合碱的试液中先加入酚酞指示剂，用 HCl 标准溶液滴定至溶液由红色刚好变为无色，这是第一化学计量点，此时消耗 HCl 的体积为 V_1。由于酚酞的变色范围 pH 为 8~10，此时试液中所含 NaOH 完全被中和，Na_2CO_3 被中和至 $NaHCO_3$（只中和了一半），其反应为：

$$NaOH + HCl \longrightarrow NaCl + H_2O$$

$$Na_2CO_3 + HCl \longrightarrow NaCl + NaHCO_3$$

再加入甲基橙指示剂，继续用 HCl 标准溶液滴定至溶液由黄色变为橙色，即为终点（滴定管不调零），这是第二化学计量点，消耗 HCl 的体积为 V_2。此时 $NaHCO_3$ 被滴定成 H_2CO_3，其反应为：

$$NaHCO_3 + HCl \longrightarrow NaCl + H_2O + CO_2 \uparrow$$

根据标准溶液的浓度和所消耗的体积，便可计算出混合碱中各组分的含量。

用双指示剂法滴定时，由 V_1 和 V_2 的大小，可以判断混合碱的组成。当 $V_1 > V_2$ 时，试液为 NaOH 和 Na_2CO_3 的混合物；当 $V_1 < V_2$ 时，试液为 Na_2CO_3 和 $NaHCO_3$ 的混合物。

微课

码4-5　混合碱
含量的测定

六、工作过程

① 准确称取 1.5~1.7g（准确至 0.1mg）混合碱样品于 150mL 烧杯中，加 50mL 蒸馏水溶解，然后定量转移至 250mL 容量瓶中，冷却至室温后，定容至刻度，摇匀备用。

② 用移液管移取 25.00mL 上述试液 3 份，分别置于 3 个已编号的锥形瓶中，各加入 2~3 滴酚酞指示剂，用 HCl 标准溶液滴定至溶液呈现粉红色时，每加一滴 HCl 溶液，就充分摇动，以免局部 Na_2CO_3 直接被滴定至 H_2CO_3。与参比溶液对照，慢慢滴至红色恰好消失，即第一化学计量点。记录 HCl 用量 V_1（mL）。

③ 在上述溶液中加入 1~2 滴甲基橙指示剂，继续用 HCl 标准溶液滴定至溶液由黄色变为橙色 30s 不褪色（接近终点时应剧烈摇动锥形瓶），即为第二化学计量点。记录消耗 HCl 溶液的体积 V_2（mL）。平行测定 3 次，并做空白试验。

七、数据记录与处理

1. 数据记录

测定序号		1	2	3
盐酸标准溶液的浓度/（mol/L）				
（倾出前混合碱样品＋称量瓶）质量 m_1/g				
（倾出后混合碱样品＋称量瓶）质量 m_2/g				
混合碱样品质量 m/g				
移取混合碱样品的体积/mL				
酚酞变色	HCl 初读数/mL			
	HCl 终读数/mL			
	V_1（HCl）/mL			
	滴定管体积校正值/mL			
	溶液温度校正值/mL			
	实际消耗标准溶液的体积/mL			
	空白消耗标准溶液的体积/mL			
甲基橙变色	HCl 初读数/mL			
	HCl 终读数/mL			
	V_2（HCl）/mL			
甲基橙变色	滴定管体积校正值/mL			
	溶液温度校正值/mL			
	实际消耗标准溶液的体积/mL			
	空白消耗标准溶液的体积/mL			

	测定序号	1	2	续表 3
混合碱组成				
混合碱中各组分 含量/%	$w(Na_2CO_3)$			
	$w(NaOH 或 NaHCO_3)$			
平均值/%	$\overline{w}(Na_2CO_3)$			
	$\overline{w}(NaOH 或 NaHCO_3)$			
相对极差/%	测定 Na_2CO_3			
	测定($NaOH 或 NaHCO_3$)			

2. 根据 V_1、V_2 的大小判断混合碱的组成

3. 计算混合碱中各组分的含量

八、注意事项

① 混合碱为 NaOH 和 Na_2CO_3 时，酚酞指示剂可适当多加几滴，否则会因滴定不完全，使 NaOH 的测定结果偏低，Na_2CO_3 的测定结果偏高。

② 在临近第二化学计量点时，一定要充分摇动，以防止形成 CO_2 的过饱和溶液，使终点提前到达。

③ 用盐酸标准溶液滴定碳酸钠时，第一化学计量点附近没有明显的 pH 突跃，易产生滴定误差。若选用甲基红－百里酚蓝混合指示剂，终点时溶液由紫色变为黄色。第二化学计量点附近的 pH 突跃也较小，若采用甲基红-次甲基蓝混合指示剂，终点时由绿色变为红紫色，可以减小误差。

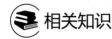

相关知识

一、酸碱滴定的基本原理

在酸碱滴定中，一般用强酸或强碱作滴定剂，通过指示剂颜色的变化来确定终点，而指示剂只有在一定的 pH 范围内才能发生颜色的变化，所以，为了选择适宜的指示剂确定终点，就必须知道滴定过程中溶液 pH 的变化情况，特别是化学计量点附近溶液 pH 的变化情况。由于不同酸碱滴定中 pH 的变化规律不同，因此接下来分类进行讨论。

码4-6　强碱滴定
强酸

（一）强酸、强碱的滴定

滴定包括强酸滴定强碱和强碱滴定强酸。

以 NaOH 滴定 HCl 为例进行讨论，溶液中发生如下反应：

$$NaOH + HCl \longrightarrow NaCl + H_2O$$

其离子反应式为：

$$H^+ + OH^- \longrightarrow H_2O$$

在滴定开始前，HCl 为强酸，溶液的 pH 很低，随着 NaOH 的加入，NaOH 与 HCl 反应，使溶液中 H^+ 浓度降低，pH 不断升高，当加入 NaOH 的量与原溶液中 HCl 的量相等时，中和反应正好进行完全，即到达化学计量点，此时溶液为 NaCl 溶液，即 $[H^+] =$

$[OH^-]=1.00\times10^{-7}mol/L$，pH=7.00。如果继续加入 NaOH 溶液，NaOH 就会过量，$[OH^-]$ 增大，pH 不断升高。但在实际工作中，由于反应物和生成物均为无色，无法判断是否到达化学计量点，只能借助于指示剂颜色的变化来判断是否应停止滴定。所以，研究化学计量点附近 pH 的变化规律是十分必要的。

下面以用 0.1000mol/L NaOH 溶液滴定 20.00mL 0.1000mol/L HCl 溶液为例，讨论强碱滴定强酸溶液时 pH 的变化情况及指示剂的选择。

1. 滴定过程中溶液 pH 的变化情况

滴定过程可分为以下四个阶段。

（1）滴定开始前   溶液中未加入 NaOH，溶液的组成物质为盐酸，此时溶液的 pH 取决于 HCl 的起始浓度。

0.1000mol/L 盐酸溶液的 $[H^+]$ ＝0.1000mol/L，pH=1.00。

（2）滴定开始至化学计量点前   随着 NaOH 的加入，HCl 不断被中和，酸度越来越小，即 pH 不断升高，溶液的组成物质为 HCl＋NaOH，其 pH 取决于剩余盐酸的量，所以 $[H^+]$ 可由剩余 HCl 的量来计算。

$$[H^+]=\frac{c(HCl)\times V(HCl)-c(NaOH)\times V(NaOH)}{V_总}=\frac{c(HCl)\times V(HCl)(剩余)}{V_总}$$

若加入 NaOH 体积为 18.00mL，则 $[H^+]=\dfrac{0.1000\times2.00}{20.00+18.00}\approx5.3\times10^{-3}$（mol/L）

$$pH\approx2.28$$

若加入 19.98mL 滴定剂 NaOH，则这时离化学计量点只有半滴。即差 0.02mL 就到达化学计量点，滴定已完成了 99.9%，还差 0.1%。

$$[H^+]=\frac{0.1000\times(20.00-19.98)}{20.00+19.98}$$

$$\approx5.0\times10^{-5}mol/L$$

$$pH\approx4.30$$

化学计量点前 0.1% 时，pH≈4.30。

从滴定开始至化学计量点前各点的 pH 都可按同样的方法计算。

（3）化学计量点   即加入滴定剂体积为 20.00mL，反应完全，溶液的组成物质为 NaCl 和 H_2O，溶液呈中性，即：$[H^+]=[OH^-]=1.0\times10^{-7}mol/L$，溶液的 pH=7.00。

（4）化学计量点后   HCl 被完全中和，NaOH 过量，溶液的组成物质为 NaCl 和 NaOH，溶液的 pH 由过量的 NaOH 决定。

$$[OH^-]=\frac{c(NaOH)\times V(NaOH)-c(HCl)\times V(HCl)}{V_总}=\frac{c(NaOH)\times V(NaOH)(过量)}{V_总}$$

当加入滴定剂体积为 20.02，过量 0.02mL（约半滴），即 NaOH 过量 0.1% 时，此时溶液呈碱性。

$$[OH^-]=\frac{0.1000\times0.02}{20.00+20.02}\approx5.0\times10^{-5}(mol/L)$$

$$pOH\approx4.30$$

$$pH=14.00-4.30=9.70$$

化学计量点后各点的 pH 按同样的方法计算。

化学计量点后 NaOH 过量 0.1% 时，溶液的 pH=9.70。

按以上方法可计算滴定过程中加入任意体积 NaOH 溶液后的 pH，并将计算结果列于

表 4-4 中。

表 4-4　用 0.1000mol/LNaOH 溶液滴定

(20.00mL0.1000mol/L HCl 溶液时的 pH 变化)

加入 NaOH 溶液 V/mL	剩余盐酸溶液 V/mL	过量 NaOH 溶液 V/mL	pH
0.00	20.00		1.00
18.00	2.00		2.28
19.80	0.20		3.30
19.98	0.02		4.30
20.00	0.00		7.00
20.02		0.02	9.70
20.20		0.20	10.70
22.00		2.00	11.70
40.00		20.00	12.50

(4.30、7.00、9.70 三行右侧标注：突跃范围)

2. 滴定曲线和滴定突跃范围

（1）滴定曲线　如果以滴定过程中溶液的 pH 为纵坐标，以滴定剂 NaOH 的加入量为横坐标作图，得到的描述滴定过程中溶液 pH 变化情况的曲线就称为滴定曲线，它能展示滴定过程中 pH 的变化规律。酸碱滴定曲线，是选择指示剂和讨论误差的重要依据，0.1000mol/L NaOH 滴定 20.00mL 0.1000mol/L HCl 时的滴定曲线如图 4-1 所示。

从图 4-1 滴定曲线和表 4-4 可看出，在整个滴定过程中，pH 的变化是不均匀的。滴定开始时，曲线较平坦，pH 升高速率十分缓慢，随着滴定的进行，曲线逐渐向上倾斜，pH 升高速率逐渐加快，在化学计量点前后，pH 升高速率极快，特别是当滴定到计量点，溶液中只剩下 0.1% 的盐酸时，pH＝4.30，再加一滴将剩余的盐酸全部中和，且 NaOH 还剩余 0.02mL（过量 0.1%）时，pH 由 4.30 急剧增加到 9.70，增加了 5.4 个 pH 单位，溶液由酸性变为碱性。此时，滴定曲线出现了近似垂直的一段，之后曲线又比较平坦，这是由于滴定开始时溶液中存在较多的盐酸，强酸溶液具有缓冲作用，pH 升高速率十分缓慢，随着滴定的进行，溶液中盐酸减少，缓冲作用降低，化学计量点后继续加入 NaOH 溶液时，溶液进入强碱缓冲区，pH 变化又逐渐减小。

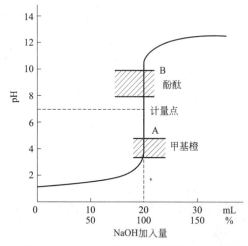

图 4-1　0.1000mol/L NaOH 滴定 20.00mL 0.1000mol/L HCl 时的滴定曲线

（2）滴定突跃范围　在化学计量点附近，溶液 pH 发生显著变化的现象称为滴定突跃。在滴定分析中，一般将滴定剂加入量在化学计量点前后±0.1% 时溶液 pH 的变化范围称滴定突跃范围，简称突跃范围。

总之，利用滴定曲线可以判断滴定突跃大小，确定滴定到终点时所消耗的滴定剂体积，选择合适的指示剂。规定化学计量点前后±0.1%的滴定剂用量，正是为了与滴定分析准确度相一致。

3. 指示剂的选择

研究滴定突跃有重要的实际意义，它是选择指示剂的依据。根据滴定曲线的突跃范围就可以选择合适的指示剂，凡是在突跃范围内变色的指示剂均可选用。但应注意的是：指示剂变色点（滴定终点）与化学计量点并不一定相同，但相差不超过±0.02mL，相对误差不超过±0.1%时，符合滴定分析要求。

如在上例中，凡是在滴定突跃范围内（pH为4.30~9.70）发生颜色变化的指示剂均可使用。如酚酞、甲基红、甲基橙、溴百里酚蓝、酚红等，虽然使用这些指示剂确定的终点并非化学计量点，但由此引起的误差不超过±0.1%，能满足滴定准确度的要求。如以甲基橙作指示剂，溶液由红色变为黄色时，pH≈4.4，终点处于化学计量点之前，碱量不足，但不超过0.02mL，相对误差不超过-0.1%，符合分析要求。因为人眼不易观察红色略带黄色，因此甲基橙指示剂一般用于酸滴定碱（由黄色变为红色）。若以酚酞作指示剂，pH>8.0，终点处于化学计量点之后，碱过量，但不超过0.02mL相对误差不超过+0.1%，符合滴定分析要求，溶液由无色变为红色。

由此得出结论，为了满足滴定分析对准确度的要求，指示剂选择的原则是：指示剂的变色范围应部分或全部处于滴定突跃范围内，指示剂的变色范围越接近化学计量点越好。同时还应注意人的视觉对颜色的敏感性，即指示剂的颜色变化是否明显，是否便于观察。如用强碱滴定强酸时，习惯选用酚酞作指示剂，因酚酞由无色变红色时易于辨认；相反用强酸滴定强碱时，常选用甲基橙或甲基红作指示剂，滴定终点时颜色由黄色变为橙色或红色。颜色由浅到深，人的视觉较敏感。

4. 影响突跃范围的因素

以上讨论的是用0.1000mol/L NaOH溶液滴定0.1000mol/L HCl溶液，如果溶液的浓度改变，同样也可以通过计算得到不同浓度NaOH滴定不同浓度的HCl的滴定曲线，如图4-2所示。

由图4-2可知：

① 当浓度增大至原来的10倍时，滴定突跃范围为3.3~10.7，增大了2个pH单位，甲基橙、甲基红、酚酞均可作指示剂；

② 当浓度降低至原来的1/10时，滴定突跃范围为5.3~8.7，减少了2个pH单位，指示剂选择受限制，甲基红最适宜，酚酞也可以，但甲基橙不能用了。

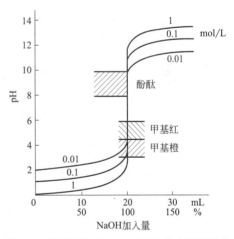

图 4-2 用不同浓度 NaOH 溶液滴定不同浓度
HCl 溶液时的滴定曲线

酸碱溶液的浓度越大，滴定突跃范围越大，可供选择的指示剂越多；溶液越稀，滴定突跃范围越小，指示剂的选择就越受限制。此外，滴定突跃范围还与酸碱本身的强度有关。

溶液太浓时，尽管突跃范围大，指示剂的选择较容易，但试样用量太大。太稀时，突跃范围太小，指示剂选择困难。分析工作者应根据实际情况，以满足测定结果准确度要求为原则，确定突跃范围和选择指示剂。

如果用 NaOH 滴定其他强酸溶液，如 HNO_3 溶液，情况与前面相似，指示剂选择也相似。相反，如果用强酸滴定强碱溶液，如用 HCl 溶液滴定 NaOH 溶液，条件与前相同，但 pH 的变化方向相反，滴定突跃范围 pH 为 $9.70\sim4.30$，可选择的指示剂有酚酞、甲基红。不能用甲基橙，因滴定至红色（pH＝3.1）时将产生＋0.2% 以上的误差。若选用中性红-次甲基蓝（变色点为 pH＝7.0）混合指示剂，终点时溶液由蓝紫色转变为绿色，误差将会更小。

（二）一元弱酸、弱碱的滴定

弱酸、弱碱可分别用强碱、强酸来滴定，情况与强碱滴定强酸类似。

以 NaOH 溶液滴定 HAc 溶液为例，其滴定反应为：

$$OH^- + HAc \Longrightarrow H_2O + Ac^-$$

在整个滴定过程中，溶液的 pH 也在不断上升，其具体变化规律可通过用 0.1000mol/L NaOH 溶液滴定 20.00mL 0.1000mol/L HAc 溶液的计算为例来进行讨论，并绘制出滴定曲线。

1. 滴定过程中溶液 pH 的变化情况

（1）滴定开始前　由于还未加入 NaOH 溶液，此时溶液的组成物质为 0.1000mol/L HAc。

由于 HAc 是一元弱酸，并且 $c/K_a > 500$，所以：

$$[H^+] = \sqrt{cK_a} = \sqrt{0.1000 \times 1.8 \times 10^{-5}}$$
$$\approx 1.34 \times 10^{-3} (mol/L)$$
$$pH \approx 2.87$$

（2）滴定开始至化学计量点前　开始滴定后，由于滴入 NaOH 溶液生成了 NaAc，此时溶液为由未反应的 HAc 和反应生成的 NaAc 组成的酸式缓冲体系。$[H^+]$ 可按缓冲溶液的计算公式进行计算，即：

$$[H^+] = K_a \times \frac{[HAc]}{[Ac^-]}$$

当加入滴定剂的体积为 19.98mL 时，剩余 HAc 为 0.02mL，此时溶液中：

$$c(HAc) = \frac{0.02 \times 0.1000}{20.00 + 19.98}$$
$$\approx 5.0 \times 10^{-5} (mol/L)$$

$$c(NaAc) = \frac{19.98 \times 0.1000}{20.00 + 19.98}$$
$$\approx 5.0 \times 10^{-2} (mol/L)$$

$$[H^+] = K_a \times \frac{c(HAc)}{c(NaAc)}$$
$$= 1.8 \times 10^{-5} \times \frac{5.0 \times 10^{-5}}{5.0 \times 10^{-2}} = 1.8 \times 10^{-8} (mol/L)$$

$$pH \approx 7.74$$

（3）化学计量点时　HAc 全部被中和，溶液中只有生成的共轭碱 NaAc，其浓度为：

$$c(NaAc) = \frac{20.00 \times 0.1000}{20.00 + 20.00}$$
$$= 5.00 \times 10^{-2} (mol/L)$$

因为 Ac⁻ 是 HAc 的共轭碱，所以：

$$K_b = \frac{K_w}{K_a} = \frac{1.00 \times 10^{-14}}{1.8 \times 10^{-5}} \approx 5.6 \times 10^{-10}$$

且 $c/K_b > 500$，则 [OH⁻] 可按最简式计算，即：

$$[OH^-] = \sqrt{cK_b} = \sqrt{5.00 \times 10^{-2} \times 5.6 \times 10^{-10}}$$
$$\approx 5.3 \times 10^{-6} (mol/L)$$
$$pOH \approx 5.28$$

pH＝14－5.28＝8.72，此时溶液呈碱性。

（4）化学计量点后　溶液由 NaOH 和 NaAc 组成，由于 NaOH 过量，而 Ac⁻ 的碱性极弱，所以溶液的酸度主要由过量的 NaOH 决定，计算方法与强碱滴定强酸相同。当加入滴定剂体积 20.02mL 时：

$$[OH^-] = \frac{0.1000 \times 0.02}{20.00 + 20.02}$$
$$= 5.0 \times 10^{-5} (mol/L)$$
$$pOH \approx 4.30$$
$$pH = 14.0 - 4.30 = 9.70$$

按类似方法可计算滴定过程任意时刻溶液的 pH，并将结果列于表 4-5。

表 4-5　用 0.1000mol/L NaOH 滴定 20.00mL 0.1000mol/L HAc 溶液时 pH 变化

加入 NaOH 溶液 V/mL	剩余乙酸溶液 V/mL	过量 NaOH 溶液 V/mL	pH
0.00	20.00		2.87
18.00	2.00		5.70
19.80	0.20		6.74
19.98	0.02		7.74
20.00	0.00		8.72
20.02		0.02	9.70
20.20		0.20	10.70
22.00		2.00	11.70
40.00		20.00	12.50

（突跃范围：7.74~9.70）

2. 滴定曲线与滴定突跃

以加入 NaOH 溶液的体积为横坐标，以溶液的 pH 为纵坐标作图，得到如图 4-3 所示的滴定曲线。

由图 4-3 及表 4-5 可看出，与强碱滴定强酸相比，NaOH 滴定 HAc 溶液的曲线有下列特点。

① 滴定曲线的起点抬高。由于 HAc 是弱酸，在溶液中只有部分电离，与强酸相比溶液的 pH 较大。

② 滴定开始到化学计量点前，曲线形成一个由倾斜到平坦又到倾斜的坡度。

从滴定开始后至约 20% 的 HAc 被滴定时，溶液 pH 升高速率较快，这是由于溶液中 HAc 浓度降低，同时中和生成的 Ac⁻ 产生同离子效应，使 HAc 更难电离，[H⁺] 降低速率较快；因此，滴定曲线开始一段的倾斜度比滴定盐酸的大。继续滴加 NaOH，NaAc 的浓

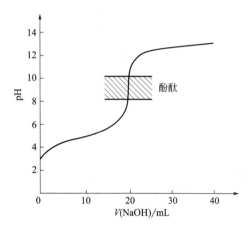

**图 4-3　用 0.1000mol/L NaOH 溶液滴定
20.00mL 0.1000mol/L HAc 溶液
时的滴定曲线**

度增大，HAc 的浓度减小，溶液形成了 NaAc-HAc 缓冲体系，pH 增加较慢，曲线变化较为平缓。接近化学计量点时，溶液中剩余的 HAc 已很少，溶液的缓冲能力已逐渐减小，pH 变化加快，曲线又比较倾斜。

③ 到化学计量点时，由于 NaAc 的水解，溶液呈碱性。化学计量点后，滴定曲线与强碱滴定强酸的曲线相同。

④ 滴定的 pH 突跃范围明显变窄，突跃范围为 7.74～9.70，处于碱性范围内。

⑤ 可供选择的指示剂变少了，根据突跃范围必须选择在碱性范围内变色的指示剂，如酚酞，百里酚蓝等，酚酞的变色点 pH=9.1，所以用酚酞作指示剂最好。

在酸性范围内变色的指示剂就不能用了，如甲基橙、甲基红等。

3. 影响突跃范围的因素及直接滴定条件

用强碱滴定不同的一元弱酸时，滴定突跃范围的大小不仅与溶液的浓度有关，而且与弱酸的相对强弱有关。乙酸是一种不太弱的酸，其电离常数 $K_a=1.8\times10^{-5}$，如果被滴定的酸更弱，其 K_a 值更小，则滴定到化学计量点时溶液的 pH 更高，突跃范围更小，就更难选择合适的指示剂，如图 4-4 所示。

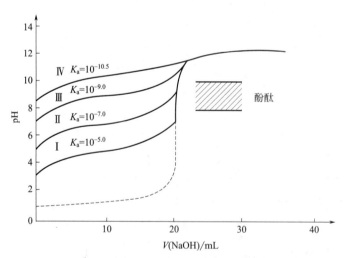

图 4-4　用 NaOH 滴定 0.1mol/L 不同强度弱酸时的滴定曲线

从图 4-4 可看出，强碱滴定不同强度的一元弱酸，当弱酸浓度一定时，弱酸的 K_a 越小，滴定突跃范围越小。

例如，当 $K_a=10^{-7.0}$ 时，用酚酞作指示剂已不合适，因为化学计量点时 pH=9.8，突跃范围为 9.6～10.0，应选用变色范围更宽（pH 更高）的指示剂，如百里酚酞（变色范围 9.4～10.6）更为合适。

若被滴定的酸更弱（如 H_3BO_3，$K_a=5.7\times10^{-10}$），则滴定曲线上已无明显突跃部分，对于这类酸已无法使用一般的酸碱指示剂来确定滴定终点，或者说滴定难以直接进行，但可以设法使弱酸的电离度增大后再测定，或在非水介质中进行滴定，或借助电位显示指示终点。

另外，滴定突跃范围的大小还与溶液的浓度有关，对于同一种弱酸，浓度越大，滴定突跃范围越大。

实践证明，如果要求滴定误差≤0.1%，滴定突跃范围必须有 0.3 个 pH 单位，这时人眼才可观察出颜色的变化，对于浓度为 0.1mol/L 的弱酸，当 $K_a = 10^{-8}$ 时，人眼将不能观察到直接滴定中颜色的变化。

通常将 $cK_a \geqslant 10^{-8}$ 作为弱酸能被强碱溶液直接目视准确滴定的基本条件。否则，因突跃范围太小而难以用指示剂颜色变化来正确判断终点，易造成较大误差。

相反，用强酸滴定一元弱碱，例如用 0.1000mol/L 的 HCl 滴定 20.00mL 0.1000mol/L 的 $NH_3 \cdot H_2O$，其滴定反应为：

$$HCl + NH_3 \cdot H_2O \Longleftrightarrow NH_4^+ + Cl^- + H_2O$$

滴定过程与用 NaOH 溶液滴定 20.00mL 0.1000mol/L HAc 相似，但滴定过程中溶液的 pH 是由大到小，变化方向相反，滴定曲线如图 4-5 所示。

滴定到化学计量点时，生成 NH_4^+，它是 NH_3 的共轭酸。因此，溶液显弱酸性（pH = 5.28），滴定突跃范围为 pH6.25～4.30，在酸性范围内，可选用甲基红、溴甲酚绿等在酸性范围内变色的指示剂，不能选用酚酞等碱性范围内的指示剂。

与强碱滴定弱酸一样，滴定突跃范围与弱碱的浓度及其电离常数 K_b 两个因素有关，也只有当 $cK_b \geqslant 10^{-8}$ 时，该弱碱才能用标准溶液直接目视滴定。

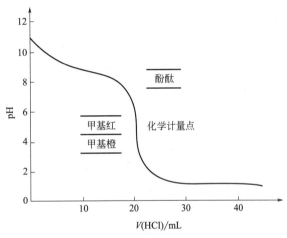

图 4-5　用 0.1000mol/L 的 HCl 溶液滴定 20.00mL 0.1000mol/L 氨水时的滴定曲线

（三）多元酸（碱）的滴定

1. 多元酸的滴定

常见的多元酸是弱酸，在水溶液中分步电离。所以，对于多元酸的滴定主要看能否分步滴定，选什么指示剂。多元酸的滴定与一元弱酸的滴定相类似，多元弱酸能被准确滴定至某一级，也取决于酸的浓度与酸的某级电离常数的乘积，如 H_2A 的滴定，当满足 $cK_{a1} \geqslant 10^{-8}$、$cK_{a2} \geqslant 10^{-8}$ 时，H_2A 就能够被准确滴定至第二级，若同时满足 $K_{a1}/K_{a2} \geqslant 10^5$，可分步滴定（即当第一级电离的 H^+ 未被完全中和之前，可不考虑第二级电离），滴定误差在 0.5% 以内，二元以上多元酸的滴定可依次类推。

如用 0.1000mol/LNaOH 溶液滴定 0.1000mol/LH_3PO_4 溶液。H_3PO_4 为三元弱酸，在溶液中分三步电离，即：

$$H_3PO_4 \Longleftrightarrow H^+ + H_2PO_4^- \qquad K_{a1} = 7.6 \times 10^{-3}$$
$$H_2PO_4^- \Longleftrightarrow H^+ + HPO_4^{2-} \qquad K_{a2} = 6.3 \times 10^{-8}$$
$$HPO_4^{2-} \Longleftrightarrow H^+ + PO_4^{3-} \qquad K_{a3} = 4.4 \times 10^{-13}$$

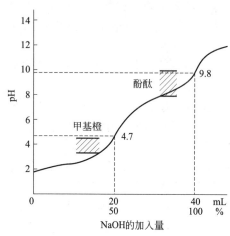

图 4-6　NaOH 溶液滴定 H₃PO₄ 溶液的滴定曲线

滴定过程有三个化学计量点，根据以上的条件，可知：

$cK_{a1}=0.1000\times7.6\times10^{-3}>10^{-8}$，$K_{a1}/K_{a2}>10^5$，所以能出现第一个突跃；

又因为 $cK_{a2}=0.05\times6.3\times10^{-8}\approx10^{-8}$ 且 $K_{a2}/K_{a3}>10^5$，所以能出现第二个突跃；

但 $cK_{a3}\ll10^{-8}$，故得不到第三个突跃，即不能继续用碱滴定，所以无法用指示剂判断终点，不能直接滴定。

多元酸滴定过程中 pH 的计算比较复杂，在实际工作中为了选择指示剂，通常只计算化学计量点的 pH，然后，在此值附近选择合适的指示剂，滴定曲线如图 4-6 所示。

由于反应达到第一化学计量点时的产物为 NaH_2PO_4，第二化学计量点时的产物为 Na_2HPO_4，二者均是两性物质。

第一化学计量：$[H^+]=\sqrt{K_{a1}K_{a2}}=\sqrt{7.6\times10^{-3}\times6.3\times10^{-8}}\approx2.2\times10^{-5}(mol/L)$

$$pH\approx4.66$$

第二化学计量：$[H^+]=\sqrt{K_{a2}K_{a3}}=\sqrt{6.3\times10^{-8}\times4.4\times10^{-13}}\approx1.7\times10^{-10}(mol/L)$

$$pH\approx9.77$$

由于酸式盐具有缓冲作用，化学计量点突跃不明显，故可选混合指示剂。

总之，多元酸滴定时，首先要根据 $cK_a\geqslant10^{-8}$ 的要求，确定有几个 H^+ 能被直接滴定，然后，根据相邻两个 K_a 的比值（应$\geqslant10^5$），判断这几个 H^+ 是否能被准确地分步滴定，有几个滴定突跃，再选择合适的指示剂。若相邻两个 K_a 的比值$<10^5$，则滴定时两个滴定突跃混在一起，这时只出现一个滴定突跃。

2. 多元碱的滴定

多元碱的滴定和多元酸的滴定相类似。上述有关多元酸滴定的结论，也适用于多元碱的滴定。也先要根据 $cK_b\geqslant10^{-8}$ 是否成立判断能否准确滴定，然后再根据相邻两个 K_b 的比值是否$\geqslant10^5$，判断能否分步滴定，若相邻的两个 K_b 的比值$<10^5$，则滴定时两个滴定突跃混在一起，这时只出现一个滴定突跃。

如用 0.1000mol/L HCl 溶液滴定 0.1000mol/L 的 Na_2CO_3 溶液。Na_2CO_3 是 H_2CO_3 的二元共轭碱，在水中的电离平衡如下：

$$CO_3^{2-}+H_2O\rightleftharpoons HCO_3^-+OH^-$$

$$K_{b1}=\frac{K_w}{K_{a2}}=\frac{10^{-14}}{5.6\times10^{-11}}\approx1.8\times10^{-4}$$

$$HCO_3^-+H_2O\rightleftharpoons H_2CO_3+OH^-$$

$$K_{b2}=\frac{K_w}{K_{a1}}=\frac{10^{-14}}{4.2\times10^{-7}}\approx2.4\times10^{-8}$$

由于 K_{b1}、K_{b2} 都大于 10^{-8}，且 K_{b1}/K_{b2} 比较接近 10^5，因此 CO_3^{2-} 这个二元碱勉强可以分步滴定，但确定第二化学计量点的准确度稍差。可分别选用两种指示剂指示终点，其滴定曲线如图 4-7 所示。

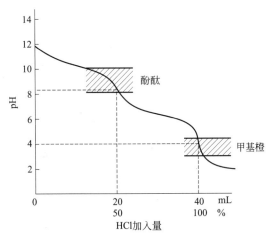

图 4-7　用 0.1000mol/L HCl 溶液滴定 20.00mL
0.1000mol/LNa$_2$CO$_3$ 溶液时的滴定曲线

当滴定到第一化学计量点时，生成物为 HCO_3^-，HCO_3^- 为两性物质，其浓度为 0.05mol/L，溶液中的 pH 按最简式计算：

$$[H^+]=\sqrt{K_{a1}\cdot K_{a2}}=\sqrt{4.2\times10^{-7}\times5.6\times10^{-11}}$$
$$\approx4.8\times10^{-9}(mol/L)$$
$$pH\approx8.32$$

此时若选用酚酞（pH 为 9.0）作指示剂，终点误差较大，滴定的准确度不高；所以常用酚红与百里酚蓝的混合指示剂（pH 为 8.2~8.4），可获得较为准确的滴定结果。

当滴定到第二化学计量点时，生成物为 H_2CO_3，这时溶液的 pH 可根据 H_2CO_3 的电离来计算。由于 $K_{a2}\ll K_{a1}$，因此计算 $[H^+]$ 时，只要考虑 H_2CO_3 的第一级电离，即 $[H^+]=\sqrt{K_{a1}c}$，由于到第二化学计量点时，溶液是 CO_2 的饱和溶液，H_2CO_3 的浓度约为 0.04mol/L，因此，

$$[H^+]=\sqrt{4.2\times10^{-7}\times0.04}$$
$$\approx1.3\times10^{-4}\ (mol/L)$$
$$pH\approx3.89$$

可用甲基橙（pH 为 4.0）作指示剂指示终点。但由于化学计量点附近 pH 突跃也较小，终点指示剂变色不明显，因此为了提高滴定的准确度，在实际操作中，快到第二化学计量点时，应剧烈摇动，甚至加热煮沸以除去 CO_2，冷却后再继续滴定，以提高终点的敏锐程度。

二、酸碱滴定法的应用

1. 混合碱含量的测定

工业品烧碱（NaOH）中常含有纯碱 Na$_2$CO$_3$，Na$_2$CO$_3$ 中也常含有 NaHCO$_3$，以上两种工业品都称为混合碱，混合碱的测定常用双指示剂法和氯化钡法，下面分别介绍。

（1）双指示剂法　利用两种不同的指示剂，在不同化学计量点颜色的变化，得到两个终点，分别根据各终点时所消耗酸标准溶液的体积，计算出各组分的含量。

① 烧碱中 NaOH 和 Na$_2$CO$_3$ 含量的测定。NaOH 俗称烧碱，在生产和贮藏过程中，因

吸收空气中的 CO_2 而产生部分 Na_2CO_3，所以在测定烧碱中 NaOH 含量的同时，也需要测定 Na_2CO_3 的含量。

测定的具体方法是：准确称取 m g 试样，溶于水制成溶液，先加酚酞指示剂，用 HCl 标准溶液滴定至溶液由红色变为无色，此时到达第一终点，所消耗 HCl 的体积记为 V_1。用盐酸标准溶液滴定时，盐酸和氢氧化钠作用的突跃范围为 4.3～9.7。而盐酸和碳酸钠作用时第一化学计量点 pH 为 8.3，第二化学计量点 pH 为 3.9。因此，选用酚酞为指示剂（变色范围 pH 为 8.0～10.0）。当溶液由红色变为无色时，溶液中 NaOH 全部被中和，而 Na_2CO_3 仅被中和至 $NaHCO_3$。HCl 与混合碱之间的反应为：

$$HCl + NaOH \longrightarrow NaCl + H_2O$$

$$HCl + Na_2CO_3 \longrightarrow NaCl + NaHCO_3$$

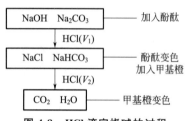

图 4-8　HCl 滴定烧碱的过程

然后向溶液中加入甲基橙指示剂，继续用 HCl 标准溶液滴定，溶液由黄色恰好变为橙色且 30s 不褪色时即到达第二终点，所消耗的 HCl 体积记为 V_2，这时溶液中 $NaHCO_3$ 被完全中和为 H_2CO_3，V_2 是 $NaHCO_3$ 所消耗 HCl 的体积。其反应式为：

$$HCl + NaHCO_3 \longrightarrow NaCl + H_2O + CO_2 \uparrow$$

滴定过程及 HCl 标准溶液的用量可用图 4-8 表示：

Na_2CO_3 被中和时先生成 $NaHCO_3$，继续用 HCl 滴定使 $NaHCO_3$ 又转化成 H_2CO_3，二者所消耗 HCl 的体积相等，故 $V_1 - V_2$ 为中和 NaOH 所消耗 HCl 的体积，$2V_2$ 为滴定 Na_2CO_3 所需 HCl 的体积。分析结果计算公式为：

$$w(\text{NaOH}) = \frac{c(\text{HCl})(V_1 - V_2)M(\text{NaOH})}{m(\text{样}) \times 1000} \times 100\%$$

$$w(\text{Na}_2\text{CO}_3) = \frac{\frac{1}{2}c(\text{HCl})2V_2 M(\text{Na}_2\text{CO}_3)}{m(\text{样}) \times 1000} \times 100\% = \frac{c(\text{HCl})V_2 M(\text{Na}_2\text{CO}_3)}{m(\text{样}) \times 1000} \times 100\%$$

② 纯碱中 Na_2CO_3 和 $NaHCO_3$ 的测定。纯碱又叫小苏打，其中常常含有 $NaHCO_3$，测定方法与测定烧碱的相同。先以酚酞为指示剂，到终点时消耗的 HCl 体积记为 V_1，再以甲基橙为指示剂，到终点时消耗的 HCl 体积记为 V_2。

此时 V_1 是把 Na_2CO_3 转化成 $NaHCO_3$ 所消耗盐酸的体积；V_2 是滴定原试样中 $NaHCO_3$ 及 Na_2CO_3 转化成的 $NaHCO_3$ 所消耗盐酸的体积，所以滴定 Na_2CO_3 所消耗的 HCl 体积为 $2V_1$，而滴定试样中 $NaHCO_3$ 所消耗的 HCl 体积为 $V_2 - V_1$。

其滴定过程如图 4-9 所示。

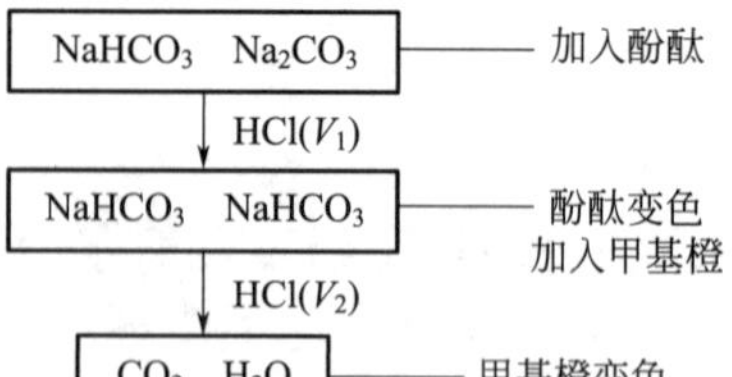

分析结果计算公式为：

图 4-9　盐酸滴定纯碱的过程

$$w(\text{Na}_2\text{CO}_3) = \frac{\frac{1}{2}c(\text{HCl})2V_1 M(\text{Na}_2\text{CO}_3)}{m(\text{样}) \times 1000} \times 100\% = \frac{c(\text{HCl})V_1 M(\text{Na}_2\text{CO}_3)}{m(\text{样}) \times 1000} \times 100\%$$

$$w(\text{NaHCO}_3) = \frac{c(\text{HCl})(V_2 - V_1)M(\text{NaHCO}_3)}{m(\text{样}) \times 1000} \times 100\%$$

双指示剂法操作简便，但滴定至化学计量点时，终点观察不明显，容易产生误差，工业分析多用此法进行测定。

用双指示剂法测定混合碱时，根据测定时消耗 HCl 体积 V_1 和 V_2 的大小，就可判断混合碱的成分，其关系如表 4-6 所示。

表 4-6   混合碱组成成分与滴定消耗酸体积的关系

消耗 HCl 的体积	混合碱的组成
$V_1 > V_2 > 0$	$NaOH + Na_2CO_3$
$V_2 > V_1 > 0$	$NaHCO_3 + Na_2CO_3$
$V_1 = V_2$	Na_2CO_3
$V_1 = 0, V_2 > 0$	$NaHCO_3$
$V_2 = 0, V_1 > 0$	$NaOH$

（2）氯化钡法　测 NaOH 和 Na_2CO_3 的混合物时，取两份等体积的试液，一份以甲基橙为指示剂，用 HCl 滴至橙红色。这时 NaOH 和 Na_2CO_3 完全被中和，所消耗 HCl 的体积为 V_1。另一份加入 $BaCl_2$ 溶液，使 Na_2CO_3 生成 $BaCO_3$ 沉淀后，以酚酞作指示剂，用 HCl 滴至终点，所消耗 HCl 的体积为 V_2。V_2 是中和 NaOH 所消耗 HCl 的体积，所以中和 Na_2CO_3 所消耗 HCl 的体积为 $V_1 - V_2$。

计算公式为：

$$w(NaOH) = \frac{c(HCl)V_2M(NaOH)}{m(样)} \times 100\%$$

$$w(Na_2CO_3) = \frac{\frac{1}{2} \times C(HCl)(V_1 - V_2)M(Na_2CO_3)}{m(样)} \times 100\%$$

当测定 $NaHCO_3$ 和 Na_2CO_3 混合物时，需先加准确浓度的 NaOH 将 $NaHCO_3$ 转化为 Na_2CO_3，其后步骤与前面相同。

此法准确，但比较费时。

【例 4-11】　称取混合试样 0.6500g，用 0.2000mol/L 的 HCl 标准溶液滴定到酚酞变色时，用去 34.08mL HCl，加入甲基橙指示剂后继续滴定，又消耗了 14.00mL HCl。计算试样中各组分的含量。

解： $V_1 = 34.08mL$，$V_2 = 14.00mL$

$V_1 > V_2$，试样的组成为 NaOH 和 Na_2CO_3。

滴定混合碱中 NaOH 消耗 HCl 的体积为：

$$V_1 - V_2 = 34.08 - 14.00 = 20.08(mL)$$

$$w(NaOH) = \frac{c(HCl)(V_1 - V_2)M(NaOH)}{m \times 1000} \times 100\%$$

$$= \frac{0.2000 \times 20.08 \times 40.01}{0.6500 \times 1000} \times 100\%$$

$$\approx 24.72\%$$

$$w(Na_2CO_3) = \frac{\frac{1}{2}c(HCl)2V_2M(Na_2CO_3)}{m \times 1000} \times 100\% = \frac{c(HCl)V_2M(Na_2CO_3)}{m \times 1000} \times 100\%$$

$$= \frac{0.2000 \times 14.00 \times 105.99}{0.6500 \times 1000} \times 100\%$$

$$\approx 45.66\%$$

【例 4-12】 称取混合碱试样（杂质均不与酸反应）3.5000g，溶于水配制成 250mL 溶液。从中吸取 25.00mL，用 0.1000mol/L 的 HCl 标准溶液滴定至酚酞褪色时，用去了 15.50mL，加入甲基橙后，继续用该 HCl 滴定至终点，用去了 25.50mL，求混合碱中各组分的含量。

解： $V_1=15.50\text{mL}$，$V_2=25.50\text{mL}$

$V_1<V_2$，该混合碱由 Na_2CO_3 和 $NaHCO_3$ 组成，称取试样 3.500g，实际参加反应的只有 0.3500g，因为 250mL 溶液中，只取了 25.00mL。

$$w(\text{NaHCO}_3)=\frac{c(\text{HCl})\times(V_2-V_1)\times M(\text{NaHCO}_3)}{m(样)\times1000}\times100\%$$

$$=\frac{0.1000\times(25.50-15.50)\times84.01}{3.500\times\dfrac{25.00}{250.0}\times1000}\times100\%$$

$$\approx24.00\%$$

$$w(\text{Na}_2\text{CO}_3)=\frac{c(\text{HCl})\times V_1\times M(\text{Na}_2\text{CO}_3)}{m(样)\times1000}\times100\%$$

$$=\frac{0.1000\times15.50\times105.99}{3.500\times\dfrac{25.00}{250.0}\times1000}\times100\%$$

$$\approx46.94\%$$

2. 水样碱度的测定

水样碱度是指水中能与强酸定量反应的碱性物质的总量。天然水中的碱度主要是由重碳酸盐、碳酸盐和氢氧化物引起的，其中重碳酸盐是水中碱度的主要物质。硼酸盐、硅酸盐和磷酸盐也会产生一定的碱度，但它们在天然水中的含量一般不多，常可忽略不计。

废水和受污染的水中，产生碱度的物质因污染来源不同而异，可能会含有各种强碱、弱碱、有机碱和有机酸的盐类、金属水解性盐类等。水样碱度测定时用盐酸标准溶液滴定水样，由耗去盐酸的量求得水样碱度，以 mg/L 表示，用酚酞作指示剂，当用酸液滴定至水样由红变为无色时，所得碱度称为酚酞碱度。若加入酚酞指示液后，无红色出现，则表示水样酚酞碱度为零。如果以甲基橙作指示剂，滴定水样由黄色变为橙色时，所得碱度称甲基橙碱度，这时水中所有的碱性物质都被酸中和，因此甲基橙碱度就是总碱度。

3. 铵盐中含氮量的测定

有些物质虽然是酸或碱，但因其 $cK_a<10^{-8}$，故不能用碱或酸直接滴定，对于这类物质可采用间接方法进行滴定。

常需要测定肥料或土壤试样中氮的含量，如硫酸铵化肥中含氮量的测定。按照酸碱质子理论，由于铵盐（NH_4^+）是 NH_3 的共轭酸，它的 K_a 值为：

$$K_a=\frac{K_w}{K_b}=\frac{1.00\times10^{-14}}{1.8\times10^{-5}}\approx5.6\times10^{-10}$$

由于铵盐中 NH_4^+ 的 $K_a=5.6\times10^{-10}$ 很小，且 $cK_a<10^{-8}$，故不能直接用碱标准溶液滴定，而需采取间接滴定法来测定。测定方法有蒸馏法和甲醛法。

（1）蒸馏法　在铵盐试样加入过量的碱，加热使氨蒸馏出来，并通入过量的酸标准溶液中，然后将剩余的酸以甲基橙为指示剂，用碱标准溶液进行回滴，根据消耗碱标准溶液的量计算出铵盐的含量。

（2）甲醛法　甲醛与铵盐反应，生成六亚甲基四胺，同时生成一定量的强酸，用碱标准溶液进行滴定，其滴定反应为：

$$4NH_4^+ + 6HCHO \longrightarrow (CH_2)_6N_4 + 4H^+ + 6H_2O$$

$$H^+ + OH^- \longrightarrow H_2O$$

生成物 $(CH_2)_6N_4H^+$ 是六亚甲基四胺的共轭酸，由于六亚甲基四胺为一元弱碱（$K_b \approx 10^{-9}$），其共轭酸（$K_a \approx 10^{-5}$）可用碱直接滴定。因此，以酚酞为指示剂，用 NaOH 标准溶液滴至粉红色 30s 不褪色即为终点，铵盐中氮的含量可由消耗碱标准溶液的量来求得。

$$w_N = \frac{c(NaOH) \times V(NaOH) \times 10^{-3} \times M_N}{m} \times 100\%$$

式中　$c(NaOH)$——NaOH 溶液的物质的量浓度，mol/L；

$\quad\quad V(NaOH)$——消耗 NaOH 溶液的体积，mL；

$\quad\quad M_N$——氮的摩尔质量，g/mol；

$\quad\quad m$——样品质量，g。

【例 4-13】 称取不纯的硫酸铵 1.000g，用甲醛法进行分析，加入已中和至中性的甲醛溶液和 0.3500mol/L 的 NaOH 50.00mL，过量的 NaOH 溶液用 0.3000mol/L 的 22.00mL HCl 溶液回滴至酚酞终点，计算试样中硫酸铵的含量。

解： $w[(NH_4)_2SO_4] = \dfrac{m[(NH_4)_2SO_4]}{m(样)} \times 100\%$

$$= \frac{\frac{1}{2} \times (0.3500 \times 50.00 - 0.3000 \times 22.00) \times 132.14 \times 10^{-3}}{1.000} \times 100\%$$

$$\approx 72.02\%$$

4. 硅酸盐中 SiO_2 含量的测定

水泥、玻璃、陶瓷等都是硅酸盐，试样中 SiO_2 含量的测定常用重量法。重量法准确但花费时间较长，因此在生产上的例行分析中一般采用滴定分析法（氟硅酸盐容量法）。

由于硅酸盐一般难溶于酸，需先用 KOH 熔融，转化为 K_2SiO_3，然后在强酸溶液中，在过量 KCl 和 KF 的存在下，生成难溶的氟硅酸钾沉淀，其反应式为：

$$K_2SiO_3 + 6HF \longrightarrow K_2SiF_6 \downarrow + 3H_2O$$

由于沉淀的溶解度较大，加入过量的 KCl 以降低其溶解度，将 K_2SiF_6 沉淀过滤，用 KCl 的乙醇溶液洗涤后，加入沸水，使 K_2SiF_6 释放出 HF，其反应式为：

$$K_2SiF_6 + 3H_2O \longrightarrow 2KF + H_2SiO_3 + 4HF \uparrow$$

以酚酞为指示剂，用 NaOH 标准溶液滴定释放出来的 HF，由 NaOH 标准溶液的消耗量计算试样中 SiO_2 的含量。

根据反应式可知各物质的相当关系为：

$$SiO_2 \sim K_2SiO_3 \sim K_2SiF_6 \sim 4HF$$

所以，$n(SiO_2) = 1/4 n(HF)$

SiO_2 含量的计算式为：

$$w(SiO_2) = \frac{\frac{1}{4}c(NaOH)V(NaOH) \times 10^{-3} \times M(SiO_2)}{m} \times 100\%$$

式中　$c(NaOH)$——NaOH 溶液的物质的量浓度，mol/L；

$V(\mathrm{NaOH})$——消耗 NaOH 溶液的体积，mL；

$M(\mathrm{SiO_2})$——$\mathrm{SiO_2}$ 的摩尔质量，g/mol；

m——样品质量，g。

【**例 4-14**】　称取硅酸盐试样 0.2000g，经熔融分解，以 $\mathrm{K_2SiF_6}$ 形式沉淀后，过滤，洗涤，水解作用产生的 HF 用 0.1820mol/L 的 NaOH 标准溶液滴定至终点，所消耗 NaOH 的体积为 25.50mL，计算硅酸盐中 $\mathrm{SiO_2}$ 的含量。

解： 反应中各物质之间的相当关系为：

$$\mathrm{SiO_2 \sim K_2SiO_3 \sim K_2SiF_6 \sim 4HF}$$

$$\mathrm{HF + NaOH \longrightarrow NaF + H_2O}$$

所以 $n(\mathrm{SiO_2}) = \dfrac{1}{4}n(\mathrm{HF})$

$$
\begin{aligned}
w(\mathrm{SiO_2}) &= \frac{\frac{1}{4}c(\mathrm{NaOH})V(\mathrm{NaOH}) \times 10^{-3} \times M(\mathrm{SiO_2})}{m} \times 100\% \\
&= \frac{\frac{1}{4} \times 0.1820 \times 25.50 \times 10^{-3} \times 60.08}{0.2000} \times 100\% \\
&\approx 34.85\%
\end{aligned}
$$

任务四　食用白醋总酸度的测定

一、知识目标

（1）掌握强碱滴定弱酸的滴定过程、突跃范围及指示剂的选择原则；

（2）了解酸碱滴定法在生产和生活中的应用。

二、能力目标

（1）熟悉移液管、容量瓶、滴定管的使用方法；

（2）学会食用白醋总酸度的测定方法。

三、素质目标

（1）具有热爱祖国、恪尽职守、踏实勤恳的工作作风；

（2）能做到检测行为公正、公平，数据真实、可靠；

（3）具有团结协作、人际沟通能力。

码4-7　食用白醋
总酸度的测定

四、教、学、做说明

　　学生在深刻领会 【相关知识】 的基础上，由教师引领，熟悉实验室环境，掌握滴定分析仪器使用方法，然后在教师指导下完成食用白醋总酸度的测定。

五、工作准备

（1）仪器　碱式滴定管；移液管；容量瓶；锥形瓶；量筒等。

（2）试剂　0.1mol/L 的 NaOH 标准溶液；酚酞指示剂；食醋样品。

（3）实验原理　食醋的主要成分是乙酸（HAc），此外还含有少量的其他弱酸（如乳酸等）。HAc 是弱酸，HAc 的电离常数 $K_a = 1.8 \times 10^{-5}$，故可在水溶液中，用 NaOH 标准溶液直接准确滴定。

其滴定反应式为：　$HAc + NaOH \longrightarrow NaAc + H_2O$

滴定至化学计量点时溶液的 pH 为 8.72。用 0.1mol/L 的 NaOH 标准溶液滴定时，突跃范围为 pH = 7.7~9.7，在碱性范围内。因此选用酚酞作指示剂，其终点现象为由无色到粉红色（30s 内不褪色）。由于空气中的 CO_2 能使粉红色褪去，故应保持摇匀后粉红色在 30s 内不褪去。

测定时，不仅乙酸与 NaOH 作用，食醋中可能存在的其他各种形式的酸也会与 NaOH 作用，所以测得的是总酸度，以乙酸的质量浓度（g/L）来表示。

六、工作过程

① 用洗净并用少量待测样品润洗 3 次后的移液管吸取 25.00mL 食醋样品，于 250mL 容量瓶中，用蒸馏水稀释至刻度，摇匀后待用。

② 将洗净的移液管用少量待测样品润洗 3 次，然后吸取 25.00mL 稀释后的试液，放入 250mL 锥形瓶中，加 1~2 滴酚酞指示剂。用 0.1mol/L 的 NaOH 标准溶液滴定至溶液出现粉红色且 30s 不褪色。平行测定 3 次，并做空白试验。根据消耗 NaOH 标准溶液的体积，计算食用白醋的总酸度。

七、数据记录

项目	1	2	3
V（HAc）/mL			
c（NaOH）/（mol/L）			
测定时溶液的温度/℃			
溶液温度校正值/mL			
滴定管校正值/mL			
消耗 NaOH 标准溶液的体积/mL			
实际试验消耗 NaOH 标准溶液的体积/mL			
空白消耗 NaOH 标准溶液的体积/mL			
平均值/（g/L）			
平均极差/%			

相关知识

酸碱滴定法在工农业生产中的应用非常广泛。在我国国家标准（GB）和有关的部颁标准中，许多试样（如化学试剂、化工产品、食品添加剂、水样、石油产品等），凡涉及酸度、碱度项目的，多数都采用简便易行的酸碱滴定法。另外，与酸碱有关的医药工业，食品工业，冶金工业的原料、中间产品的分析也采用酸碱滴定法。

各种强酸、强碱，及 $cK_a \geqslant 10^{-8}$ 的弱酸或 $cK_b \geqslant 10^{-8}$ 的弱碱，均可用碱标准溶液或酸标准溶液直接滴定。另外，对于 K_{a1}/K_{a2}（或 K_{b1}/K_{b2}）$\geqslant 10^5$，并且各级 $cK_a \geqslant 10^{-8}$（或 $cK_b \geqslant 10^{-8}$）的多元酸或多元碱，也可用标准碱溶液或标准酸溶液直接滴定。

如食用醋中总酸度的测定：HAc 是一种重要的农副产品，又是一种合成有机农药的重要原料。而食醋中的主要成分是 HAc，其也含有少量其他弱酸，如乳酸等。测定时，将食醋用不含 CO_2 的蒸馏水适当稀释后，用标准 NaOH 溶液滴定。中和后产物为 NaAc，化学计量点时 pH＝8.7 左右，应选用酚酞为指示剂，滴定至呈粉红色且 30s 不褪色时即为终点，由所消耗标准溶液的体积及浓度计算总酸度。

一、测定原理

HAc 为弱酸，$K_a = 1.8 \times 10^{-5}$，可用 NaOH 溶液直接滴定。

$$HAc + NaOH \longrightarrow NaAc + H_2O$$

二、分析结果的计算

根据反应式可知：$n(HAc) = n(NaOH)$

$$\rho(HAc) = \frac{c(V_1 - V_2) \times 10^{-3} \times M(HAc)}{V(HAC) \times 10^{-3}}$$

式中　$\rho(HAc)$——以乙酸表示的总酸度，g/L；

　　　c——NaOH 标准溶液的浓度，mol/L；

　　　V_1——滴定时消耗 NaOH 标准溶液的体积，mL；

　　　V_2——空白试验消耗 NaOH 标准溶液的体积，mL；

　　$M(HAc)$——乙酸的摩尔质量，g/mol；

　　$V(HAc)$——乙酸样品的体积，mL。

三、注意事项

① 取完食醋后应立即盖好试剂瓶，以防食醋挥发。

② 酚酞为指示剂，注意观察终点颜色的变化。

③ 数据处理时应注意最终结果的表示方式。

任务五　工业硫酸纯度的测定

一、知识目标

（1）掌握测定工业硫酸纯度的原理；

（2）掌握工业硫酸纯度的测定方法；

（3）熟悉工业硫酸纯度的计算方法。

二、能力目标

（1）学会称量液体试样的方法；

（2）进一步熟悉移液管、容量瓶、滴定管的使用方法；

（3）学会工业硫酸纯度的测定方法。

三、素质目标

（1）具有热爱祖国、恪尽职守、踏实勤恳的工作作风；

（2）能做到检测行为公正、公平，数据真实、可靠；

（3）具有团结协作、人际沟通能力。

四、教、学、做说明

学生在完成对【相关知识】学习的基础上，自行设计测定方案，并分组讨论，然后确定可行性方案，在教师指导下完成工业硫酸纯度的测定，最后提交实验报告。

五、工作准备

（1）仪器　碱式滴定管；移液管；容量瓶；锥形瓶；量筒等。

（2）试剂　0.1mol/L 的 NaOH 标准溶液；甲基红-次甲基蓝指示剂；工业硫酸样品。

六、工作过程

① 各组按相关知识要求准备相关仪器、试剂等。

② 用已称量的带磨口盖的小滴瓶，称取约 0.7g（精确至 0.0001g）工业硫酸样品，小心移入盛有 50mL 水的 250mL 锥形瓶中，冷却至室温待用。

码4-8　工业硫酸纯度的测定

③ 在上述试液中加 2～3 滴甲基红-次甲基蓝指示剂，用 0.1mol/L 的 NaOH 标准溶液滴定至溶液由紫红色变为灰绿色，且 30s 内不褪色。平行测定 3 次，同时做空白试验。

七、数据记录

项目	1	2	3
（取样前称量瓶＋硫酸）质量/g			
（取样后称量瓶＋硫酸）质量/g			
硫酸的质量/g			
测定时溶液的温度/℃			
溶液温度校正值/mL			
滴定管校正值/mL			
消耗 NaOH 标准溶液的体积/mL			
实际消耗 NaOH 标准溶液的体积/mL			
空白试验消耗 NaOH 标准溶液的体积/mL			
硫酸含量/%			
平均含量/%			
相对极差/%			

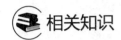 相关知识

一、测定原理

硫酸是强酸，可以采用酸碱滴定法直接测定。由于生成物为强酸强碱盐，化学计量点时溶液为中性，指示剂可选用甲基橙或甲基红-次甲基蓝混合指示剂。用 NaOH 标准溶液直接准确滴定，其反应为：

$$H_2SO_4 + 2NaOH \longrightarrow Na_2SO_4 + 2H_2O$$

选用甲基红-次甲基蓝指示剂，终点时溶液由紫红色变为灰绿色。

二、分析结果的计算

$$w(H_2SO_4) = \frac{\frac{1}{2} \times c(V_1 - V_2) \times 10^{-3} \times M(H_2SO_4)}{m(\text{样})} \times 100\%$$

式中　$w(H_2SO_4)$——工业硫酸试样中硫酸的质量分数，%；

　　　　c——NaOH 标准溶液的浓度，mol/L；

　　　　V_1——滴定时消耗 NaOH 标准溶液的体积，mL；

　　　　V_2——空白试验消耗 NaOH 标准溶液的体积，mL；

　　$M(H_2SO_4)$——硫酸的摩尔质量，g/mol；

　　　$m(\text{样})$——工业硫酸试样的质量，g。

三、注意事项

① 硫酸具有强腐蚀性，使用和称样时，严禁溅出。

② 硫酸稀释时会放出大量的热，需要冷却后再滴定或转移至容量瓶中稀释。

能力测评与提升

1. 填空题

（1）各类酸碱反应共同的实质是＿＿＿＿＿＿＿＿＿＿＿＿。

（2）根据酸碱质子理论，凡是能＿＿＿＿＿质子的物质是酸；凡是能＿＿＿＿＿＿＿质子的物质是碱；物质给出质子的能力越强，酸性就越＿＿＿＿＿＿，其共轭碱的碱性就越＿＿＿＿＿＿。

（3）因一个质子得失而互相转变的每一对酸碱，称为＿＿＿＿＿＿。HPO_4^{2-} 是＿＿＿＿＿＿的共轭酸，是＿＿＿＿＿＿的共轭碱。

（4）已知 NH_3 的 $K_b = 1.8 \times 10^{-5}$，则其共轭酸＿＿＿＿＿＿的 K_a 为＿＿＿＿＿＿。

（5）各种缓冲溶液的缓冲能力可用＿＿＿＿＿＿来衡量，其大小与＿＿＿＿＿＿和＿＿＿＿＿＿有关。

（6）甲基橙的变色范围是＿＿＿＿＿＿，在 pH＜3.1 时为＿＿＿＿＿＿色。酚酞的变色范围是＿＿＿＿＿＿，在 pH＞9.6 时为＿＿＿＿＿＿色。

（7）溶液温度对指示剂变色范围＿＿＿＿＿＿（有/无）影响。

（8）实验室中使用的 pH 试纸是根据＿＿＿＿＿＿原理而制成的。

（9）某酸碱指示剂 $pK_{IN} = 4.0$，则该指示剂变色的 pH 范围是＿＿＿＿＿＿，一般在

_____时使用。

（10）NaOH 滴定 HAc 应选在_____性范围内变色的指示剂，HCl 滴定 NH_3 应选在_____性范围内变色的指示剂，这是由_____决定的。

（11）如果以无水碳酸钠作为基准物质来标定 0.1000mol/L 左右的 HCl，欲使消耗 HCl 的体积在 20～30mL，则应称取固体_____g，以_____为指示剂。

（12）标定 NaOH 时最好以_____作为基准物质，这时应以_____为指示剂。

（13）0.1mol/L 的 H_3BO_3（$pK_a = 9.24$）_____（是／否）可用 NaOH 直接滴定分析。

（14）化学计量点指_____，滴定终点指_____，二者之差称为_____。

2. 选择题

（1）共轭酸碱对 K_a 与 K_b 的关系是（　　）。

A. $K_a K_b = 1$　　　　　B. $K_a K_b = K_w$　　　　　C. $K_a / K_b = K_w$　　　　　D. $K_b / K_a = K_w$

（2）$H_2PO_4^-$ 的共轭碱是（　　）。

A. H_3PO_4　　　　　B. HPO_4^{2-}　　　　　C. PO_4^{3-}　　　　　D. OH^-

（3）NH_3 的共轭酸是（　　）。

A. NH_2^-　　　　　B. NH_2OH^{2-}　　　　　C. NH_4^+　　　　　D. NH_4OH

（4）下列各组酸碱组分中，不属于共轭酸碱对的是（　　）。

A. H_2CO_3-CO_3^{2-}　　　B. NH_3-NH_2^-　　　C. HCl-Cl^-　　　D. HSO_4^--SO_4^{2-}

（5）下列说法中错误的是（　　）。

A. H_2O 作为酸时的共轭碱是 OH^-

B. H_2O 作为碱时的共轭酸是 H_3O^+

C. 因为 HAc 的酸性强，故 HAc 的碱性必弱

D. HAc 碱性弱，则 H_2Ac^+ 的酸性强

（6）按质子理论，Na_2HPO_4 是（　　）。

A. 中性物质　　　B. 酸性物质　　　C. 碱性物质　　　D. 两性物质

（7）浓度为 0.1mol/L HAc（$pK_a = 4.74$）溶液的 pH 是（　　）。

A. 4.87　　　　　B. 3.87　　　　　C. 2.87　　　　　D. 1.87

（8）下列关于缓冲溶液的说法中错误的是（　　）。

A. 够抵抗外加少量强酸、强碱或稍加稀释，其自身 pH 不发生显著变化的溶液称缓冲溶液

B. 缓冲溶液一般由浓度较大的弱酸（或弱碱）及其共轭碱（或共轭酸）组成

C. 强酸、强碱本身不能作为缓冲溶液

D. 缓冲容量的大小与产生缓冲作用组分的浓度以及各组分浓度的比值有关

（9）浓度为 0.10mol/L NH_4Cl（$pK_b = 4.74$）溶液的 pH 是（　　）。

A. 5.12　　　　　B. 4.13　　　　　C. 3.13　　　　　D. 2.13

（10）pH＝1.00 的 HCl 溶液和 pH＝13.00 的 NaOH 溶液等体积混合后 pH 是（　　）。

A. 14　　　　　B. 12　　　　　C. 7　　　　　D. 6

（11）酸碱滴定中指示剂选择的原则是（　　）。

A. 指示剂变色范围与化学计量点完全符合

B. 指示剂应在 pH＝7.00 时变色

C. 指示剂的变色范围应全部或部分落入滴定突跃范围之内

D. 指示剂变色范围应全部落在滴定突跃范围之内

（12）将甲基橙指示剂加到无色水溶液中，溶液呈黄色，该溶液呈（　　　）。

A. 中性　　　　　　　　B. 碱性　　　　　　　　C. 酸性　　　　　　　　D. 不定

（13）将酚酞指示剂加到无色水溶液中，溶液呈无色，该溶液呈（　　　）。

A. 中性　　　　　　　　B. 碱性　　　　　　　　C. 酸性　　　　　　　　D. 不定

（14）浓度为 0.1mol/L 的下列酸，能用 NaOH 直接滴定的是（　　　）。

A. $HCOOH(pK_a=3.74)$　　　　　　　　B. $H_3BO_3(pK_a=9.24)$

C. $HCN(pK_a=9.21)$　　　　　　　　　　D. $C_6H_5OH(pK_a=9.95)$

（15）测定 $(NH_4)_2SO_4$ 中的氮时，不能用 NaOH 直接滴定，这是因为（　　　）。

A. NH_3 的 K_b 太小　　　　　　　　　　B. $(NH_4)_2SO_4$ 不是酸

C. NH_4^+ 的 K_a 太小　　　　　　　　　　D. $(NH_4)_2SO_4$ 中含游离 H_2SO_4

（16）标定盐酸溶液常用的基准物质是（　　　）。

A. 无水 Na_2CO_3　　　　　　　　　　　B. 草酸（$H_2C_2O_4 \cdot 2H_2O$）

C. $CaCO_3$　　　　　　　　　　　　　　D. 邻苯二甲酸氢钾

（17）标定 NaOH 溶液常用的基准物质是（　　　）。

A. 无水 Na_2CO_3　　　B. 邻苯二甲酸氢钾　　C. 硼砂　　　　　　　　D. $CaCO_3$

（18）用基准物质无水碳酸钠标定 0.1000mol/L 盐酸时，宜选用（　　　）作指示剂。

A. 溴甲酚绿-甲基红　　B. 酚酞　　　　　　　C. 百里酚蓝　　　　　　D. 二甲酚橙

（19）作为基准物质的无水碳酸钠吸水后，标定 HCl，则所标定 HCl 的浓度将（　　　）。

A. 偏高　　　　　　　　B. 偏低　　　　　　　C. 产生随机误差　　　D. 没有影响

（20）若将 $H_2C_2O_4 \cdot 2H_2O$ 基准物质长期保存于保干器中，用以标定 NaOH 溶液的浓度时，结果将（　　　）。

A. 偏高　　　　　　　　B. 偏低　　　　　　　C. 产生随机误差　　　D. 没有影响

（21）含 NaOH 和 Na_2CO_3 的混合碱液，用 HCl 滴至酚酞变色时，消耗 V_1mL，继续以甲基橙为指示剂滴定，又消耗 V_2mL，其组成为（　　　）。

A. $V_1=V_2$　　　　　　B. $V_1>V_2$　　　　　　C. $V_1<V_2$　　　　　　D. $V_1=2V_2$

（22）某混合碱液，先用 HCl 滴至酚酞变色，消耗 V_1mL HCl，继续以甲基橙为指示剂，又消耗 V_2mL HCl，已知 $V_1<V_2$，其组成为（　　　）。

A. $NaOH$-Na_2CO_3　　B. Na_2CO_3　　　　　C. $NaHCO_3$　　　　　D. $NaHCO_3$-Na_2CO_3

（23）配制甲基橙指示剂时选用的溶剂是（　　　）。

A. 水-甲醇　　　　　　B. 水-乙醇　　　　　　C. 水　　　　　　　　　D. 水-丙醇

（24）在分析化学实验室常用的去离子水中，加入 1～2 滴甲基橙指示剂，则呈现（　　　）。

A. 紫色　　　　　　　　B. 红色　　　　　　　C. 黄色　　　　　　　　D. 无色

（25）用 HCl 滴定 Na_2CO_3 溶液的第一、二化学计量点可用（　　　）作为指示剂。

A. 甲基红和甲基橙　　　　　　　　　　　B. 酚酞和甲基橙

C. 甲基橙和酚酞　　　　　　　　　　　　D. 酚酞和甲基红

3. 判断题

（1）对于任何一种酸，如果它本身的酸性越强，其 K_a 值就越大，其共轭碱的碱性也就越强。　　　　　　　　　　　　　　　　　　　　　　　　　　　　　　（　　　）

（2）酸碱滴定中所用颜色变化明显且变色范围较窄的指示剂即混合指示剂。（　　　）

（3）酚酞和甲基橙都可用作强碱滴定弱酸的指示剂。　　　　　　　　　　（　　　）

(4) 缓冲溶液在任何 pH 条件下都能起缓冲作用。　　　　　　　（　　）

(5) 双指示剂就是混合指示剂。　　　　　　　（　　）

(6) 盐酸标准滴定溶液可用精制的草酸标定。　　　　　　　（　　）

(7) $H_2C_2O_4$ 的第一步、第二步解离常数分别为 $K_{a1}=4.2\times10^{-7}$，$K_{a2}=5.6\times10^{-11}$，因此不能分步滴定。　　　　　　　（　　）

(8) H_2SO_4 是二元酸，因此用 NaOH 滴定时有两个突跃。　　　　　　　（　　）

(9) 盐酸和硼酸都可以用 NaOH 标准溶液直接滴定。　　　　　　　（　　）

(10) 强酸滴定弱碱，到达化学计量点时 pH>7。　　　　　　　（　　）

(11) 用因吸潮带有少量湿存水的基准试剂 Na_2CO_3 标定 HCl 溶液的浓度时，结果偏高；若用此 HCl 溶液测定某有机碱的摩尔质量时结果也偏高。　　　　　　　（　　）

(12) 用因保存不当而部分分化的基准试剂 $H_2C_2O_4 \cdot 2H_2O$ 标定 NaOH 溶液的浓度时，结果偏高；若用此 NaOH 溶液测定某有机酸的摩尔质量时则结果偏低。　　　　　　　（　　）

(13) 常用的酸碱指示剂，大多是弱酸或弱碱，所以滴加指示剂的多少及时间的早晚不会影响分析结果。　　　　　　　（　　）

(14) 凡是能在全部或部分突跃范围内发生明显变色的指示剂都可选用。　　　　　　　（　　）

(15) 酸碱浓度每增大 10 倍，滴定突跃范围就增大 1 个 pH 单位。　　　　　　　（　　）

4. 简答题

(1) 根据酸碱质子理论，什么是酸？什么是碱？什么是两性物质？各举例说明。

(2) 判断下面各物质中哪个是酸？哪个是碱？找出相应的共轭酸碱对，并用质子理论分析下列物质中哪种物质为最强酸，哪种物质碱性最强。

HAc、HF、HCl、NH_4^+、$(CH_2)_6N_4$、NaAc、NH_3、CO_3^{2-}、HCO_3^-、H_3PO_4、F^-、$H_2PO_4^-$、Cl^-、$(CH_2)_6N_4H^+$

(3) 简述缓冲溶液的组成及作用。

(4) 酸、碱指示剂的变色原理是什么？影响酸碱指示剂变色范围的因素是什么？

(5) 指示剂的理论变色范围是什么？甲基橙的实际变色范围（pH=3.1~4.4）与其理论变色范围（pH 为 2.4~4.4）不一致，为什么？

(6) 弱酸（碱）能被强碱（酸）直接准确滴定的条件是什么？为什么氢氧化钠可以滴定乙酸而不能滴定硼酸？

(7) 滴定突跃的大小与哪些因素有关？酸碱滴定中指示剂的选择原则是什么？

(8) 什么是滴定曲线？酸碱滴定曲线是如何绘制的？有何作用？

(9) 用 Na_2CO_3 标定 HCl 溶液，滴定至近终点时，为什么需将溶液煮沸？

(10) 某混合液中可能含有 NaOH、Na_2CO_3、$NaHCO_3$ 或它们的混合物，现用 HCl 标准溶液滴定至酚酞变色，耗去 HCl V_1 mL；溶液中加入甲基橙指示剂，继续以 HCl 标准溶液滴定，耗去 HCl V_2 mL，下列各种情况下溶液含哪些碱？

①$V_1>0$，$V_2=0$；②$V_1=0$，$V_2>0$；③$V_1=V_2$；④$V_1>V_2$，$V_2\neq0$；⑤$V_1<V_2$，$V_1\neq0$。

5. 计算题

(1) 计算下列溶液的 pH：

① 0.05mol/L 的 NaAc

② 0.05mol/L 的 NH_4Cl

③ 0.05mol/L 的 H_3BO_3

④ 0.1mol/L 的 NaCl

⑤ 0.05mol/L 的 NaHCO$_3$

（2）计算下列滴定中化学计量点的 pH，并指出选用何种指示剂指示终点。

① 0.2000mol/L 的 NaOH 滴定 20.00mL 0.2000mol/L 的 HCl

② 0.2000mol/L 的 HCl 滴定 20.00mL 0.2000mol/L 的 NaOH

③ 0.2000mol/L 的 NaOH 滴定 20.00mL 0.2000mol/L 的 HAc

④ 0.2000mol/L 的 HCl 滴定 20.00mL 0.2000mol/L 的 NH$_3$·H$_2$O

（3）用 0.1000mol/L 的 NaOH 溶液滴定 20.00mL 0.1000mol/L 的甲酸溶液时，化学计量点处的 pH 为多少？应选何种指示剂指示终点？滴定突跃为多少？

（4）称取无水碳酸钠基准物 0.1500g，标定 HCl 溶液，消耗 HCl 溶液体积 25.60mL，计算 HCl 溶液的浓度。

（5）称取混合碱试样 0.6800g，以酚酞为指示剂，用 0.200mol/L 的 HCl 标准溶液滴定至终点，消耗 HCl 溶液 V_1＝23.00mL，然后加甲基橙指示剂滴定至终点，又消耗 HCl 溶液 V_2＝26.80mL，判断混合碱的组成，并计算试样中各组分的含量。

（6）标定 NaOH 溶液时，用 2.369g 邻苯二甲酸氢钾作基准物，以酚酞为指示剂滴定至终点，消耗 NaOH 溶液的体积为 29.05mL，计算 NaOH 溶液的浓度。

（7）准确称取硅酸盐试样 0.1080g，经熔融分解，以 K$_2$SiF$_6$ 沉淀后，过滤，洗涤，使之水解成为 HF，采用 0.1024mol/L 的 NaOH 标准溶液滴定，所消耗的体积为 25.54mL，计算硅酸盐中 SiO$_2$ 的含量。

（8）称取含 NaOH 和 Na$_2$CO$_3$ 的试样 0.5225g，溶解后稀释定容为 100mL。取 25.00mL 试液，以甲基橙为指示剂，用 26.10mL 0.1125mol/LHCl 滴定至终点，另取一份 25.00mL 试液，加入过量 BaCl$_2$ 溶液，以酚酞作指示剂，用同浓度的 HCl 标准溶液 20.27mL 滴至终点，计算试样中 NaOH 和 Na$_2$CO$_3$ 的含量。

（9）用酸碱滴定法测定工业硫酸的含量，称取硫酸试样 1.8095g，配成 250mL 的溶液，移取 25mL 该溶液，以甲基橙为指示剂，用浓度为 0.1250mol/L 的 NaOH 标准溶液滴定，到终点时消耗 NaOH 溶液 29.35mL，试计算该工业硫酸的含量。

（10）某混合碱试样可能含有 NaOH、Na$_2$CO$_3$、NaHCO$_3$ 中的一种或两种。称取试样 0.5010g，用酚酞作指示剂滴定，用去 0.1060mol/L 的 HCl 溶液 20.10mL，再加入甲基橙指示液，继续用此 HCl 溶液滴定，一共用去 HCl 溶液 47.70mL。试判断试样的组成并计算各组分的含量。

学习情境五

络合滴定法

任务一 认识络合滴定法

一、知识目标

（1）掌握络合滴定对络合反应的要求；

（2）掌握络合平衡中副反应对主反应的影响及表示方法；

（3）理解绝对稳定常数和条件稳定常数的概念。

二、能力目标

（1）能区别绝对稳定常数和条件稳定常数；

（2）能利用酸效应曲线判断干扰离子；

（3）学会判断金属离子能否用 EDTA 准确滴定；

（4）能通过计算求出准确滴定某一金属离子的最高酸度及适宜的酸度范围。

三、素质目标

（1）具有热爱祖国、恪尽职守、踏实勤恳的工作作风；

（2）能做到检测行为公正、公平，数据真实可靠；

（3）具有团结协作、人际沟通能力。

四、教、学、做说明

学生在完成对【相关知识】线上、线下学习的基础上，由教师指导，分组讨论测定铝盐中铝的含量时，为什么要调节合适的酸度才能保证 EDTA 与铝的反应完全，如何调节酸度？设计方案，与全班进行交流、评价并提交报告。

相关知识

以络合反应为基础的滴定分析法，称为络合滴定法。本情境主要介绍 EDTA 的结构、性质，EDTA 与金属离子形成络合物的特点，络合滴定法中副反应对主反应的影响，金属指示剂的作用原理，络合滴定法的基本原理，提高络合滴定选择性的方法及络合滴定法的应用等有关内容。

络合滴定法广泛应用于金属离子的测定，在同一份溶液中可不经分离连续测定几种成分，具有操作简单、分析准确度高等优点。

一、络合滴定法概述

1. 络合滴定对络合反应的要求

络合滴定法又叫配位滴定法，能形成络合物的反应很多。如用硝酸银标准溶液滴定氰化物时会发生如下反应：

$$2CN^- + Ag^+ \longrightarrow [Ag(CN)_2]^-$$

当滴定到化学计量点时，稍过量的 Ag^+ 与 $[Ag(CN)_2]^-$ 结合生成白色 AgCN 沉淀，使溶液变浑浊，从而指示终点，其反应式为：

$$Ag^+ + [Ag(CN)_2]^- \longrightarrow 2AgCN \downarrow$$
$$\text{白色}$$

或以 KI 作指示剂，生成黄色的 AgI 沉淀，更好观察。

但并不是所有的络合反应都能用于络合滴定。适应于络合滴定分析的络合反应必须具备下列条件：

① 形成的络合物相当稳定；

② 反应定量进行，即在一定条件下络合比固定；

③ 反应完全，反应速度要快；

④ 有适当的方法指示滴定终点；

⑤ 滴定过程中生成的络合物最好是可溶的。

2. 络合滴定中的滴定剂

用于络合滴定法的滴定剂有无机络合剂和有机络合剂。在化学反应中，络合反应是非常普遍的，但在氨羧络合剂用于分析化学以前，络合滴定法的应用是非常有限的，因为许多无机络合物不够稳定，不符合滴定分析的要求；在络合过程中有逐级络合现象的产生，各级稳定常数相差又不大，以致滴定终点不明显。

20 世纪 40 年代，以氨羧络合剂为代表的有机络合剂开始用于滴定分析，特别是乙二胺四乙酸这一类氨羧络合剂应用之后，络合滴定法得到了迅速发展，成为目前应用最广泛的滴定分析方法之一。

氨羧络合剂可与金属离子形成很稳定的、具有一定组成的络合物，克服了无机络合剂的缺点。利用氨羧络合剂进行定量分析的方法又称为氨羧络合滴定法，可以直接或间接测定许多种金属元素。

氨羧络合剂，一类以氨基二乙酸基团 $[—N(CH_2COOH)_2]$ 为基体的有机络合剂，其分子中含有络合能力很强的氨氮和羧氧两种络合原子，能与大多数金属离子形成稳定的可溶性环状络合物，或称为螯合物。氨羧络合剂的种类很多，络合滴定中常用的氨羧络合剂有以下几种：

氨基三乙酸（简称 NTA 或 ATA）

环己烷二氨基四乙酸（CyDTA 或 DCTA）

$$CH_2-O-CH_2-CH_2-N^+H \begin{cases} CH_2COO^- \\ CH_2COOH \end{cases}$$
$$CH_2-O-CH_2-CH_2-N^+H \begin{cases} CH_2COO^- \\ CH_2COOH \end{cases}$$

乙二醇二（β-氨基乙醚）四乙酸（EGTA）

$$^-OOCH_2C \qquad CH_2COO^-$$
$$^+NH-CH_2-CH_2-^+NH$$
$$HOOCH_2C \qquad CH_2COOH$$

乙二胺四乙酸（EDTA）

$$^-OOCH_2CH_2C \qquad CH_2CH_2COO^-$$
$$N^+H-CH_2-CH_2N^+H$$
$$HOOCH_2CH_2C \qquad CH_2CH_2COOH$$

乙二胺四丙酸（EDTP）

其中，目前应用最广泛的是乙二胺四乙酸，其英文缩写为 EDTA。通常所说的络合滴定法就是指 EDTA 滴定法。

3. 乙二胺四乙酸及其二钠盐

（1）EDTA 的结构和性质　EDTA 是一种白色粉末状结晶，微溶于水，难溶于酸和有机溶剂，易溶于碱及氨水，生成相应的盐溶液。其分子结构简式如下：

$$HOOCH_2C \qquad H \qquad H \quad CH_2COO^-$$
$$N-CH_2-CH_2-N$$
$$^-OOCH_2C \qquad + \qquad + \quad CH_2COOH$$

EDTA 是一种多元弱酸，常用 H_4Y 表示。由于它在水中的溶解度很小，在 22℃时，每 100mL 水中仅能溶解 0.02g，故常用它的二钠盐（$Na_2H_2Y \cdot 2H_2O$）配制标准溶液，习惯上仍简称为 EDTA，分子量为 372.26，也为白色晶体，它的溶解度大，在 22℃时，每 100mL 水中能溶解 11.1g，其饱和水溶液的浓度约为 0.3mol/L，pH 为 4.3。一般不宜作基准物质，所以要用间接法配制。

（2）EDTA 在水中的电离及其各种型体分布　在水溶液中，乙二胺四乙酸具有双偶极离子结构，乙基上连两个氨基，每个氨基上连接两个乙酸。

当 EDTA 溶于酸度很高的溶液中时，两个羧酸根还可以再接受两个质子（H^+），形成 H_6Y^{2+}，此时 EDTA 便相当于六元酸，有如下六级电离平衡：

$$H_6Y^{2+} \rightleftharpoons H^+ + H_5Y^+ \qquad K_{a1}=10^{-0.9}$$
$$H_5Y^+ \rightleftharpoons H^+ + H_4Y \qquad K_{a2}=10^{-1.6}$$
$$H_4Y \rightleftharpoons H^+ + H_3Y^- \qquad K_{a3}=10^{-2.0}$$
$$H_3Y^- \rightleftharpoons H^+ + H_2Y^{2-} \qquad K_{a4}=10^{-2.67}$$
$$H_2Y^{2-} \rightleftharpoons H^+ + HY^{3-} \qquad K_{a5}=10^{-6.16}$$
$$HY^{3-} \rightleftharpoons H^+ + Y^{4-} \qquad K_{a6}=10^{-10.26}$$

可见 EDTA 在水溶液中以 H_6Y^{2+}、H_5Y^+、H_4Y、H_3Y^-、H_2Y^{2-}、HY^{3-} 和 Y^{4-} 共七种形式存在，当溶液的 pH 不同时，各种存在形式的浓度也不相同。通过计算可知，不同酸度下 EDTA 各种存在形式的分布情况如图 5-1 所示。

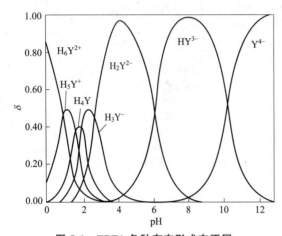

图 5-1 EDTA 各种存在形式在不同
pH 下的分布曲线

从图 5-1 可看出，pH 不同，EDTA 各种存在形式的浓度不同。如将上述六级电离联系起来看，$[H^+]$ 增大，平衡向左移动，$[Y^{4-}]$ 减少，$[H_6Y^{2+}]$ 增加；反之，$[Y^{4-}]$ 增大，$[H_6Y^{2+}]$ 减少。在 pH<1 的强酸性溶液中，EDTA 主要以 H_6Y^{2+} 的形式存在；在 pH = 2.67～6.16 时，EDTA 主要以 H_2Y^{2-} 的形式存在；在 pH>10.2 时，EDTA 主要以 Y^{4-} 的形式存在，当 pH≥12 时，ED-TA 几乎完全以 Y^{4-} 的形式存在。由于在这七种型体中，只有 Y^{4-} 能与金属离子直接络合，所以溶液的酸度越低，即 pH 越大，Y^{4-} 的浓度越大，EDTA 的络合能力就越强。

（3）EDTA 与金属离子所形成络合物的特点

① EDTA 与大多数金属离子络合生成 1∶1 的稳定络合物，反应中无逐级络合的现象，极少数金属（如锆和钼）离子除外。

由于 EDTA 分子中具有两个有孤对电子氮原子和四个有孤对电子氧原子，即有 6 个络合原子。它可以同时给出 6 对孤对电子来满足一般金属离子的需要。由于多数金属离子的络合数不超过 6，所以一般情况下 EDTA 与大多数金属离子可形成 1∶1 型的络合物，只有极少数金属离子［如锆（Ⅳ）和钼（Ⅵ）等］除外。

其反应可用通式表示：

二价金属离子：$M^{2+} + H_2Y^{2-} \Longrightarrow MY^{2-} + 2H^+$ 　　　 1∶1

三价金属离子：$M^{3+} + H_2Y^{2-} \Longrightarrow MY^- + 2H^+$ 　　　 1∶1

四价金属离子：$M^{4+} + H_2Y^{2-} \Longrightarrow MY + 2H^+$ 　　　 1∶1

② 大多数金属离子与 EDTA 形成具有多个五元环的螯合物，十分稳定。在周期表中绝大多数的金属离子均能与 EDTA 形成多个五元环，这种具有环状结构的络合物叫螯合物。一般来说，具有五元环或六元环的螯合物是十分稳定的，而且形成的环越多，螯合物越稳定。例如 EDTA 与 Ca^{2+}、Fe^{3+} 形成络合物的立体结构如图 5-2 所示。

③ EDTA 与金属离子形成的络合物大多带电荷，即为络离子形式，故易溶于水，反应速率快。

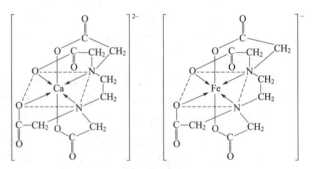

图 5-2 EDTA 与 Ca^{2+}、Fe^{3+} 形成络合物的立体结构

④ 络合物的颜色主要取决于金属离子的颜色。EDTA 与无色的金属离子形成无色的络合物，有色的金属离子则形成颜色更深的螯合物。如 NiY^{2-} 为蓝绿色、CuY^{2-} 为深蓝色、CoY^{2-} 为紫红色、MnY^{2-} 为紫红色、FeY^- 为黄色、CrY^- 为深黄色。因此，在滴定这些离子时，浓度不能太大，否则终点难以观察。

由以上分析可知，EDTA 与多数金属离子都能形成稳定的络合物，其应用非常广泛，并且反应能定量、完全、快速进行，符合滴定分析对化学反应的要求。

二、EDTA 的络合平衡

1. 络合物的稳定常数

在络合滴定中，被测金属离子 M 与 EDTA 反应生成络合物 MY 的反应叫主反应，除主反应以外，其他的反应统称为副反应。

EDTA 与金属离子的络合反应为：

$$M^{n+} + Y^{4-} \rightleftharpoons MY^{4-n}$$

为了方便，一般书写时常省略离子的电荷，简写为：

$$M + Y \rightleftharpoons MY$$

当达到平衡时，其平衡常数表达式为：

$$K_{MY} = \frac{[MY]}{[M][Y]} \tag{5-1}$$

式中，[MY]、[M]、[Y] 分别表示平衡时 MY 和金属离子 M^{n+}、Y^{4-} 的平衡浓度。

K_{MY} 叫金属离子与 EDTA 络合物的稳定常数，通常用 $K_稳$ 表示。$K_稳$ 称为绝对稳定常数。络合物的稳定性大小可用该络合物的稳定常数来表示。

稳定常数的倒数称为电离常数，它表明络合物的不稳定性，所以称为络合物的不稳定常数。$K_{电离} = \frac{1}{K_稳}$，$K_稳$ 越大，络合物越稳定；$K_{电离}$ 越大，络合物越不稳定。由于 K_{MY} 值很大，所以常用其对数值 $\lg K_{MY}$ 表示。但是如果有副反应，则稳定常数不能反映实际滴定过程中络合物的真实稳定状况。

在一定条件下，不同金属离子与 EDTA 形成络合物的稳定常数（K_{MY}）不同，其稳定性也不同，K_{MY} 越大，溶液中 MY 越多，表示生成的络合物越稳定。一些常见的金属离子与 EDTA 络合物的稳定常数见表 5-1。

表 5-1　一些常见金属离子与 EDTA 络合物的稳定常数（25℃）

金属离子	$\lg K_{MY}$	金属离子	$\lg K_{MY}$	金属离子	$\lg K_{MY}$
Na^+	1.66	Ce^{3+}	15.98	Cu^{2+}	18.80
Li^+	2.79	Al^{3+}	16.30	Hg^{2+}	21.80
Ba^{2+}	7.86	Co^{2+}	16.31	Tn^{4+}	23.20
Sr^{2+}	8.73	Cd^{2+}	16.46	Cr^{3+}	23.40
Mg^{2+}	8.69	Zn^{2+}	16.50	Fe^{3+}	25.10
Ca^{2+}	10.69	Pb^{2+}	18.04	V^{3+}	25.90
Mn^{2+}	13.87	Y^{3+}	18.09	Bi^{3+}	27.94
Fe^{2+}	14.32	Ni^{2+}	18.62	U^{4+}	25.80

从表 5-1 可以看出，金属离子与 EDTA 络合物的稳定性因金属离子的不同而差别较大。碱金属离子的络合物最不稳定，$\lg K_{MY}$ 为 2~3；碱土金属离子的络合物，$\lg K_{MY}$ 在 8~11；二价及过渡金属离子、稀土元素及 Al^{3+} 的络合物，$\lg K_{MY}$ 在 15~19；三价、四价金属离子和 Hg^{2+} 的络合物，$\lg K_{MY} > 20$。这些络合物稳定性的差别，主要取决于金属离子自身性质和外界条件两方面。如金属离子本身的离子电荷数、离子半径和电子层结构。离子电荷数越高，离子半径越大，电子层结构越复杂，络合物的稳定常数就越大。这是影响络合物稳定性

大小的本质因素。此外，溶液的酸度，其他络合剂和一些干扰离子的存在等外界条件都会影响络合物的稳定性。其中，溶液酸度对 EDTA 与金属离子形成的络合物的稳定性的影响最大，是络合滴定中要考虑的首要问题。

需要指出的是，表 5-1 所列的数据是指在不发生副反应的情况下络合反应达到平衡时的稳定常数。

2. 络合平衡中副反应对主反应的影响

在实际分析中，络合滴定所涉及的化学平衡是比较复杂的。在络合滴定中，除了被测金属离子 M 与滴定剂 Y 发生的主反应外，还存在着不少的副反应，即使是很纯的物质，也存在着酸度的影响，其平衡关系可表示如下：

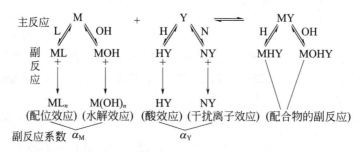

式中，N 为干扰离子，L 为其他络合剂。

这些副反应的发生都将会影响主反应的进行程度。其中，反应物 M 和 Y 发生的各种副反应，会使平衡向左移动，使主反应的完全程度降低，不利于主反应的进行，而反应产物 MY 发生副反应时，形成的酸式络合物（MHY）或碱式络合物（MOHY），则使平衡向右移动，有利于主反应的进行。

影响主反应的因素很多，但一般情况下，对主反应影响比较大的副反应是酸效应和络合效应。下面以酸效应和络合效应为例，讨论副反应对主反应的影响。

（1）EDTA 的酸效应及酸效应系数　在水溶液中，EDTA 有 7 种存在形式，而真正能与金属离子络合形成络合物的只有当 Y^{4-}，但只有当 pH≥12 时，EDTA 才全部以 Y^{4-} 的形式存在，所以当酸度增大时，pH 下降，Y^{4-} 的浓度减小，从而导致 EDTA 的络合能力下降。这种由于 H^+ 的存在，Y^{4-} 参与主反应能力降低的现象称为酸效应，其影响程度可用酸效应系数 $\alpha_{Y(H)}$ 来表示。

酸效应系数表示在一定 pH 下，未与金属离子络合的 EDTA 各种型体的总浓度 [Y′] 与能与金属离子络合的 EDTA 的 Y^{4-} 平衡浓度 [Y] 的比值。

EDTA 是一个弱酸，它的阴离子 Y^{4-} 是一个碱，易接受质子形成它的共轭酸，因此当 H^+ 浓度增高时，$[Y^{4-}]$ 就降低，使主反应受到影响。

K_{MY} 描述在没有任何副反应发生时，络合反应进行的程度。当 Y 与 H^+ 发生副反应时，未与金属离子络合的络合体除了游离的 Y^{4-} 以外，还有 HY^{3-}，H_2Y^{2-}，…，H_6Y^{2+} 等，因此未与 M 络合的 EDTA 的浓度应等于以上 7 种形式浓度的总和，以 [Y′] 表示，则：

$$[Y']=[Y]+[HY]+[H_2Y]+[H_3Y]+[H_4Y]+[H_5Y]+[H_6Y]$$

用 [Y] 表示的能与金属离子络合的 Y^{4-} 的浓度称为有效浓度。

[Y′] 与 [Y] 之比就是酸效应系数。

即
$$\alpha_{Y(H)}=\frac{[Y']}{[Y]} \tag{5-2}$$

酸效应系数可由 EDTA 的各级电离常数和溶液中的 H^+ 浓度计算出：

$$\alpha_{Y(H)} = \frac{[Y']}{[Y]} = \frac{[Y]+[HY]+[H_2Y]+[H_3Y]+[H_4Y]+[H_5Y]+[H_6Y]}{[Y]}$$

$$= 1 + \frac{[H^+]}{K_{a6}} + \frac{[H^+]^2}{K_{a6}K_{a5}} + \frac{[H^+]^3}{K_{a6}K_{a5}K_{a4}} + \frac{[H^+]^4}{K_{a6}K_{a5}K_{a4}K_{a3}} +$$

$$\frac{[H^+]^5}{K_{a6}K_{a5}K_{a4}K_{a3}K_{a2}} + \frac{[H^+]^6}{K_{a6}K_{a5}K_{a4}K_{a3}K_{a2}K_{a1}} \qquad (5\text{-}3)$$

式中 K_{a1}，K_{a2}，…，K_{a6} 是 EDTA 的各级电离常数。在一定条件下，其是一个定值。

从上式可以看出，在一定温度时，$\alpha_{Y(H)}$ 只与溶液中的 H^+ 浓度有关，酸度越高，$\alpha_{Y(H)}$ 值越大，参加络合反应的 Y 浓度越小，即酸效应越严重。

由于在不同酸度下，$\alpha_{Y(H)}$ 值变化范围很大，人们通常对其取对数。

【例 5-1】 计算在 pH=2.00 时，0.01mol/LEDTA 溶液的 $\alpha_{Y(H)}$ 及其对数值。

解： 已知 EDTA 的各级电离常数 $K_{a1} \sim K_{a6}$ 分别为 $10^{-0.9}$、$10^{-1.6}$、$10^{-2.0}$、$10^{-2.67}$、$10^{-6.16}$、$10^{-10.26}$，由上式可得，当溶液的 pH=2.00 时：

$$\alpha_{Y(H)} = 1 + \frac{10^{-2}}{10^{-10.26}} + \frac{(10^{-2})^2}{10^{-10.26} \times 10^{-6.16}} + \frac{(10^{-2})^3}{10^{-10.26} \times 10^{-6.16} \times 10^{-2.67}} +$$

$$\frac{(10^{-2})^4}{10^{-10.26} \times 10^{-6.16} \times 10^{-2.67} \times 10^{-2.0}} +$$

$$\frac{(10^{-2})^5}{10^{-10.26} \times 10^{-6.16} \times 10^{-2.67} \times 10^{-2.0} \times 10^{-1.6}} +$$

$$\frac{(10^{-2})^6}{10^{-10.26} \times 10^{-6.16} \times 10^{-2.67} \times 10^{-2.0} \times 10^{-1.6} \times 10^{-0.9}}$$

$$\approx 3.25 \times 10^{13}$$

$$\lg\alpha_{Y(H)} \approx 13.51$$

当溶液的 pH=5.0 时，EDTA 的酸效应系数 $\alpha_{Y(H)}$ 可按同样的方法计算。

$$\alpha_{Y(H)} = 10^{6.45}$$

$$\lg\alpha_{Y(H)} = 6.45$$

在络合滴定中 $\alpha_{Y(H)}$ 是常用的重要数值，为应用方便，常将不同 pH 时的 $\alpha_{Y(H)}$ 值计算出来列成表或绘成图，不同 pH 对应的 $\alpha_{Y(H)}$ 值见表 5-2。

表 5-2　EDTA 在不同 pH 时的 $\lg\alpha_{Y(H)}$ 值

pH	$\lg\alpha_{Y(H)}$	pH	$\lg\alpha_{Y(H)}$	pH	$\lg\alpha_{Y(H)}$	pH	$\lg\alpha_{Y(H)}$	pH	$\lg\alpha_{Y(H)}$
0.0	23.64	2.4	12.19	4.8	6.84	7.0	3.32	9.4	0.92
0.4	21.32	2.8	11.09	5.0	6.45	7.4	2.88	9.8	0.59
0.8	19.08	3.0	10.60	5.4	5.69	7.8	2.47	10.0	0.45
1.0	18.01	3.4	9.70	5.8	4.98	8.0	2.27	10.5	0.20
1.4	16.02	3.8	8.85	6.0	4.65	8.4	1.87	11.0	0.07
1.8	14.27	4.0	8.44	6.4	4.06	8.8	1.48	12.0	0.01
2.0	13.51	4.4	7.64	6.8	3.55	9.0	1.28	13.0	0.00

从表 5-2 可看出，当 pH≥12 时，EDTA 基本以 Y^{4-} 的形式存在，$\alpha_{Y(H)} \approx 1$，此时 EDTA 的络合能力最强，生成的络合物最稳定。随着酸度的升高，$\alpha_{Y(H)}$ 值增加得很快，能与金属

离子络合的 Y^{4-} 所占的比例下降得也很快。这说明酸度升高，EDTA 络合物的实际稳定性明显降低。

（2）金属离子的络合效应及络合效应系数　在络合滴定中，当 EDTA 与金属离子络合时，如果溶液中有另一种能与金属离子反应的络合剂 L，同样对主反应有影响。这种由于溶液中存在另一种络合剂（L）与 M 形成络合物，降低了金属离子 M 参加主反应能力的现象，称为络合效应，其大小用络合效应系数 $\alpha_{M(L)}$ 表示。其表达式为：

$$\alpha_{M(L)} = \frac{[M']}{[M]} \tag{5-4}$$

式中，$[M']$ 表示未与 Y 络合的 M 各种存在形式的总浓度，$[M]$ 为游离金属离子的平衡浓度。$\alpha_{M(L)}$ 的物理意义是：未参与主反应的金属离子各种型体的总浓度是游离金属离子浓度的多少倍。

当存在络合效应时，未与 Y 络合的金属离子，除游离的 M 外，还有 ML，ML_2，…，ML_n 等，则：

$$[M'] = [M] + [ML] + [ML_2] + [ML_3] + \cdots + [ML_n]$$

$$\alpha_{M(L)} = \frac{[M']}{[M]} = \frac{[M] + [ML] + [ML_2] + [ML_3] + \cdots [ML_n]}{[M]}$$

若用 $K_1, K_2, \cdots, K_n$ 表示络合物 ML_n 的各级稳定常数，则：

$$M + L \Longrightarrow ML \qquad K_1 = \frac{[ML]}{[M][L]}$$

$$ML + L \Longrightarrow ML_2 \qquad K_2 = \frac{[ML_2]}{[ML][L]}$$

$$\vdots$$

$$M_{n-1} + L = ML_n \qquad K_n = \frac{[ML_n]}{[ML_{n-1}][L]}$$

将 K 的关系式代入上式，并整理得：

$$\alpha_{M(L)} = 1 + [L]K_1 + [L]^2 K_1 K_2 + \cdots + [L]^n K_1 K_2 \cdots K_n$$

由上式可以看出：$\alpha_{M(L)}$ 随络合剂 L 浓度的增大而增大，$\alpha_{M(L)}$ 越大，参加主反应的金属离子的浓度越小，金属离子的络合效应越严重，越不利于主反应的进行。当 $\alpha_{M(L)} = 1$ 时，$[M'] = [M]$，即金属离子没有发生副反应。

在络合滴定中，除酸效应和络合效应外，还存在金属离子的水解效应、干扰离子效应、混合络合效应等，但由于它们对主反应的影响相对较小，所以在此不作讨论。

3. 条件稳定常数

通过以上讨论可知，在没有任何副反应存在时，络合物 MY 的稳定常数用 K_{MY} 表示，K_{MY} 的值越大，络合物越稳定，它不受溶液浓度、酸度等外界条件影响，所以又称绝对稳定常数。但在实际测定中大多数有副反应（至少有 EDTA 的酸效应），从而影响主反应的进行。对于有副反应发生的络合反应，绝对稳定常数 K_{MY} 已不能客观地反映主反应进行的程度及络合物的实际稳定程度。因此，引入条件稳定常数的概念，来表示有副反应发生时主反应进行的程度。

条件稳定常数也叫表观条件稳定常数或有效条件稳定常数，它是将酸效应和络合效应两个主要影响因素考虑进去以后的实际稳定常数。这种考虑副反应影响而得出的实际稳定常数称为条件稳定常数，在一定条件下是一个常数。此时，稳定常数的表达式中，Y 应以 $[Y']$ 替换，M 应以 $[M']$ 替换，而所形成络合物 MY 应当用总浓度 $[MY']$ 表示，则其络合物的稳定常数应表示为：

$$K'_{MY} = \frac{[MY']}{[Y'][M']}$$

(5-5)

在多数情况下，MY 的副反应可以忽略，可认为 $\alpha_{MY} = 1$。

根据酸效应系数与络合效应系数可知：

$$[M'] = \alpha_{M(L)}[M] \qquad [Y'] = \alpha_{Y(H)}[Y]$$

$$K'_{MY} = \frac{[MY]}{[Y]\alpha_{Y(H)}[M]\alpha_{M(L)}} = \frac{K_{MY}}{\alpha_{Y(H)}\alpha_{M(L)}}$$

用对数表示为：

$$\lg K'_{MY} = \lg K_{MY} - \lg \alpha_{Y(H)} - \lg \alpha_{M(L)}$$

(5-6)

络合滴定法中，一般情况下，对主反应影响较大的副反应是 EDTA 的酸效应的和金属离子的络合效应，其中酸效应的影响更大。如果不考虑其他副反应，仅考虑 EDTA 的酸效应，即当 $\lg \alpha_{M(L)} = 0$ 时，上式可简化为：

$$\lg K'_{MY} = \lg K_{MY} - \lg \alpha_{Y(H)}$$

(5-7)

以上两式是讨论络合平衡的重要公式，它表明 MY 的条件稳定常数随溶液的酸度而变化，对选择酸度和讨论滴定条件具有重要意义。

条件稳定常数 K'_{MY} 的大小表明络合物 MY 在一定条件下的实际稳定程度，K'_{MY} 的值越大，络合物 MY 越稳定。所以说 K'_{MY} 是判断金属离子能否用 EDTA 准确滴定的重要依据。

【例 5-2】 计算 pH＝2.0 和 pH＝5.0 时的条件稳定常数 $\lg K'_{ZnY}$（仅考虑酸效应的影响）。

解： 查表 5-1 得：$\lg K_{ZnY} = 16.50$

pH＝2.0 时，$\lg \alpha_{Y(H)} = 13.51$

pH＝5.0 时，$\lg \alpha_{Y(H)} = 6.45$

由公式：$\lg K'_{MY} = \lg K_{MY} - \lg \alpha_{Y(H)}$

得：pH＝2.0 时，$\lg K'_{ZnY} = 16.50 - 13.51 = 2.99$

pH＝5.0 时，$\lg K'_{ZnY} = 16.50 - 6.45 = 10.05$

由此可见，尽管 $\lg K_{ZnY} = 16.50$，但若在 pH＝2.0 时滴定，因为 $\lg \alpha_{Y(H)} = 13.51$，副反应很严重，因此，$\lg K'_{ZnY}$ 只有 2.98，ZnY 络合物极不稳定。但当 pH＝5.0 时，EDTA 的酸效应系数小得多，$\lg \alpha_{Y(H)}$ 为 6.45。此时，$\lg K'_{ZnY}$ 达 10.05，生成的络合物比较稳定。因此，实际工作中用条件稳定常数更能说明络合物在某一 pH 时的实际稳定程度。

任务二 认识金属指示剂

一、知识目标

（1）理解金属指示剂的作用原理；

（2）掌握金属指示剂应具备的条件；

（3）掌握铬黑 T、钙指示剂的使用条件及终点颜色的判断。

二、能力目标

（1）能熟练配制常用金属指示剂；

（2）能熟练应用铬黑 T、钙指示剂指示滴定终点；

（3）初步掌握金属指示剂封闭、僵化现象产生的原因及消除方法。

三、素质目标

（1）具有热爱祖国、恪尽职守、踏实勤恳的工作作风；

（2）能做到检测行为公正、公平，数据真实、可靠；

（3）具有团结协作、人际沟通能力。

四、教、学、做说明

学生在完成对【相关知识】线上、线下学习的基础上，在教师的指导下，分组讨论，用 EDTA 作标准溶液，测定水的硬度时，需要用什么指示剂来指示终点，并说明理由，然后与全班进行交流与评价。

相关知识

络合滴定法也和其他滴定方法一样，有多种确定终点的方法，如电化学法、光化学法等，其中最常用的是利用金属指示剂来指示滴定终点。

人们对酸碱指示剂非常熟悉，它的使用也非常简单，但在铝盐铝的测定中要正确地指示终点，必须使用金属指示剂。而金属指示剂的使用条件并不像酸碱指示剂那么简单，不仅要受酸度的制约而且还要受金属离子的影响，只有掌握了金属指示剂的应用范围和使用 pH 条件，并且了解了金属指示剂的封闭、僵化与消除，才能正确地使用金属指示剂来判断终点，达到测定的目的。

金属指示剂是指能与某些金属离子形成与其本身颜色不同有色络合物的有机染料。由于它是被用来指示化学计量点附近金属离子浓度变化情况的，故称为金属离子指示剂，简称为金属指示剂，不要误解为含有金属离子的指示剂。

一、金属指示剂的作用原理

金属指示剂是一种本身既具有酸（碱）性，又具有络合性的有机染料，在一定 pH 范围内，其能与金属离子反应，形成一种与指示剂本身颜色不同的络合物。如以 In 代表金属指示剂，其与金属离子（M）形成 1∶1 络合物（为了简便，省略去电荷），在用 EDTA 滴定金属离子时，反应过程如下。

滴定前，加入的少量指示剂会与溶液中 M 络合，形成一种与指示剂本身颜色不同的络合物：

$$M + In \rightleftharpoons MIn$$
$$\text{甲色} \quad \text{乙色}$$

在滴定开始至计量点前，EDTA 与溶液中 M 络合，形成络合物 MY，此时溶液呈现 MIn 的颜色（乙色）。

$$M + Y \rightleftharpoons MY$$

当滴定至化学计量点附近时，金属离子浓度已很低，由于络合物 MY 的条件稳定常数大于络合物 MIn 的条件稳定常数，此时稍过量的 EDTA 将夺取 MIn 中的 M，将指示剂 In 释放出来，此时溶液的颜色由乙色突然变为甲色，指示终点到达。

$$MIn + Y \rightleftharpoons MY + In$$
$$\text{乙色} \qquad \text{甲色}$$

例如，用 EDTA 滴定 Mg^{2+}（pH≈10）时，以铬黑 T（EBT）作指示剂，其在 pH＝10 的缓冲溶液中为纯蓝色，与镁离子络合则生成酒红色络合物。

$$Mg^{2+} + EBT \rightleftharpoons Mg\text{-}EBT$$
纯蓝色　　酒红色

随着 EDTA 的加入，溶液中的 Mg^{2+} 与 EDTA 络合形成无色的 MgY 络合物，此时溶液显酒红色，到化学计量点，溶液中 Mg^{2+} 几乎完全与 EDTA 络合。由于 Mg-EBT 的稳定性不如 MgY，所以过量的 EDTA 便夺取 Mg-EBT 的 Mg^{2+}，从而使指示剂铬黑 T 又游离出来。酒红色溶液突然变为纯蓝色，以指示终点的到达。

$$Mg\text{-}EBT + Y \rightleftharpoons Mg\text{-}Y + EBT$$
酒红色　　　　　　纯蓝色

许多金属指示剂不仅具有络合物的性质，而且具有弱酸（碱）性，其酸式结构与碱式结构的颜色不同。因此，在不同的 pH 范围内，指示剂本身会呈现不同的颜色。例如：铬黑 T 指示剂就是一种三元弱酸，在水溶液中有三级电离，随溶液 pH 的变化而显现不同的颜色。pH<6 时，红色；pH=8～11 时，蓝色；pH>12 时，橙色。而铬黑 T 与 Ca^{2+}、Mg^{2+}、Zn^{2+}、Cd^{2+} 等金属离子形成的络合物呈酒红色，在 pH<6 或 pH>12 的条件下，游离铬黑 T 的颜色与络合物 MIn 的颜色没有显著区别，颜色变化不明显，不宜用作指示剂。只有在 pH 为 8～11 的酸度条件下进行滴定，到终点时颜色才有显著的变化。因此，选用金属指示剂时，还必须注意选择合适的 pH 范围。

二、金属指示剂必须具备的条件

从金属指示剂的变色原理可以看出，用于络合滴定的指示剂必须具备以下条件。

① 在滴定的 pH 范围内，指示剂与金属离子形成络合物的颜色与其本身的颜色应有显著区别，这样终点时的颜色变化才明显，才便于用肉眼观察。

② 指示剂与金属离子的显色反应必须灵敏、迅速，且具有良好的变色可逆性。

③ 指示剂与金属离子形成络合物 MIn 的稳定性要适当，并且要小于该金属离子与 EDTA 形成络合物 MY 的稳定性。如果稳定性太低，则未到化学计量点时 MIn 就分解，使终点提前，而且颜色变化不敏锐；如果稳定性太高，就会使终点拖后，甚至使 EDTA 不能夺取 MIn 中的 M，则到达计量点时也不改变颜色，看不到滴定终点。通常要求两者的稳定常数比值大于 100，即：$\lg K'_{MY} - \lg K'_{MIn} > 2$ 时，指示剂才能被 EDTA 置换出来，发生颜色突变。

④ 指示剂应具有一定的选择性，即在一定的条件下，只对某种金属离子发生显色反应。

⑤ 指示剂应比较稳定，便于贮藏和使用。

此外，生成的 MIn 应易溶于水，如果生成胶体溶液或沉淀，则会使变色不明显。

三、金属指示剂的选择原则

络合滴定中所用的指示剂一般为有机弱酸，指示剂在与金属离子络合的过程中伴随有酸效应。所以，指示剂与金属离子形成络合物的稳定常数将随 pH 的变化而改变，指示剂变色点的 pM 也随 pH 的变化而改变。因此，金属指示剂不可能像酸碱指示剂那样有一个确定的变色点。在选择金属指示剂时，必须考虑体系的酸度，以使指示剂变色点的 pM（同 $pH = -\lg[H^+]$，$pM = -\lg[M^{n+}]$）与化学计量点的 pMsp 尽量一致，至少应在化学计量点附近的 pM 突跃范围内，否则误差太大。

选择指示剂时，根据溶液的 pH，查出 K'_{MIn}，使指示剂变色点的 pM 位于滴定曲线的 pM 突跃范围之内。但由于指示剂与金属离子形成络合物的有关常数不全，目前实际应用中仍多采用实验的方法来选择指示剂，即先试验其终点时颜色变化是否敏锐，再检查滴定结果是否准确，由此决定该指示剂是否可用。

四、常用的金属指示剂

1. 铬黑 T

铬黑 T，简称 EBT，化学名为 1-(1-羟基-2-萘偶氮基)-6-硝基-2-萘酚-4-磺酸钠。结构式如下：

铬黑 T 为黑褐色粉末，略带金属光泽，溶于水后结合在磺酸根上的 Na^+ 全部电离，以阴离子形式存在于溶液中。

铬黑 T 与许多金属离子形成酒红色络合物，为使滴定终点颜色变化明显，pH 在 $9.0 \sim 10$ 时为最佳，溶液由酒红色变为纯蓝色。而 pH<6.3 或 pH>11.6 时，络合物颜色与指示剂颜色相似不宜使用。

铬黑 T 固体相对稳定，但由于聚合反应，其水溶液仅能保存几天。聚合后的铬黑 T 不再与金属离子结合显色，所以在配制时应加入三乙醇胺防止其聚合，加入盐酸羟胺防止其氧化，或与 NaCl 固体粉末配成混合物使用。

2. 钙指示剂

钙指示剂，简称 NN，化学名为 2-羟基-1-(2-羟基-4-磺酸基-1-萘偶氮)-3-萘甲酸。结构式如下：

钙指示剂为紫红色或黑色结晶性粉末，溶于水为紫色，在水溶液中不稳定，通常与 NaCl 固体粉末配成混合物使用。它是一个三元弱酸，在 pH<7.4 及 pH>13 的溶液中呈红色，在 pH=12.0～13.0 的溶液中呈蓝色。钙指示剂可用于测定钙镁混合物中钙的含量，终点溶液由红色变为纯蓝色，颜色变化敏锐。

3. 二甲酚橙

二甲酚橙（XO）为紫黑色结晶，易溶于水，其水溶液可稳定几周。二甲酚橙为多元酸。在水溶液中有如下平衡：

$$H_3In^{4-} \rightleftharpoons H_2In^{5-} + H^+$$
$$pH<6.3 \qquad pH>6.3$$
$$黄色 \qquad 红色$$

二甲酚橙指示剂，在 pH 为 $0 \sim 6.0$ 时呈现黄色，它与金属离子形成的络合物为红色，是酸性溶液中许多离子络合滴定所使用的极好指示剂。

4. 酸性铬蓝 K

酸性铬蓝 K 在 pH=8.0～13.0 时呈蓝色，与 Ca^{2+}、Mg^{2+}、Mn^{2+}、Zn^{2+} 等离子形成红色螯合物。对 Ca^{2+} 的灵敏度比铬黑 T 高。通常将酸性铬蓝 K 与萘酚绿 B 混合使用，简称 KB 指示剂。

一些常用金属指示剂、使用条件及配制方法见表 5-3。

表 5-3　常用的金属指示剂

指示剂	使用 pH 范围	颜色变化		直接滴定离子	配制方法
		In	MIn		
铬黑 T(EBT)	8～10	蓝色	红色	$pH = 10$，Mg^{2+}、Zn^{2+}、Cd^{2+}、Pb^{2+}、Hg^{2+}、Mn^{2+} 及稀土元素离子	1:100NaCl(s) 或 5g/L 乙醇溶液加 20g 盐酸羟胺
钙指示剂(NN)	12～13	蓝色	红色	Ca^{2+}	1:100NaCl(s) 或 4g/L 甲醇溶液
二甲酚橙(XO)	<6	黄色	红色	$pH<1$，ZrO^{2+} $pH\approx1\sim3$，Bi^{2+}、Th^{4+} $pH\approx5\sim6$，Zn^{2+}、Cd^{2+}、Pb^{2+}、Hg^{2+}、Mn^{2+}、稀土	5g/L 水溶液
PAN	2～12	黄色	紫红色	$pH=2\sim3$，Bi^{2+}、Th^{4+} $pH=4\sim5$，Cu^{2+}、Ni^{2+}、Zn^{2+}、Mg^{2+}、Fe^{2+}	1g/L 或 2g/L 乙醇溶液
KB 指示剂	8～13	蓝绿色	红色	$pH=10$，Mg^{2+}、Zn^{2+} $pH=13$，Ca^{2+}	1g 酸性铬蓝 K、2.5g 萘酚绿 B 和 50gKNO$_3$ 混合研细
磺基水杨酸(SS)	1.5～2.5	无色	紫红色	Fe^{3+}(加热)	50g/L 水溶液

除表 5-3 中所列指示剂外，还有一种 Cu-PAN 指示剂，它是 CuY 与少量 PAN 的混合溶液，呈绿色，是一种间接金属指示剂，用此指示剂几乎可滴定所有能与 EDTA 络合的金属离子，一些与 PAN 络合不够稳定或不显色的离子，可以用此指示剂进行滴定。例如，在 pH=10 时，用 Cu-PAN 作指示剂，以 EDTA 滴定 Ca^{2+}，其变色过程是：最初溶液中 Ca^{2+} 浓度较高，它能夺取 CuY 中的 Y，形成 CaY，游离出来的 Cu^{2+} 与 PAN 络合而显紫红色，其反应式可表示如下：

$$CuY + PAN + Ca^{2+} \Longrightarrow CuY + Cu\text{-}PAN$$
蓝色 黄色　　　无色　　　无色　紫红色
绿色

用 EDTA 滴定时，EDTA 先与游离的 Ca^{2+} 络合，当 EDTA 把 Ca^{2+} 全部络合完之后，过量的 EDTA 会夺取 Cu-PAN 中的 Cu，生成 CuY 及 PAN，二者混合而成绿色，溶液由紫红色变为绿色时即到达终点。

$$Cu\text{-}PAN + Y \Longrightarrow CuY + PAN$$
紫红色　　　　　绿色

Cu-PAN 指示剂可在很宽的 pH 范围（pH=2～12）内使用，Ni^{2+} 对它有封闭作用。另外，使用该指示剂时，不能同时使用能与 Cu^{2+} 形成更加稳定配合物的掩蔽剂，如氰化钾、硫代硫酸钠等试剂。

五、使用指示剂可能存在的问题

1. 指示剂的封闭现象
在络合滴定中，某些指示剂与某些金属离子生成稳定的络合物 MIn，这些络合物比相应金属离子与 EDTA 形成的络合物 MY 更稳定，到达化学计量点时，滴入的过量 EDTA，也不能夺取指示剂络合物（MIn）中的金属离子，指示剂不能被释放出来，人们看不到溶液颜色变化的现象叫指示剂的封闭现象。

例如，以铬黑 T 作指示剂，pH = 10.0 时，EDTA 滴定 Ca^{2+}、Mg^{2+} 总量时，Al^{3+}、Fe^{3+}、Ni^{2+} 和 Co^{2+} 对铬黑 T 有封闭作用，这时可加入少量三乙醇胺掩蔽 Al^{3+} 和 Fe^{3+}，加入 KCN 掩蔽 Co^{2+} 和 Ni^{2+}，以消除干扰。

2. 指示剂的僵化现象

有些金属指示剂本身与金属离子形成络合物的溶解度很小（形成胶体或沉淀），使终点的颜色变化不明显；还有些金属指示剂与金属离子所形成络合物的稳定性稍差于对应 EDTA 络合物，因而使 EDTA 与 MIn 之间的置换反应缓慢，使终点拖长，这种现象叫作指示剂的僵化。加入适当的有机溶剂或加热，可增大其溶解度。

例如，用 PAN 作指示剂时，在较低的温度下易产生僵化现象。可加入少量乙醇或将溶液适当加热，以加快置换速度，使指示剂在终点变色较明显。若僵化现象不明显，可在临近终点时，减慢滴定速度，也可得到准确的结果。

3. 指示剂的氧化、变质现象

大多数金属指示剂是具有许多双键的有色化合物，易被日光、氧化剂、空气所分解；有些指示剂在水溶液中不稳定，日久会因氧化或聚合而变质。

例如，铬黑 T、钙指示剂的水溶液均易因氧化变质，所以常用 NaCl 作为稀释剂，配成固体指示剂，这样保存时间较长。如需配成溶液，应现用现配，并在溶液中加入三乙醇胺防止其分子发生聚合，加入盐酸羟胺或抗坏血酸等防止其氧化。另外分解变质的速度也与试剂的纯度有关，一般纯度较高时，保存时间更长一些，另外，有些金属离子对指示剂的氧化分解起催化作用。如铬黑 T 在 Mn^{4+} 或 Cu^{2+} 存在下，仅数秒钟就褪色。

任务三　自来水硬度的测定

一、知识目标

（1）掌握络合滴定法的基本原理；

（2）理解金属指示剂的作用原理；

（3）掌握金属指示剂应具备的条件；

（4）熟悉常用金属指示剂的选择及在 EDTA 滴定法中的应用范围。

二、能力目标

（1）进一步熟练使用分析天平和滴定分析仪器；

（2）能熟练配制和标定 EDTA 标准溶液；

（3）能用 EDTA 标准溶液测定水的硬度，能用指示剂正确判断终点；

（4）能正确进行实验数据的处理。

三、素质目标

（1）具有诚实守信、爱岗敬业，精益求精的工匠精神；

（2）具有质量意识、绿色环保意识、安全意识、信息素养、创新精神；

（3）能做到检测行为公正、公平，数据真实、可靠；

（4）具有团结协作、人际沟通能力。

四、教、学、做说明

学生在完成对【相关知识】线上、线下学习的基础上，由教师引领，熟悉实验室环境，并在教师的指导下，学会 EDTA 标准溶液的配制及标定方法，然后完成自来水硬度的测定，并提交实验报告。

五、工作准备

1. 仪器

台秤；分析天平；酸式滴定管；锥形瓶；移液管（25mL）；容量瓶（250mL）；硬质玻璃瓶或聚乙烯塑料瓶；量筒（100mL）等。

2. 试剂

EDTA 二钠盐；基准物质氧化锌；浓盐酸；盐酸（1+1）；氨水（1+1）；ρ =300g/L 的六亚甲基四胺溶液；2% 的 Na_2S 溶液；三乙醇胺水溶液；NH_3-NH_4Cl 缓冲溶液（pH=10.0）；铬黑 T 指示剂；二甲酚橙指示剂；钙指示剂（s）；10%NaOH 等。

3. 实验原理

（1）EDTA 标准溶液的配制与标定　EDTA 能和大多数金属离子形成 1∶1 的稳定络合物，所以络合滴定中通常使用 EDTA 及其二钠盐作为络合剂。配制 EDTA 标准溶液时一般采用间接法，即先配成近似浓度，再用基准物质标定其准确浓度。

（2）水硬度的测定　目前多用 EDTA 标准溶液直接滴定水中 Ca^{2+}、Mg^{2+} 的总量，然后换算成相应的硬度。

总硬度测定时，在 pH=10 的氨性缓冲溶液（NH_3-NH_4Cl）中，以铬黑 T（EBT）为指示剂，用 EDTA 标准溶液直接滴定水中的 Ca^{2+}、Mg^{2+}，溶液由酒红色变为纯蓝色时，即为终点。

若水样中存在 Fe^{3+}、Al^{3+} 等微量杂质，可用三乙醇胺进行掩蔽；Cu^{2+}、Pb^{2+}、Zn^{2+} 等重金属离子可用 Na_2S 或 KCN 等掩蔽。根据 EDTA 标准溶液的浓度和消耗的体积，可计算出水的总硬度。

测定钙硬度时，用 NaOH 控制 pH 介于 12～13，Mg^{2+} 生成 $Mg(OH)_2$ 沉淀，用 EDTA 标准溶液滴定 Ca^{2+}，用钙指示剂，终点时溶液由酒红色变为纯蓝色。镁硬度可由总硬度减去钙硬度求出。

码5-1　EDTA标准
溶液配制与标定

六、工作过程

1. c（EDTA）= 0.02mol/L 的 EDTA 标准溶液的配制与标定

（1）配制 500mL 0.02mol/L 的 EDTA 溶液　在台秤上称取 4.0g$Na_2H_2Y \cdot 2H_2O$，倒入大烧杯中，用 500mL 蒸馏水溶解，摇匀，倒入洁净的 500mL 试剂瓶中，盖好瓶塞，贴上标签备用，长期放置时，应贮于聚乙烯塑料瓶中。

（2） Zn^{2+} 标准溶液的配制 准确称取于（850±50）℃下灼烧至恒重的基准物质氧化锌纯 0.4g（两份），分别置于 100mL 小烧杯中，加少量水润湿，滴加约 2mL 浓盐酸使之全部溶解，各加入 25mL 水，分别定量转移到 250mL 容量瓶中，用水稀释至刻度，摇匀。并计算其准确浓度。

（3） EDTA 标准溶液的标定

① 用铬黑 T 作指示剂标定。准确吸取 Zn^{2+} 标准溶液 25.00mL，注入 250mL 锥形瓶中，加 20mL 纯水，慢慢滴加氨水（1+1）至刚出现白色浑浊，此时溶液 pH 约为 8，然后加入 10mL 氨性缓冲溶液及 4~6 滴铬黑 T 指示剂，充分摇匀，用 EDTA 滴定至溶液由酒红色变纯蓝色时即为终点。记录消耗 EDTA 溶液的体积。平行测定 2~3 次，计算 EDTA 的准确浓度。

同时用 EDTA 溶液做一份空白试验，记录消耗 EDTA 溶液的体积 V_0。

② 用二甲酚橙作指示剂标定。用移液管分别移取 25.00mL Zn^{2+} 标准溶液于 3 个 250mL 锥形瓶中，各加入 20mL 纯水，滴加二甲酚橙指示剂 2~3 滴，加入六亚甲基四胺缓冲溶液至溶液呈现稳定的紫红色（30s 内不褪色，此时溶液的 pH 为 5~6），用 EDTA 滴定至溶液由紫红色变亮黄色时即为终点。

码5-2 自来水硬度的测定

2. 试样准备与测定

（1）自来水总硬度的测定 用移液管移取 100mL 水样于 250mL 锥形瓶中，加入 5mL1：1 三乙醇胺掩蔽铁、铝干扰离子，若水样中含有 Cu^{2+}、Pb^{2+} 等重金属离子，则需加入 1mL2% Na_2S 溶液 [GB/T6909—2018 中用 L-半胱胺酸盐酸盐（10g/L）溶液] 掩蔽，摇匀后再加入 5mL pH=10.0 的氨性缓冲溶液及 2~3 滴铬黑 T 指示剂，用 0.02mol/LEDTA 标准溶液滴定至溶液由酒红色变为纯蓝色时即为终点。注意在接近终点时应慢滴多摇。记录消耗 EDTA 的体积 V_1，计算水的总硬度，平行测定 3 次，取平均值计算水样的总硬度同时做空白试验。

（2）水的钙硬度的测定 用移液管移取 100mL 水样于 250mL 锥形瓶中，加入 5mL10% NaOH 溶液调节溶液的 pH=12.0，摇匀。加少许钙指示剂，用 0.02mol/LEDTA 标准溶液滴定至溶液由酒红色变为纯蓝色时即为终点。记录消耗 EDTA 的体积为 V_2，平行测定 3 次，取平均值计算水样的钙硬度同时做空白试验。

七、数据记录与处理

1. 数据记录

（1） EDTA 标准溶液的标定

项目	1	2	3
Zn^{2+} 标准溶液的浓度/（mol/L）			
移取 Zn^{2+} 标准溶液的体积/mL			
滴定管初读数/mL			
滴定终读数/mL			
滴定消耗 EDTA 体积/mL			
滴定管校正值/mL			
溶液温度/℃			

续表

项目	1	2	3
溶液温度补正值/（mL/L）			
溶液温度校正值/mL			
实际消耗 EDTA 体积/mL			
空白试验消耗 EDTA 体积/mL			
EDTA 标准溶液的浓度/（mol/L）			
EDTA 平均浓度/（mol/L）			
相对极差/%			

（2）水总硬度的测定

项目	1	2	3
移取水样体积/mL			
c（EDTA）/（mol/L）			
滴定管初读数/mL			
滴定管终读数/mL			
滴定消耗 EDTA 的体积/mL			
滴定管校正值/mL			
溶液温度/℃			
溶液温度补正值/（mL/L）			
溶液温度校正值/mL			
实际消耗 EDTA 的体积 V/mL			
水的总硬度/（mg/L 或度）			
平均总硬度/（mg/L 或度）			
相对极差/%			

（3）水中钙硬度的测定

项目	1	2	3
移取水样体积/mL			
c（EDTA）/（mol/L）			
滴定管初读数/mL			
滴定管终读数/mL			
滴定消耗 EDTA 的体积/mL			
滴定管校正值/mL			
溶液温度/℃			
溶液温度补正值/（mL/L）			
溶液温度校正值/mL			
实际消耗 EDTA 的体积 V/mL			
水的钙硬度/（mg/L 或度）			
平均钙硬度/（mg/L 或度）			
相对极差/%			

2. 结果计算

$$（1）c（Zn^{2+}）=\frac{m（ZnO）}{M（ZnO）\times 250\times 10^{-3}}$$

$$（2）c（EDTA）=\frac{c（Zn^{2+}）\times V（Zn^{2+}）}{V（EDTA）-V_0}$$

$$（3）\rho_总（CaO）=\frac{c（EDTA）(V_1-V_0)M（CaO）}{V（样）}\times 10^3$$

$$（4）\rho_钙（CaO）\frac{c（EDTA）(V_2-V'_0)M（CaO）}{V（样）}\times 10^3$$

$$（5）\rho_镁（CaO）=\rho_总（CaO）-\rho_钙（CaO）$$

式中　$\rho_总$（CaO）——水样总硬度，mg/L；

$\rho_钙$（CaO）——水样钙硬度，mg/L；

$\rho_镁$（CaO）——水样镁硬度，mg/L；

c（EDTA）——EDTA标准溶液的浓度，mol/L；

V_1——测定水样总硬度时消耗EDTA的体积，mL；

V_0——测定水样总硬度时空白试验消耗EDTA的体积，mL；

V_2——测定水样钙硬度时消耗EDTA的体积，mL；

V'_0——测定水样钙硬度时空白试验消耗EDTA的体积，mL；

V（样）——水样的体积，mL；

M（CaO）——CaO的摩尔质量，g/mol。

八、注意事项

① 络合反应的速率较慢，所以EDTA的滴定速度不能太快，以保证其充分反应。

② 选择合适的基准物质标定EDTA，取决于EDTA将要滴定的对象。

③ 铬黑T与Mg^{2+}显色时的灵敏度高，与Ca^{2+}显色时的灵敏度低，当水样中Ca^{2+}含量高而Mg^{2+}含量很低时，终点不敏锐，此时可采用KB混合指示剂。

④ 硬度较大的水样，在加入缓冲溶液后，常析出$CaCO_3$沉淀，使终点拖长，变色不敏锐。此时可在水中加入1~2滴1:1HCl酸化，煮沸数分钟以除去CO_2，然后再加入缓冲溶液。注意HCl不可多加，否则会影响滴定时溶液的pH。

⑤ 滴加氨水以调整溶液酸度时要逐滴加入，同时还要边滴加边摇动锥形瓶，防止滴加过量，以刚出现浑浊为宜。

📚 相关知识

在酸碱滴定中，随着滴定剂的加入，溶液中的［H^+］不断变化，当到达化学计量点时，溶液的pH发生突变，指示剂的颜色发生明显变化，从而确定终点。络合滴定中，金属离子M浓度的变化规律与酸碱滴定中H^+浓度的变化规律相似。随EDTA标准溶液的加入，溶液中被测金属离子的浓度逐渐降低，由于金属离子M浓度很小，常用其负对数pM（pM=−lg［M］）表示。滴定至化学计量点时，pM将发生急剧变化，产生滴定突跃。利用适当方法指示终点的到达。

一、络合滴定曲线

以 EDTA 的加入量为横坐标，以相应 pM 为纵坐标作图，得到 pM-V(EDTA) 曲线，即络合滴定曲线。它反映了在络合滴定中，被滴定的金属离子浓度随 EDTA 的加入而变化的规律，研究此曲线的目的是为了选择适宜的滴定条件。

1. 滴定曲线的绘制

以在 pH＝10 时，用 0.01000mol/L 的 EDTA 标准溶液滴定 20mL 0.01000mol/L 的 Ca^{2+} 为例，计算滴定过程中 pCa 的变化情况。

在滴定过程中，考虑酸效应，必须用 K'_{CaY} 代替 K_{CaY}，

查表 5-1、表 5-2 得 $K_{CaY}=10^{10.69}$，pH＝10 时，$\lg\alpha_{Y(H)}=0.45$

$$\lg K'_{CaY}=\lg K_{CaY}-\lg\alpha_{Y(H)}$$
$$=10.69-0.45=10.24$$

所以　$K'_{CaY}=10^{10.24}\approx1.74\times10^{10}$

计算方法类似于酸碱滴定法中 $[H^+]$ 的计算。滴定过程可分为以下四个阶段。

（1）滴定开始前　溶液中的 Ca^{2+} 浓度为：
$$[Ca^{2+}]=0.01000mol/L$$
$$pCa=-\lg(0.01000)=2.0$$

（2）滴定开始至化学计量点前　此时溶液中同时存在着未被滴定的 Ca^{2+} 和反应产物 CaY，溶液中 Ca^{2+} 来源于剩余的 Ca^{2+} 和 CaY 的电离，但因 CaY 很稳定，剩余的 Ca^{2+} 对 CaY 的电离起抑制作用，CaY 的电离很小，可忽略不计，所以，可用剩余 Ca^{2+} 和溶液的体积来计算溶液中 Ca^{2+} 的浓度。

当加入 EDTA 的体积为 19.98mL，即离化学计量点仅差 0.1％时：
$$[Ca^{2+}]=\frac{20.00-19.98}{20.00+19.98}\times0.01000\approx5.0\times10^{-6}(mol/L)$$
$$pCa\approx5.3$$

（3）化学计量点　由于络合物 CaY 很稳定，此时溶液中的 Ca^{2+} 与加入的 EDTA 几乎完全络合生成 CaY，因 $[CaY]=\frac{20.00}{20.00+20.00}\times0.01000=5.0\times10^{-3}(mol/L)$

$$[Ca^{2+}]=[Y^{4-}]，即[M']=[Y']$$
$$K'_{CaY}=\frac{[CaY]}{[Ca^{2+}][Y']}=\frac{[CaY]}{[Ca^{2+}]^2}=10^{10.24}$$
$$[Ca^{2+}]=\sqrt{[CaY]/K'_{CaY}}=5.4\times10^{-7}(mol/L)$$
$$pCa=6.3$$

（4）化学计量点后　溶液中有过量的 Y^{4-}，抑制了 CaY 的电离，此时溶液中 $[CaY]\approx5.0\times10^{-3}mol/L$。当加入 EDTA 的体积为 20.02mL 时，过量 EDTA 的浓度为：$[Y']=0.01000\times\frac{0.02}{20.00+20.02}\approx5.0\times10^{-6}(mol/L)$

由条件稳定常数表达式得：
$$[Ca^{2+}]=\frac{[CaY]}{[Y']K'_{CaY}}=\frac{5.0\times10^{-3}}{5.0\times10^{-6}\times10^{10.24}}=10^{-7.24}(mol/L)$$

$$pCa \approx 7.24$$

以同样方法计算滴定过程中任意时刻的 pCa，并将计算结果列于表 5-4。

表 5-4　pH＝10 时用 0.01000mol/L 的 EDTA 滴定 20mL0.01000mol/L Ca^{2+} 溶液时 pCa 值的变化情况

加入 EDTA 量		Ca^{2+} 被滴定百分数 /%	EDTA 过量百分数 /%	[Ca^{2+}]	pCa
体积/mL	相当于 w_{Ca}^{2+}/%				
0.00	0.0			0.01	2.0
18.00	90.0	90.10		5.3×10^{-4}	3.3
19.80	99.0	99.0		5.0×10^{-5}	4.3
19.98	99.9	99.9		5.0×10^{-6}	5.3 ⎫ 突
20.00	100.0	100.0		5.4×10^{-7}	6.3 ⎬ 跃范
20.02	100.1		0.1	6.0×10^{-8}	7.2 ⎭ 围
20.20	101.0		1.0	6.0×10^{-9}	8.2
22.00	110.0		10.0	6.0×10^{-10}	9.2
40.00	200.0		100.0	6.0×10^{-11}	10.2

以滴定剂的体积为横坐标，以计算的 pCa 为纵坐标作图得出的滴定曲线如图 5-3 所示。

2. 滴定突跃范围及影响突跃范围的因素

由图 5-3 可看出 EDTA 的加入量由 99.9％到 100.1％时，PCa 值发生突跃，由 5.3 增加到 7.2，即产生滴定突跃，突跃范围为 1.9 个 PCa 单位。

滴定突跃范围的大小是决定络合滴定准确度的重要依据。

按相同的方法可以计算出在 pH＝12，$c_M = 0.01000mol/L$，$\lg K'_{MY}$ 不同时，用 0.01000mol/L 的 EDTA 滴定金属离子 M 时的 pM 变化情况，并绘制成滴定曲线，如图 5-4 所示。

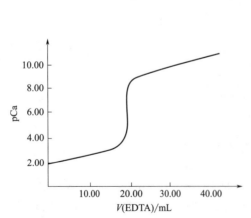

图 5-3　用 0.01000mol/L 的 EDTA 滴定 20.00mL0.01000mol/L Ca^{2+} 时的滴定曲线

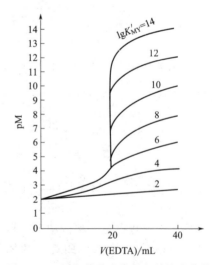

图 5-4　不同条件稳定常数下的滴定曲线

同时还可以计算出在 pH－12.0，$\lg K'_{MY} = 10$、c_M 不同（EDTA 的浓度与金属离子的浓度相同）时的滴定曲线，如图 5-5 所示。

同酸碱滴定一样，人们总是希望在络合滴定曲线上有较大的突跃范围，以提高滴定的准确度。由图 5-4、图 5-5 可以看出，决定突跃范围主要因素是络合物的条件稳定常数和金属离子的浓度。

（1）条件稳定常数　图 5-4 表明，络合物的条件稳定常数越大，滴定突跃越大。而条件稳定常数又与溶液的酸度有关，酸度减小，条件稳定常数增大，突跃范围增大，由此可见溶液酸度的选择在络合滴定中有着非常重要的作用，溶液的酸度与滴定突跃的关系如图 5-6 所示。

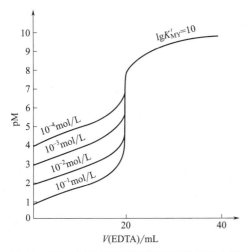

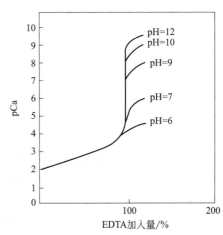

图 5-5　EDTA 滴定不同浓度 M 时的滴定曲线　　　　图 5-6　不同酸度对滴定突跃的影响

（2）被测金属离子的浓度　由图 5-5 可以看出，被滴定金属离子的浓度越大，滴定突跃范围越大，金属离子浓度决定曲线的起始位置，pM 越小，曲线的下限（起点）就越低，得到的滴定突跃就越大；反之，滴定突跃越小。

综上所述，滴定曲线下限起点的高低，取决于被滴定金属离子的原始浓度 c_M；曲线上限的高低，取决于络合物的条件稳定常数 $\lg K'_{MY}$，也就是说，滴定曲线上突跃范围的大小，取决于络合物的条件稳定常数和金属离子的浓度，而条件稳定常数随酸度等条件变化而变化。因此，研究络合滴定曲线，主要是为了选择适宜的滴定条件，而不是为了选择指示剂。

二、单一金属离子准确滴定的条件

1. 单一金属离子准确滴定的判断

滴定突跃的大小是准确滴定的重要依据之一。而影响突跃范围大小的主要因素是 c_M 和 K'_{MY}，那么 c_M 和 K'_{MY} 为多大时金属离子就能被准确滴定呢？

根据滴定分析对准确度的要求，即滴定相对误差 $\leqslant \pm 0.1\%$，通过相关方法，可以推导出下式：

$$c_M K'_{MY} \geqslant 10^6 \tag{5-8}$$

或

$$\lg c_M K'_{MY} \geqslant 6 \tag{5-9}$$

式（5-8）表明，当用 EDTA 滴定浓度为 c 的金属离子时，若要求滴定准确度 $\leqslant \pm 0.1\%$，则其条件稳定常数与浓度的乘积应大于或等于 10^6，否则，就不能准确滴定金属离子，或滴定的准确度就会降低。

通常将 $\lg c_M K'_{MY} \geqslant 6$ 作为判断单一金属离子被准确滴定的条件，c_M 为金属离子的总浓度。

一般讨论时，为了方便，常将金属离子的起始浓度定为 0.01000mol/L，这时 $c_{EDTA}=c_M=0.01mol/L$，代入式(5-8) 得：

$$K'_{MY} \geqslant 10^8 \text{ 或}$$
$$\lg K'_{MY} \geqslant 8 \tag{5-10}$$

式(5-10) 表明，当滴定剂或金属离子浓度为 0.01000mol/L，滴定准确度要求 $\leqslant \pm 0.1\%$ 时，条件稳定常数必须大于或等于 10^8 或 $\lg K'_{MY} \geqslant 8$，也就是说 $\lg K'_{MY}$ 最小等于 8 才能获得准确的滴定结果。

【例 5-3】 在 pH=4.00 时，用 0.01mol/L 的 EDTA 滴定 0.01mol/L 的 Zn^{2+} 溶液，能否准确滴定？

解： 由表 5-1 和表 5-2 可知：

pH=4.00 时，$\lg\alpha_{Y(H)} = 8.44$，$\lg K_{ZnY} = 16.50$

因为 $\lg K'_{ZnY} = \lg K_{ZnY} - \lg\alpha_{Y(H)}$
$$= 16.50 - 8.44 = 8.06 > 8$$

所以在 pH=4.00 时，可以用 EDTA 准确滴定 Zn^{2+}。

2. 单一金属离子准确滴定的最高酸度（最低 pH）与酸效应曲线

(1) 准确滴定的最高酸度（最低 pH） 在络合滴定中，要想准确滴定金属离子，$\lg K'_{MY}$ 必须具有一定的数值，在只考虑 EDTA 酸效应的情况下，$\lg K'_{MY}$ 主要受酸效应系数的影响。因此溶液的酸度不能过高，否则使 $\lg K'_{MY}$ 小于准确滴定金属离子的最低数值，进而引起较大误差。根据单一离子准确滴定的判别式 $\lg K'_{MY} \geqslant 8$，在被测金属离子的浓度为 0.01mol/L 时，可求得仅有酸效应时，滴定 M 时的最高酸度。

$$\lg K'_{MY} = \lg K_{MY} - \lg\alpha_{Y(H)} \geqslant 8$$

$$\lg K_{MY} - \lg\alpha_{Y(H)} = 8$$

即： $$\lg\alpha_{Y(H)} = \lg K_{MY} - 8 \tag{5-11}$$

由此求得 $\lg\alpha_{Y(H)}$ 的值，再从表 5-2 查出对应的 pH，即准确滴定金属离子的最高允许酸度，或最低 pH。

【例 5-4】 用 0.01mol/L 的 EDTA 滴定 0.01mol/L Cu^{2+} 溶液，求准确滴定时所允许的最高酸度（最低 pH）。

解： 由表 5-1 可知：$\lg K_{CuY} = 18.80$
$$\lg\alpha_{Y(H)} = \lg K_{MY} - 8$$
$$= 18.80 - 8 = 10.80$$

查表 5-2 得，所对应 pH≈3.0。所以滴定 Cu^{2+} 所允许的最低 pH 为 3.0。如果 pH 小于 3.0，EDTA 的酸效应就会增大，使 CuY 的稳定性降低，即 $\lg K'_{CuY}$ 小于 8 而不能准确滴定。

(2) 酸效应曲线 由于不同金属离子与 EDTA 形成络合物的 $\lg K'_{MY}$ 值不同，使条件稳定常数 $\lg K'_{MY}$ 达到 8 的最低 pH 也不同。将各种金属离子的 $\lg K_{MY}$ 代入式(5-11)，即可求得对应的最大 $\lg\alpha_{Y(H)}$，再从表 5-2 查出对应的最小 pH。若以不同金属离子的 $\lg K_{MY}$ 值为横坐标，以它所对应的最小 pH 为纵坐标作图，所得的曲线称为 EDTA 酸效应曲线，即 pH-$\lg K_{MY}$ 曲线，如图 5-7 所示。

曲线上金属离子所在位置对应的 pH，就是滴定该离子时所允许的最小 pH，即最高酸度。

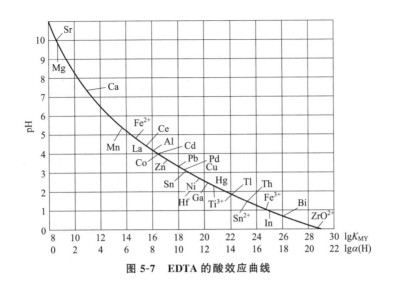

图 5-7　EDTA 的酸效应曲线

应用酸效应曲线，可以解决 EDTA 滴定过程中的下列问题。

① 确定最低 pH。从酸效应曲线上可直接查出滴定某离子的最低 pH（最高酸度），小于该 pH 时就不可能定量完全地进行滴定反应。例如，滴定 Fe^{3+} 时，pH 必大于 1.2；滴定 Co^{2+} 时，pH 必大于 4.0。

② 判断共存离子的干扰情况。酸效应曲线上位于被测离子下方的其他离子，由于 $\lg K_{NY} > \lg K_{MY}$，因而它们能对待测离子产生干扰，如在 pH=10 附近滴定 Mg^{2+}，从曲线上可看出，溶液中若存在 Ca^{2+}、Mn^{2+} 等位于 Mg^{2+} 的下方的离子都会对 Mg^{2+} 有干扰。它们甚至优先与 EDTA 反应。

应当指出的是，从酸效应曲线上得到最低 pH 是有一定条件的，$c_M = 0.01 mol/L$，允许测定的相对误差≤±0.1%，并且只考虑酸效应，金属离子未发生其他发生副反应。在实际试样的测量中，情况比较复杂，酸效应曲线只提供参考，合适的酸度应结合实验来确定。

另外，用 EDTA 滴定金属离子时，除了需要考虑滴定前的 pH，还需注意滴定过程中溶液酸度的变化。因为 EDTA 与金属离子发生络合反应时，随着络合物的生成，不断有 H^+ 被释放出来，所以溶液的酸度不断增大，这就导致络合物的稳定常数减小，降低滴定反应的完全程度，造成滴定终点误差很大，甚至无法准确滴定。因此，络合滴定中常需要加入缓冲溶液来控制溶液的酸度。如在 pH=5～6 时滴定，可选择 $HAc-NH_4Ac$ 缓冲体系；在 pH=8～10 时滴定可选 NH_3-NH_4Cl 缓冲体系。

此外，该曲线还可兼作酸效应系数曲线（pH-$\lg \alpha_{Y(H)}$，所以也可查出对应的酸效应系数，无须再计算。

3. 单一离子准确滴定的最低酸度（最高 pH）

在实际测定中，人们一般总希望滴定酸度比最高酸度低一些，这样利于主反应的进行。但是如果溶液酸度过低，会引起金属离子的水解，出现水解效应，甚至出现氢氧化物或碱式盐沉淀，降低金属离子的浓度，影响分析测定结果及反应的正常进行。因此需要考虑滴定时金属离子不发生水解的最低酸度。通常将不低于金属离子开始水解生成金属氢氧化物（沉淀）的酸度作为滴定金属离子允许的最低酸度（最高 pH）。从最高酸度到最低酸度称为准确滴定的适宜酸度。准确滴定某一金属离子的最低酸度（或最大 pH）通常由金属离子的氢氧化物的溶度积常数求得。

适宜酸度的控制是由 EDTA 的酸效应和金属离子的羟基络合效应决定的。根据酸效应可确定允许的最高酸度，根据羟基络合效应可确定允许的最低酸度，从而求得滴定时的适宜酸度范围。在没有其他络合剂存在下，金属离子不水解的最低酸度可由 $M(OH)_n$ 的溶度积求得。

【例 5-5】 用 0.02mol/L 的 EDTA 滴定相同浓度的 Zn^{2+} 溶液，求准确滴定时所允许的最低酸度（最大允许 pH）。

解：根据溶度积原理，为防止滴定开始生成 $Zn(OH)_2$ 沉淀，由 $K_{sp}=c(OH^-)^2 c(Zn^{2+})$ 可知：

$$c(OH^-)\leqslant\sqrt{\frac{K_{sp}}{c(Zn^{2+})}}=\sqrt{\frac{1.2\times10^{-17}}{2.0\times10^{-2}}}=10^{-6.8}$$

$$c(H^+)\geqslant10^{-14}-10^{-6.8}=10^{-7.2}$$

即溶液的 pH 应满足：$pH\leqslant7.2$

三、混合离子的选择性滴定

由于 EDTA 络合物具有很强的络合能力，所以能与许多金属离子形成络合物，这也是它被广泛应用的主要原因。但是，实际分析时经常是多种离子同时存在，往往互相干扰，因此如何提高络合滴定的选择性，便成为络合滴定中要解决的主要问题。

提高络合滴定的选择性，就是要设法消除共存离子（N）的干扰，以便进行待测离子（M）的滴定。

1. 混合离子分步准确滴定的条件

当用目视法检测终点时，干扰离子可能影响以下两个方面。

① 对滴定反应的干扰：即在 M 被滴定的过程中，干扰离子 N 也发生反应，多消耗滴定剂造成误差。

② 对滴定终点颜色的干扰：即在某一定条件下，虽然干扰离子的浓度及其与 EDTA 的络合物稳定性都很小，但在 M 被滴定到化学计量点附近时，N 还基本上没有络合，不干扰滴定反应，但由于金属离子的广泛性，有可能和 N 形成一种与 MIn 同样颜色的络合物，致使无法检测 M 的计量点或误差太大。

设：溶液中有 M 和 N 两种金属离子，它们均可与 EDTA 形成络合物，且 $K_{MY}>K_{NY}$，当用 EDTA 滴定时，M 首先被滴定，若 K_{MY} 与 K_{NY} 相差足够大，则 M 被滴定完全后，EDTA 才与 N 作用，这样 N 的存在并不干扰 M 的准确滴定，这种滴定称为分步滴定。若 K_{NY} 也足够大，则 N 离子也有被准确滴定的可能，但两种金属离子的 K_{MY} 与 K_{NY} 相差多大时才能分步滴定呢？

前文已述，用 EDTA 滴定某单一金属离子时，只要满足 $\lg c_M K'_{MY}\geqslant6$，就可以准确地进行测定，其相对误差 $\leqslant\pm0.1\%$。当溶液中有两种或两种以上金属离子共存时，如果不考虑水解和掩蔽等副反应的影响，则共存离子的干扰与 M 和 N 两种金属离子与 EDTA 形成络合物的稳定性和金属离子的浓度有关。待测离子 M 的浓度愈大，干扰离子 N 的浓度就愈小，待测离子络合物的 K_{MY} 愈大，干扰离子络合物的 K_{NY} 愈小，则滴定 M 时 N 的干扰愈小。一般情况下，N 不干扰 M 的测定要求是：

$$\lg c_M K'_{MY}-\lg c_N K'_{NY}\geqslant5 \tag{5-12}$$

当 $c_M=c_N$，则分步滴定的判别式为：

$$\Delta\lg K'\geqslant5 \tag{5-13}$$

式(5-13)用于判断能否利用控制酸度进行分别滴定。因此，在离子 M 和 N 共存的溶液中，要准确滴定 M 而不受 N 干扰，必须同时满足以下两个条件：$\lg c_M K'_{MY} \geqslant 6$ 和 $\lg c_N K'_{NY} \leqslant 1$，这样才能准确滴定 M，而不受 N 干扰。

当溶液中有两种金属离子 M 和 N 共存，在满足以上两个条件时，可认为金属离子 M 和 N 相互不干扰，这时可通过控制溶液的酸度依次测出各组分的含量。

2. 提高络合滴定选择性的方法

在实际滴定中，为了减少或消除共存离子的干扰，常用下列几种方法。

(1) 控制适宜的酸度进行分步滴定　不同的金属离子和 EDTA 所形成络合物的稳定常数是不相同的，因此在滴定时所允许的最小 pH 也不同。若溶液中同时有两种或两种以上的金属离子，它们与 EDTA 所形成络合物的稳定常数又相差足够大，则可通过控制酸度依次测出各组的含量。选择合适的酸度，使其只满足滴定某一种离子允许的最低 pH，但又不会使该离子发生水解而析出沉淀，此时就只能有一种离子与 EDTA 形成稳定的络合物，而其他离子不与 EDTA 发生络合反应，首先被测定的是 K_{MY} 最大的那种金属离子，这样就可以避免干扰。

例如，在 Bi^{3+}、Pb^{2+} 的混合物中，若二者的浓度均为 0.01mol/L，查表得 $\lg K_{BiY} = 27.94$，$\lg K_{PbY} = 18.04$。因为 $\Delta \lg K = \lg K_{BiY} - \lg K_{PbY} = 27.94 - 18.04 = 9.90 > 5$，故可以分步滴定。再根据酸效应曲线查得滴定 Bi^{3+} 的最低 pH 为 0.7，又知 Bi^{3+} 显著水解的 pH 为 2，因此滴定 Bi^{3+} 的适宜酸度范围为 $0.7 < pH < 2$，一般选择在 $pH \approx 1.0$ 时滴定 Bi^{3+} 而不受 Pb^{2+} 干扰。选择二甲酚橙作指示剂，此时 Bi^{3+} 与二甲酚橙形成的络合物已足够稳定，而 Pb^{2+} 不与二甲酚橙显色。在 $pH \approx 1.0$ 下滴定 Bi^{3+} 后，再将酸度调至 $pH > 4.5$（二甲酚橙在此 pH 下与 Pb^{2+} 形成红色络合物，溶液由黄变红），继续用 EDTA 滴定 Pb^{2+}。但 pH 不能太高，以减少干扰。这样在同一溶液中，通过控制酸度，用同一指示剂，连续滴定了 Bi^{3+} 与 Pb^{2+}。

又如，在 Fe^{3+}、Al^{3+} 混合溶液中测定铁和铝的含量，就是通过控制溶液酸度而进行连续滴定的。先调节 $pH \approx 2.0$，用 EDTA 滴定 Fe^{3+}，此时不受 Al^{3+} 干扰。然后，调节溶液 $pH \approx 4.0$，再继续滴定 Al^{3+}。由于 Al^{3+} 与 EDTA 的络合反应速率缓慢，通常采用加入过量 EDTA，然后用 Zn^{2+} 标准溶液返滴定过量 EDTA 的方法来测定 Al^{3+}。以上方法只适用于酸效应曲线上干扰离子 N 位于被测离子 M 的上方，并且 $\Delta \lg K' \geqslant 5$ 的情况。

若在酸效应曲线上，干扰离子 N 位于被测离子 M 的上方，但不满足 $\Delta \lg K' \geqslant 5$（即稳定性相近，则它们的适宜酸度范围很接近）；或 N 在 M 的下方，则在滴定 M 的过程中，N 将同时被滴定而发生干扰，无法通过控制酸度将它们分别滴定，这就要采用其他方法克服或消除干扰。

(2) 使用掩蔽剂进行选择性滴定　在络合滴定中，若被测金属离子络合物与干扰离子络合物的稳定性相差不大，则不能通过控制酸度来分别滴定，通常利用加入掩蔽剂的方法来掩蔽干扰离子。络合滴定之所以能被广泛应用，与大量使用掩蔽剂是分不开的。

掩蔽，就是加入一种掩蔽剂，使之与干扰离子 N 发生反应，而不与被测离子反应，从而降低干扰离子的浓度，以消除干扰的方法。此方法只适用于有少量干扰离子的情况，否则效果不明显。

掩蔽剂就是一种能与干扰离子反应的试剂，它可使干扰离子浓度降低，从而减少或消除干扰，其实质是增大络合物稳定性的差别，从而达到选择滴定的目的。常用的掩蔽方法按反应类型的不同，可分为络合掩蔽法、沉淀掩蔽法和氧化还原掩蔽法，其中应用最多的是络合掩蔽法。

① 络合掩蔽法：利用络合反应降低干扰离子的浓度，以消除干扰的方法。例如，用 EDTA 测定水中 Ca^{2+}、Mg^{2+} 含量时，Fe^{3+}、Al^{3+} 等对测定有干扰，可加入三乙醇胺作掩蔽剂。三乙醇胺能与 Fe^{3+}、Al^{3+} 形成稳定络合物，而不与 Ca^{2+}、Mg^{2+} 作用，这样就可消除 Fe^{3+}、Al^{3+} 等的干扰。然后在 $pH=10.0$ 的 NH_3-NH_4Cl 缓冲溶液中，以铬黑 T 为指示剂，直接用 EDTA 测定 Ca^{2+}、Mg^{2+}。由上例看出络合掩蔽剂应具备下列条件。

a.掩蔽剂与干扰离子形成络合物的稳定性，必须大于 EDTA 与待测离子形成络合物的稳定性，并且这些络合物为无色或浅色，不影响终点的观察。

b.掩蔽剂不与待测离子形成络合物，或形成络合物稳定性远小于待测离子与 EDTA 形成络合物的稳定性，这样才不会影响滴定的进行。

c.应用掩蔽剂所需 pH 范围应与测定所需 pH 的范围一致。

常用的络合掩蔽剂见表 5-5。

表 5-5　一些常用的络合掩蔽剂

掩蔽剂	被掩蔽的金属离子	pH 范围
三乙醇胺	Al^{3+}、Fe^{3+}、Sn^{4+}、Ti^{4+}	10
氟化物	Al^{3+}、Sn^{4+}、Ti^{4+}、Zr^{4+}	>4
氰化物	Fe^{3+}、Ti^{4+}、Hg^{2+}、Cu^{2+}、Ni^{2+}、Zn^{2+}	>8
二巯基丙醇	Zn^{2+}、Pb^{2+}、Bi^{3+}、Sb^{2+}、Sn^{2+}、Cd^{2+}、Cu^{2+}	10
乙酰丙酮	Al^{3+}、Fe^{3+}	5～8
硫脲	Hg^{2+}、Cu^{2+}	弱酸
邻二氮杂菲	Cu^{2+}、Cd^{2+}、Co^{2+}、Hg^{2+}、Ni^{2+}、Zn^{2+}、	5～6
碘化物	Hg^{2+}	5～6

② 沉淀掩蔽法：加入沉淀剂，利用沉淀反应降低干扰离子浓度，以消除干扰离子的方法。其在不分离沉淀的情况下直接进行滴定。

例如，在 Ca^{2+}、Mg^{2+} 共存的溶液中，加入 NaOH 使溶液的 pH 大于 12，Mg^{2+} 可形成 $Mg(OH)_2$ 沉淀，不干扰 Ca^{2+} 的滴定。但沉淀掩蔽法有一定的局限性，因此要求用沉淀掩蔽法的沉淀反应必须具备以下条件。

a.沉淀的溶解度要小，否则反应进行不完全，掩蔽效率不高。

b.生成的沉淀应是无色或浅色的，不影响终点的判断；沉淀反应发生时，通常伴随共沉淀现象，影响滴定的准确度。当沉淀能吸附金属指示剂时，会影响终点观察。

c.生成的沉淀应致密，最好是晶形沉淀，吸附作用很小。否则会因吸附金属指示剂或待测离子，影响终点观察。

一些常用的沉淀掩蔽剂见表 5-6。

表 5-6　常用的沉淀掩蔽剂

名称	被掩蔽的金属离子	被测定的离子	pH	指示剂
NH_4F	Mg^{2+}、Ca^{2+}、Ba^{2+}、Sr^{2+}、Ti^{4+}、Al^{3+} 及稀土	Zn^{2+}、Cd^{2+}、Mn^{2+}（在还原剂存在下）	10	铬黑 T
NH_4F	同上	Cu^{2+}、Co^{2+}、Ni^{2+}	10	紫脲酸胺
K_2CrO_4	Ba^{2+}	Sr^{2+}	10	铬黑 T＋MY

续表

名称	被掩蔽的金属离子	被测定的离子	pH	指示剂
铜试剂或 Na_2S	Cu^{2+}、Pb^{2+}、Cd^{2+} 等（微量）	Ca^{2+}、Mg^{2+}	10	铬黑 T
H_2SO_4	Pb^{2+}	Bi^{3+}	1.0	二甲酚橙
NaOH	Mg^{2+}	Ca^{2+}	12	钙指示剂

③ 氧化还原掩蔽法：利用氧化还原反应来改变干扰离子的价态，以消除其干扰的方法。在 pH＝1，用 EDTA 滴定 Bi^{3+}、Th^{4+} 等离子时，如存在 Fe^{3+}，则干扰测定。此时可加入抗坏血酸（维生素 C）或盐酸羟铵还原剂将 Fe^{3+} 还原为 Fe^{2+}，由于 $\lg K_{FeY^-}=25.1$，$\lg K_{FeY^{2-}}=14.32$，加入还原剂之前，$\Delta \lg K=\lg K_{BiY}-\lg K_{FeY}=27.94-25.1=2.84<5$，故不能分步准确滴定 Bi^{3+}。加入还原剂之后，$\Delta \lg K=\lg K_{BiY}-\lg K_{FeY^{2-}}=27.94-14.32=13.62>5$，可分步准确滴定 Bi^{3+}，消除 Fe^{3+} 的干扰。

此法只适用于易发生氧化还原反应的离子，并且生成的还原型物质或氧化型物质不干扰测定的情况。

常用的还原剂有抗坏血酸、羟铵、硫脲、半胱氨酸等，常用的氧化剂有 H_2O_2 等，其中有些氧化还原掩蔽剂既具有还原性又能与干扰离子形成络合物，如 $Na_2S_2O_3$。

④ 解蔽方法：有时还需要测定被掩蔽的金属离子时，可在金属离子络合物所在溶液中，加入另一种试剂将已被掩蔽剂掩蔽的金属离子释放出来，这种过程称为解蔽，所用试剂称为解蔽剂。

例如：测定铜合金中 Zn^{2+}、Pb^{2+} 含量时，可在氨性缓冲溶液中加入 KCN，以掩蔽 Zn^{2+}、Cu^{2+}，使之生成 $[Zn(CN)_4]^{2-}$、$[Cu(CN)_4]^{2-}$ 络合物，而 Pb^{2+} 不被掩蔽。在 pH＝10 时，以铬黑 T 为指示剂，用 EDTA 滴定 Pb^{2+} 的含量；然后加入甲醛作解蔽剂，破坏 $[Zn(CN)_4]^{2-}$ 使之释放出 Zn^{2+}，然后继续用 EDTA 标准溶液滴定释放出来的 Zn^{2+}。

在实际分析中，用一种掩蔽剂常常不能得到令人满意的结果，当有许多离子共存时，常将几种掩蔽剂或沉淀剂联合起来使用，这样才能获得较好的选择性。但需注意的是，共存干扰离子的量不能太多，否则得不到令人满意的结果。

（3）化学分离法　当利用控制酸度或掩蔽等方法避免干扰都有困难时，还可用化学分离法把被测离子从其他组分中分离出来。

如磷矿石中一般含有 Fe^{3+}、Al^{3+}、Mg^{2+}、Ca^{2+}、PO_4^{3-}、F^- 等，其中 F^- 的干扰最为严重，它能与 Al^{3+} 生成很稳定的络合物，在酸度小时，又能与 Ca^{2+} 生成 CaF_2 沉淀，因此在滴定时必须首先加酸、加热使 F^- 或 HF 挥发除去。此外在一些测定中，还必须进行沉淀分离。

为了避免被滴定离子的损失，绝不允许分离大量的干扰离子再测定少量的被测成分。其次，还应尽可能选用同时沉淀多种干扰离子的试剂来进行分离，以简化分离手续。

（4）选用其他滴定剂进行选择性滴定　对于各种金属离子来说，不同的络合剂与金属离子形成络合物的稳定性相对强弱有所不同。目前，随着络合滴定法的发展，除 EDTA 络合剂外还有一些新型的氨羧络合剂，它们与金属离子形成络合物的稳定性各有特点，如 EGTA、EDTP 等，故选用不同的络合剂进行滴定可以提高络合滴定的选择性。

例如，EDTA 与 Ca^{2+}、Mg^{2+} 形成络合物的稳定性相差不大，而 EGT [乙二醇二 β-氨基乙醚四乙酸] 与 Ca^{2+}、Mg^{2+} 形成络合物的稳定性相差较大，故可以在 Ca^{2+}、Mg^{2+} 共存时，用 EGTA 选择性滴定 Ca^{2+}。EDTP 与 Cu^{2+} 形成络合物的稳定性高，可以在 Zn^{2+}、

Cu^{2+}、Cd^{2+}、Mn^{2+}、Mg^{2+}共存的溶液中用 EDTP 选择性滴定 Cu^{2+}。

四、EDTA 标准溶液的配制与标定

1. EDTA 标准溶液的配制

（1）试剂　由于乙二胺四乙酸（简称 EDTA，常用 H_4Y 表示）难溶于水，常温下其溶解度为 0.2g/L，在实际分析中通常使用其二钠盐配制标准溶液。乙二胺四乙酸二钠盐的溶解度较大，每 100mL 水能溶解 11.1g，可配成 0.3mol/L 以上的溶液，其水溶液 pH＝4.4。乙二胺四乙酸二钠盐是白色结晶粉末，因不易得纯品，故 EDTA 标准溶液常用间接法配制。

（2）配制方法　常用的 EDTA 标准溶液的浓度为 0.01～0.05mol/L，配制时称取一定量（按所需浓度和体积计算）的 EDTA，用适量蒸馏水溶解（必要时可加热），溶解后稀释至所需体积，并充分摇匀，转移至试剂瓶中待标定。

（3）贮存方法　配制好的 EDTA 溶液贮存在聚乙烯塑料瓶中或硬质玻璃瓶中。若贮存在软质玻璃瓶中，EDTA 会不断地溶解玻璃中的 Ca^{2+}、Mg^{2+} 等离子，形成络合物，使其浓度不断降低。

2. EDTA 标准溶液的标定

（1）标定 EDTA 的基准物质　标定 EDTA 溶液时常用的基准物质有 Zn、ZnO、$CaCO_3$、$MgSO_4 \cdot 7H_2O$ 等。

实验室中常以金属锌或氧化锌为基准物质，由于它们的摩尔质量较小，标定时通常采用"称大样"法，即先准确称取基准物质，溶解后定量转入一定体积容量瓶中定容，然后再移取定量溶液进行标定。

（2）标定条件　为了使标定具有较高的准确度，标定条件与测定条件应尽可能相同，通常选用与被测元素相同的物质或化合物为基准物质。这是因为不同金属离子与 EDTA 反应完全的程度不同，允许的酸度不同，因而对结果的影响也不同。如，EDTA 溶液若被用于测定石灰石或白云石中 CaO、MgO 的含量，则宜用 $CaCO_3$ 为基准物质。首先可加 HCl 溶液使其溶解，其反应式如下：

$$CaCO_3 + 2HCl \longrightarrow CaCl_2 + H_2O + CO_2 \uparrow$$

然后把溶液转移到容量瓶中并稀释，制成钙标准溶液。吸取一定量钙标准溶液，调节酸度至 pH≥12，加入钙指示剂用 EDTA 滴定至溶液由酒红色变为纯蓝色，即为终点。

用此法测定钙，若 Mg^{2+} 共存〔在调节溶液酸度为 pH≥12 时，Mg^{2+} 将形成 $Mg(OH)_2$ 沉淀〕，共存的少量 Mg^{2+} 不仅不干扰钙的测定，而且会使终点比 Ca^{2+} 单独存在时更敏锐。当 Ca^{2+}、Mg^{2+} 共存时，终点为溶液由酒红色变为纯蓝色，当 Ca^{2+} 单独存在时则由酒红色变为紫蓝色，所以测定单独存在的 Ca^{2+} 时，常常加入少量 Mg^{2+} 溶液。

EDTA 若被用于测定 Pb^{2+}、Bi^{3+} 等金属离子时，则宜以 ZnO 或金属锌为基准物质。在 pH＝10 的缓冲溶液中，用 EDTA 滴定 Zn^{2+}，铬黑 T 是良好的指示剂，滴定终点由 $ZnIn^-$ 的酒红色变为游离指示剂 HIn^{2-} 的纯蓝色。

又如，由实验室用水引入的杂质（如 Ca^{2+}、Pb^{2+}）在不同的条件下有不同的影响，在碱性溶液中滴定时两者均会与 EDTA 络合，在酸性溶液中只有 Pb^{2+} 与 EDTA 络合，在强酸性溶液中两者均不与 EDTA 络合，因此若在相同条件下标定和测定，这种影响就会被抵消。

（3）标定方法　在 pH 为 4～12 时，Zn^{2+} 均能与 EDTA 定量络合，多采用下列方法。

① 在 pH＝10.0 的 NH_3-NH_4Cl 缓冲溶液中，以铬黑 T 为指示剂，直接标定。

② 在 pH＝5.0 的六亚甲基四胺缓冲溶液中，以二甲酚橙为指示剂，直接标定。

五、水硬度的测定

水的硬度是指水中除碱金属以外的全部金属离子浓度的总和，溶于水中的钙盐和镁盐是形成水硬度的主要成分，所以水的硬度常以水中 Ca^{2+}、Mg^{2+} 的总量表示，水的总硬度包括暂时硬度和永久硬度。

暂时硬度是指在水中以碳酸盐及酸式碳酸盐形式存在的钙、镁盐，加热时能分解、析出沉淀而被除去，这类盐所形成的硬度称为暂时硬度。而永久硬度是指钙、镁的硫酸盐或氯化物等所形成的硬度，由于不能用一般煮沸的方法除去，所以称为永久硬度。

各国对水硬度的表示方法不同，我国通常将 Ca^{2+}、Mg^{2+} 的总量折算成 CaO、$CaCO_3$ 的量来表示水的硬度，目前有两种表示方法，一种是以每升水中所含 $CaCO_3$ 的质量来表示，单位为 mg/L；另一种是将每升水中含 $10mgCaO$ 为 1 度（计为 $1°$）来表示。

总硬度为 $4°\sim8°$ 的水称为软水，$8°\sim16°$ 的水为中等硬度水，$16°\sim25°$ 的水为硬水，大于 $25°$ 的水为极硬水。

国家标准规定饮用水硬度以 $CaCO_3$ 计时，不能超过 $450mg/L$。硬度是工业用水的重要指标，各种工业用水对硬度的要求不同，如高硬度的水不易作为锅炉用水；纺织印染工业对用水硬度的要求更高，因为不溶性的钙盐、镁盐很容易附着在织物上，影响印染质量，因此在工业生产中经常要进行水的硬度分析，为水的处理提供依据。

水的硬度可以采用 EDTA 标准溶液直接滴定法来测定。水的硬度的测定分为钙镁总硬度和分别测定钙硬度和镁硬度两种。

1. 总硬度的测定

测定水的总硬度就是测定水中 Ca^{2+}、Mg^{2+} 的总含量。一般采用络合滴定法，即在 pH＝10 的氨性缓冲溶液中，以铬黑 T 作指示剂，用 EDTA 标准溶液直接滴定，溶液由酒红色转变为纯蓝色时即为终点。滴定时，水中存在的少量 Fe^{3+}、Al^{3+} 等干扰离子可用三乙醇胺掩蔽，Cu^{2+}、Pb^{2+} 等重金属离子可用 KCN、Na_2S 来掩蔽。

滴定前：
$$Mg^{2+} + HIn^{2-} \rightleftharpoons MgIn^- + H^+$$
纯蓝色 　　酒红色
$$Ca^{2+} + HIn^{2-} \rightleftharpoons CaIn^- + H^+$$
纯蓝色 　　酒红色

终点：
$$MgIn^- + H_2Y^{2-} \rightleftharpoons MgY^{2-} + HIn^{2-} + H^+$$
酒红色 　　　　　　纯蓝色
$$CaIn^- + H_2Y^{2-} \rightleftharpoons CaY^{2-} + HIn^{2-} + H^+$$
酒红色 　　　　　　纯蓝色

测定结果（钙、镁离子总量）常以碳酸钙的量来计算水的硬度，根据所消耗 EDTA 的体积及其浓度可计算出总硬度。

2. 钙、镁硬度测定

（1）钙硬度测定　取一份水样，先加入盐酸酸化，煮沸，然后加入 10% 的 NaOH 溶液，控制溶液的 $pH \geqslant 12$，使 Mg^{2+} 生成 $Mg(OH)_2$ 沉淀，然后加入钙指示剂，用 EDTA 标准溶液滴定至溶液由酒红色变为纯蓝色。根据所消耗 EDTA 的体积及其浓度可计算出钙硬度。

（2）镁硬度　镁硬度（以 $CaCO_3$ 计，mg/L）＝总硬度－钙硬度。

若镁硬度用 $MgCO_3$ 计，则 Mg^{2+} 所消耗的 EDTA 的体积＝总硬度消耗的 EDTA－钙硬度消耗的 EDTA。然后代入硬度的计算公式中进行计算。

【例 5-6】 用 0.01000mol/LEDTA 标准溶液，滴定水中钙和镁的含量。取 100.0mL 水样，以铬黑 T 为指示剂，在 pH＝10.0 时滴定，消耗 EDTA30.30mL。另取一份 100.0mL 水样，加入 NaOH 使其呈碱性，则 Mg^{2+} 生成 $Mg(OH)_2$ 沉淀，加钙指示剂，用 EDTA 标准溶液滴定，消耗 EDTA16.80mL，计算：①水的总硬度；②水中钙和镁的含量〔分别以 $CaCO_3$ 计（mg/L）和以 $MgCO_3$ 计（mg/L）〕。

解：①计算 pH＝10.0 时钙、镁总量：

水的总硬度以 $CaCO_3$ 计时可表示为：

$$总硬度＝\frac{c(EDTA)\cdot V(EDTA)}{V_水}\times1000\times100.09$$

$$＝\frac{0.01000\times30.30\times10^{-3}}{100.0\times10^{-3}}\times1000\times100.09$$

$$\approx302.3(mg/L)$$

② pH＝12 时测定钙，水中钙硬度为：

$$钙硬度＝\frac{c(EDTA)\cdot V(EDTA)}{V_水}\times1000\times100.09$$

$$＝\frac{0.01000\times16.80\times10^{-3}}{100.0\times10^{-3}}\times1000\times100.09$$

$$\approx168.2(mg/L)$$

Mg^{2+} 的物质的量＝$0.01000\times(30.30-16.80)\times10^{-3}=1.35\times10^{-4}$（mol）

所以水中镁的含量（以 $MgCO_3$ 计）为：

$$镁硬度＝\frac{0.01000\times(30.30-16.80)\times10^{-3}}{100.0\times10^{-3}}\times1000\times84.31$$

$$\approx113.8(mg/L)$$

任务四　铝盐中铝含量的测定

一、知识目标

（1）了解 EDTA 的滴定方式；

（2）掌握置换滴定法测定铝盐中铝含量的原理及方法；

（3）掌握二甲酚橙指示剂的应用条件及终点颜色的判断。

二、能力目标

（1）能熟练用置换滴定法测定铝盐中铝的含量；

（2）能熟练使用 PAN 指示剂判断滴定终点；

（3）学会铝盐中铝含量的测定方法。

三、素质目标

（1）具有诚实守信、爱岗敬业，精益求精的工匠精神；

（2）具有质量意识、绿色环保意识、安全意识、信息素养、创新精神；

（3）能做到检测行为公正、公平，数据真实、可靠；

（4）具有团结协作、人际沟通能力。

四、教、学、做说明

学生在线上学习【相关知识】的基础上，结合前面所学的知识，自主完成铝盐中铝含量的测定，并提交实验报告。

五、工作准备

（1）仪器　分析天平；50mL 酸式滴定管；100mL 容量瓶；移液管；烧杯；锥形瓶；量筒；洗瓶；电炉等。

（2）试剂　EDTA 标准溶液（0.02mol/L）；0.02mol/L Zn^{2+} 标准溶液；H_2SO_4 溶液（1+1）；PAN 指示剂；二甲酚橙指示剂；20%六亚甲基四胺溶液；HCl（1+1）；氨水（1+1）；百里酚蓝指示剂（0.1%溶液）；NH_4F 固体；铝盐试样。

（3）实验原理　由于 Al^{3+} 与 EDTA 的络合反应较慢，在一定酸度下需要加热才能完全反应，同时由于 Al^{3+} 对二甲酚橙指示剂有封闭作用，酸度不高时 Al^{3+} 又会水解，因此 Al^{3+} 不能用直接滴定法进行测定，但可采用返滴定法或置换滴定法测定。本任务采用置换滴定法。

六、工作过程（置换滴定法）

在分析天平上准确称取 0.5~1.0g 固体试样，置于烧杯中，加水溶解，此时若出现浑浊，应滴加盐酸（1+1）溶液至沉淀恰好溶解，此后全部转入 100mL 容量瓶中，用蒸馏水稀释至刻度，摇匀待用。

用移液管移取 10.00mL 试样于 250mL 锥形瓶中，加入约 20mL 蒸馏水和 30mL 0.02mol/L EDTA 标准溶液、4~5 滴百里酚蓝指示剂，此时溶液呈橙色，用氨水（1+1）中和至溶液呈黄色（pH 约为 3）。煮沸 2min，加入 20%六亚甲基四胺溶液 10mL，使溶液 pH=5~6，用力振荡，用流水冷却至常温。再加入 10 滴 PAN 指示剂或 2~3 滴二甲酚橙指示剂，用 0.02mol/L Zn^{2+} 标准溶液滴定至溶液由黄色变为紫红色，不需计体积。

然后在此溶液中，加入 1~2g 固体 NH_4F，加热至微沸，冷却（必要时补加二甲酚橙指示剂 2 滴），继续用 0.02mol/L 的 Zn^{2+} 标准溶液滴定至溶液由黄色变为紫红色，即为终点。记录 Zn^{2+} 标准溶液的体积。平行测定 3 次，同时做空白试验，取平均值计算铝盐试样中铝的含量。铝盐试样可用工业硫酸铝。

七、数据记录与处理

1. 数据记录

项目	1	2	3
试样的质量 m/g			
稀释后试液的体积 V/mL			
移取试液的体积 V/mL			
锌标准溶液的浓度 c/（mol/L）			
滴定管初读数/mL			
滴定管终读数/mL			

续表

项目	1	2	3
滴定消耗锌标准溶液的体积 V/mL			
滴定管体积校正值/mL			
溶液温度/℃			
溶液温度补正值/（mL/L）			
溶液温度校正值/mL			
滴定消耗锌标准溶液的体积 V（Zn²⁺）/mL			
空白试验消耗锌标准溶液的体积 V₀/mL			
试样中被测组分的含量/%			
试样中被测组分含量的平均值/%			
相对极差/%			

2. 铝含量的计算

$$w(Al) = \frac{c(Zn^{2+})[V(Zn^{2+}) - V_0] \times 10^{-3} \times M(Al)}{m \times \dfrac{10}{100}} \times 100\%$$

式中　$w(Al)$——试样中铝的质量分数，%；

　　　$c(Zn^{2+})$——Zn^{2+} 标准溶液的浓度，mol/L；

　　　$V(Zn^{2+})$——滴定消耗 Zn^{2+} 标准溶液的体积，mL；

　　　　　V_0——空白试验消耗 Zn^{2+} 标准溶液的体积，mL；

　　　$M(Al)$——Al 的摩尔质量，g/mol；

　　　　　m——试样的质量，g。

八、注意事项

① 采用氟化物置换时，在含铁的试样中，NH_4F 的用量要适当，如过多，则 FeY^- 中的 EDTA 也能被置换出来，使结果偏高。

② 试样中若存在大量的 Ca^{2+}，在 pH= 5~6 的条件下滴定时，则部分 Ca^{2+} 可能发生反应，使结果不稳定。这时可采用 HAc-NaAc 缓冲溶液在 pH=4 时滴定。

③ 加六亚甲基四胺缓冲溶液前，需将酸度调整到 pH=3~4，否则指示剂不能指示终点。

相关知识

一、络合滴定的滴定方式

络合滴定与一般滴定相同，有直接滴定、返滴定、置换滴定和间接滴定等滴定方式。根据被测溶液的性质，采用不同的滴定方式，不仅可扩大络合滴定的应用范围，而且能提高滴定的选择性。

1. 直接滴定法

直接滴定法就是用 EDTA 标准溶液直接滴定待测离子的方法，如果存在干扰离子，滴定前应加入掩蔽剂。

凡是条件稳定常数足够大，金属离子与 EDTA 的络合反应迅速、完全，且在选用的条件下又有合适指示剂的金属离子都可用直接滴定法。

例如，水的硬度就是用直接滴定法测定的，将水样调至 pH=10，加入铬黑 T 指示剂，用 EDTA 标准溶液滴定至溶液由酒红色变为纯蓝色，即为终点，此时水样中 Ca^{2+}、Mg^{2+} 均被滴定。

若在 pH≥12 的溶液中加入钙指示剂，用 EDTA 标准溶液滴定至溶液由红色变为蓝色，此时可测得 Ca^{2+} 的含量。因为在 pH≥12 时，Mg^{2+} 生成 $Mg(OH)_2$ 沉淀而被掩蔽，Mg^{2+} 的含量可由 Ca^{2+}、Mg^{2+} 总量及 Ca^{2+} 的含量求得。

直接滴定法操作简便、迅速，引入误差小，是络合滴定中最基本的方法，如条件允许应尽量采用直接滴定法。

2. 返滴定法

如果被测金属离子与 EDTA 反应速率慢或在测定条件下被测金属离子易水解，并且无符合要求的指示剂指示终点，则可采用返滴定法。

返滴定法就是在待测溶液中加入已知过量的 EDTA 标准溶液，使待测离子与 EDTA 完全反应后，再用另一种金属离子的标准溶液滴定剩余的 EDTA，从而求得被测离子含量的方法。

例如，Al^{3+} 能与 EDTA 定量反应，但速度缓慢，Al^{3+} 对二甲酚橙等指示剂有封闭作用，且当酸度不高时 Al^{3+} 易水解生成羟基络合物，所以不能用直接滴定法滴定。测定时先加入一定量且过量的 EDTA 标准溶液，加热煮沸，使溶液中的 Al^{3+} 与 EDTA 络合完全，冷却后调节 pH=5~6，加入二甲酚橙作指示剂，用 Zn^{2+} 标准溶液滴定剩余 EDTA，终点时溶液由黄色变为紫红色。

3. 间接滴定法

有些金属离子（如 Li^+、Na^+、K^+ 等）与 EDTA 形成的络合物不稳定，或者一些非金属离子（如 CN^-、SO_4^{2-}、PO_4^{3-} 等）不能形成络合物，不便于用络合滴定法测定，这时可采用间接滴定法。

间接滴定法就是在待测溶液中加入一定量且过量的能与 EDTA 形成稳定络合物的金属离子作沉淀剂，将待测离子沉淀，之后将沉淀过滤后溶解，再用 EDTA 标准溶液滴定沉淀中的金属离子，最后根据沉淀中离子的含量间接计算出待测离子的含量。如水中 SO_4^{2-} 含量的测定：在水样中加入一定量且过量的 $BaCl_2$ 标准溶液，使水样中的 SO_4^{2-} 与 Ba^{2+} 完全反应生成 $BaSO_4$ 沉淀，再在 pH=10.0 的条件下，以铬黑 T 作指示剂，用 EDTA 标准溶液滴定过量的 Ba^{2+}，最后计算 SO_4^{2-} 的含量。

间接滴定法麻烦，引入误差概率大，不是理想的分析方法。

4. 置换滴定法

置换滴定法就是利用置换反应，从络合物中置换出等量的另一种金属离子，或置换出 EDTA，然后再进行滴定。置换滴定法有以下两种类型。

（1）置换出金属离子　例如，Ag^+ 与 EDTA 的络合物不稳定，不能用 EDTA 直接滴定 Ag^+，可在含 Ag^+ 的试样中加入过量的 $Zn(CN)_4^{2-}$，此时会发生如下反应：

$$2Ag^+ + Zn(CN)_4^{2-} \longrightarrow 2Ag(CN)_2^- + Zn^{2+}$$

用 EDTA 标准溶液滴定置换出来的 Zn^{2+}，从而求得 Ag^+ 的含量。

（2）置换出 EDTA 例如，测定含有 Cu^{2+}、Zn^{2+}、Al^{3+} 混合液中的 Al^{3+} 时，在 pH 为 3~4 的条件下，先加入过量 EDTA，加热煮沸，使 EDTA 与以上离子都完全反应，然后调节 pH 为 5~6，加入二甲酚橙指示剂，用 Zn^{2+} 标准溶液滴定剩余的 EDTA，至溶液由黄色变为紫红色，此步不计消耗 Zn^{2+} 标准溶液的体积。再加入 NH_4F 加热煮沸，置换出 AlY 中的 EDTA，再用 Zn^{2+} 标准溶液滴定置换出来的 EDTA，至溶液由黄色变为紫红色，即为终点，从消耗 Zn^{2+} 标准溶液的量即可求出溶液中 Al^{3+} 的含量。

二、铝盐中铝含量的测定方法

1. 返滴定法测定

先加入一定量且过量的 EDTA 于试剂中，调节 pH=3.5，加热煮沸，使溶液中的 Al^{3+} 与 EDTA 络合完全，冷却后调节 pH=5~6，加入二甲酚橙，用 Zn^{2+} 标准溶液返滴定过量的 EDTA，终点时溶液颜色由黄色变为紫红色。由加入 EDTA 的量与消耗 Zn^{2+} 标准溶液的量的差值求出铝的含量。如果样品中含有 Fe^{3+} 等杂质，则易干扰 Al^{3+} 的测定，此时应采用置换滴定法测定。

由于返滴定法测定铝缺乏选择性，凡是能与 EDTA 形成稳定络合物的离子都会干扰测定，所以该方法受到一定的限制。

2. 置换滴定法

调节 pH=3~4，加入过量的 EDTA，加热煮沸，使溶液中的 Al^{3+} 与 EDTA 完全络合，冷却后调节 pH 为 5~6，以二甲酚橙为指示剂，用 Zn^{2+} 标准溶液滴定剩余 EDTA，至溶液由黄色变为紫红色，此步不计消耗 Zn^{2+} 标准溶液的体积。然后利用 F^- 能与 Al^{3+} 生成更稳定络合物这一性质，加入过量的 NH_4F 煮沸，将 AlY^- 中的 EDTA 定量置换出来，再用 Zn^{2+} 标准溶液滴定置换出来的 EDTA，当溶液颜色由黄色变为紫红色时，即为终点。根据 Zn^{2+} 标准溶液的用量计算铝的含量。相关反应式如下：

$$Al^{3+} + H_2Y^{2-}（过量）\longrightarrow AlY^- + 2H^+$$
$$H_2Y^{2-}（剩余）+ Zn^{2+} \longrightarrow ZnY^{2-} + 2H^+$$

置换：
$$AlY^- + 6F^- + 2H^+ \longrightarrow [AlF_6]^{3-} + H_2Y^{2-}$$

滴定：
$$H_2Y^{2-} + Zn^{2+} \longrightarrow ZnY^{2-} + 2H^+$$

三、硅酸盐物料中三氧化二铁、氧化铝、氧化钙和氧化镁的测定方法

硅酸盐在地壳中占 75% 以上，天然的硅酸盐矿物有石英、云母、滑石、长石、白云石等。水泥、玻璃、陶瓷制品、砖、瓦等则为人造硅酸盐，黄土、黏土、砂土等土壤的主要成分也是硅酸盐。硅酸盐中除 SiO_2 外主要有 Fe_2O_3、Al_2O_3、CaO 和 MgO 等，这些组分通常都可采用 EDTA 络合滴定法来测定。试样经预处理制成试液后，在 pH 为 2~2.5 时，以磺基水杨酸作指示剂，用 EDTA 标准溶液直接滴定 Fe^{3+}。在滴定 Fe^{3+} 后的溶液中，加过量的 EDTA 并调整 pH 为 4~5，以 PAN 作指示剂，在热溶液中用 $CuSO_4$ 标准溶液回滴过量的 EDTA 以测定 Al^{3+} 含量。另取一份试液，加三乙醇胺，在 pH=10 时，以 KB 作指示剂，用 EDTA 标准溶液滴定 CaO 和 MgO 总量。再取等量试液加三乙醇胺，用 KOH 溶液调节 pH>12.5，使 Mg 形成 $Mg(OH)_2$ 沉淀，仍以 KB 作指示剂，用 EDTA 标准溶液直接滴定得 CaO 量，并用差减法计算 MgO 的含量，本方法现在仍被广泛使用，测定中使用的 KB 指示剂是由酸性铬蓝 K 和萘酚绿 B 混合配制而成的。

【例 5-7】 称取不纯的氯化钡试样 0.2000g，溶解后用 40.00mL0.1000mol/LEDTA 标准溶液滴定，当 Ba^{2+} 完全沉淀后，调节 pH＝10，以铬黑 T 为指示剂，用 0.1000mol/L 的 $MgSO_4$ 标准溶液滴定过量的 EDTA，消耗 $MgSO_4$ 标准溶液 31.00mL，求 $BaCl_2$ 的质量分数。

解：实际与 Ba^{2+} 反应的 EDTA 的物质的量为：

$$n(EDTA)=c(EDTA)V(EDTA)-c(MgSO_4)V(MgSO_4)$$

$$\omega(BaCl_2)=\frac{(0.1000\times40.00-0.1000\times31.00)\times208.24\times10^{-3}}{0.2000}\times100\%$$

$$\approx93.71\%$$

任务五　镍盐中镍含量的测定

一、知识目标

（1）掌握返滴定法测定镍盐中镍含量的原理及方法；

（2）掌握 PAN 指示剂的应用条件及终点颜色的判断。

二、能力目标

（1）能熟练应用返滴定法测定镍盐中镍的含量；

（2）能熟练应用 PAN 为指示剂判断滴定终点。

三、素质目标

（1）具有诚实守信、爱岗敬业，精益求精的工匠精神；

（2）具有质量意识、绿色环保意识、安全意识、信息素养、创新精神；

（3）能做到检测行为公正、公平，数据真实、可靠；

（4）具有团结协作、人际沟通能力。

四、教、学、做说明

学生在深刻领会【相关知识】的基础上，由教师引领，熟悉实验室环境，并在教师指导下，学会硫酸铜标准溶液的配制与标定方法，明确注意事项，然后完成镍盐中镍含量的测定，并提交实验报告。

五、工作准备

（1）仪器　分析天平；50mL 酸式滴定管；250mL 容量瓶；移液管；烧杯；锥形瓶；量筒；洗瓶等。

（2）试剂　EDTA 标准溶液（0.02mol/L）；$CuSO_4 \cdot 5H_2O$ 固体；H_2SO_4 溶液（1+1）；PAN 指示剂；氨水（1+1）；刚果红试纸；HAc-NaAc 缓冲溶液；镍盐试样等。

六、工作过程（返滴定法）

1. 铜盐标准溶液的配制和标定

（1）c（$CuSO_4$）＝0.02mol/L 溶液的配制　称取 1.25g 固体 $CuSO_4 \cdot 5H_2O$，加入 2～3 滴 H_2SO_4 溶解后，转入 250mL 容量瓶中，用水稀释至刻度，摇匀、待标定。

（2）CuSO₄ 标准溶液的标定　吸取已标定的 EDTA 标准溶液 25.00mL 于 250mL 锥形瓶，加入 25mL 水，加入 20mLHAc-NaAc 缓冲溶液，煮沸后立即加入 10 滴 PAN 指示剂，迅速用待标定的 CuSO₄ 溶液滴定至稳定的紫红色，即为终点，记录消耗 CuSO₄ 溶液的体积。平行测定 3 次，同时做空白试验。取其平均值，计算 CuSO₄ 标准溶液的准确浓度。

2. 镍盐中镍含量的测定

准确称取 0.5g 固体试样，精确至 0.0002g，置于烧杯中，加水 50mL，溶解并定量全转入 250mL 容量瓶，用蒸馏水稀释至刻度，摇匀待用。

用移液管吸取试样 25.00mL 于 250mL 锥形瓶中，加入约 30mL0.02mol/L EDTA 标准溶液，用氨水（1+1）调节使刚果红试纸变红，加入 20mLHAc-NaAc 缓冲溶液，煮沸后立即加入 10 滴 PAN 指示剂，趁热用 CuSO₄ 标准溶液滴定至溶液由绿色变为蓝紫色，即为终点。记录消耗 CuSO₄ 标准溶液的体积。平行测定 3 次，取其平均值计算试样中镍的含量。

七、数据记录与处理

1. CuSO₄ 标准溶液浓度标定数据记录表

项目	1	2	3
EDTA 标准溶液的浓度/（mol/L）			
移取 EDTA 标准溶液的体积/mL			
滴定管初读数/mL			
滴定管终读数/mL			
滴定消耗 CuSO₄ 标准溶液的体积/mL			
滴定管体积校正值/mL			
溶液温度/℃			
溶液温度补正值/（mL/L）			
溶液温度校正值/mL			
空白试验消耗 CuSO₄ 标准溶液的体积/mL			
实际消耗 CuSO₄ 标准溶液的体积/mL			
CuSO₄ 标准溶液的浓度/（mol/L）			
CuSO₄ 标准溶液平均浓度/（mol/L）			
相对极差/%			

2. 镍盐中镍含量测定数据记录表

项目		1	2	3
样品的称量	m（倾样前）/g			
	m（倾样后）/g			
	m（镍盐）/g			
移取试液体积/mL				
EDTA 标准溶液的浓度/（mol/L）				

续表

项目	1	2	3
加入 EDTA 标准溶液的体积/mL			
$CuSO_4$ 标准溶液的浓度 c/(mol/L)			
滴定管初读数/mL			
滴定管终读数/mL			
滴定消耗 $CuSO_4$ 标准溶液的体积/mL			
滴定管校正值/mL			
溶液温度/℃			
溶液温度补正值/(mL/L)			
溶液温度校正值/mL			
实际消耗 $CuSO_4$ 标准溶液的体积/mL			
试样中被测组分的含量/%			
平均值/%			
相对极差/%			

 相关知识

一、实验原理

Ni^{2+} 与 EDTA 的络合反应慢，所以 Ni^{2+} 的测定通常用返滴定法。在 Ni^{2+} 溶液中加入过量的 EDTA 标准溶液，在 pH＝5.0 时煮沸溶液，使 Ni^{2+} 与 EDTA 完全反应，过量的 EDTA 用硫酸铜标准溶液回滴，以 PAN 为指示剂，终点时溶液颜色由绿色变为蓝紫色。由加入 EDTA 的量与消耗硫酸铜标准溶液的量的差值求出镍的含量。其反应式如下：

$$H_2Y^{2-} + Ni^{2+} \longrightarrow NiY^{2-} + 2H^+$$
$$H_2Y^{2-}(剩余) + Cu^{2+} \longrightarrow CuY^{2-} + 2H^+$$
$$\phantom{H_2Y^{2-}(剩余) + Cu^{2+} \longrightarrow CuY^{2-}}蓝紫色$$

$$PAN + Cu^{2+} \longrightarrow Cu\text{-}PAN$$
$$黄色 \phantom{AN + Cu^{2+} \longrightarrow Cu\text{-}}红色$$

二、镍含量的计算

1. $CuSO_4$ 标准溶液浓度的计算

$$c(CuSO_4) = \frac{c(EDTA)V(EDTA)}{V(CuSO_4)}$$

式中　$c(CuSO_4)$——$CuSO_4$ 标准溶液的浓度，mol/L；

　　　$c(EDTA)$——EDTA 标准溶液的浓度，mol/L；

　　　$V(EDTA)$——标定时所用 EDTA 标准溶液的体积，mL；

　　　$V(CuSO_4)$——标定时消耗 $CuSO_4$ 标准溶液的体积，mL。

2. 镍含量的计算

$$w(\mathrm{Ni}) = \frac{[c(\mathrm{EDTA})V(\mathrm{EDTA}) - c(\mathrm{CuSO_4})V(\mathrm{CuSO_4})] \times 10^{-3} \times M(\mathrm{Ni})}{m \times \dfrac{25}{250}} \times 100\%$$

式中　$w(\mathrm{Ni})$——试样中镍的质量分数，%；

　　$c(\mathrm{EDTA})$——EDTA 标准溶液的浓度，mol/L；

　　$V(\mathrm{EDTA})$——滴定时加入 EDTA 标准溶液的体积，mL；

　　$c(\mathrm{CuSO_4})$——$\mathrm{CuSO_4}$ 标准溶液的浓度，mol/L；

　　$V(\mathrm{CuSO_4})$——测定时消耗 $\mathrm{CuSO_4}$ 标准溶液的体积，mL；

　　$M(\mathrm{Ni})$——Ni 的摩尔质量，g/mol；

　　m——镍试样的质量，g。

 能力测评与提升

1. 填空题

（1）EDTA 是一种氨羧络合剂，名称_____，用符号_____表示。配制标准溶液时一般采用 EDTA 二钠盐，分子式为_____。

（2）一般情况下 EDTA 在水溶液中总是以_____等_____型体存在，其中只有_____与金属离子形成的络合物最稳定，但仅在_____时 EDTA 才主要以此种型体存在。

（3）EDTA 与金属离子之间发生的主反应为_____，络合物的稳定常数表达式为_____。

（4）络合物的稳定性差别，主要取决于_____、_____、_____。此外，_____，其他络合剂和一些干扰离子等外界条件的变化也影响络合物的稳定性。

（5）酸效应系数的定义式 $\alpha_{\mathrm{Y(H)}}$ =_____，$\alpha_{\mathrm{Y(H)}}$ 越大，酸效应对主反应的影响程度越_____。

（6）络合滴定中，滴定突跃范围的大小取决于_____和_____。在金属离子浓度一定的条件下，_____越大，突跃范围_____；在条件稳定常数 K'_{MY} 一定时，_____越大，突跃范围_____。

（7）实际测定某金属离子时，应将 pH 控制在大于_____，且_____的范围之内。

（8）指示剂与金属离子的反应：In(蓝)＋M ⟶ MIn(红)，滴定前，向含有金属离子的溶液中加入指示剂时，溶液呈_____色；随着 EDTA 的加入，当到达滴定终点时，溶液呈_____色。

（9）设溶液中有 M 和 N 两种金属离子，$c_{\mathrm{M}} = c_{\mathrm{N}}$，要想用控制酸度的方法实现分别滴定二者的条件是_____。

（10）络合滴定之所以能被广泛应用，与大量使用_____是分不开的，常用的掩蔽方法按反应类型的不同，可分为_____、_____和_____。

（11）络合掩蔽剂与干扰离子形成络合物的稳定性必须_____EDTA 与该离子形成络合物的稳定性。

（12）当被测离子与 EDTA 络合缓慢或在滴定的 pH 下水解，或对指示剂有封闭作用时，可采用_____。

（13）用 EDTA 滴定 Ca^{2+}、Mg^{2+} 总量时，以_____为指示剂，溶液的 pH 必须控制在_____。滴定 Ca^{2+} 时，以_____为指示剂，溶液的 pH 必须控制在_____。

（14）K'_{MY} 称_____，它表示_____络合反应进行的程度，其计算式为_____。

（15）采用 EDTA 为滴定剂测定水的总硬度时，因水中含有少量的 Fe^{3+}、Al^{3+}，应加入_____作掩蔽剂，滴定时控制溶液 pH＝_____。

2. 选择题

（1）直接与金属离子络合的 EDTA 型体为（   ）。

A. H_6Y^{2+} B. H_4Y C. H_2Y^{2-} D. Y^{4-}

（2）一般情况下，EDTA 与金属离子形成络合物的络合比是（   ）。

A. 1∶1   B. 2∶1   C. 1∶3   D. 1∶2

（3）铝盐药物的测定常用络合滴定法。加入过量 EDTA，加热煮沸片刻后，再用标准锌溶液滴定。该滴定方式是（   ）。

A. 直接滴定法   B. 置换滴定法
C. 返滴定法   D. 间接滴定法

（4）$\alpha_{M(L)}=1$ 表示（   ）。

A. M 与 L 没有副反应   B. M 与 L 的副反应相当严重
C. M 的副反应较小   D. [M]＝[L]

（5）以下表达式中正确的是（   ）。

A. $K'_{MY}=\dfrac{c_{MY}}{c_M c_Y}$ B. $K'_{MY}=\dfrac{[MY]}{[M][Y]}$

C. $K_{MY}=\dfrac{[MY]}{[M][Y]}$ D. $K_{MY}=\dfrac{[M][Y]}{[MY]}$

（6）用 EDTA 直接滴定有色金属离子 M，终点所呈现的颜色是（   ）。

A. 游离指示剂的颜色   B. EDTA-M 络合物的颜色
C. 指示剂-M 络合物的颜色   D. 上述 A＋B 的混合色

（7）络合滴定中，指示剂的封闭现象是由（   ）引起的。

A. 指示剂与金属离子生成的络合物不稳定
B. 被测溶液的酸度过高
C. 指示剂与金属离子生成的络合物稳定性小于 MY 的稳定性
D. 指示剂与金属离子生成的络合物稳定性大于 MY 的稳定性

（8）下列叙述中错误的是（   ）。

A. 酸效应使络合物的稳定性降低
B. 共存离子使络合物的稳定性降低
C. 络合效应使络合物的稳定性降低
D. 各种副反应均使络合物的稳定性降低

（9）用 EDTA 连续滴定 Fe^{3+}、Al^{3+} 时，可以应用的条件是（   ）。

A. pH＝2 滴定 Al^{3+}，pH＝4 滴定 Fe^{3+}；
B. pH＝1 滴定 Fe^{3+}，pH＝4 滴定 Al^{3+}；
C. pH＝2 滴定 Fe^{3+}，pH＝4 返滴定 Al^{3+}；
D. pH＝2 滴定 Fe^{3+}，pH＝4 间接法测 Al^{3+}。

（10）用 Zn^{2+} 标准溶液标定 EDTA 时，体系中加入六亚甲基四胺-HCl 的目的是（   ）。

A. 中和过多的酸　　　　　　　　　　B. 调节 pH

C. 控制溶液的酸度　　　　　　　　　D. 起掩蔽作用

(11) 某溶液主要含有 Ca^{2+}、Mg^{2+} 及少量 Fe^{3+}、Al^{3+}，在 pH=10 的条件下加入三乙醇胺，以 EDTA 滴定，用铬黑 T 为指示剂，则测出的是（   ）。

A. Mg^{2+} 量　　　　　　　　　　　B. Ca^{2+} 量

C. Ca^{2+}、Mg^{2+} 总量　　　　　　D. Ca^{2+}、Mg^{2+}、Fe^{3+}、Al^{3+} 总量

(12) 准确滴定单一金属离子的条件是（   ）。

A. $\lg c_M K'_{MY} \geqslant 8$　　B. $\lg c_M K_{MY} \geqslant 8$　　C. $\lg c_M K'_{MY} \geqslant 6$　　D. $\lg c_M K_{MY} \geqslant 6$

(13) EDTA 滴定 Zn^{2+} 时，加入 NH_3-NH_4Cl 可（   ）。

A. 防止干扰　　　　　　　　　　　　B. 控制溶液的 pH

C. 使金属离子指示剂变色更敏锐　　　D. 加大反应速率

(14) 在 EDTA 络合滴定中，下列有关酸效应系数的叙述中，正确的是（   ）。

A. 酸效应系数越大，络合物的稳定性越大

B. 酸效应系数越小，络合物的稳定性越大

C. pH 愈大，酸效应系数愈大

D. 酸效应系数愈大，络合滴定曲线的 pM 突跃范围愈大

(15) EDTA 法测定水的总硬度是在 pH=（   ）的缓冲溶液中进行，钙硬度是在 pH=（   ）的缓冲溶液中进行。

A. 4～5　　　　　　B. 6～7　　　　　　C. 8～10　　　　　　D. 12～13

(16) 产生金属指示剂的僵化现象是因为（   ）。

A. 指示剂不稳定　　　　　　　　　　B. MIn 溶解度小

C. $K'_{MIn} < K'_{MY}$　　　　　　　　　D. $K'_{MIn} > K'_{MY}$

(17) 使 MY 稳定性增加的副反应有（   ）。

A. 酸效应　　　　B. 共存离子效应　　　C. 水解效应　　　D. 混合配位效应

(18) 测定水中钙硬度时，Mg^{2+} 的干扰用的是（   ）消除的。

A. 控制酸度法　　　B 络合掩蔽法　　　C. 氧化还原掩蔽法　　　D. 沉淀掩蔽法

(19) 用 EDTA 标准滴定溶液滴定金属离子 M 时，若要求相对误差小于 0.1%，则要求（   ）。

A. $c_M K'_{MY} \geqslant 10^6$　　　　　　　　B. $c_M K'_{MY} \leqslant 10^6$

C. $K'_{MY} \geqslant 10^6$　　　　　　　　　D. $K'_{MY} \alpha_{Y(H)} \geqslant 10^6$

(20) 络合滴定中加入缓冲溶液的原因是（   ）。

A. EDTA 络合能力与酸度有关

B. 金属指示剂有其使用的酸度范围

C. EDTA 与金属离子反应过程中会释放出 H^+

D. K'_{MY} 会随酸度改变而改变

3. 判断题

(1) 金属指示剂是指示金属离子浓度变化的指示剂。　　　　　　　　　　（   ）

(2) 造成金属指示剂封闭的原因是指示剂本身不稳定。　　　　　　　　　（   ）

(3) 在只考虑酸效应的络合反应中，酸度越大形成络合物的条件稳定常数越大。（   ）

(4) 用 EDTA 络合滴定法测水泥中氧化镁含量时，不用测钙镁总量。　　　（   ）

（5）金属指示剂的僵化现象是指滴定时终点没有出现。　　　　　　　　　（　　）

（6）在络合滴定中，若溶液的 pH 高于滴定 M 的最小 pH，则无法准确滴定。（　　）

（7）EDTA 酸效应系数 $\alpha_{Y(H)}$ 随溶液中 pH 的变化而变化；pH 越低，则 $\alpha_{Y(H)}$ 值高，对络合滴定有利。　　　　　　　　　　　　　　　　　　　　　　　　（　　）

（8）络合滴定中，溶液的最佳酸度范围是由 EDTA 决定的。　　　　　　（　　）

（9）铬黑 T 指示剂在 pH＝7～11 范围使用，其目的是为减少干扰离子的影响。（　　）

（10）滴定 Ca^{2+}、Mg^{2+} 总量时要控制 pH≈10，而滴定 Ca^{2+} 分量时要控制 pH 为 12～13，若 pH＞13 时测 Ca^{2+} 则无法确定终点。　　　　　　　　　　　（　　）

（11）络合滴定法中指示剂的选择是根据滴定突跃的范围。　　　　　　　（　　）

（12）若被测金属离子与 EDTA 络合反应速率慢，则一般可采用置换滴定方式进行测定。　　　　　　　　　　　　　　　　　　　　　　　　　　　　　　　（　　）

（13）EDTA 与金属离子络合时，不论金属离子的化合价是多少，一般均是以 1∶1 的关系络合。　　　　　　　　　　　　　　　　　　　　　　　　　　　　　（　　）

（14）络合滴定不加缓冲溶液也可以进行滴定。　　　　　　　　　　　　（　　）

（15）酸效应曲线的作用就是查找各种金属离子所需的滴定最低酸度。　　（　　）

（16）我国国家标准规定饮用水硬度以 $CaCO_3$ 计，不能超过 450mg/L。　（　　）

（17）酸效应曲线可以确定单独滴定某种金属离子的酸度。　　　　　　　（　　）

（18）络合滴定中，直接滴定 M 离子的最高 pH 可由 K'_{MY} 求得。　　　（　　）

（19）络合滴定中的掩蔽方法中，沉淀掩蔽法是最理想的方法。　　　　　（　　）

（20）如果将标定好的 EDTA 标准溶液贮存于普通玻璃试剂瓶中，则测定金属离子时，结果会偏高。　　　　　　　　　　　　　　　　　　　　　　　　　　　（　　）

4. 简答题

（1）EDTA 和金属离子形成的络合物有哪些特点？

（2）什么是络合物的绝对稳定常数？什么是条件稳定常数？为什么要引进条件稳定常数？

（3）络合滴定中什么是主反应？什么是副反应？有哪些副反应？怎样衡量副反应的严重情况？

（4）作为金属指示剂必须具备什么条件？在使用金属指示剂的过程中存在哪些问题？怎样消除？

（5）以 EDTA 滴定 Mg^{2+}（pH＝10），以用铬黑 T（EBT）作指示剂为例，说明金属指示剂的作用原理。

（6）试比较酸碱滴定和络合滴定，说明它们的相同点和不同点。

（7）络合滴定中，金属离子能够被准确滴定的具体含义是什么？金属离子能被准确滴定的条件是什么？分步滴定的条件是什么？

（8）提高络合滴定选择性有几种方法？

（9）常用的掩蔽干扰离子的方法有哪些？络合掩蔽剂应具备什么条件？

（10）酸效应曲线是怎样绘制的？它在络合滴定中有什么用途？影响络合滴定突跃的因素有哪些？

（11）分别含有 0.02mol/L Zn^{2+}、Cu^{2+}、Cd^{2+}、Sn^{2+}、Ca^{2+} 的五种溶液，在 pH＝3.5 时，哪些可以用 EDTA 准确滴定？哪些不能被 EDTA 滴定？为什么？

5. 计算题

(1) 计算滴定下列金属离子所允许的最低 pH（设 EDTA 的浓度为 0.01mol/L）。

①Zn^{2+}；②纯 Ca^{2+} ③Al^{3+} ④Fe^{2+}

(2) 计算下列条件稳定常数

① pH＝10 EDTA 与 Mg^{2+} 形成络合物时的 lgK'_{MgY}

② pH＝8 EDTA 与 Ca^{2+} 形成络合物时的 lgK'_{CaY}

(3) 用纯 $CaCO_3$ 标定 EDTA 溶液。称取 0.1005g 纯 $CaCO_3$，溶解后定容为 100.0mL，吸取此溶液 25.00mL，在 pH＝12 时，用钙指示剂指示终点，用待标定的 EDTA 溶液滴定，用去 24.50mL，计算 EDTA 溶液的物质的量浓度。

(4) 在 pH＝10 的氨性缓冲溶液中，滴定 100.0mL 含 Ca^{2+}、Mg^{2+} 的水样，消耗 0.01016mol/L EDTA 标准溶液 15.28mL；另取 100.0mL 水样，用 NaOH 处理，使 Mg^{2+} 生成 $Mg(OH)_2$ 沉淀，滴定时消耗 EDTA 标准溶液 10.43mL，计算水样中 $CaCO_3$ 和 $MgCO_3$ 的含量（以 mol/L 表示）。

(5) 吸取水样 50mL，用 0.01860mol/L EDTA 标准溶液测定水的总硬度，以铬黑 T 为指示剂，在 pH＝10 时滴定，消耗 EDTA 20.30mL，求水的总硬度 [以 $CaCO_3$（mg/L）表示]。

(6) 称取铝盐试样 1.250g，溶解后加 0.05000mol/L EDTA 溶液 25.00mL，在适当条件下反应后，调节溶液 pH 为 5～6，以二甲酚橙为指示剂，用 0.0200mol/L Zn^{2+} 标准溶液回滴过量的 EDTA，耗用 Zn^{2+} 溶液 21.50mL，计算铝盐中铝的含量。

(7) 准确量取葡萄糖酸钙口服溶液 5.00mL，置于 250mL 锥形瓶中，加水稀释，加入 NaOH 溶液和钙指示剂，用 0.05016mol/L EDTA 标准溶液滴定至终点，消耗 EDTA 标准溶液 21.86mL，求葡萄糖酸钙口服溶液的质量浓度（以 mg/mL 表示）。

(8) 用络合滴定法测定氯化锌的含量。称取 0.2500g 试样，溶于水后稀释到 250.0mL，移取溶液 25.00mL，在 pH 为 5～6 时，用二甲酚橙作指示剂，用 0.01024mol/L 的 EDTA 标准溶液滴定，用去 17.61mL。计算试样中氯化锌的含量。

(9) 用纯 Zn 标定 EDTA 溶液，若称取的纯 Zn 粒为 0.3942g，用 HCl 溶液溶解后转移入 250mL 容量瓶中，稀释至标线。吸取该锌标准溶液 25.00mL，用 EDTA 溶液滴定，消耗 24.05mL，计算 EDTA 溶液的准确浓度。

(10) 称取含钙试样 0.2000g，溶解后转入 100mL 容量瓶中，稀释至标线。吸取此溶液 25.00mL，以钙指示剂为指示剂，在 pH＝12.0 时用 0.02000mol/L EDTA 标准溶液滴定，消耗 EDTA 19.86mL，求试样中 $CaCO_3$ 的含量。

学习情境六

氧化还原滴定法

任务一 认识氧化还原滴定法

一、知识目标
（1）熟悉氧化还原反应的特点；

（2）理解条件电极电位的意义及影响因素；

（3）理解电对电极电位的计算方法；

（4）了解影响氧化还原反应方向、程度和速率的因素。

二、能力目标
（1）能说明氧化还原滴定法的分类及特点；

（2）能应用能斯特方程计算电对的电极电位；

（3）学会判断氧化还原反应进行的方向及程度；

（4）能进行氧化还原滴定的可行性判断。

三、素质目标
（1）具有热爱祖国、恪尽职守、踏实勤恳的工作作风；

（2）能做到检测行为公正、公平，数据真实、可靠；

（3）具有团结协作、人际沟通能力。

四、教、学、做说明
学生可在线上、线下学习【相关知识】的基础上，由教师引领，完成有关电对电极电位的计算。并分组讨论高锰酸钾能否与 Fe^{2+} 定量反应。最后与全班进行交流与评价。

相关知识

判断氧化还原反应能否定量进行，即判断氧化还原反应进行的完全程度，通常根据反应平衡常数来衡量。而氧化还原反应的平衡常数与两电对的条件电极电位之差及转移的电子数目有关。所以要解决这个问题，必须学习氧化还原滴定法的特点、分类；电对标准电极电位、条件电极电位的概念及计算方法等相关知识。

一、氧化还原滴定法简介

氧化还原滴定法是以氧化还原反应为基础的滴定分析法。

氧化还原反应的实质是电子的转移，其特点是反应机理比较复杂，反应速率慢，常伴有副反应的发生。因此，必须在滴定过程中创造适当的条件，使其符合滴定分析的基本要求，达到预期的效果。

氧化还原滴定法应用广泛，可用来直接测定本身具有氧化还原性的物质，如 H_2O_2 的测定，还可间接测定本身不具有氧化还原性，但能与氧化剂、还原剂定量反应的物质，如钙盐中钙含量的测定。氧化还原滴定法不仅能测定无机物，也能测定有机物。所以说，氧化还原滴定法是滴定分析中一种十分重要的分析方法。

氧化还原滴定法以氧化剂或还原剂作为标准溶液，人们习惯上按所用标准溶液的名称命名，常见的氧化还原滴定法主要有高锰酸钾法、重铬酸钾法、碘量法、溴酸钾法、铈量法等。

二、标准电极电位和条件电极电位

在氧化还原反应中，化合价降低的反应物为氧化剂，化合价升高的反应物为还原剂。在反应中，氧化剂得到电子，发生还原反应，其产物称为还原产物；还原剂失去电子，发生氧化反应，其产物为氧化产物。

1. 氧化还原电对

氧化还原的本质是氧化剂与还原剂之间的电子转移或共用电子对的偏移。每一个氧化还原反应都是由两个半反应构成的。一个是氧化反应，一个是还原反应。通常将在半反应中化合价高的物质叫作氧化型物质，化合价低的物质叫作还原型物质，构成一个氧化还原电对，写成氧化型/还原型。每个电对所对应的半反应，无论是氧化反应还是还原反应，均表示为：

$$Ox+ne \Longrightarrow Red \tag{6-1}$$

$$氧化型+ne \Longrightarrow 还原型$$

如：

$$Fe^{3+}+e \Longrightarrow Fe^{2+}$$

其氧化型与其共轭还原型构成氧化还原电对，即 Ox/Red。

氧化还原电对与其对应半反应见表 6-1。

表 6-1　氧化还原电对与其对应半反应

氧化还原电对	半反应	氧化还原电对	半反应
$2H^+/H_2$	$2H^++2e \longrightarrow H_2$	Sn^{4+}/Sn^{2+}	$Sn^{4+}+2e \longrightarrow Sn^{2+}$
Fe^{3+}/Fe^{2+}	$Fe^{3+}+e \longrightarrow Fe^{2+}$	$I_3^-/3I^-$	$I_3^-+2e \longrightarrow 3I^-$
MnO_4^-/Mn^{2+}	$MnO_4^-+8H^++5e \longrightarrow Mn^{2+}+4H_2O$	$Cr_2O_7^{2-}/Cr^{3+}$	$Cr_2O_7^{2-}+14H^++6e \longrightarrow 2Cr^{3+}+7H_2O$

氧化还原电对分为可逆电对和不可逆电对两大类。如，Fe^{3+}/Fe^{2+}、I_2/I^-、Ce^{4+}/Ce^{3+} 等是可逆电对，其电极电位基本符合能斯特方程式；而 MnO_4^-/Mn^{2+}、$Cr_2O_7^{2-}/Cr^{3+}$、SO_4^{2-}/SO_3^{2-} 等是不可逆电对，实际电极电位与理论电极电位相差较大，仅能通过斯特方程式计算的数值作初步判断。

2. 电极电位

（1）电极电位的概念　金属及其盐溶液的电位差叫作电极电位。在氧化还原反应中，电对的电极电位越高，其氧化型的氧化能力越强，还原型的还原能力越弱；电对的电极电位越低，其还原型的还原能力越强，而氧化型的氧化能力越弱。因此作为氧化剂时可以氧化电位比它低的还原剂；作为还原剂时可以还原电位比它高的氧化剂。由此可见，人们根据有关电对的电极电位就可以判断氧化还原反应的方向、次序和反应进行的程度。

氧化还原电对的电极电位可根据电对的标准电位利用能斯特方程式求得。

（2）标准电极电位　在标准状态下测得的电极电位。电极的标准状态是指温度为 25℃，组成电极的物质的浓度为 1mol/L，气体压力为 101.3kPa。标准电极电位是相对标准氢电极而定的，只随温度变化而变化。常见电对的标准电极电位列于附录中。

由标准电极电位表可以看出，不同的电极反应，具有不同的标准电极电位，这说明标准电极电位的大小由氧化还原电对的性质决定。

利用标准电极电位的大小可判断氧化剂和还原剂的强弱、氧化还原反应能否进行和进行的方向。

（3）条件电极电位　在实际测定中，离子强度通常较大，并且当溶液的组成改变时，电对氧化型和还原型的存在形式也随之改变，对电对氧化还原能力的影响也比较大，不能忽略。此时用浓度代替活度进行计算误差较大。因此在利用电极电位讨论物质的氧化还原能力时，必须考虑各种副反应及离子强度对电极电位的影响。为此引入了条件电极电位。

在 25℃，当溶液的浓度为 1mol/L，气体分压为 101.3kPa 时，在不同介质条件下测得的电对的电极电位，是在一定条件下校正了各种外界因素影响后的实际电位。

条件电极电位反映了离子强度和各种副反应总的影响，其在一定条件下是一个常数，不随氧化型和还原型总浓度的改变而变化，各种条件下电对的条件电极电位可通过实验测出。部分氧化还原电对的条件电极电位见附录。

条件电位和标准电位的关系与络合滴定中条件稳定常数和绝对稳定常数的关系相似，显然，引入条件电极电位后，分析化学问题处理起来比较简单，也更符合实际情况。

条件电极电位的大小，说明了在外界因素影响下，氧化还原电对的实际氧化还原能力强弱。因此，使用条件电极电位比用标准电极电位更能正确地判断氧化还原反应的方向、次序和完成的程度，所以在有关计算中，使用条件电极电位更为合理。

3. 能斯特方程式及其应用

（1）能斯特方程式　标准电极电位是在标准状态下测定的，条件电极电位也是在一定条件下测定的，当溶液的浓度、压力、反应温度等条件改变时，电对的电极电位也随之改变。德国科学家能斯特从理论上推导出电极电位与反应温度、反应物浓度或压力、溶液酸度之间的定量关系式，称为能斯特方程式。

在 25℃时，能斯特方程式表示为：

$$E(\text{Ox/Red}) = E^{\ominus}(\text{Ox/Red}) + \frac{0.059}{n}\lg\frac{c(\text{Ox})}{c(\text{Red})} \tag{6-2}$$

式中　$E(\text{Ox/Red})$——非标准状态下电对的电极电位；

　　　　$c(\text{Ox})$——氧化型的浓度；

　　　　$c(\text{Red})$——还原型的浓度；

　　　　n——半反应中的电子转移数；

$E^{\ominus}(\text{Ox/Red})$——电对 Ox/Red 的标准电极电位。

当考虑离子强度以及其他因素的影响时，能斯特方程式可写为：

$$E(\text{Ox/Red}) = E^{\ominus}(\text{Ox/Red}) + \frac{0.059}{n}\lg\frac{c(\text{Ox})}{c(\text{Red})} \tag{6-3}$$

式中，$E^{\ominus}(\text{Ox/Red})$ 为条件电极电位。

（2）能斯特方程式的应用   利用能斯特方程式可以计算电对在不同浓度或压力下的电极电位。但在计算时应注意以下几点。

① 组成电对的某一物质是固体或纯液体时，其浓度可视为 1mol/L 代入。

② 组成电对的某一物质是气体时，则用该气体的分压代入。

③ 除氧化型和还原型物质外，还有其他物质（如 H^+ 或 OH^-）时，计算时应将它们的浓度反映到方程式中，并将电对中各物质前的系数作为该物质浓度的幂。

④ 若氧化型、还原型的系数不等于 1，则以它们的系数为方次代入。

⑤ 以上两式只适于可逆氧化还原电对。

⑥ 各种条件下，电对的条件电极电位常由实验测定。但由于实际体系的反应条件多种多样，目前条件电位的数值还较少，故在计算时，尽量采用条件电极电位，若没有相同条件的电位，则采用条件相近的条件电位数值。如果没有指定条件的电极电位数据，就只能采用标准电位作粗略计算。

例如，从表中查不到 $0.5mol/L H_2SO_4$ 溶液中 Fe^{3+}/Fe^{2+} 电对的条件电位，此时可用 $1mol/L H_2SO_4$ 溶液中 Fe^{3+}/Fe^{2+} 电对的条件电位（0.68V）代替。

【例 6-1】 在 $0.5mol/L H_2SO_4$ 溶液中，$c(Ce^{4+})=1.00\times10^{-3}mol/L$，$c(Ce^{3+})=1.00\times10^{-2}mol/L$，计算 $c(Ce^{4+}/Ce^{3+})$ 电对的电极电位。

解： 查附录六在 $0.5mol/L H_2SO_4$ 溶液中，$E^{\ominus\prime}(Ce^{4+}/Ce^{3+})=1.44V$

$$E(Ce^{4+}/Ce^{3+})=E^{\ominus\prime}(Ce^{4+}/Ce^{3+})+0.059\times\lg\frac{c(Ce^{4+})}{c(Ce^{3+})}=1.44+0.059\times\lg\frac{1.00\times10^{-3}}{1.00\times10^{-2}}$$

$$\approx1.38(V)$$

【例 6-2】 已知，在酸性溶液中 MnO_4^- 的半反应为：

$$MnO_4^-+8H^++5e\longrightarrow Mn^{2+}+4H_2O$$

$$[MnO_4^-]=0.1mol/L,[Mn^{2+}]=0.001mol/L,[H^+]=1mol/L$$

此溶液中 MnO_4^-/Mn^{2+} 电对的电极电位是多少？

解： 查表知 $E^{\ominus}=+1.51V$

$$E=E^{\ominus}+\frac{0.059}{n}\lg\frac{[MnO_4][H^+]^8}{[Mn^{2+}]}=1.51+\frac{0.059}{5}\times\lg\frac{0.1\times1^8}{0.001}\approx1.53(V)$$

4. 电极电位的应用

电极电位表示物质在氧化还原反应中争夺电子的能力，因此，它不仅可以定量地反映出物质在氧化还原反应中氧化、还原能力的大小，即氧化剂、还原剂的强弱，还可以用来判断氧化还原反应进行的方向、次序和程度。电极电位的应用见表 6-2。

表 6-2   电极电位的应用

应用	说明
判断氧化剂、还原剂的强弱	电对的电极电位越大,该电对中氧化型物质争夺电子的能力越强,是强氧化剂;反之电对的电极电位越小,该电对中还原型物质失去电子的能力越强,还原性越强,是强还原剂
判断氧化还原反应自发进行的方向	电极电位大的电对中的氧化型物质(作氧化剂)能与电极电位小的电对中的还原型物质(作还原剂)自发反应

续表

应用	说明
判断氧化还原反应进行的次序	当把一种氧化剂加入同时含有几种还原剂的溶液中时,该氧化剂首先与最强的还原剂(其电极电位最小)发生反应;反之当把一种还原剂加入同时含有几种氧化剂的溶液中时,该还原剂首先与最强的氧化剂(其电极电位最大)发生反应
判断氧化还原反应的完全程度	理论上讲,氧化还原反应中两电对的电极电位相差越大,则该反应进行得越完全、越彻底;反之相差越小,则该反应进行得就越不完全、越不彻底

三、氧化还原平衡常数

在滴定分析中,氧化还原反应进行得越完全越好。一个氧化还原反应的完全程度可用它的平衡常数 K 作为衡量标准。K 值越大,反应进行得越完全。K 值可根据能斯特方程式,从两电对的标准电极电位或条件电极电位求得。如果引用条件电极电位,求得的是条件平衡常数 K',其更能说明反应的完全程度。

1. 平衡常数与电极电位的关系
例如,下列氧化还原反应:
$$n_2 Ox_1 + n_1 Red_2 \Longrightarrow n_1 Ox_2 + n_2 Red_1$$
反应达到平衡时,平衡常数可表示为:
$$K = \frac{[c(Red_1)]^{n_2}[c(Ox_2)]^{n_1}}{[c(Ox_1)]^{n_2}[c(Red_2)]^{n_1}} \tag{6-4}$$
两电对的电极电位为:
$$Ox_1 + n_1 e^\ominus \Longrightarrow Red_1 \qquad E_1 = E_1^\ominus + \frac{0.059}{n_1} lg \frac{c(Ox_1)}{c(Red)_1}$$
$$Ox_2 + n_2 e^\ominus \Longrightarrow Red_2 \qquad E_2 = E_2^\ominus + \frac{0.059}{n_2} lg \frac{c(OX_2)}{c(Red)_2}$$
当反应达到平衡时,$E_1 = E_2$ 故:
$$E_1^\ominus + \frac{0.059}{n_1} lg \frac{c(Ox_1)}{c(Red_1)} = E_2^\ominus + \frac{0.059}{n_2} lg \frac{c(Ox_2)}{c(Red_2)}$$
移项整理得:
$$E_1^\ominus - E_2^\ominus = \frac{0.059}{n_2} lg \frac{c(Ox_2)}{c(Red_2)} - \frac{0.059}{n_1} lg \frac{c(Ox_1)}{c(Red_1)}$$
$$= \frac{0.059}{n_1 n_2} lg \left\{ \left[\frac{c(Ox_2)}{c(Red_2)}\right]^{n_1} \cdot \left[\frac{c(Red_1)}{c(Ox_1)}\right]^{n_2} \right\} \tag{6-5}$$
将式(6-4)代入(6-5)中得:
$$E_1^\ominus - E_2^\ominus = \frac{0.059}{n_1 n_2} lgK$$
$$lgK = \frac{n_1 n_2 (E_1^\ominus - E_2^\ominus)}{0.059} \tag{6-6}$$

式(6-6)表明氧化还原反应平衡常数的大小是直接由氧化剂和还原剂两电对的标准电位的差值来决定的。两者的差值越大,K 值也越大,反应进行得越完全。如果考虑溶液中各种副反应的影响,则以相应的条件电极电位代替标准电极电位,可得到条件平衡常数 K',即:

$$\lg K' = \frac{n_1 n_2 (E^{\ominus'}{}_1 - E^{\ominus'}{}_2)}{0.059} \tag{6-7}$$

氧化还原反应到化学计量点时，反应进行的程度可用条件平衡常数或平衡常数的大小来衡量，但是它们到底多大时才能满足定量分析准确度的要求呢？

2. 初步判断氧化还原反应的完全程度

根据滴定分析误差的要求，一般在化学计量点时，反应完全程度应在 99.9% 以上，未作用的物质比例应小于 0.1%。即要求：

$\dfrac{c(Ox_2)}{c(Red)_2} \geqslant 10^3, \dfrac{c(Red_1)}{c(Ox_1)} \geqslant 10^3$，代入式(6-5) 中得：

若 $n_1 = n_2 = 1$，则 $\lg K \geqslant 6$；

则 $E^{\ominus}_1 - E^{\ominus}_2 = \dfrac{0.059}{n_1 n_2} \lg K \geqslant 0.059 \times 6 \approx 0.35(V)$

若 $n_1 = 1$、$n_2 = 2$，或 $n_1 = 2$，$n_2 = 1$，则 $E^{\ominus}_1 - E^{\ominus}_2 \geqslant 0.27(V)$；

若 $n_1 = n_2 = 2$，则 $E^{\ominus'}_1 - E^{\ominus'}_2 \geqslant 0.18V$

计算表明，无论什么类型的氧化还原反应，一般认为，两电对的电极电位之差如果大于或等于 0.4V，就能满足滴定分析的要求，反应就能定量地进行。

但必须指出的是，两电对的电极电位相差很大，仅说明该氧化还原反应有进行完全的可能，并不说明反应速率的快慢及反应能否定量。

【例 6-3】 计算在 $1mol/L H_2SO_4$ 溶液中，用 Ce^{4+} 溶液滴定 Fe^{2+} 溶液的条件平衡常数，并说明该反应是否满足滴定分析的要求。

解：滴定反应为：

$$Ce^{4+} + Fe^{2+} \Longrightarrow Ce^{3+} + Fe^{3+}$$

查附录五得：$E^{\ominus'}(Ce^{4+}/Ce^{3+}) = +1.44V$；$E^{\ominus'}(Fe^{3+}/Fe^{2+}) = +0.68V$

$$\lg K' = \frac{n_1 n_2 (E^{\ominus'}{}_1 - E^{\ominus'}{}_2)}{0.059} = \frac{1 \times 1 \times (1.44 - 0.68)}{0.059} \approx 12.88$$

$$K' = 10^{12.88} \approx 7.6 \times 10^{12}$$

$$E^{\ominus'}_1 - E^{\ominus'}_2 = (1.44 - 0.68)V = 0.76V > 0.4V$$

由计算可知，上述反应可进行完全，满足滴定的要求，能够用氧化还原滴定法分析。

四、氧化还原反应进行的方向及其影响因素

根据氧化还原反应电对的电极电位可大致判断氧化还原反应进行的方向。氧化还原反应是由较强的氧化剂与较强的还原剂相互作用，生成较弱还原剂和较弱氧化剂的过程。即氧化还原反应的方向可表示为：

$$强氧化剂_1 + 强还原剂_2 \longrightarrow 弱还原剂_1 + 弱氧化剂_2$$

作为一种氧化剂时，可以氧化电位比它低的还原剂；作为一种还原剂时，可以还原电位比它高的氧化剂。

当溶液的条件改变时，氧化还原电对的电极电位也受到影响，从而可能影响氧化还原反应的方向。

影响氧化还原反应方向的因素有：氧化剂、还原剂的浓度；生成沉淀；形成络合物、溶液酸度等。下面分别进行讨论。

1. 氧化剂、还原剂浓度的影响

由能斯特方程式可知，增大氧化剂浓度时，电位值升高；增大还原剂浓度时，电位值降

低。因此氧化还原反应方向有可能改变。

例如，用亚锡离子还原 Fe^{3+} 的反应，经查附录四可知：

$$2Fe^{3+}+2e \Longrightarrow 2Fe^{2+} \qquad E^{\ominus}(Fe^{3+}/Fe^{2+})=0.771V$$

$$Sn^{4+}+2e \Longrightarrow Sn^{2+} \qquad E^{\ominus}(Sn^{4+}/Sn^{2+})=0.154V$$

$E^{\ominus}(Fe^{3+}/Fe^{2+}) > E^{\ominus}(Sn^{4+}/Sn^{2+})$，说明 Fe^{3+} 接受电子的倾向较大，是较强的氧化剂，Sn^{2+} 失去电子的倾向较大，是较强的还原剂。因此当两电对组成原电池时，氧化还原反应的方向是：较强的氧化剂 Fe^{3+} 获得电子被还原为 Fe^{2+}；较强的还原剂 Sn^{2+} 在反应中失去电子而被氧化为 Sn^{4+}，反应从左向右进行。即：

总反应： $$2Fe^{3+}+Sn^{2+} \Longrightarrow 2Fe^{2+}+Sn^{4+}$$

【例 6-4】 试判断 $Pb^{2+}+Sn \Longrightarrow Pb+Sn^{2+}$ 反应进行的方向。

已知：$E^{\ominus}(Sn^{2+}/Sn)=-0.14V$　$E^{\ominus}(Pb^{2+}/Pb)=-0.13V$

当 $[Pb^{2+}]=[Sn^{2+}]=1mol/L$ 时：

$$E(Pb^{2+}/Pb)=E^{\ominus}(Pb^{2+}/Pb)=-0.13V$$

$$E(Sn^{2+}/Sn)=E^{\ominus}(Sn^{2+}/Sn)=-0.14V$$

$$E(Pb^{2+}/Pb) > E(Sn^{2+}/Sn)$$

所以 Pb^{2+} 是氧化剂，Sn 是还原剂，反应自左向右进行。

$$Pb^{2+}+Sn \longrightarrow Pb+Sn^{2+}$$

当 $[Pb^{2+}]=0.1mol/L$，$[Sn^{2+}]=1mol/L$ 时：

$$E(Pb^{2+}/Pb)=E^{\ominus}(Pb^{2+}/Pb)+\frac{0.059}{2}lg[Pb^{2+}]$$

$$=-0.13+\frac{0.059}{2}lg0.1$$

$$\approx -0.16(V)$$

$$E(Sn^{2+}/Sn)=E^{\ominus}(Sn^{2+}/Sn)=-0.14V$$

此时 $E(Sn^{2+}/Sn) > E(Pb^{2+}/Pb)$，$Sn^{2+}$ 是氧化剂，Pb 是还原剂。反应自右向左进行。

$$Pb+Sn^{2+} \longrightarrow Pb^{2+}+Sn$$

如果两电对的条件电极电位或标准电极电位相差很大，则难以通过改变物质的量浓度来改变反应方向。

2. 生成沉淀的影响

在氧化还原反应中，当加入一种可与氧化型或还原型物质形成沉淀的物质时，就会改变体系的标准电极电位或条件电极电位，因而可能影响氧化还原反应方向。

例如：用碘量法测定铜的含量时，在 Cu^{2+} 的溶液里加入过量的 KI 使生成 I_2，再用标准 $Na_2S_2O_3$ 溶液滴定生成的 I_2，从而求得铜的含量。

其反应式为： $$2Cu^{2+}+4I^- \Longrightarrow 2CuI+I_2$$

从半反应式看：$2Cu^{2+}+2e \Longrightarrow 2Cu^+ \qquad E^{\ominus}(Cu^{2+}/Cu^+)=+0.153V$

$$I_2+2e \Longrightarrow 2I^- \qquad E^{\ominus}(I_2/I^-)=+0.535V$$

由于 $E^{\ominus}(Cu^{2+}/Cu^+) < E^{\ominus}(I_2/I^-)$，所以 Cu^{2+} 不能将 I^- 氧化为 I_2，反应不能向右进行，但是当溶液中有过量的 I^- 时，I^- 和 Cu^+ 可生成 CuI 沉淀，使溶液中 Cu^+ 浓度下降，其 Cu^{2+}/Cu^+ 的电极电位升高，使 $E^{\ominus}(Cu^{2+}/Cu^+) > E^{\ominus}(I_2/I^-)$，则 Cu^{2+} 可以把 I^- 氧化成 I_2，上述反应向生成 CuI 沉淀并析出 I_2 的方向进行。

3. 形成络合物的影响

在氧化还原反应中，当加入一种可与氧化型或还原型物质形成稳定络合物的络合剂时，也会改变电对的标准电极电位或条件电极电位，因而可能影响氧化还原方向。

例如，对于 $2Fe^{3+}+2I^-\Longleftrightarrow I_2+2Fe^{2+}$ 反应来说，当有氟化物存在时，Fe^{3+} 可与 F^- 形成稳定的 $[FeF_6]^{3-}$ 络合物，使得 Fe^{3+} 的浓度大大降低，电对 Fe^{3+}/Fe^{2+} 的电极电位值相应下降，当小于 I_2/I^- 电对的电极电位时，Fe^{3+} 就不能氧化 I^-，从而改变反应方向。

分析化学中常用此法消除 Fe^{3+} 对主反应的影响。如用碘量法测定铜的含量时，可用这种方法消除 Fe^{3+} 对 Cu^{2+} 的干扰。

4. 溶液酸度的影响

许多氧化还原反应有 H^+ 或 OH^- 的参与，因此当溶液的酸度变化时，电极电位也发生变化，因而有可能影响反应方向。

例如：$Cr_2O_7^{2-}+14H^++6e\longrightarrow 2Cr^{3+}+7H_2O$

$$E^\ominus(Cr_2O_7^{2-}/Cr^{3+})=+1.33V$$

根据能斯特方程式：

$$E(Cr_2O_7^{2-}/Cr^{3+})=E^\ominus(Cr_2O_7^{2-}/Cr^{3+})+\frac{0.059}{6}\times lg\frac{[Cr_2O_7^{2-}][H^+]^{14}}{[Cr^{3+}]^2}$$

由上式可看出，$[H^+]$ 对电极电位的影响是很大的，$[H^+]$ 提高，电极电位升高，使得氧化剂的氧化性更强。相反，酸度降低，电极电位也会降低。因此当溶液的酸度发生变化时，电极电位也发生改变，就可能改变氧化还原反应的方向。

必须指出的是，只有当两电对的电极电位相差不大时，才能利用改变溶液酸度的方法改变氧化还原反应的方向。

五、氧化还原反应的速率及其影响因素

氧化还原反应的条件平衡常数或两电对的条件电极电位，只能判断氧化还原反应进行的方向和完全程度，并不能说明氧化还原反应速率的大小。虽然从平衡常数看，有些氧化还原反应是可以进行的，但由于反应速率太慢，因此可以认为氧化剂与还原剂之间并没有发生反应。所以在讨论氧化还原反应时，必须考虑反应速率。影响氧化还原反应速率的主要因素有下列几方面。

1. 浓度

许多氧化还原反应是分步进行的，整个氧化还原反应速率取决于最慢的一步。一般来说，增大反应物的浓度可以加快反应速率。

例如：用 $K_2Cr_2O_7$ 标定 $Na_2S_2O_3$ 溶液时，$K_2Cr_2O_7$ 在酸性溶液中首先与 KI 反应：

$$Cr_2O_7^{2-}+6I^-+14H^+\longrightarrow 2Cr^{3+}+3I_2+7H_2O$$

其次：

$$I_2+2S_2O_3^{2-}\longrightarrow 2I^-+S_4O_6^{2-}$$

可通过增大 I^- 的浓度和提高溶液的酸度的方法来加快反应速率。但 H^+ 浓度不能太高，否则空气中的氧气会将 I^- 氧化而造成误差。同时应注意控制滴定速度与化学反应速率相适应。

2. 温度

对于大多数反应，升高温度可加快反应速率。通常溶液温度每升高 10℃，反应速率增加 2～3 倍。

例如，在酸性溶液中，MnO_4^- 和 $C_2O_4^{2-}$ 的反应：

$$2MnO_4^-+5C_2O_4^{2-}+16H^+\longrightarrow 2Mn^{2+}+10CO_2\uparrow+8H_2O$$

室温下，反应速率很慢，将此溶液加热到 $75 \sim 85 ^{\circ}\mathrm{C}$ 时，反应速率很快，能顺利地进行滴定。因此用高锰酸钾滴定草酸时通常需加热到 $75 \sim 85 ^{\circ}\mathrm{C}$。

但有些物质易挥发，加热会引起挥发损失；或有些物质加热能促使它们被空气氧化，从而会引起误差。因此对于上述物质就不能采用加热的方法来提高反应速率，只能采用其他方法。

3. 催化剂

使用催化剂，能改变反应历程，降低活化能，加快反应速率。能加快化学反应速率的催化剂称为正催化剂；可减慢化学反应速率的催化剂称为负催化剂。在分析化学中主要是利用正催化剂使反应速率加快的。例如，在酸性溶液中，$KMnO_4$ 与 $Na_2C_2O_4$ 的反应最初进行得很慢，但随着反应的进行，Mn^{2+} 增多，反应速率越来越快。反应自身产生的 Mn^{2+} 起催化作用，Mn^{2+} 是该反应的催化剂。

这种由反应产物起催化作用的现象称为自动催化作用。这种反应称为自动催化反应。其特点是反应开始时速率较慢，随着反应的进行，生成物（催化剂）的浓度越来越大，反应速率也就越来越快。

4. 诱导反应

通常情况下有些氧化还原反应实际上并不发生或进行得很慢，另一个反应的进行可促进该反应的进行，这种现象称为诱导作用。

一个氧化还原的发生促进了另一个氧化还原进行的反应称诱导反应。例如，在用高锰酸钾法测铁的含量时，酸性溶液中，$KMnO_4$ 氧化 Cl^- 的反应速率很慢，当溶液中存在 Fe^{2+} 时，$KMnO_4$ 氧化 Fe^{2+} 的反应会加速 $KMnO_4$ 氧化 Cl^- 的反应。其中 Fe^{2+} 称为诱导体，Cl^- 称为受诱体，$KMnO_4$ 称为作用体。

诱导反应与催化反应不同，在催化反应中，并不消耗催化剂，而在诱导反应中，诱导体和受诱体都参与反应，会给分析结果带来误差。因此在氧化还原滴定中防止诱导反应的发生具有重要的意义。由此可见，要使氧化还原反应按所需方向定量、迅速地进行，选择和控制合适的反应及滴定条件是十分必要的。

任务二　认识氧化还原指示剂

一、知识目标

（1）了解氧化还原滴定法指示剂的性质及作用原理；

（2）掌握氧化还原法滴定指示剂的选择原则。

二、能力目标

（1）熟悉氧化还原反应滴定常用指示剂的类型及变色范围；

（2）能正确选择和配制氧化还原滴定的指示剂；

（3）能正确判断滴定终点。

三、素质目标

（1）具有热爱祖国、恪尽职守、踏实勤恳的工作作风；

（2）能做到检测行为公正、公平，数据真实、可靠；

（3）具有团结协作、人际沟通能力。

四、教、学、做说明

学生线上、线下学习【相关知识】后，在教师的引导下，分组讨论在用高锰酸钾标准溶液测定亚铁含量时，如何选择指示剂来指示的滴定终点，并与全班进行交流与评价。

📚 相关知识

在氧化还原滴定中，除了用电位法确定终点外，通常还可根据所使用标准溶液的不同，选用不同类型的指示剂来确定滴定的终点。下面讨论氧化还原滴定中指示剂的类型、作用原理及选择原则等问题。

一、氧化还原滴定中指示剂的分类

在氧化还原滴定中，常用以下几类指示剂在化学计量点附近颜色的改变来指示终点。

1. 自身指示剂

以滴定剂本身颜色变化来指示滴定终点的物质，叫自身指示剂。

在氧化还原滴定中，有的滴定剂或被测物质本身有很深的颜色，而滴定产物为无色或颜色很浅，则滴定时无须再加指示剂，以它们自身颜色的变化便可确定终点。

例如，用 $KMnO_4$ 标准溶液滴定 $C_2O_4^{2-}$ 的反应，$KMnO_4$ 本身是紫红色的，而产生的 Mn^{2+} 溶液几乎无色，滴定到化学计量点时，稍过量的 $KMnO_4$ 就使被测溶液呈粉红色，指示终点已经到达。$KMnO_4$ 既是标准溶液，又是指示剂。实验证明，$KMnO_4$ 的浓度约为 $2 \times 10^{-6}\,mol/L$ 时，就可以观察到溶液呈粉红色。

2. 特殊指示剂

本身不具有氧化还原性，但能与滴定剂或被测物反应，生成有特殊颜色物质而指示终点的物质称为特殊指示剂或专用指示剂。例如，在碘量法中所用的可溶性淀粉。

可溶性淀粉溶液能与 $I_2(I_3^-)$ 作用生成深蓝色络合物，当 I_2 完全被还原成 I^- 时，深蓝色消失，当 I^- 被氧化为 I_2 时，蓝色出现，反应非常灵敏。当 I_2 浓度为 $1 \times 10^{-5}\,mol/L$ 时，即能看到蓝色。因此可根据蓝色的出现或消失来指示终点，因此淀粉是碘量法的特殊指示剂。

3. 氧化还原指示剂

氧化还原指示剂是一些本身具有氧化还原性质的复杂有机化合物，它的氧化型和还原型具有不同的颜色，在滴定过程中，指示剂因被氧化或被还原而使溶液的颜色发生变化，以指示终点。例如，二苯胺磺酸钠是一种常用的氧化还原指示剂，它的氧化型是紫红色的，还原型是无色的。

与酸碱指示剂一样，氧化还原指示剂也有其变色的电位范围，人们将此范围称为指示剂的电位变色范围，不同的氧化还原指示剂有不同的变色范围。常用氧化还原指示剂的条件电极电位及颜色变化见表 6-3。

表 6-3　常用氧化还原指示剂的条件电极电位及颜色变化

指示剂	$E^{\ominus\prime}(In)/V$ $[H^+]=1mol/L$	颜色变化	
		氧化型	还原型
次甲基蓝	0.36	蓝	无色
二苯胺	0.76	紫	无色
二苯胺磺酸钠	0.84	紫红	无色
邻苯胺基苯甲酸	0.89	紫红	无色
邻二氮杂菲-亚铁盐	1.06	浅蓝	红
硝基邻二氮杂菲-亚铁盐	1.25	浅蓝	紫红

在酸碱滴定过程中，人们研究的是溶液中 pH 的改变。在氧化还原滴定过程中，人们要研究的是由氧化剂和还原剂浓度改变所引起的电极电位的改变情况，这种电极电位改变的情况可以用与其他滴定法相似的滴定曲线来表示。

二、氧化还原滴定中指示剂的选择

氧化还原滴定指示剂的选择原则有以下几点。

① 滴定时，如果能根据滴定剂或被测物质的颜色来判断终点，就不需要另加指示剂，能使用特殊指示剂的就使用特殊指示剂，只有上述两种方法都不能用时，才选用氧化还原指示剂。

② 选择氧化还原指示剂时，应使指示剂变色的电位范围部分或全部处于滴定突跃的电位范围之内。由于氧化还原指示剂的变色范围很小，因此在实际选择指示剂时，只要指示剂的条件电位处于滴定突跃范围之内就可以，并尽量使指示剂变色点的电位与化学计量点的电位相接近，以减少终点误差。

例如，在 $1mo/LH_2SO_4$ 溶液中，用 Ce^{4+} 滴定 Fe^{2+}，滴定的电极电位突跃范围是 $0.86\sim1.26V$，化学计量点电位为 $1.06V$，可供选择的指示剂有邻苯氨基苯甲酸 $[E^{\ominus\prime}(In)=0.89V]$ 及邻二氮杂菲-亚铁盐 $[E^{\ominus\prime}(In)=1.06V]$，但若选用邻苯胺基苯甲酸为指示剂，则终点将提前到达。

③ 终点时指示剂的颜色变化要明显，以便于观察。如用 $Cr_2O_7^{2-}$ 标准溶液滴定 Fe^{2+} 溶液，选用二苯胺磺酸钠作指示剂，终点时溶液由亮绿色变为深紫色，颜色变化十分明显。

在实际工作中，氧化还原滴定法中一般多数通过实验来确定指示剂。

任务三　过氧化氢含量的测定

一、知识目标
（1）掌握高锰酸钾标准溶液的配制、标定原理及方法；
（2）掌握高锰酸钾法测定过氧化氢含量的原理及方法；
（3）理解氧化还原滴定过程中电极电位的变化规律及计算方法；
（4）学会氧化还原滴定曲线的绘制方法。

二、能力目标

（1）能配制并标定高锰酸钾标准溶液；

（2）学会用高锰酸钾法测定溶液中过氧化氢的含量；

（3）能正确判断滴定终点；

（4）能绘制氧化还原滴定曲线。

三、素质目标

（1）具有热爱祖国、恪尽职守、踏实勤恳的工作作风；

（2）能做到检测行为公正、公平，数据真实、可靠；

（3）具有团结协作、人际沟通能力。

四、教、学、做说明

学生线上、线下学习【相关知识】后，结合前面所学知识，在教师的引导下，熟悉实验室环境，学会高锰酸钾标准溶液的配制、标定方法及有关滴定分析技术，由教师指导完成过氧化氢含量的测定，并提交实验报告。

五、工作准备

1. 仪器

分析天平；台秤；酸式滴定管（棕色）；容量瓶；烧杯；锥形瓶（250mL）、量筒；玻璃棒；表面皿；洗瓶；微孔玻璃漏斗；棕色试剂瓶（500mL）；2mL 和 25mL 移液管；洗瓶；水浴锅等。

2. 试剂

固体 $KMnO_4$；固体 $Na_2C_2O_4$（基准物质）；H_2SO_4（分析纯）；H_2SO_4 溶液（3mol/L）；H_2O_2 试样。

3. 实验原理

（1）高锰酸钾标准溶液的标定　市售高锰酸钾试剂中常含有少量的 MnO_2 和其他杂质，它们会加速 $KMnO_4$ 的分解，蒸馏水中微量的还原性物质也会与高锰酸钾反应，因此高锰酸钾标准溶液不能用直接法配制，必须经过标定。标定 $KMnO_4$ 溶液的基准物质有 $H_2C_2O_4 \cdot 2H_2O$、$Na_2C_2O_4$、As_2O_3 和纯铁丝等。其中 $Na_2C_2O_4$ 不含结晶水，容易提纯，不易吸湿，无毒，因此是常用的基准物质。

标定时，在热的硫酸溶液中，$KMnO_4$ 和 $Na_2C_2O_4$ 发生如下反应：

$$2MnO_4^- + 5C_2O_4^{2-} + 16H^+ \longrightarrow 2Mn^{2+} + 10CO_2 \uparrow + 8H_2O$$

反应开始较慢，待溶液中产生 Mn^{2+} 后，Mn^{2+} 的催化作用，促使反应速率加快。滴定中常用加热溶液的方法来提高反应速率。一般控制滴定温度在 75～85℃。若高于 90℃则容易引起 $H_2C_2O_4$ 分解。

$KMnO_4$ 溶液本身有色，当溶液中 MnO_4^- 的浓度约为 $2 \times 10^{-6}mol/L$ 时，人眼即可观察到溶液呈粉红色，故 $KMnO_4$ 作滴定剂时，一般不加指示剂，而利用稍过量的 $KMnO_4$ 使溶液呈粉红色这一现象来指示终点的到达。$KMnO_4$ 称为自身指示剂。

根据基准物质的质量与滴定时所消耗 $KMnO_4$ 溶液的体积，计算出 $KMnO_4$ 溶液的准确浓度。

（2）双氧水含量的测定　双氧水，既有氧化性，又有还原性。在酸性溶液中，室温条件下，其遇到氧化性比它更强的 $KMnO_4$ 时，可被氧化，其反应式为：

$$2MnO_4^- + 5H_2O_2 + 6H^+ \longrightarrow 2Mn^{2+} + 5O_2\uparrow + 8H_2O$$

用 $KMnO_4$ 标准溶液滴定 H_2O_2 溶液，开始时反应速率较慢，故应缓慢滴定，待有少量 Mn^{2+} 生成后，由于 Mn^{2+} 对反应有催化作用，因此随着 Mn^{2+} 的生成，反应速率逐渐加快，但近终点时，溶液中 H_2O_2 的浓度很低，反应速率也比较慢。故滴定速度应慢些。当溶液由无色变为微红色时，即为终点。根据 $KMnO_4$ 标准溶液的用量可计算出样品中 H_2O_2 的含量。

六、工作过程

1. 0.02mol/L $KMnO_4$ 标准溶液的配制与标定

（1）$KMnO_4$ 溶液的配制　称取约 1.6g 固体 $KMnO_4$，置于 1000mL 烧杯中，加入 500mL 蒸馏水，用玻璃棒搅拌，使之溶解。盖上表面皿，加热至微沸并保持 1h，冷却后倒入棕色试剂瓶中，放于暗处静置两周，之后用微孔玻璃漏斗过滤，滤液贮存于棕色试剂瓶中，待标定。

码6-1　高锰酸钾标准溶液的配制和标定

（2）$KMnO_4$ 溶液的标定　借助分析天平，用减量法称取已于 110℃ 下烘干恒重的基准物质 $Na_2C_2O_4$ 0.15~0.20g（准确至 0.0001g），置于 250mL 锥形瓶中，加新煮沸并放冷的蒸馏水 30mL 使之溶解。再加入 10mL 3mol/L H_2SO_4 溶液，加热至 75~85℃（有蒸汽冒出），趁热用待标定的 $KMnO_4$ 溶液滴定至溶液呈粉红色，并保持 30s 不褪色，即为终点，记录消耗高锰酸钾标准溶液的体积。平行测定 3 次，并做空白试验。

注意滴定速度，应在加入第一滴溶液红色褪去后，再加入下一滴，以后可逐渐加快滴定速度。临近终点时，滴定速度要减慢，溶液的温度不低于 55℃。

2. 双氧水中 H_2O_2 含量的测定

用减量法准确称取 0.8~1.0g 双氧水试样（质量分数约 30%），置于装有 200mL 蒸馏水的 250mL 容量瓶中，加水稀释至刻度，充分摇匀。

码6-2　双氧水中过氧化氢含量的测定

用移液管准确移取上述稀释过的 H_2O_2 试液 25.00mL 于 250mL 锥形瓶中，加入 20mL 3mol/L 的 H_2SO_4 溶液，用 0.020mol/L $KMnO_4$ 标准溶液滴定至溶液呈粉红色，并保持 30s 不褪色，即为终点。纪录消耗 $KMnO_4$ 标准溶液的体积。平行测定 3 次，同时做空白试验。

七、数据记录与处理

1. 数据记录

（1）高锰酸钾标准溶液的标定

项目	1	2	3
称量瓶与基准物质 $Na_2C_2O_4$ 的质量/g			
倾出后称量瓶与基准物质 $Na_2C_2O_4$ 的质量/g			
基准物质 $Na_2C_2O_4$ 的质量/g			

续表

项目	1	2	3
KMnO₄ 溶液的初读数/mL			
KMnO₄ 溶液的终读数/mL			
消耗 KMnO₄ 标准溶液的体积/mL			
滴定管校正值/mL			
溶液温度/℃			
溶液温度补正值/（mL/L）			
溶液温度校正值/mL			
实际消耗 KMnO₄ 标准溶液的体积/mL			
空白试验消耗 KMnO₄ 标准溶液的体积/mL			
KMnO₄ 标准溶液的浓度/（mol/L）			
平均浓度/（mol/L）		
相对极差/%		

（2）过氧化氢含量的测定

项目	1	2	3
倾倒前称量瓶与样品的质量/g			
倾出后称量瓶与样品的质量/g			
样品的质量/g			
KMnO₄ 标准溶液初读数/mL			
KMnO₄ 标准溶液终读数/mL			
消耗 KMnO₄ 标准溶液的体积/mL			
滴定管校正值/mL			
溶液温度/℃			
溶液温度补正值/（mL/L）			
溶液温度校正值/mL			
实际消耗 KMnO₄ 标准溶液的体积/mL			
空白试验消耗 KMnO₄ 标准溶液的体积/mL			
KMnO₄ 标准溶液的准确浓度/（mol/L）			
w（H₂O₂）/%			
平均值%		
相对极差/%		

2. 结果计算

（1）高锰酸钾标准溶液的浓度

$$c(KMnO_4) = \frac{m(Na_2C_2O_4)}{M(Na_2C_2O_4) \times (V - V_0) \times 10^{-3}} \times \frac{2}{5}$$

式中　c（$KMnO_4$）——$KMnO_4$ 标准溶液的浓度，mol/L；

　　m（$Na_2C_2O_4$）——基准物质草酸钠的质量，g；

　　　　　　V——滴定时消耗 $KMnO_4$ 标准溶液的体积，mL；

　　　　　　V_0——空白试验消耗 $KMnO_4$ 标准溶液的体积，mL；

　　M（$Na_2C_2O_4$）——草酸钠的摩尔质量，g/mol。

（2）试样中过氧化氢的含量

$$\rho(H_2O_2) = \frac{c(KMnO_4) \times (V - V_0) \times M(H_2O_2)}{V(样)} \times \frac{5}{2}$$

式中　ρ（H_2O_2）——过氧化氢的质量浓度，g/L；

　　c（$KMnO_4$）——$KMnO_4$ 标准溶液的浓度，mol/L；

　　　　　V——滴定时消耗 $KMnO_4$ 标准溶液的体积，mL；

　　　　　V_0——空白试验消耗 $KMnO_4$ 标准溶液的体积，mL；

　　M（H_2O_2）——H_2O_2 的摩尔质量，g/mol；

　　　V（样）——双氧水样品的体积，mL。

八、注意事项

① 移取 H_2O_2 时，应注意安全，不可用嘴吸移液管的方法取试样。

② 滴定开始时反应慢，故 $KMnO_4$ 标准溶液应逐滴加入，若滴定速度过快，则会使 $KMnO_4$ 在强酸性溶液中来不及与 H_2O_2 反应而发生分解，使测定结果偏低。

③ H_2O_2 溶液有很强的腐蚀性，防止溅到皮肤和衣物上。

相关知识

在氧化还原滴定中要选择合适的指示剂，首先要了解在滴定过程中，随着滴定剂的加入溶液电极电位的变化规律，找到滴定突跃范围，然后再根据滴定突跃范围选择合适的指示剂。下面来讨论氧化还原滴定曲线、滴定突跃范围及高锰酸钾法等相关知识。

在氧化还原滴定中，随着标准溶液的加入，溶液中待测物质的氧化型或还原型物质的浓度逐渐改变，因而电极电位也随之改变。当滴定到化学计量点附近时，再加入极少量的标准溶液就会引起电极电位的急剧变化，这种电极电位的改变情况可以用滴定曲线来表示。

一、氧化还原滴定曲线

在氧化还原滴定中，以滴定剂的加入量为横坐标，以电极电位值为纵坐标所作的曲线，就是氧化还原滴定曲线。

氧化还原滴定曲线可通过实验测出的数据而绘制，有些简单的反应也可根据能斯特方程式，由两电对的条件电极电位计算滴定过程中溶液电极电位的变化，并描绘出滴定曲线。从滴定曲线上可找出化学计量点的电极电位和滴定突跃电极电位，这是确定终点的依据。

1. 滴定过程中电极电位的计算

下面以在 1mol/L 的 H_2SO_4 溶液中，用 0.1000mol/L $Ce(SO_4)_2$ 溶液滴定 20.00mL 0.1000mol/L $FeSO_4$ 溶液为例，说明可逆、对称氧化还原电对在滴定过程中电极电位的计算方法。

Ce^{4+} 滴定 Fe^{2+} 的反应式为：

$$Ce^{4+}+Fe^{2+}\Longrightarrow Fe^{3+}+Ce^{3+}$$

滴定开始，体系中同时存在两个电对，即：

$$Fe^{3+}+e\Longrightarrow Fe^{2+}\qquad E^{\ominus\prime}(Fe^{3+}/Fe^{2+})=0.68V$$
$$Ce^{4+}+e\Longrightarrow Ce^{3+}\qquad E^{\ominus\prime}(Ce^{4+}/Ce^{3+})=1.44V$$

在滴定过程中每加入一定量的滴定剂，反应就达到一个新的平衡，此时两电对的电极电位相等。因此，在滴定过程的不同阶段，可选用任何便于计算的电对来计算体系的电位值。滴定过程中电位变化的计算如下。

滴定开始前，虽然是 0.1000mol/L 的 Fe^{2+} 溶液，但是由于空气中氧气的氧化作用，不可避免地会存在痕量 Fe^{3+}，组成 Fe^{3+}/Fe^{2+} 电对，但由于 Fe^{3+} 的浓度不定，所以此时的电位也就无法计算。

（1）滴定开始到化学计量点前，溶液中电极电位的计算　在化学计量点前，溶液中同时存在着 Fe^{3+}/Fe^{2+} 和 Ce^{4+}/Ce^{3+} 两个电对，此时加入的 Ce^{4+} 几乎全部被还原成 Ce^{3+}，溶液中 Ce^{4+} 很少，因而不易直接求得，故此时利用 Fe^{3+}/Fe^2 电对计算溶液的电位比较方便。另外，为简便计，采用 Fe^{3+} 与 Fe^{2+} 浓度的百分比来代替 $c(Fe^{3+})/c(Fe^{2+})$ 之比，代入式(6-5)进行计算。

若加入 12.00mL 0.1000mol/L Ce^{4+} 标准溶液，则溶液中 Fe^{2+} 将有 60% 被氧化为 Fe^{3+}，这时溶液中：

$$c(Fe^{3+})=\frac{12.00}{20.00}\times100\%=60\%$$

$$c(Fe^{2+})=\frac{20.00-12.00}{20.00}=40\%$$

则得：$E(Fe^{3+}/Fe^{2+})=E^{\ominus\prime}(Fe^{3+}/Fe^{2+})+0.059\times\lg\dfrac{c(Fe^{3+})}{c(Fe^{2+})}$

$$=0.68+0.059\times\lg\frac{60\%}{40\%}\approx0.69(V)$$

同样可计算当加入 19.98mL Ce^{4+} 溶液时：

$$E(Fe^{3+}/Fe^{2+})=0.68+0.059\times\lg\frac{99.9\%}{0.1\%}\approx0.86(V)$$

化学计量点前任意一点的电极电位可按同样的方法求得。

（2）化学计量点时，溶液电极电位的计算　化学计量点时，已加入 20.00mL 0.1000mol/L Ce^{4+} 标准溶液，此时 Ce^{4+} 和 Fe^{2+} 都能定量地转变成 Ce^{3+} 和 Fe^{3+}，溶液中未反应的 Ce^{4+} 和 Fe^{2+} 的浓度均很小，不易直接单独按某一电对来计算电极电位，由于反应达到平衡时两电对的电位相等，故可由两电对联立求得。

设化学计量点的电极电位为 E_{sp}

即：$E(Ce^{4+}/Ce^{3+})=E(Fe^{3+}/Fe^{2+})=E_{sp}$

故：$$E_{sp}=E(Ce^{4+}/Ce^{3+})=1.44+0.059\times\lg\frac{c(Ce^{4+})}{c(Ce^{3+})}$$

$$E_{sp}=E(Fe^{3+}/Fe^{2+})=0.68+0.059\times\lg\frac{c(Fe^{3+})}{c(Fe^{2+})}$$

将以上两式相加，整理后得：

$$2E_{sp}=1.44+0.68+0.059\times\lg\frac{c(Ce^{4+})c(Fe^{3+})}{c(Ce^{3+})c(Fe^{2+})}$$

当达到计量点时，溶液中：

$$c(Ce^{4+}) = c(Fe^{2+})$$
$$c(Ce^{3+}) = c(Fe^{3+})$$

此时

$$\lg \frac{c(Ce^{4+})c(Fe^{3+})}{c(Fe^{2+})c(Ce^{3+})} = 0$$

故

$$E_{sp} = \frac{1.44 + 0.68}{2} = 1.06 (V)$$

对于一般的可逆、对称的氧化还原反应，可用类似的方法求得化学计量点电极电位计算通式：

$$E_{sp} = \frac{n_1 E^{\ominus\prime}{}_1 + n_2 E^{\ominus\prime}{}_2}{n_1 + n_2} \tag{6-8}$$

此式只适应于可逆、对称电对。对于不对称的电对，计算比较复杂，这里不作讨论。

（3）化学计量点后溶液电极电位的计算　溶液中 Fe^{2+} 几乎全部转化为 Fe^{3+}，Fe^{2+} 的浓度极小，不易直接求出，而 Ce^{4+} 过量，故此时以 Ce^{4+}/Ce^{3+} 电对计算电极电位比较方便。

$$E(Ce^{4+}/Ce^{3+}) = 1.44 + 0.059 \times \lg \frac{c(Ce^{4+})}{c(Ce^{3+})}$$

当加入 20.02mL Ce^{4+} 时，即过量 0.1%，则：

$$E(Ce^{4+}/Ce^{3+}) = 1.44 + 0.059 \times \lg \frac{0.1\%}{100\%}$$

$$\approx 1.26 (V)$$

按同样方法可计算不同滴定点溶液的电位值。并将计算的结果列于表 6-4 中。

表 6-4　0.1000mol/LCe(SO₄)₂ 标准溶液滴定 0.1000mol/L FeSO₄ 溶液时电极电位变化

加入的 Ce(SO₄) 溶液		剩余的 Fe²⁺ 比例/%	过的 Ce⁴⁺ 比例/%	电位 E/V
体积 V/mL	比例/%			
0.00	0.00	100		
2.00	10.0	90.0		0.62
10.00	50.0	50.0		0.68
18.00	90.0	10.0		0.74
19.80	99.0	1.0		0.80
19.98	99.9	0.1		0.86 ⎫
20.00	100.0			1.06 ⎬突跃
20.02	100.1		0.1	1.26 ⎭
22.00	110.0		10.0	1.38
30.00	150.0		50.0	1.42
40.00	200.0		100.0	1.44

2.氧化还原滴定曲线的绘制

根据表 6-4 中所列数据，以滴定剂加入的比例为横坐标，电对的电位为纵坐标作图得图 6-1 所示的滴定曲线。

二、滴定突跃

根据前面的计算可以看出：

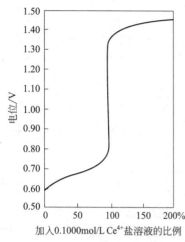

图 6-1   0.1000mol/L Ce(SO₄)₂ 滴定 20.00mL 0.1000mol/L FeSO₄ 的滴定曲线（1mol/L H₂SO₄）

① 从化学计量点前 Fe^{2+} 剩余 0.1% 到化学计量点后 Ce^{4+} 过量 0.1%，电位增加了 $1.26-0.86=0.40(V)$，有一个明显的突跃，与酸碱滴定曲线相似，曲线上也有一个电位的突跃。

② 化学计量点附近电位突跃范围的大小与电子转移数和两电对的条件电极电位（或标准电极电位）的差值有关，两者差值越大，滴定突跃范围越大，反应越完全，越易准确滴定，反之滴定突跃范围就越小。电对的电子转移数越小，滴定突跃范围越大。

③ 对于 $n_1 = n_2$ 的氧化还原反应，化学计量点恰好处于滴定突跃的中心，在化学计量点附近滴定曲线是对称的。对于 $n_1 \neq n_2$ 的氧化还原反应，化学计量点不在滴定突跃中心，而是偏向电子得失较多的电对一方。

④ 对于可逆、对称的氧化还原电对，滴定比例为 50% 时，溶液的电极电位等于被测物电对的条件电极电位，而滴定比例为 200% 时，溶液的电极电位等于滴定剂电对的条件电极电位。

滴定突跃是判断氧化还原滴定可能性和选择指示剂的依据。对于不可逆电对，计算所得的曲线与实际曲线有较大差异，所以滴定曲线都是由实验测定的。

三、高锰酸钾法

1.方法概述

以高锰酸钾为滴定剂的氧化还原滴定法称为高锰酸钾法。$KMnO_4$ 是一种强氧化剂（电极电位为 +1.491V），它的氧化能力和还原产物都与溶液的酸度有关。

在强酸性溶液中，$KMnO_4$ 与还原剂作用，会被还原为 Mn^{2+}，其半反应为：

$$MnO_4^- + 8H^+ + 5e \longrightarrow Mn^{2+} + 4H_2O \qquad E^{\ominus}(MnO_4^-/Mn^{2+}) = 1.491$$

在弱酸性、中性或弱碱性溶液中，$KMnO_4$ 与还原剂作用，则会生成褐色的二氧化锰（MnO_2）沉淀，妨碍滴定终点的观察，因此在这些条件下的应用较少。相关反应式如下：

$$MnO_4^- + 2H_2O + 3e \longrightarrow MnO_2 \downarrow + 4OH^- \qquad E^{\ominus} = 0.58V$$

在强碱性溶液中，$KMnO_4$ 被还原为 MnO_4^{2-}：

$$MnO_4^- + e \longrightarrow MnO_4^{2-} \qquad E^{\ominus} = 0.564V$$

由此可见，高锰酸钾在强酸性溶液中有更强的氧化能力，同时生成无色的 Mn^{2+}，便于终点的观察，因此高锰酸钾法一般在强酸性条件下使用。

为了防止 Cl^-（具有还原性）和 NO_3^-（在酸性条件下具有氧化性）的干扰，强酸通常为浓度为 1~2mol/L 的 H_2SO_4，避免使用 HCl 或 HNO_3。但在用高锰酸钾法测定有机物时，大多数在碱性溶液中进行，因为在碱性溶液中氧化有机物的反应速率比在酸性溶液中的更快。

高锰酸钾法的优点如下。

① $KMnO_4$ 氧化能力强，应用范围广，许多还原性物质及有机物均可用高锰酸钾标准溶液直接滴定，同时其还可间接测定一些氧化性物质，如 MnO_2。

② 自身指示剂，不需另加指示剂。

高锰酸钾法的缺点如下。

① KMnO₄ 标准溶液不能直接配制，且标准溶液不够稳定，不能久置，需经常标定。

② 由于 KMnO₄ 氧化能力强，能和很多还原性物质发生作用，测定选择性差；而且 KMnO₄ 与还原性物质反应历程复杂，常有副反应发生。

2. 高锰酸钾标准溶液的配制与标定（GB/T 601—2016）

（1）高锰酸钾标准溶液的配制　由于市售高锰酸钾中常含有少量杂质，并且具有吸水性强、氧化性强、本身易分解等特性，所以不能用直接法配制，必须先配制成近似浓度，再进行标定。

为了配制较稳定的高锰酸钾溶液，应采用下列措施。

① 先称取稍多于理论值的高锰酸钾，溶于一定体积的蒸馏水中；

② 将配好的高锰酸钾加热至沸腾，并保持微沸 15min，冷却后置于暗处密闭静置两周，使溶液中可能存在的还原性物质完全被氧化；

③ 用已处理过的 4 号玻璃滤坩（在同样浓度的高锰酸钾溶液中缓缓煮沸 5min）过滤；

④ 将过滤后的高锰酸钾溶液贮存于棕色试剂瓶于暗处保存，使用前标定。

（2）高锰酸钾标准溶液的标定　标定高锰酸钾的常用基准物质有 $Na_2C_2O_4$、$H_2C_2O_4 \cdot 2H_2O$、纯铁丝、铁铵矾、As_2O_3（有毒）等。其中 $Na_2C_2O_4$ 不含结晶水，易提纯，性质稳定，是最常用的基准物质。将 $Na_2C_2O_4$ 在 105～110℃烘干 2h，冷却后就可使用。

标定时，在 H_2SO_4 溶液中，MnO_4^- 与 $C_2O_4^{2-}$ 的反应如下：

$$2MnO_4^- + 5C_2O_4^{2-} + 16H^+ \longrightarrow 2Mn^{2+} + 10CO_2\uparrow + 8H_2O$$

为了使反应能够定量地较快进行，标定应注意下列滴定条件。

① 酸度：为了使滴定反应能够正常进行，溶液应保持足够的酸度。滴定开始时为 0.5～1mol/L；结束时为 0.2～0.5mol/L，以硫酸计酸度以 0.5～1mol/L 为宜。酸度不足时易生成二氧化锰沉淀，酸度过高时会导致 $H_2C_2O_4$ 分解。

② 温度：室温下该反应缓慢，应加热至 75～85℃，滴定临近终点，温度不低于 65℃，滴定时温度不高于 90℃，否则 $H_2C_2O_4$ 会部分分解，使标定得到的溶液浓度偏高。

③ 滴定速度：先慢后快再慢。由于 MnO_4^- 与 $C_2O_4^{2-}$ 的反应是自动催化反应。因此，滴定开始时反应速率要慢，特别是第一滴，等其褪色后再加入下一滴。随着滴定的进行，由于二氧化锰的生成，起了催化作用，反应速度加快，若开始加入少量 $MnSO_4$ 溶液，则反应一开始就很快。

④ 滴定终点：溶液出现粉红色且 30s 不褪色。若时间过长，空气中的还原性气体及尘埃等杂质落入溶液，能使 KMnO₄ 缓慢分解，其粉红色消失。

3. 高锰酸钾法的应用

（1）双氧水中过氧化氢含量的测定　过氧化氢俗称双氧水，属于强氧化剂，作为生产加工助剂，具有消毒、杀菌、漂白等作用，在造纸、环保、食品、医药、纺织、矿业、农业废料加工等领域有广泛的应用。

近年来，随着食品行业的发展，其对食品级双氧水的需求也越来越多，尤其是乳品行业，如纯牛奶、酸牛奶等无菌包装的消毒、杀菌必须使用食品级双氧水。由于食品级双氧水的生产具有一定的技术难度，国内只有个别企业具备生产食品级双氧水的能力，因此食品行业所用的双氧水，绝大部分从国外进口，为了保证进口双氧水的质量，必须对其含量进行测定。双氧水中过氧化氢含量的测定常用氧化还原滴定法。

市售的双氧水有两种规格：一种是含 30% H_2O_2 的溶液，另一种是含量为 3% 的溶液。

含量为30％的浓双氧水，具有较强的腐蚀性和刺激性，稀释后方可测定。

双氧水遇到强氧化剂（如 $KMnO_4$）时，显示还原性。高锰酸钾在酸性溶液中氧化 H_2O_2，其反应式为：

$$5H_2O_2 + 2MnO_4^- + 6H^+ \longrightarrow 2Mn^{2+} + 5O_2\uparrow + 8H_2O$$

因此测定双氧水中过氧化氢的含量时，可以用 $KMnO_4$ 标准溶液直接滴定，滴定反应可在 H_2SO_4 介质中、室温条件下顺利进行。开始时反应速率慢，但不能加热，以免 H_2O_2 分解，随后产生的 Mn^{2+} 可起催化作用，使反应速率加快。因此滴定时应注意滴定速度。

由于 H_2O_2 不稳定，其工业品中一般加入某些有机物（如乙酰苯胺等）作稳定剂，因稳定剂对滴定有干扰（能消耗 $KMnO_4$，使结果偏高），此时 H_2O_2 的测定宜采用碘量法或铈量法。

（2）软锰矿中 MnO_2 的测定   测定时，在酸性溶液中，一定量且过量的 $Na_2C_2O_4$ 与 MnO_2 在加热条件下进行反应：

$$MnO_2 + C_2O_4^{2-} + 4H^+ \longrightarrow Mn^{2+} + 2CO_2\uparrow + 2H_2O$$

剩余的 $Na_2C_2O_4$ 趁热用高锰酸钾标准溶液滴定：

$$5C_2O_4^{2-} + 2MnO_4^- + 16H^+ \longrightarrow 2Mn^{2+} + 10CO_2\uparrow + 8H_2O$$

由 $Na_2C_2O_4$ 的质量及高锰酸钾标准溶液的消耗量计算 MnO_2 的含量，此法称为返滴定法。

（3）钙盐中钙的测定 Ca^{2+} 不具有氧化还原性，其含量的测定采用间接测定法。测定时首先将样品处理成溶液，后使 Ca^{2+} 进入溶液，然后 Ca^{2+} 与 $C_2O_4^{2-}$ 生成微溶性 CaC_2O_4 沉淀，经过滤、洗涤，将 CaC_2O_4 沉淀溶于热的稀 H_2SO_4，再用 $KMnO_4$ 标准溶液滴定溶液中的 $H_2C_2O_4$。由所消耗 $KMnO_4$ 标准溶液的体积和浓度间接计算钙的含量。其反应如下：

$$Ca^{2+} + C_2O_4^{2-} \longrightarrow CaC_2O_4\downarrow$$

$$CaC_2O_4 + 2H^+ \longrightarrow Ca^{2+} + H_2C_2O_4$$

$$5H_2C_2O_4 + 2MnO_4^- + 6H^+ \longrightarrow 2Mn^{2+} + 10CO_2\uparrow + 8H_2O$$

在沉淀 Ca^{2+} 时，为了得到大的易过滤、洗涤的晶形沉淀，必须选择适当的滴定条件。通常先用 HCl 将含 Ca^{2+} 的溶液酸化，然后加入过量 $(NH_4)_2C_2O_4$ 沉淀剂，再慢慢加入稀氨水，此时溶液中 H^+ 逐渐被中和，$C_2O_4^{2-}$ 浓度缓慢地增加，这样便可得到 CaC_2O_4 的粗晶形沉淀。最后将 pH 控制在 3.5～4.5，以防止难溶性钙盐生成。沉淀经陈化、过滤、洗涤、酸化后，用 $KMnO_4$ 标液进行滴定。

【例6-5】 称取 0.25000g 基准物质 $Na_2C_2O_4$，溶解在酸性溶液中，用 $KMnO_4$ 标准溶液滴定，到达终点时用去 38.00mL，计算 $KMnO_4$ 标准溶液的浓度。

解：$Na_2C_2O_4$ 与 $KMnO_4$ 溶液的反应为：

$$5C_2O_4^{2-} + 2MnO_4^- + 16H^+ \longrightarrow 2Mn^{2+} + 10CO_2\uparrow + 8H_2O$$

由反应方程式可知：

$$n(KMnO_4) = \frac{2}{5}n(Na_2C_2O_4)$$

$$c(KMnO_4)V(KMnO_4) = \frac{2}{5} \times \frac{m(Na_2C_2O_4)}{M(Na_2C_2O_4)}$$

故 $KMnO_4$ 标准溶液的浓度为：

$$c(\text{KMnO}_4) = \frac{2}{5} \times \frac{m(\text{Na}_2\text{C}_2\text{O}_4)}{M(\text{Na}_2\text{C}_2\text{O}_4)V(\text{KMnO}_4)}$$

$$= \frac{2}{5} \times \frac{0.25000}{134.00 \times 38.00 \times 10^{-3}}$$

$$= 0.01964(\text{mol/L})$$

【例 6-6】 称取石灰石试样 0.5000g，将它溶解后沉淀为 CaC_2O_4，将沉淀过滤、洗涤后溶于 H_2SO_4 中，用 0.02000mol/L 的 KMnO_4 标准溶液滴定，到达终点时消耗 38.05mL，求石灰石中 CaCO_3 的含量。

解：测定中的主要反应为：

$$\text{Ca}^{2+} + \text{C}_2\text{O}_4^{2-} \longrightarrow \text{CaC}_2\text{O}_4 \downarrow$$

$$\text{CaC}_2\text{O}_4 + 2\text{H}^+ \longrightarrow \text{Ca}^{2+} + \text{H}_2\text{C}_2\text{O}_4$$

$$5\text{H}_2\text{C}_2\text{O}_4 + 2\text{MnO}_4^- + 6\text{H}^+ \longrightarrow 2\text{Mn}^{2+} + 10\text{CO}_2 \uparrow + 8\text{H}_2\text{O}$$

由以上反应可知：

$$\text{CaCO}_3 \sim \text{Ca}^{2+} \sim \text{CaC}_2\text{O}_4 \sim \frac{5}{2}\text{MnO}_4^-$$

因此 $n(\text{CaCO}_3) = \frac{5}{2}n(\text{KMnO}_4)$

所以 $w(\text{CaCO}_3) = \dfrac{m(\text{Ca})}{m(\text{样})} = \dfrac{\dfrac{5}{2} \times c(\text{KMnO}_4)V(\text{KMnO}_4)M(\text{CaCO}_3) \times 10^{-3}}{m(\text{样})} \times 100\%$

$$= \frac{5 \times 0.02000 \times 38.05 \times 100.1 \times 10^{-3}}{2 \times 0.5000} \times 100\%$$

$$\approx 38.09\%$$

任务四　铁矿石中全铁含量的测定

一、知识目标

（1）掌握重铬酸钾标准溶液的配制及使用方法；

（2）熟练掌握重铬酸钾法滴定终点的确定方法；

（3）掌握重铬酸钾法测定全铁含量的基本原理及注意事项。

二、能力目标

（1）能熟练配制重铬酸钾标准溶液；

（2）能应用重铬酸钾法测定铁矿石中全铁含量；

（3）能熟练进行固体样品的处理。

三、素质目标

（1）具有热爱祖国、恪尽职守、踏实勤恳的工作作风；

（2）能做到检测行为公正、公平，数据真实、可靠；

（3）具有团结协作、人际沟通能力。

四、教、学、做说明

学生在完成对【相关知识】学习的基础上，由教师引领，熟悉实验室环境，学会利用重铬酸钾法测定全铁含量的方法，明确测定条件及注意事项，然后完成铁矿石中全铁含量的测定，并提交实验报告。

五、工作准备

（1）仪器　分析天平；烧杯；容量瓶；酸式滴定管；表面皿；锥形瓶；试剂瓶；洗瓶等。

（2）试剂　固体 $K_2Cr_2O_7$（基准物质）；硫酸亚铁样品；浓盐酸溶液；盐酸溶液（1∶1）；10% 的 $SnCl_2$ 溶液；$TiCl_3$ 溶液（取 $TiCl_3$ 10mL，用 5∶95 盐酸溶液稀释至 100mL）；硫-磷混合酸（H_2SO_4、H_3PO_4、H_2O 的体积比为 2∶3∶5）；25% 的钨酸钠溶液；二苯胺磺酸钠指示剂（0.2% 的水溶液）。

（3）实验原理　重铬酸钾易提纯、性质稳定，可以用直接法配制成标准溶液，密闭浓度可在较长时间内保持不变。

试样测定时，先用浓盐酸溶解样品，然后加入 $SnCl_2$ 将 Fe^{3+} 还原为 Fe^{2+}，以二苯胺磺酸钠为指示剂，用重铬酸钾标准溶液滴定生成的 Fe^{2+}。经典方法是用 $HgCl_2$ 氧化过量的 $SnCl_2$，避免 Sn^{2+} 的干扰，但 $HgCl_2$ 会造成环境污染，本实验采用无汞定铁法。

六、工作过程

1. $K_2Cr_2O_7$ 标准溶液的配制

用分析天平准确称取基准物质 $K_2Cr_2O_7$ 约 1.4g（±0.0001g），置于 100mL 烧杯中，加入少量蒸馏水，溶解后，定量转移至 250mL 容量瓶中，并稀释至刻度，充分摇匀，然后转移到试剂瓶中，贴上标签。

微课
码6-3　硫酸亚铁中铁含量的测定

2. 铁矿石铁的测定

矿样预先在 120℃ 烘箱中烘 1~2h，放入干燥器中冷却 30~40min，后分别准确称取 0.23~0.30g 3 份矿样于 250mL 锥形瓶中，用少量水润湿，加入 10mL 浓 HCl 溶液，盖上表面皿，加热使矿样溶解（残渣为白色或接近白色），若有带色不溶残渣，可滴加 $SnCl_2$ 使溶液呈现浅黄色。然后用洗瓶冲洗表面皿及瓶壁，并加入 10mL 水、10~15 滴钨酸钠溶液。滴加 $TiCl_3$ 至溶液出现钨蓝。再加入蒸馏水 20~30mL，随后摇动溶液，使钨蓝被氧化，或滴加 $K_2Cr_2O_7$ 标准溶液至钨蓝刚好消失。加入 10mL 硫-磷混合酸及 5 滴二苯胺磺酸钠，立即用 $K_2Cr_2O_7$ 标准溶液滴定至溶液出现紫色，即为终点，记录数据，平行测定 3 次，同时做空白试验。根据高锰酸钾标准溶液的体积及浓度计算矿石中铁的含量。

七、数据记录与处理

1. 数据记录

项目	1	2	3
称取样品前质量/g			
称取样品后质量/g			

续表

项目	1	2	3
铁矿石的质量/g			
滴定管体积初读数/mL			
滴定管体积终读数/mL			
消耗 $K_2Cr_2O_7$ 标准溶液的体积/mL			
滴定管校正值/mL			
溶液温度/℃			
溶液温度补正值/（mL/L）			
溶液温度校正值/mL			
实际消耗 $K_2Cr_2O_7$ 标准溶液的体积/mL			
空白试验消耗 $K_2Cr_2O_7$ 标准溶液的体积/mL			
铁矿石中铁的含量/%			
铁矿石中铁的平均含量/%			
相对极差/%			

2. 计算

（1）重铬酸钾标准溶液浓度的计算

$$c(K_2Cr_2O_7) = \frac{m}{M(K_2Cr_2O_7)V} \times 1000$$

式中　$c(K_2Cr_2O_7)$——$K_2Cr_2O_7$ 标准溶液的浓度，mol/L；

　　　　m——称量基准物质 $K_2Cr_2O_7$ 的质量，g；

　　$M(K_2Cr_2O_7)$——$K_2Cr_2O_7$ 的摩尔质量，g/mol；

　　　　V——$K_2Cr_2O_7$ 标准溶液的体积，mL。

（2）试样中铁含量的计算

$$w(Fe) = \frac{6 \times c(K_2Cr_2O_7)(V - V_0) \times 10^{-3} \times M(Fe)}{m} \times 100\%$$

式中　$c(K_2Cr_2O_7)$——$K_2Cr_2O_7$ 标准溶液的浓度，mol/L；

　　　　V——滴定至终点时消耗 $K_2Cr_2O_7$ 标准溶液的体积，mL；

　　　　V_0——空白试验消耗 $K_2Cr_2O_7$ 标准溶液的体积，mL；

　　　　m——铁矿石试样的质量，g；

　　　$M(Fe)$——Fe 的摩尔质量，g/mol。

相关知识

　　某检测中心拿到一块新开采的铁矿石，需要测定这块铁矿石的含铁量，请帮他们选择合适的分析方法，并报出测定结果。

　　要测定铁矿石中的全铁含量，首先必须知道矿石中铁元素的存在形式。铁矿石中铁元素主要以铁化合物的形式存在，如磁铁矿石主要成分是 Fe_3O_4，赤铁矿石主要成分是 Fe_2O_3。

　　其中铁元素的化合价有＋2 价和＋3 价，由于 Fe^{3+} 的氧化能力较差，而 Fe^{2+} 遇到较强氧化剂（如重铬酸钾时），能与其完全反应，因此重铬酸钾法是测定铁矿石中全铁含量的经典方法。

一、重铬酸钾法

1.方法概述

重铬酸钾法是以重铬酸钾作为标准溶液进行滴定的氧化还原滴定法。重铬酸钾也是一种较强的氧化剂，在酸性溶液中，重铬酸钾与还原剂作用，被还原为 Cr^{3+}，其半反应为：

$$Cr_2O_7^{2-} + 14H^+ + 6e \longrightarrow 2Cr^{3+} + 7H_2O \qquad E^{\ominus} = 1.33V$$

Cr^{3+} 在中性、碱性条件下容易水解，所以滴定必须在酸性溶液中进行。

2.特点

从电极电位看，重铬酸钾的氧化能力比高锰酸钾稍弱一些，应用范围不如高锰酸钾法广泛，但相比于高锰酸钾法，重铬酸钾法具有许多优点：

① 重铬酸钾容易提纯。在 $140 \sim 150℃$ 下干燥后，可直接称量，直接配制成标准溶液；

② 重铬酸钾标准溶液非常稳定，可长期保存在密闭容器里，其浓度不变；

③ 由于氧化能力弱于高锰酸钾，因此其可在 HCl 溶液中滴定，不受 Cl^- 还原作用的影响；

④ 应用重铬酸钾法滴定时，重铬酸钾自身不能作为指示剂，需要加入具有氧化还原能力的氧化还原指示剂来确定终点。常用指示剂有二苯胺磺酸钠或邻苯氨基苯甲酸等。

二、重铬酸钾标准溶液的制备

1.直接配制法

重铬酸钾易于提纯，通常将重铬酸钾在水中重结晶，于 $140 \sim 150℃$ 干燥 2h，即可得到基准物质。

（1）基准物质 $K_2Cr_2O_7$ 质量的计算　　根据所配制标准溶液的浓度和体积计算出所需称取基准物质 $K_2Cr_2O_7$ 的质量。

（2）配制　　用分析天平准确称取一定量的基准物质 $K_2Cr_2O_7$，置于 100mL 烧杯中，加入少量蒸馏水，溶解后，定量转移至容量瓶中，并稀释至刻度，充分摇匀，然后转移到试剂瓶中，贴上标签。

2.间接配制法

若使用分析纯的 $K_2Cr_2O_7$ 试剂配制标准溶液，则需要先配制成近似浓度，然后再标定，参考国家标准 GB/T 601—2016。

（1）配制　　在托盘天平上称取一定质量的分析纯 $K_2Cr_2O_7$ 试剂，置于烧杯中，加入少量蒸馏水，溶解后，加水到所需体积，倾入试剂瓶，摇匀备用。

（2）标定

① 标定原理：准确移取一定体积的重铬酸钾溶液，加入过量的 KI 和硫酸使其生成一定量的碘，再用已知准确浓度的 $Na_2S_2O_3$ 标准溶液滴定生成的碘，以淀粉指示剂指示终点，由 $Na_2S_2O_3$ 标准溶液的浓度和所消耗的体积，计算其准确浓度。有关反应式如下：

$$Cr_2O_7^{2-} + 6I^- + 14H^+ \longrightarrow 2Cr^{3+} + 3I_2 + 7H_2O$$

$$I_2 + 2S_2O_3^{2-} \longrightarrow 2I^- + S_4O_6^{2-}$$

② 反应条件：由于 $K_2Cr_2O_7$ 与 I^- 的反应速率较慢，为了使反应进行完全，应控制以

下条件。

提高酸度：反应在较高酸度下进行，但酸度较大时，I^- 易被空气中的氧气氧化，一般以 pH 为 $3.0 \sim 4.0$ 为宜。增大 I^- 的浓度：一般为理论量的 $2 \sim 3$ 倍，增大 I^- 的浓度，既可加快反应速率，同时由于 I^- 与生成的 I_2 作用生成 I_3^-，防止了碘的挥发。避光、控制反应时间：置于暗处，放置 10min 使之完全反应。

③ 浓度的计算：

$$c(\text{K}_2\text{Cr}_2\text{O}_7) = \frac{(V_1 - V_0)c(\text{Na}_2\text{S}_2\text{O}_3)}{V_2 \times 6}$$

式中　$c(\text{K}_2\text{Cr}_2\text{O}_7)$——重铬酸钾标准溶液的浓度，mol/L；

　　　　V_1——硫代硫酸钠标准溶液的体积，mL；

　　　　V_0——空白试验消耗硫代硫酸钠标准溶液的体积，mL；

　　　　$c(\text{Na}_2\text{S}_2\text{O}_3)$——硫代硫酸钠标准溶液的浓度 mol/L；

　　　　V_2——重铬酸钾溶液的体积，mL。

三、铁矿石中全铁含量测定的方法

用重铬酸钾测定铁矿石中全铁含量时，常用的方法有 3 种：氯化亚锡-氯化汞法、氯化亚锡-三氯化钛联合还原法、氯化亚锡-甲基橙指示剂法。

3 种方法的原理相似，但控制终点的方式不同。

1. 氯化亚锡-氯化汞法

试样一般用 HCl 加热分解，在热的浓 HCl 溶液中，用 $SnCl_2$ 将 Fe^{3+} 还原为 Fe^{2+}，过量的 $SnCl_2$ 用 $HgCl_2$ 氧化，此时溶液中析出 Hg_2Cl_2 丝状白色沉淀，然后在 $1 \sim 2mol/L$ 的 H_2SO_4-H_3PO_4 混合酸介质中，以二苯胺磺酸钠作指示剂，用 $K_2Cr_2O_7$ 标准溶液将溶液滴定至浅绿色变为紫红色，即为终点。

其主要反应式为：

$$2Fe^{3+} + Sn^{2+} \longrightarrow 2Fe^{2+} + Sn^{4+}$$
$$Sn^{2+} + 2Hg^{2+} + 2Cl^- \longrightarrow Sn^{4+} + Hg_2Cl_2 \downarrow$$
$$6Fe^{2+} + Cr_2O_7^{2-} + 14H^+ \longrightarrow 6Fe^{3+} + 2Cr^{3+} + 7H_2O$$

在滴定前加入 $H_2SO_4 - H_3PO_4$ 的目的如下。

① 提供滴定所需的酸度条件。

② H_3PO_4 与 Fe^{3+} 生成无色而稳定的 $Fe(HPO_4)_2^-$，消除 Fe^{3+} 黄色的干扰，使滴定时溶液颜色的变化更加明显。

③ 降低了 Fe^{3+} 的浓度，即降低了 Fe^{3+}/Fe^{2+} 电对的电极电位，增大了化学计量点的突跃范围，使指示剂的变色范围落在滴定突跃范围之内。

此法简便、快速、准确，但因还原用的汞有毒，引起环境污染，近几年来出现了一些无汞测铁法。

2. 氯化亚锡-三氯化钛联合还原法

试样分解后，先用 $SnCl_2$ 将大部分 Fe^{3+} 还原，再以钨酸钠为指示剂，用 $TiCl_3$ 还原剩余的 Fe^{3+}，至出现蓝色的钨，此时表明 Fe^{3+} 已被全部还原，稍过量的 $TiCl_3$ 在 Cu^{2+} 的催化下加水稀释，滴加稀 $K_2Cr_2O_7$ 至蓝色刚好褪去，以除去过量的 $TiCl_3$，之后的滴定步骤与前面的相同。

其主要反应式为：

$$2Fe^{3+}+Sn^{2+}\longrightarrow 2Fe^{2+}+Sn^{4+}$$
$$Fe^{3+}(剩余)+Ti^{3+}\longrightarrow Fe^{2+}+Ti^{4+}$$
$$6Fe^{2+}+Cr_2O_7^{2-}+14H^+\longrightarrow 6Fe^{3+}+2Cr^{3+}+7H_2O$$

此法无毒，对环境没有污染。但精密度、准确度都不高。

3. 氯化亚锡-甲基橙指示剂法

样品溶解后加入甲基橙指示剂，趁热加入 $SnCl_2$ 至溶液黄色消失，终点时稍过量的 $SnCl_2$ 将橙红色的甲基橙还原为无色。

其主要反应式为：

$$2Fe^{3+}+Sn^{2+}\longrightarrow 2Fe^{2+}+Sn^{4+}$$
$$6Fe^{2+}+Cr_2O_7^{2-}+14H^+\longrightarrow 6Fe^{3+}+2Cr^{3+}+7H_2O$$

此法操作方便、简单，适用于中间控制分析。但分析结果偏高，精密度、准确度较差。

【例 6-7】   有 0.1000g 工业甲醇，在 H_2SO_4 介质中与 20.00mL 0.02000mol/L 的 $K_2Cr_2O_7$ 溶液反应完全后，用邻苯胺基苯甲酸为指示剂，用 0.01200mol/L 的 $(NH_4)_2Fe(SO_4)_2$ 溶液滴定剩余的 $K_2Cr_2O_7$ 时，用去了 10.00mL。求试样中甲醇的质量分数。

解： 在 H_2SO_4 介质中，甲醇被过量的 $K_2Cr_2O_7$ 氧化成 CO_2 和 H_2O，其反应式为：

$$CH_3OH+Cr_2O_7^{2-}+8H^+\longrightarrow CO_2\uparrow+2Cr^{3+}+6H_2O$$

过量的 $K_2Cr_2O_7$ 用 $(NH_4)_2Fe(SO_4)_2$ 溶液滴定，其反应式为：

$$Cr_2O_7^{2-}+6Fe^{2+}+14H^+\longrightarrow 2Cr^{3+}+6Fe^{3+}+7H_2O$$

由反应式可知：$n(CH_3OH)=n(Cr_2O_7^{2-})=\dfrac{1}{6}n(Fe^{2+})$

与甲醇作用的 $K_2Cr_2O_7$ 的物质的量＝加入 $K_2Cr_2O_7$ 的总物质的量－与 Fe^{2+} 作用的 $K_2Cr_2O_7$ 物质的量。

$$w(CH_3OH)=\frac{\left[c(K_2Cr_2O_7)V(K_2Cr_2O_7)-\dfrac{1}{6}\times c(Fe^{2+})V(Fe^{2+})\right]\times 10^{-3}M(CH_3OH)}{m(样)}\times 100\%$$

$$=\frac{\left(0.02000\times 20.00-\dfrac{1}{6}\times 0.01200\times 10.00\right)\times 10^{-3}\times 32.04}{0.1000}\times 100\%$$

$$\approx 12.18\%$$

任务五   污水中化学需氧量 COD 的测定

一、知识目标

（1）掌握重铬酸钾法测定水中化学需氧量 COD（Chemical Oxygen Demand）的基本原理及滴定条件；

（2）掌握氧化还原滴定结果的计算方法。

二、能力目标

（1）能熟练配制硫酸亚铁铵标准溶液；

（2）学会应用重铬酸钾法测定污水中的化学耗需量 COD；

（3）能熟练进行氧化还原滴定结果的计算。

三、素质目标

（1）具有诚实守信、爱岗敬业，精益求精的工匠精神；

（2）具有质量意识、绿色环保意识、安全意识、信息素养、创新精神；

（3）能做到检测行为公正、公平，数据真实、可靠；

（4）具有团结协作、人际沟通能力。

四、教、学、做说明

学生在线上、线下学习【相关知识】的基础上，结合前面所涉及的知识点，分组讨论，自主完成污水中化学需氧量COD的测定，并提交实验报告。

五、工作准备

（1）仪器　电子天平；带回流装置的磨口锥形烧瓶；滴定分析所用仪器等。

（2）试剂　邻二氮菲-亚铁盐指示剂（称取1.49g邻二氮菲、0.695g硫酸亚铁溶于水中，稀释至100mL，贮存于棕色瓶中）；硫酸亚铁铵（s）；基准物质$K_2Cr_2O_7$；浓H_2SO_4；Ag_2SO_4-H_2SO_4（在500mL浓H_2SO_4中加入5gAg_2SO_4，摇动使其溶解）；硫酸汞（s）；浓硫酸等。

六、工作过程

1. $c\left(\dfrac{1}{6}K_2Cr_2O_7\right)=$ 0.25mol/L $K_2Cr_2O_7$ 标准溶液的配制

准确称取3.0644g（±0.0001g）基准物质$K_2Cr_2O_7$于小烧杯中，加蒸馏水溶解，然后定量转移到250mL容量瓶中定容，摇匀待用。

2. 0.1000mol/L硫酸亚铁铵标准溶液的配制与标定

（参照国家标准GB/T 601.4.13—2016硫酸亚铁铵标准滴定溶液）

（1）配制　称取40g硫酸亚铁铵[Fe（NH_4）$_2$（SO_4）$_2$·6H_2O]溶于300ml硫酸溶液中，加700mL水，摇匀。

（2）标定　量取35.00～40.00mL配制好的硫酸亚铁铵溶液，加25mL无氧的水，用$KMnO_4$标准滴定溶液[c（1/5$KMnO_4$）=0.1mo/L]滴定至溶液呈粉红色，并保持30s。

临用前标定。

（3）计算硫酸亚铁铵标准溶液的浓度

$$c[Fe（NH_4）_2（SO_4）_2]=\frac{V_1c_1}{V}$$

式中　c[Fe（NH_4）$_2$（SO_4）$_2$]——硫酸亚铁铵标准溶液的浓度，mol/L；

　　　　V——取硫酸亚铁铵溶液的体积，mL；

　　　　V_1——高锰酸钾标准滴定溶液的体积，mL；

　　　　c_1——高锰酸钾标准滴定溶液的浓度，mol/L。

3. 水样分析

① 准确移取25.00mL水样于250mL带回流装置的磨口锥形烧瓶中，准确加入10.00mL0.25mol/L $K_2Cr_2O_7$标准溶液，再慢慢加入30mL Ag_2SO_4-H_2SO_4溶液，边加边摇，

混合均匀，之后再加数粒玻璃珠（防暴沸），加热后回流 2h。清洁水样加热回流的时间可以短一些。

②　若水样中所含氯化物大于 30mg/L，则取 20.00mL 水样，加 0.4g 硫酸汞、5mL 浓硫酸，待硫酸汞溶解，准确加入 10.00mL0.25mol/L $K_2Cr_2O_7$ 标准溶液、30mL Ag_2SO_4-H_2SO_4 溶液和数粒玻璃珠，加热后回流 2h。

③　加热回流之后，冷却。先用约 25mL 蒸馏水沿球形冷凝管壁冲洗，然后取下烧瓶，将溶液移入 250mL 锥形瓶，冲洗烧瓶 4~5 次，再用蒸馏水稀释溶液至 120~140mL。加入 2~3 滴指示剂，用硫酸亚铁铵标准溶液滴定至溶液由黄色经蓝绿色刚好变成红褐色，记录消耗硫酸亚铁铵标准溶液的体积 V_1。

④　同时做空白试验，即用 25.00mL 蒸馏水代替水样，其他步骤同样品操作。记录下消耗硫酸亚铁铵标准溶液的体积 V_0，计算 COD。

七、数据记录

项目	1	2	3
移取水样体积/mL			
滴定管体积初读数/mL			
滴定管体积终读数/mL			
消耗 Fe^{2+} 标准溶液的体积/mL			
滴定管校正值/mL			
溶液温度/℃			
溶液温度补正值/（mL/L）			
溶液温度校正值/mL			
实际消耗 Fe^{2+} 标准溶液的体积/mL			
空白试验消耗 Fe^{2+} 标准溶液的体积/mL			
Fe^{2+} 标准溶液的浓度/（mol/L）			
化学需氧量/（mg/L）			
化学需氧量平均值/（mg/L）			
相对极差/%			

八、注意事项

①　化学需氧量的测定结果受实验条件的影响比较大。氧化剂的浓度、反应物的酸度和温度、试剂加入的顺序及反应时间等条件均对测定结果有影响，因而必须严格按操作步骤进行。

②　在滴定前需将溶液稀释，否则酸度太大使终点颜色变化不明显。

③　回流过程中若溶液颜色变绿，则说明水样的化学需氧量太高，需将水样适当稀释后重新测定。

④　若水样化学需氧量太低，则可以用较低浓度的重铬酸钾和硫酸亚铁铵标准溶液进行测定。

相关知识

水中化学需氧量（COD）的测定通常有酸性高锰酸钾法、碱性高锰酸钾法和重铬酸钾法，高锰酸钾法常用于测定水质较好的水的化学需氧量，目前我国废水中 COD 的测定主要采用重铬酸钾法。

一、方法概述

化学需氧量又称 COD，是指在一定条件下，用强氧化剂处理水样时所消耗氧化剂的量，换算成氧的质量时称为化学需氧量，以 O_2 的 mg/L 来表示。

水的化学需氧量越大，说明水中的有机物含量越高。化学需氧量测定时，随水样中还原物质及测定方法的不同，其测定值也不同。这是因为在化学需氧量测定的过程中，免不了有部分无机物（如 Fe^{2+}）参与反应。

化学需氧量（COD）是衡量水体被还原性物质污染程度的主要指标之一，目前已成为环境监测的重要项目。COD 越高，水体受污染的程度越严重。

水体中还原性物质主要有有机物和亚硝酸盐、亚铁盐、硫化物等无机物。

测定方法通常有以下两种。

1. 高锰酸钾法

用高锰酸钾作氧化剂测定化学需氧量的方法，称为高锰酸钾法。为了减少化学需氧量测定时氯离子（Cl^-）的干扰，高锰酸钾测定化学需氧量时有两种方法：第一种方法适用于 Cl^- 含量小于 100mg/L 的水样（酸性溶液法）；第二种方法适用于 Cl^- 含量大于 100mg/L 的水样（碱性溶液法）。

用高锰酸钾法测得的化学需氧量，通常记作 COD_{Mn}。

2. 重铬酸钾法

用重铬酸钾作氧化剂测定化学需氧量的方法，称为重铬酸钾法。

重铬酸钾氧化率高，再现性较好，适用于测定水中有机物的总量，用重铬酸钾法测得的需氧量记作 COD_{Cr}。此法测得的数据接近于水中有机物完全氧化的需氧量。因此有时用重铬酸钾法测得的需氧量要比高锰酸钾法大 2～3 倍。

二、测定原理

在酸性介质中，利用 $K_2Cr_2O_7$ 的强氧化性，由氧化需氧有机物所消耗的 $K_2Cr_2O_7$ 的量，来测定 COD 含量。

测定时，在硫酸溶液中，准确加入过量的 $K_2Cr_2O_7$ 标准溶液，加热煮沸，此时 $K_2Cr_2O_7$ 能完全氧化废水中有机物和其他还原性物质，过量的 $K_2Cr_2O_7$ 以邻二氮菲-Fe（Ⅱ）为指示剂，用硫酸亚铁铵标准溶液回滴，根据消耗 $K_2Cr_2O_7$ 的量即可计算出废水的化学需氧量。反应式为：

$$Cr_2O_7^{2-} + 6Fe^{2+} + 14H^+ \longrightarrow 2Cr^{3+} + 6Fe^{3+} + 7H_2O$$

重铬酸钾是强氧化剂，可以氧化较多的有机物，但对于直链烃等有机物的氧化效果较差，所以加入硫酸银作为催化剂，以提高氧化能力。

水体中普遍存在氯离子，在此条件下其也能被重铬酸钾氧化生成氯气，消耗一定量的重铬酸钾（氯离子也干扰硫酸银），因此测定前要加硫酸汞消除干扰。COD 值大于 50mg/L 时，用 0.25mol/L 重铬酸钾氧化，用 0.1mol/L 硫酸亚铁铵标准溶液回滴；COD 值为 0～

50mg/L 时，用 0.025mol/L 重铬酸钾氧化，用 0.01mol/L 硫酸亚铁铵标准溶液回滴。滴定终点颜色由黄色经蓝绿色至红褐色。

重铬酸钾法适于测定工业废水的 COD。

三、分析结果的计算

$$c\left[FeSO_4 \cdot (NH_4)_2SO_4 \cdot 6H_2O\right] = \frac{m(硫酸亚铁铵)}{M(硫酸亚铁铵) \times V(定容) \times 10^{-3}}$$

$$COD(O_2, mg/L) = \frac{c\left[FeSO_4 \cdot (NH_4)_2SO_4 \cdot 6H_2O\right] \times (V_0 - V_1) \times M\left(\frac{1}{4}O_2\right)}{V(水样)} \times 1000$$

式中

V_0——空白试验消耗硫酸亚铁铵标准溶液的体积，mL；

V_1——滴定水样消耗硫酸亚铁铵标准溶液的体积，mL；

$c\left[FeSO_4 \cdot (NH_4)_2SO_4 \cdot 6H_2O\right]$——硫酸亚铁铵标准溶液的浓度，mol/L；

$M\left(\frac{1}{4}O_2\right)$——以 $\frac{1}{4}O_2$ 为基本单元时氧气的摩尔质量，g/mol；

V（水样）——水样的体积，mL。

四、注意事项

① 化学需氧量的测定结果受实验条件的影响较大。氧化剂的浓度、反应液的酸度和温度、试液加入的顺序及反应时间等条件均对其有影响，必须严格按操作步骤进行。

② 干扰离子主要有 Cl^- 和 NO_2^- 两种离子，可分别加入硫酸汞和氨基磺酸加以消除。NO_2^- 的干扰，可通过每 mg 亚硝酸加入 10mg 氨基磺酸来消除。

③ 在滴定前需将溶液稀释，否则酸度太大使终点颜色变化不明显。

④ 回流过程中若溶液变绿，说明水样的化学需氧量太高，需将水样适当稀释后重新测定。若水样需氧量太低，则可以用较低浓度的重铬酸钾和硫酸亚铁铵标准溶液进行测定。

⑤ 若水样含有挥发性有机物，则在加入硫酸银-硫酸溶液时，应从冷凝器顶端慢慢加入，防止其挥发损失。

任务六　胆矾中 $CuSO_4 \cdot 5H_2O$ 含量的测定

一、知识目标

（1）掌握碘量法的基本原理、滴定条件；

（2）掌握直接碘量法的操作步骤及注意事项；

（3）掌握淀粉指示剂的变色原理；

（4）掌握间接碘量法测定胆矾中 $CuSO_4 \cdot 5H_2O$ 含量的基本原理和方法。

二、能力目标

（1）能用间接碘量法测定胆矾中 $CuSO_4 \cdot 5H_2O$ 的含量；

（2）能熟练配制和标定碘标准溶液；

（3）能熟练配制和标定 $Na_2S_2O_3$ 标准溶液；

（4）能熟悉淀粉指示剂终点的判断方法。

三、素质目标

（1）具有诚实守信、爱岗敬业，精益求精的工匠精神；

（2）具有质量意识、绿色环保意识、安全意识、信息素养、创新精神；

（3）能做到检测行为公正、公平，数据真实、可靠；

（4）具有团结协作、人际沟通能力。

四、教、学、做说明

学习在线上、线下学习【相关知识】的基础上，结合前面所涉及的知识，由教师引领，熟悉实验室环境，并在教师的指导下，学会用间接碘量法测定胆矾中 $CuSO_4 \cdot 5H_2O$ 含量的方法，明确测定条件及注意事项，自主完成胆矾中 $CuSO_4 \cdot 5H_2O$ 含量的测定，并上交实验报告。

五、工作准备

1. 仪器

分析天平；碱式滴定管（50mL）；碘量瓶（250mL）；烧杯；表面皿等。

2. 试剂

$CuSO_4 \cdot 5H_2O$（CP）；$Na_2S_2O_3$（s）；基准物质 $K_2Cr_2O_7$；HAc（6mol/L）；I_2 固体（AR）；KI（AR）；5g/L 淀粉指示剂；20% H_2SO_4；1mol/L 的 H_2SO_4 溶液；20% NH_4HF_2 溶液，10% KSCN 等。

3. 实验原理

（1）$Na_2S_2O_3$ 标定原理　标定 $Na_2S_2O_3$ 时常用的基准物质是 $K_2Cr_2O_7$，标定时采用置换滴定法，先将 $K_2Cr_2O_7$ 与过量的 KI 作用，再用 $Na_2S_2O_3$ 标准溶液滴定析出的 I_2，以淀粉为指示剂，溶液由蓝色变为亮绿色，即为终点。

其反应式为：

$$Cr_2O_7^{2-} + 14H^+ + 6I^- \longrightarrow 3I_2 + 2Cr^{3+} + 7H_2O$$

$$I_2 + 2S_2O_3^{2-} \longrightarrow S_4O_6^{2-} + 2I^-$$

必须注意的是，淀粉指示剂应在临近终点时加入，若过早加入，则溶液中还剩余很多的 I_2，大量的 I_2 被淀粉牢固吸附，不易完全放出，使终点难以确定。因此，必须在滴定至近终点（溶液呈现浅黄绿色）时，再加入淀粉指示剂。

（2）测定原理　在弱酸性（pH=3~4）溶液中，Cu^{2+} 与过量 I^- 作用生成难溶性的 CuI 沉淀并定量析出 I_2。生成的 I_2 可用 $Na_2S_2O_3$ 标准溶液滴定：以淀粉溶液为指示剂，滴定至溶液的蓝色刚好消失，即为终点。其反应式为：

$$2Cu^{2+} + 4I^- \longrightarrow 2CuI \downarrow + I_2$$

$$I_2 + 2S_2O_3^{2-} \longrightarrow S_4O_6^{2-} + 2I^-$$

由所消耗的 $Na_2S_2O_3$ 标准溶液的体积及浓度即可计算出样品中硫酸铜的含量。

六、工作过程

1. $c(Na_2S_2O_3) = 0.1mol/L$ $Na_2S_2O_3$ 溶液的配制

用天平称取一定量的市售硫代硫酸钠于烧杯中，再加入少量的 Na_2CO_3，加水溶解后，盖上表面皿，缓缓煮沸 10min，冷却后置于暗处密闭静置两周后过滤，待标定。

2. $Na_2S_2O_3$ 标准溶液的标定

准确称取 0.12~0.15g 基准物质 $K_2Cr_2O_7$ 于 250mL 碘量瓶中，加 25mL 煮沸并冷却的蒸馏水溶解，加入 2g 固体碘化钾及 20mL20% 的 H_2SO_4 溶液后，立即盖上碘量瓶塞，摇匀，瓶口加少量蒸馏水密封，防止 I_2 挥发。在暗处放置 5min，打开瓶塞，同时用蒸馏水冲洗瓶塞磨口及碘量瓶内壁，加 150mL 煮沸并冷却的蒸馏水稀释，然后立即用待标定的 $Na_2S_2O_3$ 标准溶液滴定至溶液出现淡黄色（近终点），此时加入 3mL 5g/L 的淀粉指示剂，继续滴定至溶液由蓝色变为亮绿色，即为终点，记录消耗 $Na_2S_2O_3$ 标准溶液的体积。平行测定 3 次，同时做空白试验。

3. 0.1mol/L I_2 标准溶液的配制

称取 6.5g I_2 和 20gKI 于小烧杯中，加水少许，研磨或搅拌至 I_2 全部溶解后（KI 可分 4~5 次加，每次加水 5~10mL，反复研磨至碘片全部溶解），转移入棕色瓶，加水稀释至 250mL，塞紧，摇匀后放置过夜再标定。

4. I_2 标准溶液的标定

准确移取已知浓度的 $Na_2S_2O_3$ 标准溶液 25.00mL 于 250mL 碘量瓶中，加 150mL 蒸馏水及 3mL 淀粉指示剂，用待标定的 I_2 标准溶液滴定至溶液呈现蓝色，即为终点。记录消耗 I_2 标准溶液的体积，平行测定 3 次，同时做空白试验，记录消耗体积为 V_0。

5. 胆矾中 $CuSO_4 \cdot 5H_2O$ 含量的测定

准确称取样品 0.5~0.6g，置于 250mL 碘量瓶中，加入 1mol/L 的 H_2SO_4 溶液、蒸馏水 100ml 使其溶解，加入 10mL 20%NH_4HF_2 溶液及 3g 固体 KI，迅速盖上瓶盖，摇匀，水封。于暗处放置 10min，此时出现 CuI 白色沉淀。

打开瓶塞，用少量蒸馏水冲洗瓶塞磨口及碘量瓶内壁，然后立即用 0.1mol/L $Na_2S_2O_3$ 标准溶液滴定至溶液显浅黄色（近终点），加 3mL5g/L 的淀粉指示剂，继续滴定至溶液呈浅蓝色时，加入 10%KSCN 或 NH_4SCN 溶液 10mL，继续用 $Na_2S_2O_3$ 标准滴定溶液滴定至蓝色恰好消失，即为终点，此时溶液为 Cu(SCN)$_2$ 悬浮液，记录消耗 $Na_2S_2O_3$ 标准的体积。平行测定 3 次，同时做空白试验。根据所消耗 $Na_2S_2O_3$ 标准溶液的体积，计算出铜的含量。

七、数据记录与处理

1. 数据记录

（1）硫代硫酸钠标准溶液的标定

项目	1	2	3
称取样品前质量/g			
称取样品后质量/g			

续表

项目	1	2	3
$K_2Cr_2O_7$ 的质量/g			
滴定管体积初读数/mL			
滴定管体积终读数/mL			
消耗 I_2 标准溶液的体积/mL			
滴定管校正值/mL			
溶液温度/℃			
溶液温度补正值/（mL/L）			
溶液温度校正值/mL			
实际消耗 $Na_2S_2O_3$ 标准溶液的体积/mL			
空白试验消耗 $Na_2S_2O_3$ 标准溶液的体积/mL			
$Na_2S_2O_3$ 标准溶液的浓度/（mol/L）			
$Na_2S_2O_3$ 标准溶液的平均浓度/（mol/L）			
相对极差/%			

（2）碘标准溶液的标定

项目	1	2	3
移取 $Na_2S_2O_3$ 标准溶液的体积/mL			
滴定管体积初读数/mL			
滴定管体积终读数/mL			
消耗 I_2 标准溶液的体积/mL			
滴定管体积校正值/mL			
溶液温度/℃			
溶液温度补正值/（mL/L）			
溶液温度校正值/mL			
实际消耗 I_2 标准溶液的体积/mL			
空白试验消耗 I_2 标准溶液的体积/mL			
I_2 标准溶液的浓度/（mol/L）			
I_2 标准溶液的平均浓度/（mol/L）			
相对极差/%			

（3）胆矾中 $CuSO_4 \cdot 5H_2O$ 含量的测定

项目	1	2	3
称取样品前质量/g			
称取样品后质量/g			
硫酸铜样品的质量/g			
滴定管体积初读数/mL			
滴定管体积终读数/mL			
消耗 $Na_2S_2O_3$ 标准溶液的体积/mL			

续表

项目	1	2	3
滴定管校正值/mL			
溶液温度/℃			
溶液温度补正值/（mL/L）			
溶液温度校正值/mL			
实际消耗 $Na_2S_2O_3$ 标准溶液的体积/mL			
空白试验消耗 $Na_2S_2O_3$ 标准溶液的体积/mL			
$Na_2S_2O_3$ 标准溶液的浓度/（mol/L）			
胆矾中 $CuSO_4 \cdot 5H_2O$ 含量/%			
平均值/%			
相对极差/%			

2. 计算

（1）硫代硫酸钠标准溶液浓度的计算

$$c(Na_2S_2O_3) = \frac{m(K_2Cr_2O_7)}{M(K_2Cr_2O_7)(V_1 - V_0) \times 10^{-3}} \times 6$$

式中　$c(Na_2S_2O_3)$——硫代硫酸钠标准溶液的浓度，mol/L；

　　　　$m(K_2Cr_2O_7)$——称取重铬酸钾基准物质的质量，g；

　　　　$M(K_2Cr_2O_7)$——$K_2Cr_2O_7$ 的摩尔质量，g/mol；

　　　　　　　　V_1——消耗硫代硫酸钠标准溶液的体积，mL；

　　　　　　　　V_0——空白试验消耗硫代硫酸钠标准溶液的体积，mL。

（2）I_2 标准溶液浓度的计算

$$c(I_2) = \frac{c(Na_2S_2O_3)V(Na_2S_2O_3)}{V_1 - V_0} \times \frac{1}{2}$$

式中　　　　$c(I_2)$——碘标准溶液的浓度，mol/L；

　　$c(Na_2S_2O_3)$——硫代硫酸钠标准溶液的浓度，mol/L；

　　$V(Na_2S_2O_3)$——硫代硫酸钠标准溶液的体积，mL；

　　　　　　　　V_0——空白试验消耗碘标准溶液的体积，mL；

　　　　　　　　V_1——滴定时消耗碘标准溶液的体积，mL。

（3）胆矾中 $CuSO_4 \cdot 5H_2O$ 含量的计算

$$w(CuSO_4 \cdot 5H_2O) = \frac{c(Na_2S_2O_3) \times (V_1 - V_0) \times 10^{-3} \times M(CuSO_4 \cdot 5H_2O)}{m} \times 100\%$$

式中　$w(CuSO_4 \cdot 5H_2O)$——胆矾中 $CuSO_4 \cdot 5H_2O$ 的质量分数，%；

　　　　$c(Na_2S_2O_3)$——$Na_2S_2O_3$ 标准滴定溶液的浓度，mol/L；

　　　　　　　　V_1——滴定时消耗 $Na_2S_2O_3$ 标准滴定溶液的体积，mL；

　　　　　　　　V_0——空白试验消耗 $Na_2S_2O_3$ 标准滴定溶液的体积，mL；

　　$M(CuSO_4 \cdot 5H_2O)$——$CuSO_4 \cdot 5H_2O$ 的摩尔质量，g/mol；

　　　　　　　　　m——称取试样的质量，g。

八、注意事项

① 淀粉溶液必须在接近终点时加入，否则容易引起淀粉溶液凝聚，并且使吸附在淀粉中的 I_2 不易被释放出，影响测定。

② 滴定摇动锥形瓶时要注意，大量 I_2 存在时不要剧烈摇动溶液，以免 I_2 挥发。加入淀粉后，滴定时应充分摇动以防 I_2 的吸附。

③ 为了避免误差，平行操作时，不能同时于待测溶液中加 KI，应一份一份地操作，不可放置时间过长，防止 KI 被空气氧化，整个滴定操作要适当快一些。

④ 滴定完毕的溶液放置后会变蓝色，其是由空气氧化溶液中的 I^- 生成少量 I_2 所致。

⑤ 若无碘量瓶，可用锥形瓶盖上表面皿代替。

⑥ 加入 KI 后，不必放置，应立即滴定，以防 CuI 沉淀对 I_2 的吸附太牢。

相关知识

$CuSO_4 \cdot 5H_2O$ 是蓝色的晶体，溶于水可形成蓝色溶液，失去结晶水形成白色的 $CuSO_4$，可用作杀毒剂。

胆矾中 $CuSO_4 \cdot 5H_2O$ 的含量可以用碘量法来测定。由于硫酸铜中 Cu^{2+} 不具有酸碱性，但可通过生成 CuI，使 Cu^{2+}/Cu^+ 的电极电位由 +0.17V 增大到 +0.88V，从而可以使 Cu^{2+} 先与过量的 I^- 作用生成一定量的 I_2，再用硫代硫酸钠标准溶液滴定生成的 I_2。

一、碘量法

1. 概述

碘量法也是常用的氧化还原滴定法之一，它是以 I_2 的氧化性和 I^- 的还原性为基础的氧化还原滴定法。由于固体 I_2 的溶解度很小且易挥发，通常将 I_2 溶解在 KI 溶液中，此时 I_2 在溶液中以 I_3^- 的形式存在

$$I_2 + I^- \longrightarrow I_3^-$$

为了方便和明确化学计量关系，一般仍将 I_3^- 简写成 I_2，用 I_3^- 滴定的基本反应为：

$$I_2 + 2e \longrightarrow 2I^- \qquad E^\ominus = 0.545V$$

由 $E^\ominus$ 值可知，I_2 是一种较弱的氧化剂，可与较强的还原剂作用，而 I^- 是一种中等强度的还原剂，能与许多氧化剂作用，因此，碘量法有直接和间接两种方式。

（1）直接碘量法（碘滴定法）　电极电位比 $E^\ominus(I_2/I^-)$ 低的还原性物质，可用 I_2 标准溶液直接滴定，这种方法叫作直接碘量法。其可测定一些强还原性物质，如测定钢铁中硫的含量，SO_2 用水吸收后，可用 I_2 标准溶液直接滴定，其反应式为：

$$I_2 + SO_2 + 2H_2O \longrightarrow 2I^- + SO_4^{2-} + 4H^+$$

但是直接碘量法不能在碱性溶液中进行，如果溶液 pH 大于 8，部分 I_2 要发生歧化作用，带来测量误差。在酸性溶液中也只有少数还原能力强而不受 H^+ 浓度影响的物质才能发生定量反应，又由于 $E^\ominus(I_2/I^-)$ 电位并不高，能直接用 I_2 标准溶液滴定的物质并不多，所以直接碘量法的应用受到一定限制。

（2）间接碘量法（滴定碘法）　电位比 $E^\ominus(I_2/I^-)$ 高的氧化性物质，可在一定条件下

与 I^- 作用，定量析出 I_2，然后用 $Na_2S_2O_3$ 标准溶液滴定析出的 I_2，这种方法叫间接碘量法。如：测定重铬酸钾时，在酸性溶液中 $K_2Cr_2O_7$ 与过量的碘化钾产生 I_2，再用 $Na_2S_2O_3$ 标准溶液滴定 I_2，其反应式如下：

$$Cr_2O_7^{2-} + 6I^- + 14H^+ \longrightarrow 2Cr^{3+} + 3I_2 + 7H_2O$$

$$I_2 + 2S_2O_3^{2-} \longrightarrow 2I^- + S_4O_6^{2-}$$

凡是能与 KI 作用定量析出 I_2 的氧化性物质及能与过量 I_2 在碱性介质中作用的有机物都可用间接碘量法测定，其常用于测量 Cu^{2+}、$C_2O_4^{2-}$、$Cr_2O_7^{2-}$、H_2O_2 等氧化型物质。所以，间接碘量法的应用较直接碘量法更为广泛。

2. 碘量法终点的确定

碘量法的终点常用淀粉指示剂来确定，在少量 I^- 存在下，I_2 与淀粉反应形成蓝色吸附络合物，可根据蓝色的出现或消失来指示终点。

直接碘量法的滴定终点是无色变蓝色，即：I_2 + 淀粉（无色）$\longrightarrow$ 蓝色吸附络合物。间接碘量法的滴定终点是蓝色变无色，即：淀粉-I_2 的蓝色吸附络合物 $\longrightarrow$ 淀粉（无色）+ I^-。

在间接碘量法中，淀粉应在滴定到临近终点时加入，若加入过早，大量的 I_2 与淀粉结合，影响 $Na_2S_2O_3$ 对 I_2 的还原，将带来终点误差。

淀粉溶液要是新配制的，若放置过久，则不与 I_2 络合物显蓝色，而呈现紫色或红色，这种紫色或红色吸附络合物在用 $Na_2S_2O_3$ 滴定时褪色慢，且终点不敏锐。

3. 碘量法的条件

(1) 防止 I_2 挥发和空气中的 O_2 氧化 I^-　碘量法的误差主要来自两个方面，一是 I_2 容易挥发，二是在酸性溶液中 I^- 易被空气氧化，为此应采取适当的措施减小误差。通常采用下列方法防止 I^- 被空气中的 O_2 氧化。

① 溶液的酸度不宜过高，因酸度增加，O_2 的氧化速率增大。

② 避免阳光直射，因为光及 Cu^{2+}、NO_3^- 等能促进空气中 O_2 对 I^- 的氧化，因此应将析出碘的反应置于暗处并预先除去以上杂质。

③ 析出 I_2 后，不能让溶液放置过久。

④ 滴定速度要适当快一点。

通常应采取以下措施防止 I_2 挥发。

① 加入过量 KI（一般比理论值大 2～3 倍），KI 与 I_2 形成 I_3^-，可以降低 I_2 的挥发性，提高淀粉指示剂的灵敏度。

② 反应时溶液的温度不能高，一般在室温下进行。因温度升高会增大 I_2 挥发性，降低淀粉指示剂的灵敏度。

③ 滴定时不要剧烈摇动溶液，最好用带玻璃塞的锥形瓶（碘量瓶）。

(2) 控制溶液的酸度　直接碘量法不能在碱性溶液中进行，只能在弱酸性或近中性溶液中进行。如果在碱性溶液中会发生下列副反应：

$$S_2O_3^{2-} + 4I_2 + 10OH^- \longrightarrow 2SO_4^{2-} + 8I^- + 5H_2O$$

同时 I_2 在碱性溶液中还会发生歧化反应。

若在强酸性溶液中，$Na_2S_2O_3$ 会发生分解，其反应如下：

$$S_2O_3^{2-} + 2H^+ \longrightarrow SO_2 + S\downarrow + H_2O$$

同时在酸性溶液中 I^- 容易被空气中的氧气氧化。

(3) 注意淀粉指示剂的使用　间接碘量法应在接近终点时再加入淀粉指示剂，否则大量

的 I_2 与淀粉结合，影响 $Na_2S_2O_3$ 对 I_2 的还原。

综上所述，碘量法测定范围广泛，既可测定氧化性物质，又可测定还原性物质；I_2/I^- 电对的可逆性好，副反应少；与其他氧化还原法不同，应用碘量法时不仅可在酸性溶液中滴定，还可在中性和弱碱性溶液中滴定；同时又有该方法的通用指示剂——淀粉。因此，碘量法是一种应用范围十分广泛的滴定方法。

二、碘量法标准溶液的配制与标定

碘量法常用的标准溶液有硫代硫酸钠和 I_2 两种，下面分别介绍。

1. 硫代硫酸钠溶液的配制与标定

固体 $Na_2S_2O_3 \cdot 5H_2O$ 容易风化潮解，含少量杂质，而且配制好的 $Na_2S_2O_3$ 化学稳定性差，易分解，因此不能用直接法配制标准溶液，只能用间接法配制。$Na_2S_2O_3$ 标准溶液不稳定，浓度随时间变化而变化，其主要原因有以下几点。

（1）水中 CO_2 的作用　$Na_2S_2O_3$ 在酸性溶液中会分解，能被溶解在水中的 CO_2 所分解析出硫。

$$Na_2S_2O_3 + CO_2 + H_2O \longrightarrow NaHSO_3 + NaHCO_3 + S\downarrow$$

（2）水中微生物的作用　微生物会消耗 $Na_2S_2O_3$，使它转化成 Na_2SO_3，这也是 $Na_2S_2O_3$ 存放过程中浓度变化的主要原因。

$$Na_2S_2O_3 \longrightarrow Na_2SO_3 + S\downarrow$$

（3）空气中氧气的作用　空气中氧气可氧化 $Na_2S_2O_3$。

$$2Na_2S_2O_3 + O_2 \longrightarrow 2Na_2SO_4 + 2S\downarrow$$

$Na_2S_2O_3$ 在微生物作用下分解时，光照可加速该反应的进行。因此，在配制 $Na_2S_2O_3$ 标准溶液时应采用新煮沸（除氧、CO_2、杀菌）并冷却的蒸馏水，并加入少量 Na_2CO_3 使溶液呈弱碱性，以抑制细菌生长。为了防止 $Na_2S_2O_3$ 的分解，配制好的溶液应保存在棕色瓶中，置于暗处放置 8～12 天后标定。若长期保存，则每隔 1～2 月标定一次，如果发现溶液变浑浊，应弃去重新配制。

标定 $Na_2S_2O_3$ 所用基准物质有 $K_2Cr_2O_7$、KIO_3 等，采用间接碘法标定时，以 $K_2Cr_2O_7$ 最为常用。用 $K_2Cr_2O_7$ 或 KIO_3 为基准物质标定时应注意下列几点：

① 在酸性溶液中使 $K_2Cr_2O_7$ 与 KI 反应，溶液的酸度越大，反应速率越大，酸度太大时 I^- 易被空气中的 O_2 氧化。所以溶液的酸度一般以 0.2～0.4mol/L 为宜。

② $K_2Cr_2O_7$ 与 KI 的反应慢，应将溶液在暗处放置一定时间（5min），待反应完全后再用 $Na_2S_2O_3$ 滴定。KIO_3 与 KI 反应快，不需要放置。

③ KI 溶液中不应含有 KIO_3 或 I_2，如果 KI 溶液呈黄色，或将溶液酸化后加入淀粉指示剂显蓝色，则应将 $Na_2S_2O_3$ 溶液滴定至无色后再使用。

④ 用 $Na_2S_2O_3$ 滴定前，先将溶液稀释。这样可降低溶液的酸度，防止 I^- 被空气氧化，减小 $Na_2S_2O_3$ 的分解作用，同时使 Cr^{3+} 的绿色减弱，便于终点的观察。

⑤ 在以淀粉为指示剂时，用 $Na_2S_2O_3$ 溶液滴定至溶液呈淡黄色时（大部 I_2 已作用），加入淀粉指示剂，继续用 $Na_2S_2O_3$ 溶液滴定至蓝色刚好消失，即为终点。

滴定至终点后，如几分钟后溶液变蓝，这属于正常现象，这是由空气中的 O_2 氧化 I^- 所引起的。如溶液迅速变蓝，则说明反应不完全（放置时间不够），遇到这种情况时应重新标定。

2. 碘标准溶液的配制与标定

升华制得的纯碘可以直接配制成标准溶液，但由于碘在室温下的挥发性强，另外，碘蒸气对天平有一定的腐蚀作用，故不能在分析天平上准确称量，通常碘标准溶液多用分析纯碘间接配制。

由于碘几乎不溶于水，所以配制时将市售的纯碘与过量的 KI 放入研钵中加少量的水研磨，等溶解后再稀释到一定体积，溶液应贮存在具有玻璃塞的棕色瓶中，避免与橡胶接触，防止日光照射、受热等。

I_2 溶液的浓度可用标准溶液 $Na_2S_2O_3$ "比较"标定，也可用基准物质三氧化二砷（俗称砒霜，剧毒）标定。

（1）用 As_2O_3 作基准物质标定　As_2O_3 难溶于水，但易溶于碱性溶液，生成亚砷酸盐。先将一定准确量的 As_2O_3 溶解在 NaOH 溶液中，再用酸将其酸化，最后用 $NaHCO_3$ 将溶液调至 pH≈8.0，以淀粉为指示剂，终点时溶液由无色突变为蓝色。其相关反应式为：

$$As_2O_3 + 6OH^- \longrightarrow 2AsO_3^{3-} + 3H_2O$$

$$H_3AsO_3 + I_2 + H_2O \Longleftrightarrow H_3AsO_4 + 2I^- + 2H^+$$

亚砷酸与碘的反应是可逆的，为使反应快速定量地向右进行，可加入 $NaHCO_3$，以保持溶液的 pH≈8.0。根据称取 As_2O_3 的质量及恒温滴定时消耗 I_2 溶液的体积可计算出 I_2 标准溶液的浓度。

由于 As_2O_3 为剧毒物，一般常用已知浓度的 $Na_2S_2O_3$ 标准溶液标定 I_2 溶液。

（2）用 $Na_2S_2O_3$ 标准溶液"比较"标定　用 I_2 溶液滴定一定体积的 $Na_2S_2O_3$ 标准溶液，以淀粉为指示剂，终点时溶液由无色为蓝色。

其滴定反应为：

$$I_2 + 2S_2O_3^{2-} \longrightarrow 2I^- + S_4O_6^{2-}$$

根据 $Na_2S_2O_3$ 标准溶液的用量和碘溶液的量，可计算出碘溶液的浓度。

三、碘量法的应用及计算示例

1. 铜矿石中铜的测定

在中性或弱酸性条件下，在待测 Cu^{2+} 溶液中加入过量 I^-，则 Cu^{2+} 与过量 I^- 反应定量析出 I_2 并生成 CuI 沉淀，析出的 I_2 用 $Na_2S_2O_3$ 标准溶液滴定，其反应式为：

$$2Cu^{2+} + 4I^- \longrightarrow 2CuI\downarrow + I_2$$

$$I_2 + 2S_2O_3^{2-} \longrightarrow 2I^- + S_4O_6^{2-}$$

这里 I^- 既是还原剂（将 Cu^{2+} 还原为 Cu^+），又是沉淀剂（将 Cu^{2+} 沉淀为 CuI），还是络合剂（将 I_2 络合为 I_3^-）。

生成的 I_2 用 $Na_2S_2O_3$ 标准溶液滴定，以淀粉为指示剂，以蓝色褪去为终点，这样就可计算出铜的含量。

反应加入过量的 KI，一方面可促使反应进行完全，另一方面可形成 I_3^- 以增加 I_2 的溶解度。

由于 CuI 沉淀表面吸附 I_2 致使分析结果偏低，为此可在大部分 I_2 被 $Na_2S_2O_3$ 溶液滴定后，再加入 NH_4SCN 或 $KSCN$ 使 CuI（$K_{sp}=1.1\times10^{-12}$）沉淀转化为溶解度更小的 $CuSCN$（$K_{sp}=4.8\times10^{-15}$）沉淀，把吸附的碘释放出来，从而提高测定结果的准确度。

为了防止铜盐水解，溶液的 pH 一般控制在 3.0～4.0 之间。酸度过高，空气中的氧会将 I^- 氧化成 I_2，使测定结果偏高；酸度过低，Cu^{2+} 可能水解，使反应不完全，且反应速率变慢，使终点拖后，结果偏低，同时 I_2 会发生歧化作用。一般用氨水使溶液接近中性，再加入 NH_4HF_2，使其生成稳定的 $[FeF_6]^{3-}$ 络离子，从而降低 Fe^{3+}/Fe^{2+} 电对的电极电位，使 Fe^{3+} 失去了氧化 I^- 的能力，消除 Fe^{3+} 氧化 I^- 对测定的干扰，同时还可控制溶液的酸度，保证间接碘量法所要求的条件。

为避免大量的 Cl^- 与 Cu^{2+} 形成络合物，因此应用 H_2SO_4，不能用 HCl。

本法广泛用于铜合金、矿石、电镀液、炉渣中的铜及胆矾等试样中铜含量的测定，具有快速、准确等优点。

2. 维生素 C（药片）含量的测定

维生素 C 又称抗坏血酸，分子式为 $C_6H_8O_6$，分子量为 176.13，是预防坏血病及促进身体健康的药品，也是分析化学中常用的掩蔽剂。

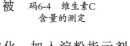
码6-4　维生素C
含量的测定

测定原理：维生素 C 分子中的烯二醇基具有显著的还原性，可被 I_2 氧化成二酮基，因而可用直接碘量法测定。

方法：把维生素 C 溶解在新煮沸且冷却的蒸馏水中，用乙酸酸化，加入淀粉指示剂，迅速用 I_2 标准溶液滴定至蓝色，即为终点。

但要注意的是，维生素 C 的还原性较强，在空气中易被氧化，因此操作要熟练，且酸化后应立即滴定。由于蒸馏水中含有溶解氧，所以必须先煮沸，如果溶液中有易被 I_2 氧化的物质，则对该测定有干扰。

3. 漂白粉中有效氯的测定

漂白粉的有效成分是次氯酸盐，具有漂白和消毒作用。此外，漂白粉中还有 $CaCl_2\cdot Ca(ClO_3)_2$ 和 CaO 等，用 $CaCl(ClO)$ 表示，工业上评价的标准是：用酸处理后释放出来的氯量称为有效成分，以 Cl 的质量分数来表示。

以间接碘量法来测定，在硫酸溶液中，漂白粉与过量 KI 作用产生 I_2，其反应式为：

$$ClO^- + 2I^- + 2H^+ \longrightarrow I_2 + Cl^- + H_2O$$

析出来的 I_2 用 $Na_2S_2O_3$ 标准溶液滴定。

【例 6-8】　0.5000g 铜矿试样，经处理成 Cu^{2+}，后用间接碘量法测定，用去 0.1500mol/L 的 $Na_2S_2O_3$ 标准溶液 20.00mL，滴定至淀粉蓝色消失。计算铜矿石中 Cu_2O 的质量分数。

解：测定时有关反应式为：

$$2Cu^{2+} + 4I^- \longrightarrow 2CuI\downarrow + I_2$$
$$I_2 + 2S_2O_3^{2-} \longrightarrow 2I^- + S_4O_6^{2-}$$

由反应式可知：$1mol\,Cu_2O \sim 2mol\,Cu^{2+} \sim 1mol\,I_2 \sim 2mol\,Na_2S_2O_3$

即 $n(Cu_2O) = \dfrac{1}{2}n(Na_2S_2O_3)$

铜矿试样中 Cu_2O 的质量分数为：

$$w(\mathrm{Cu_2O}) = \dfrac{\dfrac{1}{2} \times c(\mathrm{Na_2S_2O_3}) V(\mathrm{Na_2S_2O_3}) M(\mathrm{Cu_2O}) \times 10^{-3}}{m_{样}} \times 100\%$$

$$= \dfrac{\dfrac{1}{2} \times 0.1500 \times 20.00 \times 143.09 \times 10^{-3}}{0.5000} \times 100\%$$

$$= 42.93\%$$

 能力测评与提升

1. 填空题

(1) 在氧化还原反应中，电对的电位越高，其氧化型的氧化能力越_____；电位越低，其还原型的还原能力越_____。

(2) 条件电极电位反映了_____和_____总的影响。

(3) 氧化还原反应的平衡常数，只能说明该反应的_____和_____，而不能表明_____。

(4) 氧化还原滴定中，化学计量点附近电位突跃范围的大小和氧化剂与还原剂两电对的_____有关，它们相差越大，电位突跃范围越_____。

(5) 滴定比例为50%时，溶液电位为_____电对的条件电极电位；滴定比例为200%时，溶液电位为_____电对的条件电极电位。

(6) $\mathrm{KMnO_4}$ 在_____溶液中的氧化性最强，其氧化有机物的反应大都在_____条件下进行，因为_____。

(7) $\mathrm{K_2Cr_2O_7}$ 法与 $\mathrm{KMnO_4}$ 法相比，具有许多优点：_____，_____、_____。

(8) 用 $\mathrm{K_2Cr_2O_7}$ 法测定铁矿石中全铁量时，采用_____还原法，滴定之前，加入 $\mathrm{H_3PO_4}$ 的目的有二：一是_____，二是_____。

(9) 碘量法测定可用直接和间接两种方式。直接法以_____为标准溶液，测定_____物质。间接法以_____为标准溶液，测定_____物质。_____方式的应用更广一些。

(10) 用淀粉作指示剂，当 $\mathrm{I_2}$ 被还原成 $\mathrm{I^-}$ 时，溶液呈_____色；当 $\mathrm{I^-}$ 被氧化成 $\mathrm{I_2}$ 时，溶液呈_____色。

(11) 采用间接碘量法测定某铜盐的含量时，淀粉指示剂应_____加入，这是为了_____。

(12) 利用电极电位可以判断氧化还原反应进行的_____、_____和_____。

(13) 标定硫代硫酸钠时一般可选_____作基准物，标定高锰酸钾溶液时一般选用_____作基准物。

(14) 碘在水中的溶解度小，挥发性强，所以配制碘标准溶液时，将一定量的碘溶于_____溶液。

(15) 高锰酸钾在强酸介质中被还原为_____，在微酸，中性或弱碱性介质中还原为_____，强碱性介质中还原为_____。

2. 选择题

(1) $\mathrm{Fe^{3+}}$ 与 $\mathrm{Sn^{2+}}$ 反应的条件平衡常数对数值（$\lg K'$）为：

已知：$E^{\ominus\prime}(Fe^{3+}/Fe^{2+})=0.70V$，$E^{\ominus\prime}(Sn^{4+}/Sn^{2+})=0.14V$

A. $\dfrac{0.70-0.14}{0.059}$　　　　　　　　B. $\dfrac{(0.70-0.14)\times2}{0.059}$

C. $\dfrac{(0.14-0.70)\times2}{0.059}$　　　　　　D. $\dfrac{(0.70-0.14)\times3}{0.059}$

（2）Fe^{3+}/Fe^{2+} 电对电极电位的升高和（　　）因素无关。

A. 溶液离子强度的改变使 Fe^{3+} 活度系数增加

B. 温度升高

C. 催化剂的种类和浓度

D. Fe^{2+} 浓度的降低

（3）二苯胺磺酸钠是 $K_2Cr_2O_7$ 滴定 Fe^{2+} 的常用指示剂，它属于（　　）。

A. 自身指示剂　　　　　　　　　　B. 氧化还原指示剂

C. 特殊指示剂　　　　　　　　　　D. 其他指示剂

（4）间接碘量法中加入淀粉指示剂的适宜时间是（　　）。

A. 滴定开始前　　　　　　　　　　B. 滴定开始后

C. 滴定至近终点时　　　　　　　　D. 滴定至红棕色褪尽至无色时

（5）在间接碘量法中，若滴定开始前加入淀粉指示剂，测定结果将（　　）。

A. 偏低　　　　　B. 偏高　　　　　C. 无影响　　　　　D. 无法确定

（6）下列关于高锰酸钾滴定法的说法中错误的是（　　）。

A. 可在盐酸介质中进行滴定　　　　B. 直接法可测定还原性物质

C. 标准滴定溶液用标定法制备　　　D. 在硫酸介质中进行滴定

（7）在酸性溶液中，用 $KMnO_4$ 标准溶液测定 H_2O_2 含量的指示剂是（　　）。

A. $KMnO_4$　　　　B. Mn^{2+}　　　　C. MnO_2　　　　D. $C_2O_4^{2-}$

（8）用 $K_2Cr_2O_7$ 作基准物质，标定 $Na_2S_2O_3$ 溶液，用 $Na_2S_2O_3$ 溶液滴定前，最好用水稀释，其目的是（　　）。

A. 只是为了降低酸度，减少 I^- 被空气氧化

B. 只是为了降低 Cr^{3+} 浓度，便于终点观察

C. 为了 $K_2Cr_2O_7$ 与 I^- 的反应定量完成

D. 一是降低酸度，减少 I^- 被空气氧化；二是为了降低 Cr^{3+} 浓度，便于终点观察

（9）碘量法中，用 $K_2Cr_2O_7$ 作基准物质，标定 $Na_2S_2O_3$ 溶液，用淀粉作指示剂时，终点颜色为（　　）。

A. 黄色　　　　　B. 棕色　　　　　C. 蓝色　　　　　D. 亮绿色

（10）可用直接法配制的标准溶液是（　　）。

A. $KMnO_4$　　　B. $Na_2S_2O_3$　　　C. $K_2Cr_2O_7$　　　D. I_2（市售）

（11）直接碘量法只能在（　　）溶液中进行。

A. 强酸　　　　B. 强碱　　　　C. 近中性或弱酸性　　　　D. 弱碱

（12）可用于氧化还原滴定的两电对电位差必须是（　　）。

A. 大于 0.8V　　B. 大于 0.4V　　C. 小于 0.8V　　D. 小于 0.4V

（13）用 0.02mol/L $KMnO_4$ 溶液滴定 0.1mol/L Fe^{2+} 溶液和用 0.002mol/L $KMnO_4$ 溶液滴定 0.01mol/L Fe^{2+} 溶液的两种情况下，其滴定突跃是（　　）。

A. 前者＞后者　　　　　　　　　　B. 前者＜后者

C. 一样大　　　　　　　　　　　　D. 没有电位值，无法判断

(14) 用草酸钠作基准物标定高锰酸钾标准溶液时，开始反应速率慢，稍后，反应速率明显加快，这是因为（　　）起催化作用。

A. 氢离子   B. MnO_4^- C. Mn^{2+} D. CO_2

(15) $KMnO_4$ 滴定所需的介质是（　　）。

A. 硫酸   B. 盐酸   C. 磷酸   D. 硝酸

(16) 在间接碘法测定中，下列操作正确的是（　　）。

A. 边滴定边快速摇动

B. 加入过量 KI，并在室温和避免阳光直射的条件下滴定

C. 在 70～80℃恒温条件下滴定

D. 滴定一开始就加入淀粉指示剂

(17) 在间接碘量法中，滴定终点的颜色变化是（　　）。

A. 蓝色恰好消失   B. 出现蓝色   C. 出现浅黄色   D. 黄色恰好消失

(18) 淀粉是一种（　　）指示剂。

A. 自身   B. 氧化还原型   C. 特殊   D. 金属

(19) $KMnO_4$ 滴定 H_2O_2，开始时 $KMnO_4$ 褪色很慢，后来逐渐变快，其原因是（　　）。

A. 滴定过程中，消耗 H^+，使反应速率加快

B. 滴定过程中，产生 H^+，使反应速率加快

C. 滴定过程中，反应物浓度越来越小，使反应速率加快

D. 反应产生 Mn^{2+}，它是 $KMnO_4$ 与 H_2O_2 反应的催化剂

(20) 用 $K_2Cr_2O_7$ 滴定 Fe^{2+} 通常在（　　）性介质中进行。

A. 强酸   B. 强碱   C. 中性   D. 弱碱

3. 判断题

(1) 配制好的 $KMnO_4$ 溶液要盛放在棕色瓶中保护，如果没有棕色瓶应放在避光处保存。（　　）

(2) 在滴定时，$KMnO_4$ 溶液要放在碱式滴定管中。（　　）

(3) 用 $Na_2C_2O_4$ 标定 $KMnO_4$，需加热到 70～80℃，在 HCl 介质中进行。（　　）

(4) 用高锰酸钾法测定 H_2O_2 时，需通过加热来加速反应。（　　）

(5) 配制 I_2 溶液时要滴加 KI。（　　）

(6) $K_2Cr_2O_7$ 是比 $KMnO_4$ 更强的一种氧化剂，它可以在 HCl 介质中进行滴定。

（　　）

(7) 由于 $KMnO_4$ 性质稳定，可作基准物质直接配制成标准溶液。（　　）

(8) 由于 $K_2Cr_2O_7$ 容易提纯，干燥后可作为基准物质直接配制标准液，不必标定。

（　　）

(9) 配好 $Na_2S_2O_3$ 标准滴定溶液后煮沸约 10min。其作用主要是除去 CO_2 和杀死微生物，促进 $Na_2S_2O_3$ 标准滴定溶液趋于稳定。（　　）

(10) 提高反应溶液的温度能提高氧化还原反应的速度，因此在酸性溶液中用 $KMnO_4$ 滴定 $C_2O_4^{2-}$ 时，必须加热至沸腾才能保证正常滴定。（　　）

(11) 间接碘量法加入的 KI 一定要过量，淀粉指示剂要在接近终点时加入。（　　）

(12) 使用直接碘量法滴定时，淀粉指示剂应在近终点时加入；使用间接碘量法滴定时，淀粉指示剂应在滴定开始时加入。（　　）

（13）以淀粉为指示剂滴定时，直接碘量法的终点是从蓝色变为无色，间接碘量法是由无色变为蓝色。　　　　　　　　　　　　　　　　　　　　　　　（　　）

（14）溶液酸度越高，$KMnO_4$ 氧化能力越强，与 $Na_2C_2O_4$ 反应越完全，所以用 $Na_2C_2O_4$ 标定 $KMnO_4$ 时，溶液酸度越高越好。　　　　　　　　　（　　）

（15）$K_2Cr_2O_7$ 标准溶液滴定 Fe^{2+} 时既能在硫酸介质中进行，又能在盐酸介质中进行。　　　　　　　　　　　　　　　　　　　　　　　　　　　（　　）

（16）用间接碘量法测定试样时，最好在碘量瓶中进行，并应避免阳光照射，为减少与空气接触，滴定时不宜过度摇动。　　　　　　　　　　　　　　　（　　）

（17）用于重铬酸钾法的酸性介质只能是硫酸，而不能用盐酸。　　　　（　　）

（18）在碘量法中使用碘量瓶可以防止碘的挥发。　　　　　　　　　　（　　）

（19）用基准物质草酸钠标定 $KMnO_4$ 溶液时，需将溶液加热至 $75\sim85℃$ 进行滴定。若超过此温度，会使测定结果偏低。　　　　　　　　　　　　　（　　）

（20）由于 $KMnO_4$ 具有很强的氧化性，所以 $KMnO_4$ 法只能用于测定还原性物质。　　　　　　　　　　　　　　　　　　　　　　　　　　　　　（　　）

4.简答题

（1）什么是条件电极电位？它与标准电极电位的关系是什么？为什么要引入条件电极电位？影响条件电极电位的因素有哪些？

（2）影响氧化还原反应速率的因素有哪些？可采取哪些措施加速反应？

（3）如何配制 $KMnO_4$ 标准溶液？用 $Na_2C_2O_4$ 标定 $KMnO_4$ 溶液时需控制哪些滴定条件？

（4）碘量法的主要误差来源有哪些？如何消除？

（5）以 $K_2Cr_2O_7$ 标定 $Na_2S_2O_3$ 浓度时使用间接碘量法，能否采用 $K_2Cr_2O_7$ 直接滴定 $Na_2S_2O_3$？为什么？

（6）是否平衡常数大的氧化还原反应就能应用于氧化还原滴定法中？为什么？

（7）如何判断氧化还原反应进行的方向？影响氧化还原反应方向的因素有哪些？

（8）试比较酸碱滴定、络合滴定和氧化还原滴定的滴定曲线，说明它们的共性和特性。

（9）氧化还原滴定中的指示剂分几类？各自如何指示滴定终点？

（10）$KMnO_4$ 滴定法，在酸性溶液中的反应常用 H_2SO_4 来酸化，而不用 HNO_3 和盐酸，为什么？

（11）在直接碘量法和间接碘量法中，淀粉指示剂的加入时间和终点颜色变化有何不同？

（12）何谓氧化还原滴定法？常用的氧化还原滴定法有哪些？简要说明各种方法的原理及特点。

5.计算题

（1）用 $0.1200mol/L KMnO_4$ 标准溶液滴定 $10.00mL$（密度为 $1.010g/mL$）H_2O_2，消耗 $KMnO_4 36.80mL$，计算双氧水 H_2O_2 的质量分数。

（2）已知在 $1mol/L$ HCl 介质中，Fe^{3+}/Fe^{2+} 电对的 $E^{\ominus}=0.68V$，Sn^{4+}/Sn^{2+} 电对的 $E^{\ominus}=0.14V$。求在此条件下，反应 $2Fe^{3+}+Sn^{2+}\longrightarrow Sn^{4+}+2Fe^{2+}$ 的条件平衡常数。

（3）用 $30.00mL$ 某 $KMnO_4$ 标准溶液恰能氧化一定的 $KHC_2O_4\cdot H_2O$，同样质量的 $KHC_2O_4\cdot H_2O$ 又恰能与 $25.20mL$ 浓度为 $0.2012mol/L$ 的 KOH 溶液反应。计算此 $KMnO_4$ 溶液的浓度。

(4) 称取铁矿石试样 0.2150g，用 HCl 溶解后，加入 $SnCl_2$ 将溶液中的 Fe^{3+} 还原为 Fe^{2+}，然后用浓度为 0.01726mol/L 的 $K_2Cr_2O_7$ 标准溶液滴定，用去 22.32mL。求试样中铁的含量，分别以 Fe 和 Fe_2O_3 的质量分数表示。

(5) 将 0.1963g 分析纯 $K_2Cr_2O_7$ 试剂溶于水，酸化后加入过量 KI，析出的 I_2 需用 33.61mL $Na_2S_2O_3$ 溶液滴定。计算 $Na_2S_2O_3$ 溶液的浓度。

(6) 称取铁矿石试样 0.2000g，溶于盐酸后处理成 Fe^{2+}，用 0.008400mol/L 的 $K_2Cr_2O_7$ 标准溶液滴定，到达终点时消耗 $K_2Cr_2O_7$ 标准溶液 26.78mL，计算铁矿石 Fe_2O_3 的含量。

(7) 测定某样品中 $CaCO_3$ 的含量时，取 0.2303g 样品溶于酸后加入过量的 $(NH_4)_2C_2O_4$ 使 Ca^{2+} 沉淀为 CaC_2O_4，过滤、洗涤后用硫酸溶解，再用 22.30mL 0.04024mol/L $KMnO_4$ 溶液滴定完全，计算试样中 $CaCO_3$ 的含量。

(8) 准确称取软锰矿试样 0.5261g，在酸性介质中加入 0.7050g 纯 $Na_2C_2O_4$。待反应完全后，过量的 $Na_2C_2O_4$ 用 0.02160mol/L $KMnO_4$ 标准溶液滴定，用去 30.47mL。计算软锰矿中 MnO_2 的含量。

学习情境七

沉淀滴定法

任务一 认识沉淀滴定法

一、知识目标

（1）熟悉沉淀滴定法对沉淀反应的要求；

（2）掌握沉淀滴定法的分类方法；

（3）掌握银量法的特点及应用条件。

二、能力目标

（1）知道沉淀滴定法对沉淀反应的要求；

（2）能对沉淀滴定法进行分类；

（3）能归纳出银量法的特点。

三、素质目标

（1）具有热爱祖国、恪尽职守、踏实勤恳的工作作风；

（2）能做到检测行为公正、公平，数据真实、可靠；

（3）具有团结协作、人际沟通能力。

四、教、学、做说明

学生在线上、线下学习【相关知识】的基础上，结合前面所学知识，在教师的指导下，学会测定水中氯离子含量、酱油中氯化钠含量、碘化钠纯度的方法，并与全班进行交流。

相关知识

沉淀滴定法是以沉淀反应为基础的滴定分析法。

一、沉淀反应

有沉淀生成的反应即沉淀反应。而沉淀和溶解这一动态平衡存在于任何一个沉淀反应中。

1. 溶度积

（1）溶度积常数　沉淀反应中生成沉淀的溶解度各不相同，在沉淀滴定中总是希望沉淀的溶解度要小。那么在不同的沉淀反应中沉淀的生成和溶解情况又是怎样的呢？

在一定温度下，任何沉淀在水中总是有或多或少的溶解，存在着沉淀与溶解间的动态平衡关系。如 $BaSO_4$ 沉淀，在水溶液中，当 $BaSO_4$ 的溶解速率与沉淀速率相等时，就达到了沉淀溶解平衡，即溶液达到饱和。此时，溶液中有如下关系：

$$BaSO_4（固体）\underset{沉淀}{\overset{溶解}{\rightleftharpoons}}Ba^{2+}+SO_4^{2-}$$

平衡常数表达式为：$K_{sp}=[Ba^{2+}][SO_4^{2-}]$。

一定温度下，在难溶电解质的饱和溶液中，有关离子浓度（严格讲应是活度）幂次方的乘积是一个常数，这个常数称为溶度积常数，简称溶度积，用 K_{sp} 表示。

一般的沉淀溶解平衡可表示为：

$$A_mB_n（固体）\underset{沉淀}{\overset{溶解}{\rightleftharpoons}}mA^{n+}+nB^{m-}$$

则：

$$K_{sp}=[A^{n+}]^m[B^{m-}]^n \tag{7-1}$$

K_{sp} 数值的大小与物质的溶解度和温度有关，它反映了难溶化合物的溶解能力。一些常见难溶化合物的溶度积见附录七。

（2）溶度积与溶解度的关系　溶度积 K_{sp} 和溶解度 S 都能表示物质的溶解能力。溶度积 K_{sp} 是一定温度下饱和溶液中离子浓度幂的乘积，而溶解度 S 是一定温度下饱和溶液的浓度，它们之间可以相互换算。

【例 7-1】　已知 $25℃$ 时，AgCl 的溶度积 $K_{sp}=1.8\times10^{-10}$，求此时 AgCl 的溶解度。

解：设 AgCl 的溶解度为 S，则达到平衡时 $S=[Ag^+]=[Cl^-]$

代入式（7-1）得：

$$S=\sqrt{K_{sp}}=\sqrt{1.8\times10^{-10}}\approx1.3\times10^{-5}（mol/L）$$

【例 7-2】　已知 $25℃$ 时，Ag_2CrO_4 的溶度积 $K_{sp}=2.0\times10^{-12}$，求此时 Ag_2CrO_4 的溶解度。

解：在此溶液中存在着如下平衡：

$$Ag_2CrO_4 \rightleftharpoons 2Ag^+ + CrO_4^{2-}$$

设：Ag_2CrO_4 的溶解度为 S，则达到平衡时 $[Ag^+]=2S$、$[CrO_4^{2-}]=S$

代入式（7-1）得：

$$S=\sqrt[3]{K_{sp}/4}\sqrt{\frac{2.0\times10^{-12}}{4}}\approx7.9\times10^{-5}（mol/L）$$

同理可得，对于难溶化合物 MA，在其饱和溶液中，溶解度 S 与溶度积 K_{sp} 二者之间的关系可表示为：

$$S=[M^+]=[A^-]=\sqrt{K_{sp}} \tag{7-2}$$

对于 M_mA_n 型难溶化合物，两者之间的关系可表示为：

$$S=\sqrt[m+n]{\frac{K_{sp}}{m^m n^n}} \tag{7-3}$$

以上换算只适用于在溶液中不发生副反应或所发生副反应程度很小的物质。

从以上关系式可知，对于相同类型的难溶电解质，如 AgCl、AgBr、$BaSO_4$ 等（AB型），相同温度下的 K_{sp} 越大，其溶解度越大；K_{sp} 越小，其溶解度越小。对于不同类型的难溶电解质，就不能简单地这样进行比较，必须通过计算才能比较其溶解度的大小，这是因为溶解度大的溶度积不一定大。例如，25℃时 AgCl 和 Ag_2CrO_4 的溶度积分别为 1.8×10^{-10}、2.0×10^{-12}，而它们的溶解度分别为 $1.3 \times 10^{-5} mol/L$、$7.9 \times 10^{-5} mol/L$，显然 Ag_2CrO_4 的溶度积虽然比 AgCl 的小，但它的溶解度比 AgCl 的大。

（3）溶度积规则   在难溶电解质溶液中，存在能生成难溶化合物的离子时，相应离子浓度幂的乘积为离子积，用符号 Q_c 表示。例如，在 $BaSO_4$ 中，$Q_c = c(Ba^{2+}) \cdot c(SO_4^{2-})$。

在 Q_c 表达式中，离子浓度为任意情况下的浓度，所以 Q_c 的值是可变的。而 K_{sp} 中的离子浓度为沉淀溶解平衡时的浓度，因此在某一温度下，K_{sp} 是一个定值。

在任何给定溶液中，当 $Q_c > K_{sp}$ 时，溶液为过饱和溶液，生成沉淀；当 $Q_c = K_{sp}$ 时，是饱和溶液，达到溶解平衡；当 $Q_c < K_{sp}$ 时，是不饱和溶液，无沉淀析出或沉淀溶解。上述规则称为溶度积规则，是滴定分析中判断沉淀生成、溶解、转化的重要依据。

2. 沉淀的生成与溶解

根据溶度积规则，生成沉淀的条件是溶液中离子浓度的乘积大于该物质的 K_{sp}。一般通过加入沉淀剂析出沉淀。

【例 7-3】   将等体积的 0.1mol/L 的 $BaCl_2$ 与 0.01mol/L 的 H_2SO_4 混合后，是否有沉淀生成？

解：反应式为：

$$BaCl_2 + H_2SO_4 \longrightarrow BaSO_4 \downarrow + 2HCl$$

$$BaSO_4（固体）\Longleftrightarrow Ba^{2+} + SO_4^{2-}$$

当两溶液等体积混合后，体积增加一倍，浓度各减小一半，即：

$$[Ba^{2+}] = 0.05 mol/L, [SO_4^{2-}] = 0.005 mol/L$$

$$Q_c = [Ba^{2+}][SO_4^{2-}] = 0.05 \times 0.005 = 2.5 \times 10^{-4}$$

查由附录七得 $K_{sp} = 8.7 \times 10^{-11}$

因为 $Q_c > K_{sp}$，所以有 $BaSO_4$ 沉淀生成。

当然沉淀的生成还会受到同离子效应、盐效应、溶液酸度等因素的影响，后面将作详细介绍。总之要析出沉淀或使沉淀完全，就要创造条件，使沉淀和溶解平衡向着生成沉淀的方向移动。

3. 分步沉淀

实际测定时，溶液中常常同时存在几种离子，当加入它们的共同沉淀剂时，首先沉淀的是离子积先达到溶度积的离子，这种先后沉淀的现象称为分步沉淀。例如，25℃时，在浓度为 0.01mol/L 的 Cl^- 和 I^- 共存的溶液中，逐滴加入 $AgNO_3$ 溶液，则开始生成 AgCl 和 AgI 沉淀所需 Ag^+ 的浓度分别为：

$$[Ag^+]_{AgCl} = \frac{K_{sp}(AgCl)}{[Cl^-]} = \frac{1.8 \times 10^{-10}}{0.01} = 1.8 \times 10^{-8} (mol/L)$$

$$[Ag^+]_{AgI} = \frac{K_{sp}(AgI)}{[I^-]} = \frac{9.3 \times 10^{-17}}{0.01} = 9.3 \times 10^{-15} (mol/L)$$

显然，沉淀 I^- 所需 Ag^+ 的浓度比沉淀 Cl^- 所需 Ag^+ 的浓度小得多，所以 AgI 沉淀先析出。

对于相同类型的沉淀，当它们浓度相同或相差不大时，则首先析出溶解度小的沉淀；对于不同类型的沉淀，则通过相应的计算才能判断沉淀的顺序。沉淀滴定中可利用分步沉淀的原理确定滴定终点。

4. 沉淀的溶解和转化

根据溶度积规则，沉淀溶解的条件是溶液中离子浓度的乘积小于该物质的溶度积常数。因此，降低溶液中的离子浓度就可以使沉淀溶解或转化为更难溶的沉淀。

在含有沉淀的溶液中，加入适当的试剂，使一种沉淀转化为另一种更难溶沉淀的过程，叫沉淀的转化。

例如，在含有 AgCl 沉淀的溶液中加入 NH_4SCN 溶液，AgCl 沉淀逐渐转变为更难溶的 AgSCN 沉淀。AgSCN 沉淀的析出使得溶液中 $[Ag^+]$ 降低，则 AgCl 沉淀会不断溶解，使 $[Ag^+]$ 增加，这样 AgSCN 沉淀才能不断析出，最终 AgCl 全部转化为 AgSCN。沉淀滴定反应中应尽量避免发生沉淀的溶解和转化。

二、沉淀滴定法对沉淀反应的要求

沉淀反应是一类广泛存在的反应，能生成沉淀的反应虽然很多，但由于沉淀的生成是一个比较复杂的过程，往往沉淀的溶解度过大，生成沉淀的反应速率慢，或者没有适当的指示剂等，所以能够真正用于沉淀滴定分析的沉淀反应并不是很多，沉淀反应必须符合下列一定条件时才能用于滴定分析。

① 生成的沉淀必须有恒定的化学组成，并且溶解度很小；

② 沉淀反应必须能定量、迅速地进行；

③ 必须有适当的方法确定终点；

④ 沉淀的吸附现象应不妨碍终点的确定。

事实上，许多沉淀反应不能同时满足以上条件，因此无法用于滴定分析。目前，在实际工作中能用于沉淀滴定分析的沉淀反应主要是生成难溶性银盐的反应。例如：

$$Ag^+ + Cl^- \longrightarrow AgCl \downarrow$$
$$白色$$
$$Ag^+ + SCN^- \longrightarrow AgSCN \downarrow$$
$$白色$$

这类以生成难溶性银盐沉淀反应为基础的沉淀滴定法称为银量法。银量法常用于测定含有 Cl^-、Br^-、I^-、Ag^+、SCN^- 等离子的化合物，主要用于化工、冶金、农业等生产部门的检测工作及其"三废"处理，由于它具有反应简单、迅速，沉淀溶解度小，指示剂易选择，被测定离子种类多等优点而被广泛方法。还有一些沉淀方法，如生成难溶钡盐（如 $BaSO_4$）的钡盐法、生成难溶汞盐（Hg_2Cl_2）的汞盐法，虽然也能用于滴定分析，但在实际工作中很少应用，因此接下来只对银量法进行讨论。

三、银量法简介

由于沉淀滴定法对沉淀反应有一定的要求，因此能满足要求的沉淀反应并不多，目前最常用的沉淀滴定法是银量法。

1. 银量法的基本原理

银量法以硝酸银为滴定剂测定能与 Ag^+ 作用生成沉淀的物质，根据滴定剂的浓度和消耗滴定剂的体积，可计算出被测物质的含量。

$$Ag^+ + X^- \longrightarrow AgX \downarrow \ (X = Cl、Br、I)$$

Ag^+ 过量则形成沉淀，指示终点。

2. 银量法的分类

（1）根据滴定方式不同 银量法分为直接滴定法和返滴定法两种。

① 直接滴定法：以 $AgNO_3$ 为标准溶液，直接滴定被测物质的方法。如在中性或弱酸性溶液中用铬酸钾（K_2CrO_4）作指示剂，以 $AgNO_3$ 为标准溶液，直接滴定 Cl^- 或 Br^- 等，如莫尔法。

② 返滴定法：在被测物质中加入一定量且过量的 $AgNO_3$ 标准溶液，再用另一种标准溶液滴定剩余的 $AgNO_3$ 标准溶液。

如：测定 Cl^- 时，先加过量的 $AgNO_3$ 标准溶液到被测定的 Cl^- 溶液中，生成 $AgCl$ 沉淀后，剩余的 Ag^+ 再用 NH_4SCN 标准溶液返滴定，以铁铵矾作指示剂。在返滴定法中需要用两种标准溶液。

（2）根据确定终点所用的指示剂不同 银量法分为莫尔法、福尔哈德法、法扬斯法。

① 莫尔法：以 $AgNO_3$ 为标准溶液，铬酸钾（K_2CrO_4）为指示剂确定终点的银量法。

② 福尔哈德法：以 $KSCN$ 或 NH_4SCN 为标准溶液，铁铵矾 $[NH_4Fe(SO_4)_2 \cdot 12H_2O]$ 为指示剂的银量法。

③ 法扬斯法：以 $AgNO_3$ 为标准溶液，用吸附指示剂确定终点的银量法。

沉淀滴定法与其他滴定分析法一样，关键是正确选择适当的滴定条件及指示剂，使滴定终点与化学计量点尽可能一致，以减少滴定误差。

银量法主要应用于化学工业、冶金工业、环境监测，如烧碱厂食盐水的测定、电解液中 Cl^- 的测定、土壤中 Cl^- 的测定以及天然水中 Cl^- 的测定等。其还可以测定经过处理而能定量产生这些离子的有机物，如敌百虫、二氯酚等有机药物的测定。

3. 银量法计算示例

【例 7-4】 称取纯 NaCl 0.1520g，溶于水后，用 $AgNO_3$ 标准溶液滴定，消耗 25.85mL，计算 $AgNO_3$ 物质的量浓度。

解：设 $AgNO_3$ 的物质的量浓度为 c

$$c(AgNO_3) = \frac{m(NaCl)}{V(AgNO_3) \times 10^{-3} \times M(NaCl)} = \frac{0.1520}{25.85 \times 10^{-3} \times 58.44} \approx 0.1006(mol/L)$$

【例 7-5】 称取 0.5000g 可溶性氯化物试样，加水溶解后，加入 0.2000mol/L 的 $AgNO_3$ 标准溶液 30.00mL，剩余的 $AgNO_3$ 用去了 0.1800mol/L 的 NH_4SCN 标准溶液 5.50mL，计算样品中氯的含量。

解：

$$w(Cl) = \frac{c(AgNO_3) \times V(AgNO_3) - c(NH_4SCN) \times V(NH_4SCN) \times M(Cl) \times 10^{-3}}{m(样)} \times 100\%$$

$$= \frac{(0.2000 \times 30.00 - 0.1800 \times 5.50) \times 35.45 \times 10^{-3}}{0.5000} \times 100\%$$

$$\approx 35.52\%$$

【例 7-6】 用移液管吸取 100.0mL 水样，置于锥形瓶中，用 HNO_3 酸化后，加入 0.0100mol/L 的 $AgNO_3$ 标准溶液 30.00mL，过量的 $AgNO_3$ 用 0.01006mol/L 的 NH_4SCN 标准溶液滴定，用去了 15.00mL，求每升水中含多少氯。

解：$$\rho(Cl) = \frac{[c(AgNO_3)V(AgNO_3) - c(NH_4SCN)V(NH_4SCN) \times M(Cl)]}{V(水)} \times 1000$$

$$=\frac{(0.0100\times30.00-0.01006\times15.00)\times35.45}{100.0}\times1000$$

$$\approx52.86(mg/L)$$

【例 7-7】 今有含纯 KCl 和 KBr 的试样 0.2564g，溶于水后用 0.105mol/L AgNO₃ 标准溶液滴定，消耗了 28.50mL，计算试样中 KCl 和 KBr 的含量各是多少。

解：设试样中含 KCl x g，则 KBr 的质量为（0.2564－x）g

根据有关方程式可得：

$$\frac{x}{M(KCl)}+\frac{0.2564-x}{M(KBr)}=c(AgNO_3)V(AgNO_3)\times10^{-3}$$

即：$\dfrac{x}{74.56}+\dfrac{0.2564-x}{119.01}=0.105\times28.50\times10^{-3}$

$$x=0.1701$$

$$w(KCl)=\frac{0.1701}{0.2564}\times100\%=66.34\%$$

$$w(KBr)=100\%-66.34\%=33.66\%$$

答：试样中 KCl 的含量为 66.34％，KBr 的含量为 33.66％。

任务二   水中氯含量的测定

一、知识目标

（1）掌握莫尔法的原理、滴定条件及有关计算；

（2）掌握莫尔法确定终点的方法；

（3）理解分步沉淀、沉淀转化等沉淀平衡有关理论在银量法中的应用。

二、能力目标

（1）能熟练应用莫尔法测定水中氯离子的含量；

（2）能熟练配制和标定硝酸银标准溶液；

（3）学会使用铬酸钾指示剂判断滴定终点；

（4）能正确进行数据处理。

三、素质目标

（1）具有诚实守信、爱岗敬业，精益求精的工匠精神；

（2）具有质量意识、绿色环保意识、安全意识、信息素养、创新精神；

（3）能做到检测行为公正、公平，数据真实、可靠；

（4）具有团结协作、人际沟通能力。

四、教、学、做说明

学生在线上、线下学习【相关知识】的基础上，由教师引领，熟悉实验室环境，并在教师的指导下进一步熟悉有关滴定分析仪器的操作技术，然后自主完成水中氯含量的测定，并提交实验报告。

五、工作准备

1. 任务用品

（1）仪器 分析天平；台秤；容量瓶（250mL）；50mL 棕色酸式滴定管；25mL 移液管；锥形瓶；试剂瓶（500mL 棕色）等。

（2）试剂 NaCl 基准物质；固体 $AgNO_3$；K_2CrO_4 指示剂（50g/L）；氢氧化钠（2g/L）；酚酞指示剂；硝酸（1+300）溶液等。

2. 实验原理

（1）$AgNO_3$ 标准溶液的标定原理 $AgNO_3$ 标准溶液多用分析纯的硝酸银间接配制，然后再用基准物质标定其浓度。标定 $AgNO_3$ 标准溶液浓度时一般用基准物质 NaCl，以铬酸钾或荧光黄为指示剂确定终点。其标定反应为：

$$Ag^+ + Cl^- \longrightarrow AgCl\downarrow （白色）$$
$$2Ag^+ + CrO_4^{2-} \longrightarrow Ag_2CrO_4\downarrow （砖红色）$$

（2）测定原理 某些可溶性氯化物中氯含量的测定常用银量法，银量法测定氯离子时有直接法和间接法两种。本实验采用莫尔法，这种方法属于直接测定法。

莫尔法是在中性或弱碱性溶液中，以 K_2CrO_4 为指示剂，用 $AgNO_3$ 标准溶液进行滴定，当溶液出现砖红色时，即为终点。测定必须在中性及弱碱性溶液中进行。酸度太大，不产生铬酸银沉淀，看不到终点颜色；酸度太小，则形成氧化银沉淀。本实验最适宜的 pH 为 6.5～10.5。另外，若溶液中存在 NH_4^+，则介质的 pH 应保持在 6.5～7.2 之间。

六、工作过程

1. 氯化钠标准溶液的配制

在分析天平上准确称取 0.20～0.25g 基准物质氯化钠于烧杯中，溶解后定量转入 250mL 容量瓶中，稀释至刻度，摇匀，定容。计算氯化钠溶液的准确浓度。

2. 硝酸银标准溶液的配制及标定

（1）直接配制 将基准级的硝酸银于 105～110℃下烘 2h，后置于干燥器内冷却至室温，然后准确称量，溶解并定容至一定体积，即得准确浓度的硝酸银溶液。$AgNO_3$ 见光易分解，应保存在棕色试剂瓶中。

因硝酸银易分解，实际工作中仍采用标定法配制。

（2）间接配制 市售硝酸银中含有金属银、有机物及不溶物等杂质，通常采用间接法配制。即先配制成近似浓度，再进行标定。

在台秤上称取 1.2g $AgNO_3$，溶于 500mL 不含 Cl^- 的水中，之后将溶液转入棕色试剂瓶，置于暗处保存，待标定。

用移液管移取 25.00mL NaCl 标准溶液，放入 250mL 锥瓶中，之后加入 25mL 水（沉淀滴定中，为减少沉淀对被测离子的吸附，一般滴定的体积大些较好，故需加水稀释试液）和 1mL K_2CrO_4 指示剂，在不断摇动下用 $AgNO_3$ 溶液滴定至刚出现砖红色，即为终点，记录消耗 $AgNO_3$ 标准溶液的体积。平行标定 3 份。同时用 50.00mL 蒸馏水，加 1mL K_2CrO_4 指示剂做空白试验。根据消耗 $AgNO_3$ 溶液的体积和 NaCl 标准溶液的浓度，计算 $AgNO_3$ 标准溶液的浓度。

3. 水样中氯离子含量的测定

准确吸取 50.00mL 水样（若水样中氯化钠含量较高，可取适量水样，用蒸馏水稀释至 50mL），置于 250mL 锥形瓶中，加入 2 滴酚酞指示剂，用氢氧化钠溶液或硝酸溶液调至红色刚好变为无色，再加入 1mLK_2CrO_4 指示剂，在不断摇动下用 AgNO_3 溶液滴定至刚出现砖红色，即为终点，记录消耗 AgNO_3 标准溶液的体积。平行标定 3 份。同时用 50.00mL 蒸馏水做空白试验。

实验完毕后，将装 AgNO_3 溶液的滴定管先用蒸馏水冲洗 2~3 次，再用自来水洗净，以免 AgCl 残留于管内。

七、数据记录与处理

1. 数据记录

（1）硝酸银标准溶液标定

项目	1	2	3
基准物质 NaCl 的质量/g			
滴定消耗 AgNO_3 标准溶液的体积/mL			
滴定时溶液的温度/℃			
溶液温度补正值/（mL/L）			
滴定管校正值/mL			
实际消耗 AgNO_3 标准溶液的体积/mL			
空白试验消耗 AgNO_3 标准溶液的体积/mL			
AgNO_3 标准溶液的浓度/（mol/L）			
平均浓度/（mol/L）			
相对极差/%			

（2）水样中氯离子含量的测定

项目	1	2	3
吸取水样的体积/g			
滴定消耗 AgNO_3 标准溶液的体积/mL			
滴定时溶液的温度/℃			
溶液温度补正值/（mL/L）			
滴定管校正值/mL			
实际消耗 AgNO_3 标准溶液的体积/mL			
空白试验消耗 AgNO_3 标准溶液的体积/mL			
水样中氯离子的含量/（mg/L）			
平均值/（mg/L）			
相对极差/%			

2. 结果计算

（1）硝酸银标准溶液的浓度

$$c(AgNO_3) = \frac{c(NaCl)\,V(NaCl)}{V(AgNO_3) - V_0}$$

式中　$c(AgNO_3)$——$AgNO_3$ 标准溶液的浓度，mol/L；

　　　$c(NaCl)$——NaCl 标准溶液的浓度，mol/L；

　　　$V(NaCl)$——标定时移取 NaCl 标准溶液的体积，mL；

　　　$V(AgNO_3)$——标定时消耗 $AgNO_3$ 标准溶液的体积，mL；

　　　V_0——空白试验消耗 $AgNO_3$ 标准溶液的体积，mL。

（2）水样中氯离子的含量

$$\rho(Cl^-) = \frac{c(AgNO_3)\,[V(AgNO_3) - V_0]\,M(Cl^-)}{V(水样) \times 10^{-3}}$$

式中　$\rho(Cl^-)$——水样中氯离子的质量浓度，mg/L；

　$c(AgNO_3)$——$AgNO_3$ 标准溶液的浓度，mol/L；

　$V(AgNO_3)$——滴定时消耗 $AgNO_3$ 标准溶液的体积，mL；

　　　V_0——空白试验消耗 $AgNO_3$ 标准溶液的体积，mL；

　$M(Cl^-)$——Cl^- 的摩尔质量，g/mol；

　$V(水样)$——移取水样的体积，mL；

八、注意事项

① $AgNO_3$ 试剂及溶液具有腐蚀性，会破坏皮肤组织，故切勿接触皮肤及衣服。

② 所用蒸馏水应不含 Cl^-，否则配制的 $AgNO_3$ 溶液会出现白色浑浊，不能使用。

③ 滴定过程中要剧烈摇动，以使被吸附的离子释放出来。

④ 配制好的硝酸银溶液应装在棕色试剂瓶中，并放在暗处保存。

⑤ 实验结束后，应立即用蒸馏水将用过的滴定管等仪器冲洗干净，不能用自来水冲洗，以免内有 AgCl 产生。

相关知识

天然水用漂白剂消毒时或加入凝聚剂三氯化铝处理时，会引入一定量的氯化物。目前国内许多自来水厂都用液态氯消毒，所以自来水出厂时含氯量一般为 0.3～0.7mg/L，但是到达居民水龙头时，含氯量一般为 0.3～0.4mg/L，市政自来水中必须保持一定量的余氯，以确保饮用水的微生物指标安全，也就是防止自来水出厂后可能导致的"二次污染"。反之，若水中氯含量超标，不但会对人体健康有危害，同时也会对工农业生产造成严重影响。国家强制规定，饮用水中氯化物含量一般不得超过 200mg/L，因此必须对水中的氯含量进行监测。

水中氯含量的测定可利用沉淀滴定法中的莫尔法。接下来主要介绍莫尔法的概念、基本原理、滴定条件及应用范围等内容。

一、莫尔法的概念

在中性或弱碱性溶液中，以 K_2CrO_4 为指示剂，用 $AgNO_3$ 标准溶液测定卤素化合物含量的分析方法称为莫尔法。

二、莫尔法的原理

莫尔法的基本原理是利用分步沉淀。下面以用 $AgNO_3$ 标准溶液直接滴定氯化物中 Cl^- 为例说明莫尔法的测定原理。

在含有 Cl^- 的中性或弱碱性溶液中，加入铬酸钾（K_2CrO_4）指示剂，用 $AgNO_3$ 标准溶液滴定，溶液中将发生下列反应：

滴定反应： $Ag^+ + Cl^- \longrightarrow AgCl\downarrow$
                                     白色

指示终点反应： $2Ag^+ + CrO_4^{2-} \longrightarrow Ag_2CrO_4\downarrow$
                                        砖红色

当用 $AgNO_3$ 标准溶液滴定含有指示剂 K_2CrO_4 和 Cl^- 的溶液时，根据分步沉淀的原理，滴定过程中首先生成白色沉淀 AgCl 而不是 Ag_2CrO_4，这是由于 AgCl 沉淀的溶解度小于 Ag_2CrO_4 的溶解度。从溶度积的概念分析，生成氯化银沉淀比生成铬酸银沉淀所需 Ag^+ 浓度要小。所以在滴定开始时，首先生成的是 AgCl，当滴定到化学计量点附近时，溶液中 Cl^- 的浓度越来越小，Ag^+ 浓度相应的越来越大，直到 $[Ag^+]^2[CrO_4^{2-}] > K_{sp}(Ag_2CrO_4)$ 时，稍过量的 $AgNO_3$ 溶液立即与 CrO_4^{2-} 生成砖红色 Ag_2CrO_4 沉淀，指示终点的到达。

三、莫尔法的滴定条件

在莫尔法法中，指示剂的用量和溶液的酸度直接影响终点的确定。

1. 指示剂（K_2CrO_4）的用量要适当

指示剂用量过多，Cl^- 尚未沉淀完全便有砖红色铬酸银沉淀出现，使终点提前，造成负误差；指示剂用量过少，滴定至化学计量点后，稍过量的 $AgNO_3$ 仍不能生成铬酸银沉淀，使终点推迟，造成正误差。

根据溶度积原理，可从理论上计算出在化学计量时产生 Ag_2CrO_4 所需 CrO_4^{2-} 的浓度。由滴定分析的原理可知，生成 Ag_2CrO_4 沉淀的最佳时间在化学计量点。到达化学计量点时，对于 AgCl 和 Ag_2CrO_4 来说，都已达到平衡，溶液中 Ag^+、Cl^-、CrO_4^{2-} 的浓度应当同时满足 AgCl 和 Ag_2CrO_4 的溶度积。即：

$$[Ag^+][Cl^-] = K_{sp}(AgCl) = 1.8 \times 10^{-10}$$
$$[Ag^+]^2[CrO_4^{2-}] = K_{sp}(Ag_2CrO_4) = 2.0 \times 10^{-12}$$

在化学计量点时 $[Ag^+]$ 和 $[Cl^-]$ 相等，因此：

$$[Ag^+] = \sqrt{K_{sp}(AgCl)} = \sqrt{1.8 \times 10^{-10}} \approx 1.3 \times 10^{-5} (mol/L)$$

因为两种沉淀在同一溶液中，两式中的 Ag^+ 浓度应相等，此时要生成 Ag_2CrO_4 沉淀，溶液中 CrO_4^{2-} 的浓度为：

$$[CrO_4^{2-}] = \frac{K_{sp}(Ag_2CrO_4)}{[Ag^+]^2} = \frac{2.0 \times 10^{-12}}{(1.3 \times 10^{-5})^2} \approx 1.2 \times 10^{-2} (mol/L)$$

由于 K_2CrO_4 本身是黄色的，当浓度为 $1.2 \times 10^{-2} mol/L$ 时，颜色已很深，不易观察到砖红色的出现，影响终点的判断，因此实际滴定中为了能观察到明显的终点，指示剂的浓度都要略低于理论值。实验表明，在一般浓度（0.1mol/L）的滴定中，CrO_4^{2-} 最适宜的浓度约为 $5 \times 10^{-3} mol/L$（相当于终点体积为 50mL 时，应加入 1mL 5% 的铬酸钾溶液）。

当 K_2CrO_4 指示剂的浓度降低后，要使 Ag_2CrO_4 析出必须使 AgCl 标准溶液过量。滴定剂过量，造成终点在化学计量点后出现，但研究表明由此产生的误差一般不超过 0.1%，可认为不影响分析结果的准确度。但是如果溶液过稀，则终点误差较大，就会影响分析结果的准确度，此时需要做指示剂的空白试验进行校正。如用 0.01mol/L $AgNO_3$ 标准溶液滴定 0.01mol/L Cl^- 溶液，滴定误差可达到 0.6%。

2. 溶液的酸度要适宜

滴定应在中性或弱碱性溶液进行，通常酸度范围为 pH＝6.5～10.5。

滴定若在酸性溶液中进行，则有下列反应：

$$Ag_2CrO_4 + H^+ \longrightarrow HCrO_4^- + 2Ag^+$$

此反应使溶液中 CrO_4^{2-} 浓度降低，铬酸银沉淀出现过迟，甚至不出现沉淀。

若滴定在强碱性溶液中进行，Ag^+ 易生成 Ag_2O 灰黑色沉淀，反应为：

$$2Ag^+ + 2OH^- \longrightarrow 2AgOH\downarrow \longrightarrow Ag_2O\downarrow + H_2O$$

因此莫尔法只能在中性或弱碱性溶液中进行。若溶液的酸性太强，可用 $NaHCO_3$ 或 $Na_2B_4O_7$ 中和；若碱性太强，可用稀 HNO_3 中和。如果溶液中有 NH_4^+，酸度以控制在 pH 为 6.5～7.2 为宜。否则 pH 较高时，一部分 NH_4^+ 将转化为 NH_3，AgCl 和 Ag_2CrO_4 均可形成 $[Ag(NH_3)_2]^+$ 络离子，从而增大了 AgCl 和 Ag_2CrO_4 的溶解度，影响终点的准确性。若试液中 NH_4^+ 较多，需先设法除去，即先在试液中加入适量的碱使其形成 NH_3 挥发，再用稀硝酸中和至适当酸度。

3. 防止沉淀的吸附

由于滴定先生成的 AgCl 沉淀易吸附溶液中的 Cl^-，使 Cl^- 浓度降低，Ag_2CrO_4 过早出现，以致终点提前而引入误差，因此滴定时应剧烈摇动锥形瓶，尽量使 AgCl 沉淀吸附的 Cl^- 被及时释放出来。滴定速度不能太快，以防局部过量而造成 Ag_2CrO_4 提前出现。测定 Br^- 时，AgBr 沉淀吸附 Br^- 更为严重，所以滴定时更要剧烈摇动，否则会引起较大误差。

4. 预先分离干扰离子

莫尔法的选择性较差，凡是能和 Ag^+ 生成沉淀的阴离子，如 PO_4^{3-}、CO_3^{2-}、$C_2O_4^{2-}$、AsO_4^{3-}、SO_3^{2-}、S^{2-} 等；以及能与 CrO_4^{2-} 生成沉淀的阳离子，如 Ba^{2+}、Pb^{2+} 等；在中性或弱碱性溶液中发生水解的离子，如 Fe^{3+}、Al^{3+} 等；都干扰测定。大量有色离子（Cu^{2+}、Co^{2+} 和 Ni^{2+} 等）会妨碍终点的观察，影响准确性。

对于以上干扰离子，预先分离后才能进行滴定分析。

四、莫尔法的应用范围

莫尔法只适用于以 $AgNO_3$ 为标准溶液，直接测定 Cl^-、Br^- 和 Ag^+ 的含量，如氯化物、溴化物纯度的测定，以及天然水中氯含量的测定。当试样中 Cl^-、Br^- 共存时，测得的结果是它们的总量。如果水中含有 SO_3^{2-}、PO_4^{3-}、S^{2-}，则要用福尔哈德法测定，因为在酸性条件下这些阴离子不与 Ag^+ 生成沉淀，从而避免干扰。

莫尔法不适用于滴定 I^- 和 SCN^-，因 AgI 或 AgSCN 吸附 I^- 或 SCN^- 更为强烈，使终点提前出现，造成较大的误差。

莫尔法能用于以 Ag^+ 溶液为滴定剂测定 Cl^-，但不能直接以 NaCl 为滴定剂测定 Ag^+。因为向 Ag^+ 溶液中加入指示剂 K_2CrO_4 后，先生成的 Ag_2CrO_4 沉淀凝聚之后，再转化为 AgCl 的反应极慢，终点出现过迟。因此，如果用莫尔法测定 Ag^+，必须采用返滴定法，即向含有 Ag^+ 的试液中加入一定量且过量的 NaCl 标准溶液，生成 AgCl 沉淀后，再以 K_2CrO_4 作指示剂，用 $AgNO_3$ 标准溶液滴定剩余的 Cl^-。

由于莫尔法的应用范围受到很多因素的限制，因此应用范围较小。

任务三　酱油中氯化钠含量的测定（福尔哈德法）

一、知识目标

（1）掌握用福尔哈德法标定 NH_4SCN 标准溶液的基本原理、滴定条件及操作方法；

（2）掌握福尔哈德法测定酱油中氯化物含量的原理和方法；

（3）掌握铁铵矾指示剂的配制方法；

（4）掌握福尔哈德法的两种测定方法。

二、能力目标

（1）能用福尔哈德法测定酱油中氯化钠的含量；

（2）能正确选择铁铵矾指示剂的用量，并能正确判断滴定终点；

（3）能正确配制和标定 NH_4SCN 标准溶液；

（4）能根据实验数据计算 NH_4SCN 的浓度及酱油中氯化物的含量。

三、素质目标

（1）具有诚实守信、爱岗敬业，精益求精的工匠精神；

（2）具有质量意识、绿色环保意识、安全意识、信息素养、创新精神；

（3）能做到检测行为公正、公平，数据真实、可靠；

（4）具有团结协作、人际沟通能力。

四、教、学、做说明

学生在完成对【相关知识】学习的基础上，由教师引领，熟悉实验室环境，并在教师的指导下完成酱油中氯化钠含量的测定（福尔哈德法），并提交实验报告。

五、工作准备

（1）仪器　分析天平；容量瓶（100mL）；50mL 棕色酸式滴定管；25mL 移液管；锥形瓶；烧杯等。

（2）试剂　$AgNO_3(s)$；80g/L 铁铵矾指示剂（8g 铁铵矾溶于水中，加浓硝酸至溶液几乎无色，用水稀释到 100mL）；6mol/L 的 HNO_3 溶液；固体 NH_4SCN；1,2 二氯乙烷；基准物质 NaCl（500~600℃灼烧至恒重）；酱油试样等。

（3）实验原理

① 标定原理：用铁铵矾作指示剂，用待标定的 NH_4SCN 标准溶液直接滴定一定体积的 $AgNO_3$ 标准溶液，当溶液出现血红色时，即为终点。其反应式为：

$$SCN^- + Ag^+ \longrightarrow AgSCN\downarrow$$

$$SCN^- + Fe^{3+} \longrightarrow [Fe(SCN)]^{2+}$$
$$\text{血红色}$$

② 测定原理：在 HNO_3 介质中，加入一定量且过量的 $AgNO_3$ 标准溶液，然后加入铁铵矾指示剂，用 NH_4SCN 标准溶液返滴定过量的 $AgNO_3$，至溶液出现血红色，即为终点。

为了使测定准确，加入硝基苯将 AgCl 沉淀包住，阻止沉淀转化。但由于硝基苯有毒，改进方法是加入表面活性剂或 1，2-二氯乙烷。

六、工作过程

码7-1　硫氰酸铵标准
溶液的配制与标定

1. 0.02mol/L $AgNO_3$ 标准溶液的配制

称取 1.7g $AgNO_3$，溶于 500mL 不含 Cl^- 的蒸馏水中，将溶液贮存于带玻璃塞的棕色试剂瓶中，置于暗处保存，以免见光分解。

2. 0.02mol/L NH_4SCN 标准溶液的配制

称取一定量的分析纯 NH_4SCN，溶于一定体积且不含 Cl^- 的蒸馏水中，稀释至所需体积，之后转入带玻璃塞的试剂瓶中，摇匀、待标定。

3. 用福尔哈德法标定 $AgNO_3$ 溶液和 NH_4SCN 溶液

（1）测定 $AgNO_3$ 溶液和 NH_4SCN 溶液的体积比 K　由滴定管准确放出 20～25mL（记为 V_1）$AgNO_3$ 溶液于锥瓶中，加入 5mL6mol/L 的 HNO_3 溶液，再加 1mL 铁铵矾指示剂，在剧烈摇动下，用 NH_4SCN 溶液滴定，直到出现淡红色且继续振荡不再消失，记录消耗 NH_4SCN 的体积 V_2。计算 1mLNH_4SCN 溶液相当于 $AgNO_3$ 溶液的体积，用 K 表示：

$$K= V_1/V_2$$

（2）用福尔哈德法标定 $AgNO_3$ 溶液　准确称取 0.25～0.30g NaCl 基准物质于小烧杯中，用 100mL 不含 Cl^- 的蒸馏水溶解后，定量转入 250mL 容量瓶中，加水稀释至刻度，摇匀。

用移液管移取 25.00mL NaCl 标准溶液，放入 250mL 锥瓶中，加入 5mL6mol/L 的 HNO_3 溶液，在剧烈摇动下，由滴定管准确放出 45～50mL（记为 V_3）$AgNO_3$ 溶液，此时生成 AgCl 沉淀；加 1mL 铁铵矾指示剂、5mL 1，2-二氯乙烷，用 NH_4SCN 溶液滴定至出现淡红色，以在轻微振荡下淡红色不再消失为终点，记录消耗 NH_4SCN 溶液的体积 V_4。平行测定 3 次，同时做空白试验，求出 NH_4SCN 溶液的准确浓度。

码7-2　酱油中氯
化钠含量的测定

4. 测定试样中 NaCl 的含量

准确称取酱油样品 5.00g（准确至 0.0002g），定量移入 250mL 容量瓶中，加去离子水稀释至刻度，摇匀。准确移取稀释后酱油样品 10.00mL，置于 250mL 锥形瓶中，加 50mL 水、15mL 6mol/LHNO_3 溶液及 25.00mL 0.02mol/L $AgNO_3$ 标准溶液，再加 5mL 二氯乙烷，用力振荡摇匀。待 AgCl 沉淀凝聚后，加入 5mL 铁铵矾指示剂，用 0.02mol/L NH_4SCN 标准溶液滴定至溶液出现血红色，即为终点。记录消耗的 NH_4SCN 标准溶液体积，平行测定 3 次，同时做空白试验，计算试样中 NaCl 的含量。

七、数据记录与处理

1. 数据记录

（1）福尔哈德法标定 $AgNO_3$ 溶液

项目	1	2	3
标准溶液的体积 V_1（$AgNO_3$）/mL			
滴定前 V_2（NH_4SCN）/mL			
终点 V_2（NH_4SCN）/mL			
V_2（NH_4SCN）/mL			
K			
K 的平均值			
倾出前 m（NaCl）/g			
倾出后 m（NaCl）/g			
m（NaCl）/g			
V_3（$AgNO_3$）/mL			
滴定前 V_4（NH_4SCN）/mL			
终点 V_4（NH_4SCN）/mL			
V_4（NH_4SCN）/mL			
c（$AgNO_3$）/（mol/L）			
平均值/（mol/L）			
相对极差/%			

（2）酱油中氯化钠含量的测定

项目	1	2	3
称取酱油的质量/g			
移取酱油溶液的体积/mL			
加入 $AgNO_3$ 标准溶液的体积/mL			
滴定消耗 NH_4SCN 标准溶液的体积/mL			
空白试验消耗 NH_4SCN 标准溶液的体积/mL			
溶液温度补正值/（mL/L）			
滴定管校正值/mL			
实际消耗 NH_4SCN 标准溶液的体积/mL			
酱油中 NaCl 的含量/%			
酱油中 NaCl 含量的平均值/%			
相对极差/%			

注：酱油中 NaCl 含量测定的国家标准为 GB 18186—2000。

2.结果计算

（1） $AgNO_3$、NH_4SCN 标准溶液的浓度

$$c(AgNO_3) = \frac{m(NaCl) \times 25.00/250 \times 1000}{M(NaCl)(V_3 - V_4 K)}$$

$$c(NH_4SCN) = c(AgNO_3)K$$

（2）酱油中 NaCl 的含量

$$w(NaCl) = \frac{c(AgNO_3)V(AgNO_3) - c(NH_4SCN)[V(NH_4SCN) - V_0]}{m \times \frac{10.00}{250}} \times M(NaCl) \times 100\%$$

或 $$w(NaCl) = \frac{c(AgNO_3)V(AgNO_3) - Kc(AgNO_3)[V(NH_4SCN) - V_0]}{m \times \frac{10.00}{250}} \times$$
$$M(NaCl) \times 100\%$$

式中　$w(NaCl)$——试样中 NaCl 的质量分数，%；

$c(AgNO_3)$——$AgNO_3$ 标准溶液的浓度，mol/L；

$V(AgNO_3)$——实际加入 $AgNO_3$ 标准溶液的体积，mL；

$c(NH_4SCN)$——NH_4SCN 标准溶液的浓度，mol/L；

$V(NH_4SCN)$——实际消耗 NH_4SCN 标准溶液的体积，mL；

V_0——空白试验消耗 NH_4SCN 标准溶液的体积，mL；

m——试样质量，g；

K——$AgNO_3$ 溶液和 NH_4SCN 溶液的体积比；

$M(NaCl)$——NaCl 的摩尔质量，g/mol。

八、注意事项

① 滴定在酸性溶液中进行。

② 滴定过程中要剧烈摇动溶液。

📖 相关知识

　　市售酱油品种繁多，价格参差不齐，有的价格甚至有几倍之差，那么到底什么样的酱油才能让人吃得放心呢？要解决这个问题，必须测定酱油中氯化钠的含量，判断酱油中氯化钠含量是否在一般酿造酱油的合适范围（18%～20%）。酱油中氯化钠含量的测定可用福尔哈德法。

一、福尔哈德法的分类

福尔哈德法是在酸性介质中以铁铵矾 $[NH_4Fe(SO_4)_2]$ 为指示剂的银量法。

根据滴定方式不同，其可分为直接滴定法和返滴定法两种。

直接滴定法适用于直接测定含 Ag^+ 的溶液；返滴定法用于测定 Cl^-、Br^-、I^-、SCN^- 等。

二、直接滴定法测定 Ag⁺

1. 测定原理

福尔哈德法是用 NH_4SCN 或 $KSCN$ 作滴定剂，以铁铵矾 $NH_4Fe(SO_4)_2$ 作指示剂，

测定含 Ag^+ 的溶液。用含有 SCN^- 的溶液滴定含有 Fe^{3+} 和 Ag^+ 的溶液时，首先生成的是 AgSCN 白色沉淀（$K_{sp}=1.0\times10^{-12}$），当滴定到化学计量点时，Ag^+ 的浓度迅速降低，而 SCN^- 的浓度迅速增加，所以稍过量（一般在 0.02mL）的 SCN^- 与 Fe^{3+} 结合，生成血红色的络离子 $[Fe(SCN)]^{2+}$，从而指示终点的到达。其反应式为：

滴定反应：
$$SCN^- + Ag^+ \longrightarrow AgSCN\downarrow \quad (K_{sp}=1.0\times10^{-12})$$
白色

指示终点反应：
$$SCN^- + Fe^{3+} \longrightarrow [Fe(SCN)]^{2+} \quad (K_{sp}=200)$$
血红色

2. 滴定条件

（1）溶液的酸度　在酸性（稀硝酸）溶液中，许多弱酸性阴离子（如 PO_4^{3-}、SO_3^{2-}、CO_3^{2-}、$C_2O_4^{2-}$ 等）都不会与 Ag^+ 生成沉淀；在中性或碱性溶液中，由于指示剂中的 Fe^{3+} 在 pH>2.2 时就开始水解，Fe^{3+} 以水合离子的形式存在，颜色很浅，影响终点的观察。因此福尔哈德法在稀硝酸溶液中选择性高，一般使氢离子的浓度控制在 0.1~1.0mol/L。

（2）指示剂的用量　指示剂铁铵矾的用量不能过高，也不能过低。用量过高时会使终点提前到达，用量过低则使终点推后。

实验表明：Fe^{3+} 的浓度一般在 0.015mol/L 左右，由此产生的误差很小，对分析结果的准确度基本无影响。

（3）防止沉淀的吸附　用直接法测定时，在滴定过程中由于 AgSCN 沉淀不断生成，化学计量点前 AgSCN 沉淀会吸附溶液中过量的 Ag^+，使化学计量点前溶液中 Ag^+ 的浓度降低，终点提前出现。因此，在滴定过程中必须剧烈摇动，使被 AgSCN 吸附的 Ag^+ 及时释放出来。

（4）预先除去干扰离子　溶液中的氧化剂、氮的低价氧化物、铜盐、汞盐等能与 SCN^- 起反应，干扰测定，因而必须预先除去。大量的有色离子（如 Cu^{2+}、Mn^{2+}、Co^{2+} 等）的存在也会影响终点的观察。

3. 应用范围及优点

此法的优点在于可直接测定 Ag^+，并可在酸性溶液中进行滴定。与莫尔法相比，许多弱酸根离子都不与 Ag^+ 反应生成沉淀，不发生干扰，所以该方法具有选择性高的优点。

三、返滴定法测卤素离子

应用福尔哈德法可直接测定溶液中的 Ag^+，但在实际工作中更多的是采用返滴定法间接测定溶液中的卤化物或 SCN^-。

1. 测定原理

福尔哈德法测定卤离子时应采用返滴定法，即在酸性含卤离子的溶液中加入过量的 $AgNO_3$ 标准溶液，用铁铵矾作指示剂，以 NH_4SCN 标准溶液返滴过量的 Ag^+。化学计量点后稍过量的 SCN^- 与 Fe^{3+} 结合，生成血红色的络合物时，即为滴定终点。以返滴定法测定溶液中 Cl^- 为例，先向含有 Cl^- 的酸性溶液中加入准确过量的 $AgNO_3$ 标准溶液，使溶液中的全部 Cl^- 都反应生成 AgCl 沉淀，然后再加入铁铵矾指示剂，用 NH_4SCN 标准溶液滴定剩余的 $AgNO_3$ 标准溶液。其反应式为：

滴定前反应：
$$Ag^+（定量、过量）+ Cl^- \longrightarrow AgCl\downarrow$$
白色

滴定反应：$\qquad Ag^+$ （剩余量） $+SCN^- \longrightarrow AgSCN\downarrow$
$$ 白色$$

指示终点反应：$\qquad SCN^- + Fe^{3+} \longrightarrow [Fe(SCN)]^{2+}$
$$ 血红色$$

2. 滴定时应注意的问题

用福尔哈德法测定卤素离子，滴定到临近终点时，经摇动形成的红色会褪去。这是因为 AgCl 的溶解度（$1.3 \times 10^{-5} mol/L$）大于 AgSCN 的溶解度（$1.0 \times 10^{-6} mol/L$），所以加入的 SCN^- 将与 AgCl 发生沉淀转化反应，其反应式为：

$$AgCl（s）+ SCN^- \longrightarrow AgSCN\downarrow + Cl^-$$
$$ 白色$$

在这种情况下，经摇动，反应将不断向右进行，使溶液的红色褪去，这就会导致终点很难确定。这种转化作用将持续到 Cl^- 与 SCN^- 的浓度之间建立一定平衡关系，之后才会出现持久的红色。这种难溶化合物的转化，势必造成滴定到终点时多消耗一部分 NH_4SCN 标准溶液，造成较大误差。

为了避免上述误差，通常采取下列措施。

① 在滴入 NH_4SCN 前，先加入有机溶剂，如 1,2-二氯乙烷、二甲酯类物质等，使 AgCl 表面覆盖一层有机溶剂而与滴定溶液隔离。这样可防止沉淀的转化反应，从而提高滴定的准确度。本法较为简便。

② 试液中加入一定量且过量的 $AgNO_3$ 标准溶液之后，将溶液加热煮沸，使其凝聚，以减少对 Ag^+ 的吸附。也可将形成的 AgCl 沉淀过滤后，用稀 HNO_3 洗涤沉淀，并将洗涤液一并倒入滤液中，后用 NH_4SCN 标准溶液返滴定滤液中过量的 $AgNO_3$，但操作相应较麻烦。

在用返滴定法测定 Cl^- 时，为了避免 AgCl 沉淀的转化，应轻轻摇动。

3. 适应范围及特点

福尔哈德法在测定 Br^-、I^-、SCN^- 时，终点十分明显，不会发生沉淀转化。这是由于 AgBr、AgI 的溶解度均比 AgSCN 的小，所以用返滴定法测定溴化物、碘化物时，可在 AgBr 或 AgI 沉淀存在时进行返滴定。但在用返滴定法测定 I^- 时，Fe^{3+} 能将 I^- 氧化成 I_2。因此，在测定时，必须先加入过量的 $AgNO_3$ 溶液，之后再加指示剂，否则会发生如下反应，影响测定结果的准确度。

$$2Fe^{3+} + 2I^- \longrightarrow 2Fe^{2+} + I_2$$

用这种方法可以在酸性范围条件下测定 Ag^+、Cl^-、Br^-、I^- 及 SCN^-，在生产上常用来测定氯化物。

任务四　碘化钠纯度的测定（法扬斯法）

一、知识目标

（1）掌握用法扬斯法测定卤化物纯度的基本原理及方法；

（2）掌握吸附指示剂的作用原理、应用范围及使用时的注意事项；

（3）掌握铁铵矾指示剂的配制方法。

二、能力目标

（1）学会用法扬斯法测定碘化钠的纯度；

（2）能准确选择和正确配制吸附指示剂，并能正确判断终点；

（3）能根据实验数据计算碘化钠的含量。

三、素质目标

（1）具有诚实守信、爱岗敬业，精益求精的工匠精神；

（2）具有质量意识、绿色环保意识、安全意识、信息素养、创新精神；

（3）能做到检测行为公正、公平，数据真实、可靠；

（4）具有团结协作、人际沟通能力。

四、教、学、做说明

学生在完成对【相关知识】学习的基础上，由教师引领，熟悉实验室环境，并在教师的指导下完成碘化钠纯度的测定（法扬斯法），并提交实验报告。

五、工作准备

（1）仪器　分析天平；台秤；容量瓶（250mL）；50mL 棕色酸式滴定管；25mL 移液管；锥形瓶；烧杯等。

（2）试剂　碘化钠试样；0.1mol/L $AgNO_3$ 标准溶液；1mol/L 乙酸溶液；曙红指示剂（0.5g 曙红钠盐溶于水，稀释至 100mL）。

（3）实验原理　在乙酸酸性溶液中，用硝酸银标准溶液滴定碘化钠，以曙红为指示剂，反应如下：

$$Ag^+ + I^- \longrightarrow AgI\downarrow$$
$$\text{黄色}$$

在化学计量点前，AgI 吸附 I^- 带负电荷，因而不会吸附指示剂。当滴定到达化学计量点时，Ag^+ 稍过量，则 AgI 吸附 Ag^+ 而带正电荷，从而强烈地吸附指示剂阴离子，使沉淀由黄色变为玫瑰红色，从而指示滴定终点。

码7-3　碘化钠
纯度的测定

六、工作过程

1. 碘化钠试样的配制

在分析天平上准确称取 0.5000gNaI 试样于小烧杯中，加少量蒸馏水溶解后，定量转入 250mL 容量瓶中，充分摇匀，备用。

2. 测定

准确移取 25.00mLNaI 试样于锥形瓶中，加入 1mol/L 乙酸溶液 5mL，曙红指示剂 2～3滴，用 $AgNO_3$ 标准溶液滴定至溶液由黄色变为玫瑰红色，即为终点。记录消耗 $AgNO_3$ 标准溶液的体积，平行测定 3 次，同时做空白试验。

七、数据记录与处理

1. 数据记录

项目	1	2	3
移取 NaI 的体积/mL			
滴定消耗 $AgNO_3$ 标准溶液的体积/mL			

续表

项目	1	2	3
空白试验消耗 AgNO₃ 标准溶液的体积/mL			
滴定时溶液的温度/℃			
溶液温度补正值/(mL/L)			
滴定管校正值/mL			
实际消耗 AgNO₃ 标准溶液的体积/mL			
NaI 的质量分数/%			
平均值/%			
相对极差/%			

2. 结果计算

$$w(\text{NaI}) = \frac{c(\text{AgNO}_3)[V(\text{AgNO}_3) - V_0] \times 10^{-3} \times M(\text{NaI})}{m \times \dfrac{25}{250}} \times 100\%$$

式中　w（NaI）——样品中 NaI 的质量分数，%；

　　　c（AgNO₃）——AgNO₃ 标准溶液的浓度，mol/L；

　　　V（AgNO₃）——实际消耗 AgNO₃ 标准溶液的体积，mL；

　　　　　　V₀——空白试验消耗 AgNO₃ 标准溶液的体积，mL；

　　　M（NaI）——碘化钠的摩尔质量，g/mol；

　　　　　　m——称取样品的质量，g。

📖 相关知识

碘化钠是一种用途很广的化学试剂，可作为分析试剂、碘的助溶剂等。已知，银的氯化物容易形成胶状沉淀，胶状沉淀具有很强的吸附能力，如自来水的净化就是利用明矾水解后生成的 $Al(OH)_3$ 胶状沉淀来吸附杂质的。银的卤化物胶状沉淀也能吸附一些指示剂，使胶团的结构在化学计量点附近发生变化，从而指示终点，所以可以用沉淀滴定法中的法扬斯法来测定碘化钠的纯度。

一、法扬斯法测定原理

以吸附指示剂来指示终点的银量法称为法扬斯法。

沉淀滴定中生成的胶状微粒具有强烈的吸附作用，这种微粒的吸附作用是有选择性的，它首先吸附沉淀的构晶离子，然后又吸附带相反电荷的离子，组成一个胶团。

吸附指示剂是一类有色的有机化合物。在溶液中它的阴离子容易被带正电荷的胶状沉淀所吸附，当它被吸附在沉淀表面上后，由于形成某些化合物使其分子结构发生改变，从而引起吸附指示剂颜色的变化。在沉淀滴定中人们可以利用吸附指示剂的这种性质来指示滴定终点的到达。

例如，碘化钠纯度的测定就是利用的这一原理。在乙酸酸性溶液中，用 AgNO₃ 标准溶液滴定碘化钠，以曙红为指示剂，其反应式为：

$$Ag^+ + I^- \longrightarrow AgI \downarrow$$
黄色

化学计量点时，稍过量的 Ag^+ 被吸附到 AgI 沉淀表面，其会进一步吸附指示剂阴离子，使沉淀由黄色变为玫瑰红色。

下面以 $AgNO_3$ 标准溶液滴定 KCl 为例，说明滴定过程及荧光黄吸附指示剂的作用原理。

吸附指示剂是一类有机染料，例如荧光黄指示剂，其是一种有机弱酸，用 HFIn 表示，它在水溶液中电离出黄绿色的 FIn^- 阴离子，呈黄绿色。其电离式为：

$$HFIn \Longrightarrow H^+ + FIn^-$$
黄绿色

滴定开始时，溶液中的 Cl^- 和 Ag^+ 作用生成 AgCl 沉淀，此时溶液中的 Cl^- 过剩，因而 AgCl 沉淀吸附 Cl^- 形成带负电荷的胶粒 $(AgCl)Cl^-$，荧光黄阴离子也带负电荷，不会被吸附，因此荧光黄阴离子留在溶液中，溶液始终呈显阴离子的黄绿色。

化学计量点附近，由于 Cl^- 浓度很小，因而沉淀凝结较快。当滴定进行到化学计量点后，溶液中有微过量的 $AgNO_3$，可使 AgCl 沉淀吸附 Ag^+，形成 $(AgCl)Ag^+$ 而带正电荷，这时溶液中带负电荷的荧光黄阴离子 FIn^- 被吸附到带正电荷的 AgCl 胶粒表面，其结构发生了改变而呈现粉红色，使整个溶液由黄绿色变为粉红色，指示滴定终点的到达。

其变化过程可以表示如下：

化学计量点前：
$$AgCl \xrightarrow{\text{吸附 } Cl^-} (AgCl)Cl^- + FIn^-$$
黄绿色

化学计量点后：
$$AgCl \xrightarrow{\text{吸附 } Ag^+} (AgCl)Ag^+ FIn^-$$
粉红色

氯化银沉淀胶粒表面吸附如图 7-1 所示。

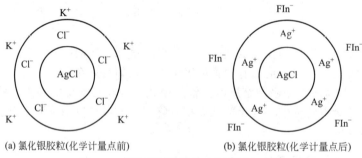

(a) 氯化银胶粒(化学计量点前)　　　(b) 氯化银胶粒(化学计量点后)

图 7-1　氯化银沉淀胶粒表面吸附示意图

如果用 NaCl 滴定 $AgNO_3$，则溶液颜色的变化正好与上面的相反。

二、法扬斯法的滴定条件

控制溶液的酸度。卤化物的测定时，溶液的酸度随所选用的吸附指示剂而定。常用的吸附指示剂大多数是有机弱酸，起指示剂作用的是它们带负电荷的阴离子。当溶液的 pH 较低时，吸附指示剂主要以不带电的分子形式存在，难以被胶粒吸附，从而无法发生吸附变色反应而指示终点。酸度的大小与指示剂的离解常数有关，电离常数大，酸度可以大一些。例如，荧光黄指示剂，当溶液的 pH>7 时，荧光黄主要以阴离子状态存在，易被胶粒吸附变色，若 pH<7，则主要以荧光黄分子的形式存在，不易被胶粒吸附变色，无法指示终点，因此，如果以荧光黄为吸附指示剂时，一般在 pH=7～10 的条件下进行滴定（当 pH>10 时，Ag^+ 将沉淀为 Ag_2O）。不同吸附指示剂的酸性强弱不同，因此适应的酸度范围也存在差异。例如，二氯荧光黄（$K_a=10^{-4}$）的酸性比荧光黄强，则可在 pH=4～10 时进行滴定，曙红（$K_a=10^{-2}$）酸性更强，在 pH=2.0 时仍能应用。因此选择适合于指示剂变色的酸度，才能准确地指示终点。

三、使用吸附指示剂的注意事项

为了使滴定前后颜色变化明显，使用吸附指示剂时必须注意以下问题。

1. 保持沉淀呈胶体状态

因吸附指示剂颜色变化是发生在沉淀表面的，故应尽量使沉淀的比表面积大一些，以便吸附更多的指示剂，使颜色变化更敏锐。为此滴定前一般加入一些淀粉或糊精等胶体保护剂，使其保持胶体状态。

2. 避免强光照射

因为卤化银沉淀对光敏感，见光易分解而析出金属银，使沉淀变为灰黑色，影响滴定终点的观察。

3. 充分摇动锥形瓶

滴定过程中，因沉淀会吸附被测离子，因此要充分摇动，以减少误差。

4. 要选择适当的吸附指示剂

在法扬斯法中，必须根据被测定卤素离子的性质选择具有适当被吸附能力的吸附指示剂。选择吸附指示剂时，沉淀吸附被测离子的能力应略大于吸附指示剂的能力，否则指示剂将在化学计量点前变色，造成较大误差。但如果吸附能力太弱，又将使颜色变化不敏锐，终点出现过迟。卤化银沉淀对卤素离子和几种吸附指示剂吸附能力的顺序如下：

$$I^->SCN^->Br^->曙红>Cl^->荧光黄$$

从以上吸附次序可知，用 $AgNO_3$ 标准溶液滴定 Cl^- 时不能选用曙红作指示剂，因它的吸附能力强于 Cl^-，应选用荧光黄。

吸附指示剂种类很多，表 7-1 列出部分常用的吸附指示剂及其应用。

表 7-1 常用的吸附指示剂及其应用

指示剂	被测离子	滴定剂	滴定条件 pH	终点颜色变化
荧光黄	Cl^-	$AgNO_3$	7～10	黄绿～粉红
二氯荧光黄	Cl^-	$AgNO_3$	4～10	黄绿～红
曙红	Br^-、I^-、SCN^-	$AgNO_3$	2～10	橙黄～红紫
溴甲酚绿	SCN^-	$AgNO_3$	4～5	黄～蓝
二甲基二碘荧光黄	I^-	$AgNO_3$	中性	黄红～红紫

四、法扬斯法的应用范围

法扬斯法可用于测定 Cl^-、Br^-、I^-、SCN^- 及其生物碱盐等。测定 Cl^- 时常用荧光黄或二氯荧光黄作指示剂，而测定 Br^-、I^-、SCN^- 时常用曙红作指示剂。该法具有终点明显、方法简便等优点，但反应条件较严格，测定时应注意溶液的酸度、浓度及胶体保护等问题。

 能力测评与提升

1. 填空题

(1) 银量法按照指示滴定终点的方法不同而分为三种：_____、_____和_____。

(2) 莫尔法以_____为指示剂，在_____条件下以_____为标准溶液直接滴定Cl^-或Br^-等离子。

(3) 福尔哈德法以_____为指示剂，用_____为标准溶液进行滴定。根据测定对象不同，福尔哈德法可分为直接滴定法和返滴定法，直接滴定法用来测定_____，返滴定法测定_____。

(4) 佛尔哈德返滴定法测定Cl^-时，会发生沉淀转化现象，解决的办法一般有两种：_____、_____。

(5) 莫尔法可测定_____或_____，不能测定_____或_____（写阴离子符号）。

(6) $AgNO_3$标准溶液盛放在棕色酸式滴定管中的原因是_____。

(7) 莫尔法测定Cl^-含量时，若溶液的碱性太强，则析出_____沉淀，福尔哈德法测I^-时，应先加_____标准溶液，后加_____指示剂，以防止Fe^{3+}氧化I^-。

(8) 莫尔法中指示剂K_2CrO_4浓度过大，终点_____；K_2CrO_4浓度过小，终点_____。

(9) 福尔哈德法中，Ag^+采用_____法测定，Cl^-、Br^-、I^-和SCN^-采用_____法测定。

(10) 在法扬斯法中，$AgNO_3$标准溶液滴定Cl^-时，化学计量点前沉淀带_____电荷，化学计量点后沉淀带_____电荷。

(11) 因为卤化银_____易分解，故银量法的操作应尽量避免_____的照射。

2. 选择题

(1) 下列关于以K_2CrO_4为指示剂的莫尔法的说法中正确的是（　　）。

A. 指示剂K_2CrO_4的量越少越好

B. 滴定应在弱酸性介质中进行

C. 本法可测定Cl^-和Br^-，但不能测定I^-或SCN^-

D. 莫尔法的选择性较强

(2) 莫尔法测定Cl^-含量时，要求介质在$pH=6.5\sim10.5$范围内，若酸度过高，则会（　　）。

A. $AgCl$沉淀不完全　　　　　　　　B. 形成Ag_2O沉淀

C. $AgCl$吸附Cl^-　　　　　　　　　D. Ag_2CrO_4沉淀不易形成

(3) 以铁铵矾为指示剂，用返滴法以NH_4CNS标准溶液滴定Cl^-时，下列错误的是（　　）。

A. 滴定前加入过量定量的$AgNO_3$标准溶液

B. 滴定前将 AgCl 沉淀滤去

C. 滴定前加入硝基苯，并振摇

D. 应在中性溶液中测定，以防 Ag_2O 析出

（4）莫尔法测定氯离子时以铬酸钾作指示剂，如果被测溶液的 pH 值为 2，这样测定结果会（　　）。

A. 偏高　　　　　　B. 偏低　　　　　　C. 无影响　　　　　　D. 无法判断

（5）福尔哈德法适用的酸碱条件是（　　）。

A. 酸性　　　　　　B. 碱性　　　　　　C. 中性　　　　　　D. 弱碱性

（6）以铁铵矾为指示剂，用 NH_4SCN 标准溶液滴定 Ag^+ 时，应在（　　）条件下进行。

A. 酸性　　　　　　B. 弱酸性　　　　　　C. 中性　　　　　　D. 弱碱性

（7）莫尔法采用 $AgNO_3$ 标准溶液测定 Cl^- 时，其滴定条件是（　　）。

A. pH 为 2.0～4.0　　　　　　　　　B. pH 为 6.5～10.5

C. pH 为 4.0～6.5　　　　　　　　　D. pH 为 10.0～12.0

（8）下列关于吸附指示剂的说法中错误的是（　　）。

A. 吸附指示剂是一种有机染料

B. 吸附指示剂能用于沉淀滴定法中的法斯司法

C. 吸附指示剂指示终点是由于指示剂结构发生了改变

D. 吸附指示剂本身不具有颜色

（9）用氯化钠基准试剂标定 $AgNO_3$ 溶液浓度时，溶液酸度过大，会使标定结果（　　）。

A. 偏高　　　　　　B. 偏低　　　　　　C. 不影响　　　　　　D. 难以确定其影响

（10）采用福尔哈德法测定水中 Ag^+ 含量时，终点颜色为（　　）。

A. 血红色　　　　　　B. 纯蓝色　　　　　　C. 黄绿色　　　　　　D. 蓝紫色

3. 判断题

（1）福尔哈德法是以 NH_4SCN 为标准滴定溶液，以铁铵矾为指示剂，在稀硝酸溶液中进行滴定的。　　　　　　　　　　　　　　　　　　　　　　　　　　　　（　　）

（2）用福尔哈德法测定 Ag^+，滴定时必须剧烈摇动。用返滴定法测定 Cl^- 时，也应该剧烈摇动。　　　　　　　　　　　　　　　　　　　　　　　　　　　　　　（　　）

（3）在法扬斯法中，为了使沉淀具有较强的吸附能力，通常加入适量的糊精或淀粉使沉淀处于胶体状态。　　　　　　　　　　　　　　　　　　　　　　　　　　　　　（　　）

（4）福尔哈德法测定 I^- 时，应先加铁铵矾指示剂，再加 $AgNO_3$ 标准溶液滴定。

　　　　　　　　　　　　　　　　　　　　　　　　　　　　　　　　　　（　　）

（5）在银量法中，各种指示终点的指示剂都有其特定的酸度使用范围。　　（　　）

（6）福尔哈德法既可测定 Ag^+，也可测卤离子的含量。　　　　　　　　（　　）

（7）银量法只能用于 Ag^+ 含量的测定。　　　　　　　　　　　　　　　（　　）

（8）用莫尔法测定 Cl^- 或 Br^- 含量时，滴定过程中锥形瓶要充分摇动。　（　　）

（9）可用莫尔法测定 Ag^+ 含量。具体做法是在试液中加入准确体积和浓度的 NaCl 溶液（过量），再用 $AgNO_3$ 标准溶液回滴过量的 Cl^-。　　　　　　　　　　　　　（　　）

（10）根据确定终点方法的不同，银量法分为莫尔法、福尔哈德法、碘量法和法扬斯法。

　　　　　　　　　　　　　　　　　　　　　　　　　　　　　　　　　　（　　）

（11）莫尔法适用的 pH 范围为 5.6～10.5。　　　　　　　　　　　　　　（　　）

(12) 福尔哈德法的优点在于可用来直接测定 Ag^+。 （　　）

(13) 水中 Cl^- 的含量可用 $AgNO_3$ 溶液直接滴定。 （　　）

(14) 莫尔法中 K_2CrO_4 指示剂指示终点的原理是分步沉淀。 （　　）

(15) 福尔哈德法测定氯离子的含量时，在溶液中加入 1，2-二氯乙烷是为了避免 AgCl 转化为 AgSCN。 （　　）

4. 简答题

(1) 什么叫沉淀滴定法？用于沉淀滴定法的沉淀反应必须具备哪些条件？

(2) 什么是溶度积？如何利用溶度积来判断沉淀的生成与次序？

(3) 写出下列各难溶化合物的溶度积表达式：
①Ag_2S；②$Fe(OH)_3$；③CaC_2O_4；④$Pb_3(PO_4)_2$；⑤$MgCO_3$。

(4) 什么是银量法？银量法分为哪些类型？银量法主要用于测定哪些物质？

(5) 莫尔法中铬酸钾指示剂的作用原理是什么？K_2CrO_4 指示剂用量过多或过少对滴定有何影响？

(6) 用福尔哈德法测定氯化物时，为了防止沉淀的转化可采取哪些措施？

(7) 应用法扬斯法时要掌握的条件有哪些？

(8) 试归纳总结银量法中三种指示终点的方法（从标准溶液、指示剂、反应原理、滴定条件和应用范围加以说明）。

(9) 福尔哈德法的选择性为什么会比莫尔法的高？

(10) 简述吸附指示剂的作用原理。使用吸附指示剂时应注意哪些问题？

5. 计算题

(1) 用移液管准确移取 NaCl 试液 20.00mL，加入 K_2CrO_4 指示剂，用 0.1023mol/L $AgNO_3$ 标准溶液滴定，用去 27.00mL，计算每升溶液中含多少克 NaCl。

(2) 称取银合金试样 0.3000g，用 HNO_3 溶解后制成试液，加入铁铵矾指示剂，用 0.1000mol/L 的 NH_4SCN 标准溶液滴定，用去 23.80mL，计算试样中银的质量分数。

(3) 称取可溶性氯化物试样 0.2266g，用水溶解后，加入 0.1121mol/L $AgNO_3$ 标准溶液 30.00mL。过量的 Ag^+ 用 0.1185mol/L NH_4SCN 标准溶液滴定，用去 6.50mL，计算试样中氯的含量。

(4) 称取纯 NaCl 0.1169g，加水溶解后，以 K_2CrO_4 为指示剂，用 $AgNO_3$ 溶液滴定，共用去 20.00mL，求该 $AgNO_3$ 溶液的浓度。

(5) 称取 KCl 和 KBr 的混合物 0.3208g，溶于水后用 K_2CrO_4 为指示剂进行滴定，用去 0.1014mol/L 的 $AgNO_3$ 标准溶液 30.20mL，计算该混合物中 KCl 和 KBr 的含量。

(6) 将 40.00mL 0.1020mol/L $AgNO_3$ 溶液加到 25.00mL $BaCl_2$ 溶液中，剩余的 $AgNO_3$ 溶液，需用 15.00mL 0.09800mol/L 的 NH_4SCN 溶液返滴定，求 25.00mL $BaCl_2$ 溶液中含 $BaCl_2$ 的质量。

(7) 称取纯 KIO_x 试样 0.5000g，将其还原成碘化物溶液后，用 23.86mL 0.1000mol/L $AgNO_3$ 标准溶液滴定至终点。求该化合物的化学式。

(8) 称取 NaCl 基准试剂 0.1173g，溶解后加入 30.00mL $AgNO_3$ 标准溶液，过量的 Ag^+ 用 3.200mL NH_4SCN 标准溶液滴定至终点。已知 20.00mL $AgNO_3$ 标准溶液与 21.00mL NH_4SCN 标准溶液能完全作用，计算 $AgNO_3$ 和 NH_4SCN 溶液的浓度。

学习情境八

重量分析法

任务一　认识重量分析法

一、知识目标
（1）掌握重量分析法的分类及特点；
（2）了解晶形沉淀和非晶形沉淀的条件；
（3）掌握沉淀的形成过程及纯净条件。

二、能力目标
（1）能区别沉淀形式并熟悉不同称量形式的意义；
（2）了解沉淀称量法对沉淀形式和称量形式的要求；
（3）学会区别晶形沉淀和非晶形沉淀。

三、素质目标
（1）具有诚实守信、爱岗敬业，精益求精的工匠精神；
（2）具有质量意识、绿色环保意识、安全意识、信息素养、创新精神；
（3）能做到检测行为公正、公平，数据真实、可靠；
（4）具有团结协作、人际沟通能力。

四、教、学、做说明
学生在线上、线下学习【相关知识】的基础上，在教师的指导下，结合前面所学知识，分组讨论要得到纯净 $BaSO_4$、$AgCl$ 沉淀应采取的措施及如何选择沉淀剂。并在班内展示实施方案，进行评价。

相关知识

在化工生产和实际生活中，常用重量分析法来测定待测组分的含量，如硫酸钠含量的分析、氯化钡含量的分析等。本任务主要介绍重量分析法的分类及特点，重量分析对沉淀的要求，沉淀条件的选择、沉淀的类型及其形成过程，重量分析法的应用及其结果的计算等内容。

一、重量分析法

重量分析法是通过称量物质质量进行含量测定的方法。测定时，先用适当的方法使被测组分与试样中其他组分分离，转化为一定的称量形式，然后称其质量，再由称得的质量计算该组分的含量。

1.重量分析法的分类

重量分析法是定量分析的重要方法之一。它因仪器设备简单、结果准确、应用范围广泛等特点一直被分析工作者视为很有效的分析方法。根据被测组分与试样中其他组分分离方法的不同，重量分析法通常可分为沉淀重量法、挥发重量法、电解重量法和提取重量法。

（1）沉淀重量法 利用沉淀反应，使被测组分以难溶化合物的沉淀析出，再将沉淀过滤、洗涤、烘干或灼烧，使之转化为具有一定化学组成的化合物，然后称其质量，计算被测组分含量。

例如，测定某样品中硫酸盐含量时，可加入过量的 $BaCl_2$ 作为沉淀剂，利用 Ba^{2+} 与 SO_4^{2-} 反应析出 $BaSO_4$ 沉淀，再将 $BaSO_4$ 沉淀过滤、洗涤、烘干、灼烧，最后用分析天平称其质量，由此计算出 SO_4^{2-} 的含量。其主要步骤如下：

$$试样 \xrightarrow{溶解} 试液 \xrightarrow{BaCl_2} BaSO_4 \ 沉淀 \xrightarrow[烘干、灼烧]{过滤洗涤} BaSO_4（称量形式）\xrightarrow{称量} 计算$$

（2）挥发重量法 利用物质的挥发性进行重量分析的方法。通过加热或其他适当的方法，一定质量样品中的被测成分从试样中挥发逸出，然后根据样品质量的减少值计算被测成分的含量。试样中湿存水或结晶水的测定多采用此方法。例如，灼烧失量的测定（高温下灼烧失去的质量）。在灼烧过程中，由于化合水、CO_2 及有机物、硫化物等的挥发，试样质量减轻，而亚铁的氧化使质量增加，所以灼烧失量是各种化学反应引起质量变化的总和。

测定方法：将 1g（称准至 0.0002g）试样置于已灼烧至恒重的瓷坩埚中，之后移入马弗炉，由低温逐渐升高至 950℃，灼烧 30min，在干燥器中冷却至室温后称量，再重复灼烧，直至恒重。

若要测定 $BaCl_2·2H_2O$ 中结晶水的含量，可称取一定量的氯化钡试样，加热使水分逸出后，再称量，根据试样加热前后的质量差，计算 $BaCl_2·2H_2O$ 试样中结晶水的含量。

有时也可以应用某种吸收剂将逸出的被测组分吸收，根据吸收剂增加的质量来计算被测成分的含量。此法只适用于测定可挥发性物质。例如，测定试样中的 CO_2 时，就以碱石灰为吸收剂。

（3）电解重量法 利用电解原理，使金属离子在电极上析出，然后根据电极增加的质量，计算金属离子的含量，精确度可达到千分之一，常用于金属纯度的鉴定、仲裁分析等。例如，用电解法测定铜合金中铜的含量。

（4）提取重量法 利用被测组分在两种互不相溶溶剂中分配比的不同进行测定。测定时加入某种提取剂，使被测组分从原来的溶剂中定量转入提取液中，称量剩余物的质量，即可计算出被测组分的含量；或将提取液的溶剂蒸发除去，再称量剩余物的质量，也可计算被测组分的含量。如粗脂肪的定量测定中，常用乙醚作提取剂，然后蒸发除去乙醚，干燥后称量，即可得样品中粗脂肪的含量。

2.重量分析法的特点

重量分析法是经典的化学分析法，它直接用分析天平称量而获得分析结果，与滴定分析法或仪器分析法相比，它不需要从容量器皿中获得许多数据，也不需要用基准物质或标准溶液作比较，故其误差来源比较少，准确度较高，可用于测定含量大于 1% 的常量组分。但重量分析法的操作比较麻烦，程序多，周期长，不能满足生产上快速分析的要求；同时重量分析法灵敏度低，不适用于微量组分的分析，以上是重量分析法的主要缺点。目前重量分析法主要用于原材料的分析、标样检测和仲裁分析，校对其他分析方法准确度时，也常用重量分析法。

在重量分析法中，常用的是沉淀重量法，在此主要讨论沉淀重量法，此法在无机特种材料制备中有着重要应用。

二、沉淀重量法对沉淀的要求

在沉淀重量法中，利用沉淀剂，使被测组分从样品中沉淀出来，该沉淀物的组成形式称为沉淀形式。沉淀物经过滤、洗涤、烘干或灼烧，进行称量的形式叫称量形式，然后由称量形式的化学组成和质量，便可计算出被测组分的含量。

由于沉淀在烘干或灼烧的过程中可能发生化学变化，所以沉淀形式与称量形式可能相同，也可能不相同。例如：

$$Ba^{2+} \longrightarrow BaSO_4 \longrightarrow BaSO_4$$
被测组分　　　沉淀形式　　　称量形式

$$Fe^{3+} \longrightarrow Fe(OH)_3 \longrightarrow Fe_2O_3$$
被测组分　　　沉淀形式　　　称量形式

又如，在测定 Cl^- 时，加入沉淀剂 $AgNO_3$，可得到 AgCl 沉淀，烘干后仍为 AgCl，故此时沉淀形式与称量形式均为 AgCl。

在测定 Mg^{2+} 时，加入沉淀剂 $(NH_4)_2HPO_4$，其沉淀形式为 $MgNH_4PO_4 \cdot 6H_2O$，灼烧后得到的称量形式为 $Mg_2P_2O_7$，此时沉淀形式与称量形式不同。

在沉淀重量法中，为了获得准确的分析结果，沉淀形式和称量形式必须满足以下要求。

1. 对沉淀形式的要求

① 沉淀的溶解度要小，保证被测组分沉淀完全。任何沉淀都有一定的溶解度，所得沉淀的溶解度越小，被测组分沉淀越完全。沉淀的溶解损失量不应超过分析天平的称量误差，一般要求溶解损失应小于 $0.1 \sim 0.2mg$，这样才能保证反应定量完成。

② 沉淀必须纯净，并易于过滤和洗涤。沉淀纯净是获得准确分析结果的重要因素之一。沉淀易于过滤和洗涤，不仅便于操作，同时也是保证沉淀纯度的重要方面。

颗粒较大的晶形沉淀，比表面积较小，吸附杂质的概率较小，因此沉淀纯净，易于过滤和洗涤。颗粒较小的晶形沉淀，比表面积较大，吸附杂质多，洗涤次数也相应增多。非晶形沉淀体积庞大、疏松，吸附杂质较多，过滤费时且不易洗涤干净，对于这类沉淀必须选择适当的沉淀条件，以满足对沉淀形式的要求。

③ 沉淀应易于转变为具有固定组成的称量形式。沉淀烘干、灼烧时应易于转化为称量形式。

2. 对称量形式的要求

① 称量形式的组成与化学式完全符合，这样才能根据化学式比例计算被测组分的含量，这是对称量形式最重要的要求。

② 称量形式要有足够的化学稳定性，不因空气中的水分、二氧化碳等的影响而改变质量，也不易被空气中的 O_2 氧化而发生结构的改变。

③ 称量形式应具有尽可能大的摩尔质量。称量形式的摩尔质量越大，由同质量待测组

分所得称量形式的质量也越大，而其中被测组分所占的比例就越小。这样可减小称量的相对误差，提高分析结果的准确度。

三、影响沉淀完全的因素

在沉淀重量法中，沉淀的溶解损失是误差的主要来源之一，因此人们总希望被测组分沉淀得越完全越好。但是绝对不溶解的物质是没有的。在重量分析法中，只要溶解损失不超过天平的称量误差（±0.2mg），即可认为沉淀完全。要得到符合要求的沉淀，就必须了解沉淀的溶解度及其影响因素，以便控制条件，减少溶解损失，保证分析结果的准确性。

影响沉淀溶解度的因素很多，主要有同离子效应、盐效应、酸效应、络合效应等，此外温度、溶剂、沉淀结构和颗粒大小也对沉淀的溶解度有一定的影响。下面就影响沉淀溶解度的因素进行讨论。

1. 同离子效应

在难溶化合物的饱和溶液中，加入含有相同离子的易溶强电解质，由于离子积大于溶度积，从而降低沉淀的溶解度，这种因加入含有相同离子其他强电解质，而使沉淀溶解度降低的效应称为同离子效应。

【例 8-1】　在 25℃时，已知 $BaSO_4$ 的 $K_{sp}=1.1\times10^{-10}$，分别计算 $BaSO_4$ ①在纯水中的溶解度；②在 $0.10mol/L$ H_2SO_4 溶液中的溶解度。

解： 设在纯水中 $BaSO_4$ 的溶解度为 S，

则：$S=[Ba^{2+}]=[SO_4^{2-}]$

而：$K_{sp}=[Ba^{2+}][SO_4^{2-}]$

$S^2=K_{sp}=1.1\times10^{-10}$

$S=\sqrt{1.1\times10^{-10}}\approx1.0\times10^{-5}(mol/L)$

设在 $0.10mol/L$ H_2SO_4 溶液中，$BaSO_4$ 溶解度为 S'，

则：$[SO_4^{2-}]=S'+0.10,[Ba^{2+}]=S'$

由于在 $(S'+0.10)$ 中，$S'\ll0.10$，故可以忽略不计，

所以 $[SO_4^{2-}]\approx0.10$，

而：$K_{sp}=[Ba^{2+}][SO_4^{2-}]=S'\times0.10=1.1\times10^{-10}$

故 $S'=\dfrac{1.1\times10^{-10}}{0.10}=1.1\times10^{-9}(mol/L)$

比较其溶解度得：

$$\frac{S'}{S}=\frac{1.1\times10^{-9}}{1.0\times10^{-5}}\approx\frac{1}{10000}$$

在 $0.10mol/L$ H_2SO_4 溶液中，$BaSO_4$ 的溶解度是在纯水中的万分之一。

由此可见，同离子效应可大大降低沉淀的溶解度，这是沉淀称量法中保证沉淀完全的主要措施。

在重量分析法中，为了使沉淀更加完全，一般加入过量的沉淀剂，但沉淀剂量也不能过大，否则会引起其他效应（如盐效应、络合效应等），反而使溶解度增大。

在实际应用中，通常沉淀剂过量多少应根据沉淀的性质而定。如沉淀易挥发除去，一般可过量 $50\%\sim100\%$；若沉淀不易挥发，为避免引入杂质，影响纯度，以过量 $20\%\sim30\%$ 为宜。

2. 盐效应

在难溶电解质的饱和溶液中，加入其他强电解质，引起的难溶电解质的溶解度比同温度下纯水中溶解度增大的现象，称为盐效应。例如，在 KNO_3、Na_2SO_4 等强电解质存在下，$PbSO_4$ 的溶解度比在纯水中的大。

产生盐效应的原因是：离子的活度系数与溶液中强电解质的种类和浓度有关。在难溶电解质的饱和溶液中，由于其溶解度相对较小，溶液中离子的浓度很低，此时离子间的相互作用（静电作用）可基本忽略，离子处于完全自由状态。当加入强电解质后，溶液中离子浓度显著增大，离子间的相互作用显著加强，使得包括沉淀离子在内的每个离子的运动都受到周围离子的制约，这就相当于降低了饱和溶液中沉淀离子的浓度，此时溶液处于不饱和状态，沉淀将继续溶解出更多的离子以使其溶液趋于饱和，所以其溶解度也就增大了。

例如，在不同浓度的 KNO_3 溶液中，$AgCl$ 的溶解度变化情况见表 8-1。

表 8-1　AgCl 在不同浓度 KNO_3 溶液中的溶解度变化情况

KNO_3 浓度/(mol/L)	0.000	0.00100	0.00500	0.0100
AgCl 溶解度/($\times 10^{-5}$ mol/L)	1.278	1.325	1.385	1.427

从表 8-1 可知，溶解度随非共同离子浓度的增大而增大，即盐效应增强。

盐效应不仅存在于非共同离子之间，实际上，在产生同离子效应的同时，盐效应也必然存在，如表 8-2 所示。

表 8-2　$PbSO_4$ 在不同浓度 Na_2SO_4 溶液中的溶解度变化情况

Na_2SO_4 浓度/(mol/L)	0.00	0.0010	0.01	0.02	0.04	0.10	0.20
$PbSO_4$ 溶解度/($\times 10^{-5}$ mol/L)	0.15	0.024	0.016	0.014	0.013	0.016	0.028

从表 8-2 可看出，$PbSO_4$ 的溶解度并非随 Na_2SO_4 浓度的增大而一直降低，而是降低到一定程度后反而又逐渐增大。这是由于在 $PbSO_4$ 饱和溶液中加入 Na_2SO_4 后，溶液中同时存在同离子效应和盐效应，哪个占优势主要取决于 Na_2SO_4 的浓度。在 Na_2SO_4 的浓度小于 0.04mol/L 时，同离子效应占优势，盐效应被掩盖。但当 Na_2SO_4 的浓度大于 0.04mol/L 以后，盐效应增强，同离子效应很弱，$PbSO_4$ 的溶解度反而又逐渐增大了，这进一步说明加沉淀剂时，量不能太大，否则会引起盐效应。

3. 酸效应

溶液酸度对沉淀溶解度的影响，称为酸效应。

产生酸效应的主要原因是：溶液中 H^+ 浓度影响弱酸、多元弱酸电离平衡。如果沉淀是弱酸或多元弱酸盐，当酸度增大时，饱和溶液中的沉淀阴离子与 H^+ 结合，降低了沉淀阴离子的浓度，使沉淀的溶解度增大。

以草酸钙为例说明，在 CaC_2O_4 饱和溶液中存在下列平衡：

$$CaC_2O_4 \Longrightarrow Ca^{2+} + C_2O_4^{2-}$$
$$-H^+ \big\Vert +H^+$$
$$HC_2O_4^- \xrightarrow[-H^+]{+H^+} H_2C_2O_4$$

当溶液的酸度增大时，平衡向右移动，CaC_2O_4 沉淀不断溶解。因此，对于弱酸盐沉淀，应在较低酸度条件下进行。若沉淀本身是弱酸，如硅酸（$SiO_2 \cdot nH_2O$）、钨酸（$WO_3 \cdot nH_2O$）等，其易溶于碱，则应在强酸性介质中进行沉淀。

如果沉淀是强酸盐，如 $AgCl$、$AgBr$、$BaSO_4$ 等，在酸性溶液中进行沉淀时，溶液的酸度对沉淀的溶解度影响不大。

对于氢氧化物沉淀，应根据难溶化合物的溶度积和金属离子的性质（如两性、水解性），选择适当的酸度进行滴定。

4. 络合效应

当溶液中存在能与沉淀离子形成络合物的络合剂时，沉淀的溶解度增大，甚至完全溶解，这种现象称为络合效应。例如，用 Cl^- 沉淀 Ag^+ 时，会产生 $AgCl$ 沉淀，若溶液中有氨水，由于 NH_3 能与 Ag^+ 作用，生成 $[Ag(NH_3)_2]^+$ 络离子，此时 $AgCl$ 的溶解度远大于其在纯水中的溶解度，如果氨水浓度过大，则不能生成沉淀。

在进行沉淀反应时，有些沉淀剂本身就是络合剂，沉淀剂过量时，既有同离子效应，又有络合效应。

例如，以 $NaCl$ 为沉淀剂沉淀 Ag^+ 时，过量的 Cl^- 既可起同离子效应，又能与 $AgCl$ 沉淀形成可溶性的 $AgCl_2^-$ 络离子，使 $AgCl$ 沉淀逐渐溶解。

络合效应的程度与沉淀的溶解度、形成络合物的稳定性、络合剂的浓度有关，沉淀的溶解度越大，形成的络合物越稳定，络合剂的浓度越大，其络合效应就越显著。

综上所述，同离子效应是降低溶解度的有利因素；而盐效应、酸效应、络合效应则是影响沉淀完全的不利因素，在进行沉淀时，应采取措施消除其影响。实际工作中，应针对具体情况，综合考虑各种因素，选择合适的滴定条件，以保证分析结果的准确性。

5. 其他影响因素

除以上四种效应以外，温度、溶剂、沉淀颗粒的大小及形态等都对沉淀的溶解度有影响。

（1）温度的影响　溶解反应一般是吸热反应，因此，沉淀的溶解度一般随着温度的升高而增大。操作时要依据不同的沉淀类型和具体要求，控制不同的温度。对于溶解度不是很小的晶形沉淀，如 $MgNH_4PO_4$，应在室温下进行过滤和洗涤。若沉淀（如 $Fe(OH)_3$、$Al(OH)_3$ 等）的溶解度很小，或者沉淀的溶解度受温度的影响很小，为了加快速度，可趁热过滤和洗涤。

（2）溶剂的影响　多数无机化合物沉淀为离子晶体，它们在有机溶剂中的溶解度要比在水中的小，在进行沉淀反应时，向水中加入一些能与水混溶的有机溶剂，如乙醇、丙酮等，可显著降低沉淀的溶解度。但对于由有机沉淀剂形成的沉淀，其在有机溶剂中的溶解度则大于在水中的溶解度。

（3）沉淀颗粒大小及形态的影响　对于同一种沉淀，小颗粒的溶解度大于大颗粒的溶解度。因此，在进行沉淀时，人们总是希望得到较大的沉淀颗粒，这样不仅沉淀的溶解度小，可减少溶解损失，而且也便于过滤和洗涤，大颗粒沉淀的总表面积较小，不易被污染。

初生成沉淀往往为亚稳状态，溶解度较大，放置后会逐渐转化为溶解度较小的稳定结构。但也不是一概而论，有些溶解度很小的沉淀，放置过久反而会引入更多的杂质，造成沉淀不纯。

四、影响沉淀纯度的因素及提高纯度措施

沉淀重量法要根据沉淀质量计算被测组分的含量，因此沉淀一定要纯净，但是当沉淀从溶液中析出时，总是或多或少地夹杂着溶液中的其他成分，使沉淀受到污染，影响沉淀的纯度。因此，人们必须了解影响沉淀纯度的因素，以便采取相应的措施，减少沉淀的污染，获

得较纯净的沉淀。

1.影响沉淀纯度的主要因素

影响沉淀纯度的主要因素有共沉淀和后沉淀现象，接下来分别进行讨论。

（1）共沉淀现象

在进行沉淀反应时，当一种难溶化合物沉淀时，某些可溶性杂质也同时沉淀下来的现象，叫作共沉淀现象，其是引起沉淀不纯的主要因素，共沉淀现象主要是由表面吸附、吸留与包藏及形成混晶所造成的。

①表面吸附 在沉淀的表面上吸附了杂质。这种现象是由晶体表面离子电荷的不完全等衡引起的。以 $BaSO_4$ 为例，$BaSO_4$ 晶体是由构晶离子 Ba^{2+} 和 SO_4^{2-} 所构成的，$BaSO_4$ 晶体表面吸附如图 8-1 所示。

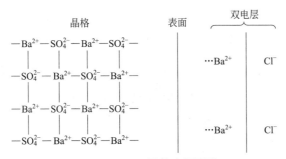

图 8-1 $BaSO_4$ 晶体表面吸附

在晶体内部，每个 Ba^{2+} 的前后、左右、上下都被 6 个 SO_4^{2-} 包围，每个 SO_4^{2-} 周围也有 6 个 Ba^{2+}，整个晶体内部处于静电平衡状态，因此是非常稳定的。但是晶体表面的离子只被 5 个带相反电荷的离子所包围，有一面暴露在溶液中，因而有剩余力去吸引其他离子；表面边缘的离子只被 4 个带相反电荷的离子所包围，顶角的离子只被 3 个带相反电荷的离子所包围，它们吸引其他离子的能力就更强。由于静电引力的作用，任何带相反电荷的离子都可以被吸附，这样沉淀表面就吸附了一层杂质。实际上，表面吸附是有选择性的，其规律如下。首先吸附与其组成有关的离子（构晶离子）形成第一吸附层。例如，将过量的 $BaCl_2$ 加入到 H_2SO_4 溶液，生成 $BaSO_4$ 沉淀，溶液中有 Ba^{2+}、Cl^-、H^+，$BaSO_4$ 首先吸附 Ba^{2+}，这时沉淀颗粒带正电荷，可进一步吸附阴离子（如 Cl^-），构成第二吸附层。第一、第二吸附层共同构成包围沉淀颗粒的电中性双层，随沉淀颗粒一起下沉。

因此，沉淀的总表面积愈大，吸附杂质的量愈多；杂质离子的价态愈高、浓度愈大，被吸附的量也愈多；因为吸附是一个放热过程，溶液温度愈高，吸附杂质的量愈少。

表面吸附共沉淀发生在沉淀表面，因此，可以通过洗涤沉淀除去一部分杂质。

② 吸留与包藏 在沉淀过程中，当沉淀剂的浓度较大且加入速度较快时，沉淀迅速长大，则先被吸附在沉淀表面的杂质离子来不及离开沉淀表面，就被随后生成的沉淀所覆盖，使杂质被包藏在沉淀内部。

由于吸留与包藏的杂质在晶体内部，不能用洗涤的方法除去，只能用重结晶或陈化的方法减免。

③ 形成混晶 每种晶形沉淀，都具有一定的晶体结构，当杂质离子的半径与构晶离子的半径相近，电子层结构基本相似，并能形成相同的晶体结构时，它们易生成混晶，这是由于杂质离子抢占了构晶离子的晶格位置而进入了沉淀内部。

例如，Ba^{2+}、Pb^{2+}不仅电荷相同，而且离子的半径相近，因此在用SO_4^{2-}沉淀Ba^{2+}时，Pb^{2+}能代替Ba^{2+}而形成$BaSO_4$和$PbSO_4$的混晶共同沉淀。

也有一些杂质，虽与沉淀具有不同的晶体结构，但也能生成混晶体。如立方体的$NaCl$和四面体的Ag_2CrO_4晶体结构虽不同，但可以形成混晶。由于这种混晶体的形状往往不完整，当其与溶液一起放置时，杂质离子将逐渐被驱出，结晶形状慢慢变得完整，所得沉淀也就更纯净。

由于混晶的杂质进入沉淀内部，不能用洗涤的方法除去，也难以用重结晶的方法除去，在重量分析法中，通常在沉淀前提前将这些杂质分离。

（2）后沉淀现象

沉淀析出之后，在沉淀与母液放置的过程中，溶液中某些本来难以单独沉淀的杂质离子慢慢沉淀到原沉淀表面的现象，称为后沉淀现象。例如，在含有Cu^{2+}、Zn^{2+}等离子的酸性溶液中，通入H_2S时，最初得到的CuS沉淀中未夹杂ZnS沉淀。但若沉淀与母液长时间接触，CuS沉淀表面吸附S^{2-}，使得S^{2-}浓度与Zn^{2+}浓度之积大于ZnS的溶度积，则CuS表面析出ZnS沉淀。

后沉淀现象与共沉淀现象的主要区别是其发生在原沉淀之后，无论杂质在沉淀之前就存在，还是在沉淀之后加入，由后沉淀引入的杂质量基本是一致的，后沉淀引入杂质的量随放置时间的延长而增多，共沉淀有时候反而会有所减少。

由于后沉淀引入的杂质比共沉淀的要多，为避免后沉淀现象造成的沉淀污染，应该在沉淀后及时过滤，缩短沉淀与母液的共存时间。

2. 提高沉淀纯度的措施

由以上讨论可知，由于共沉淀及后沉淀现象，沉淀被沾污而不纯净，为了提高沉淀的纯度，减少沉淀的污染，可采用下列措施。

（1）选择适当的分析程序

测定试样中同时存在含量相差较大的两种组分，被测组分的含量少，杂质含量较多时，则应首先使少量被测组分沉淀下来。如果首先沉淀杂质，由于大量沉淀的析出，部分少量被测组分混入沉淀中，则引起分析结果不准确。

（2）降低易被吸附杂质离子的浓度

由于吸附作用具有选择性，所以在实际分析中，应尽量改变易被吸附杂质离子的存在形式，以减少吸附。如，沉淀$BaSO_4$时，Fe^{3+}易被吸附，可将Fe^{3+}还原为Fe^{2+}或用$EDTA$与它形成络合物。

（3）选择合适的沉淀条件

沉淀条件包括溶液的浓度、温度、试剂的加入次序和速度，以及陈化等，要想获得纯净的沉淀，应根据沉淀的具体情况，选择适宜的沉淀条件。

（4）选择合适的洗涤剂

由于吸附作用是一种可逆过程，因此洗涤可使沉淀上吸附的杂质进入洗涤液，从而达到提高沉淀纯度的目的。如有时可选择有机沉淀剂，以减少共沉淀现象。

（5）必要时进行再沉淀

再沉淀就是将已得到的沉淀过滤后溶解，再进行第二次沉淀。第二次沉淀时，溶液中杂质量大为降低，其沉淀的纯度也就高了。

五、沉淀的形成与沉淀条件的选择

在沉淀重量法中，为了获得易于分离和洗涤的沉淀，就必须了解沉淀形成的过程和外界条件对沉淀颗粒大小的影响，以便控制适宜的条件得到符合分析要求的沉淀。

1. 沉淀的类型

根据沉淀物理性质的不同，沉淀可大致分为三种：晶形沉淀、凝乳状沉淀和无定形沉淀。

各种沉淀之间的区别主要表现在两方面：一是构成沉淀颗粒的大小不同，二是构成沉淀的离子的排列方式不同。

一般来说，晶形沉淀的颗粒最大，其直径为 $0.1 \sim 1\mu m$。其特点是：在晶形沉淀内部，离子按晶体结构有规则地排列，结构紧密，整个沉淀所占体积较小，极易沉淀于容器的底部，便于过滤。$BaSO_4$ 就属于晶形沉淀。

无定形沉淀，颗粒最小，其直径在 $0.02\mu m$ 以下。沉淀内部离子排列杂乱，结构疏松，整个沉淀所占体积较大，难以沉降和过滤。$Fe(OH)_3$、$Al(OH)_3$ 等就属于无定形沉淀。

凝乳状沉淀，其颗粒大小介于晶形沉淀与无定形沉淀之间，直径为 $0.02 \sim 0.1\mu m$，属于二者之间的过渡形，因此它的性质也介于二者之间。$AgCl$ 就属于凝乳状沉淀。

生成的沉淀究竟属于哪种类型，首先取决于构成沉淀物质本身的性质，其次沉淀形成时的条件以及沉淀以后的处理情况对沉淀的类型也有一定影响。

2. 沉淀的形成过程

沉淀的形成一般要经过晶核成形（成核）和晶核成长两个过程。

加入沉淀剂，溶液达到过饱和状态时，就会开始形成沉淀。首先少量构成沉淀的离子受成核作用（主要是静电引力）的影响，相互吸引形成很小的颗粒，即晶核，这一过程叫成核过程。接着其他构晶离子在晶核周围定向排列，形成沉淀颗粒，这个过程叫成长过程。如果这时沉淀颗粒不再继续长大，而是很多沉淀颗粒聚集为较疏松的更大聚集体，当聚集体足够大时，就形成无定形沉淀。如果沉淀颗粒进一步成长，且构晶离子在沉淀颗粒上按一定晶格定向排列，则形成晶形沉淀。沉淀的形成是一个复杂的过程，其大致过程可表示为：

$$构晶离子 \xrightarrow{\text{成核作用}} 晶核 \xrightarrow{\text{成长}} 沉淀颗粒 \begin{array}{l} \xrightarrow{\text{聚集}} 无定形沉淀 \\ \xrightarrow{\text{定向排列}} 晶形沉淀 \end{array}$$

在沉淀的形成过程中，沉淀颗粒一方面可聚集成无定形沉淀，这种过程进行得快慢，称聚集速率。另一方面，也可能因构晶离子继续按一定晶格定向排列构成晶形沉淀，这种定向排列的速率叫定向速率。

沉淀的形状取决于这两种过程的相对快慢。一般来说，如果聚集速率大于定向速率，则构晶离子来不及有规则地排列成晶体而凝聚成无定形沉淀；反之如果定向速率大于聚集速率，此时构晶离子就有足够的时间整齐排列在晶格位置上，形成晶形沉淀。

定向速率的大小与沉淀物质本身的性质有关。极性较强的盐类（如 $BaSO_4$ 等）一般具有较大的定向速率，易形成晶形沉淀。氢氧化物只有较小的定向速率，因此沉淀一般是非晶形的。

聚集速率主要由沉淀时的条件决定，其中主要与沉淀时的相对过饱和度有关。聚集速率与溶液相对过饱和度之间的关系，可用以下经验式表示：

$$V = K(Q-S)/S \tag{8-1}$$

式中　V——聚集速率；

　　　Q——加入沉淀剂瞬间沉淀的浓度；

S——沉淀的溶解度；

$Q-S$——开始沉淀时溶液的过饱和程度；

K——比例常数，与沉淀的性质、介质温度等因素有关。

从式(8-1)可知，溶液的相对过饱和度与聚集速率成正比。溶液的相对过饱和度越大，聚集速率越大，易形成无定形沉淀。如果溶液的相对过饱和度小，聚集速率就小，有利于形成晶形沉淀。例如，硫酸钡沉淀的形状与大小，随相对过饱和度$(Q-S)/S$变化而显著不同。当$(Q-S)/S<25$时，形成大的晶形沉淀；当$(Q-S)/S>108$时，则形成细小的晶形沉淀；当$(Q-S)/S>25000$时，则形成凝乳状沉淀或无定形沉淀。因此，控制溶液的相对过饱和度，则稀溶液中沉淀出来的$BaSO_4$是晶形沉淀，如果在浓溶液中则形成无定形沉淀。

由以上分析可知，在沉淀过程中，改变溶液的相对过饱和度，则影响沉淀的形状与大小，因此为了得到较大的沉淀颗粒，应在适当稀的溶液中进行沉淀。

3. 沉淀条件的选择

在重量分析法中，为了得到可靠的分析结果，必须选择适当的沉淀条件，获得符合要求的沉淀。在选择沉淀条件时，一方面要保证沉淀完全，并尽量减少洗涤、过滤等过程造成的损失；另一方面又要保证沉淀纯净，尽量避免杂质混入沉淀造成污染。

沉淀主要有晶形沉淀和无定形沉淀两种，人们必须根据沉淀的不同类型选择不同的沉淀条件。

(1) 晶形沉淀的沉淀条件　晶形沉淀颗粒大，吸附杂质少，易过滤和洗涤，但溶解度较大。所以对于晶形沉淀主要以得到较大的沉淀颗粒、使沉淀尽量完全、减少沉淀的溶解损失为目标。

① 沉淀作用应在适当稀的溶液中进行。在稀溶液中，相对过饱和度较小，降低了聚集成核的速率，可得到晶形沉淀。但为了避免沉淀的溶解损失，溶液也不能过稀。

② 沉淀过程应在热溶液中进行。在热溶液中，沉淀的溶解度增大，降低了相对过饱和度，利于生成大的晶体颗粒，同时还可以减少杂质的吸附。但为了防止沉淀在热溶液中的损失，应在沉淀作用完全后，将溶液冷却到室温后再进行过滤。

③ 应在不断搅拌下缓慢而均匀地加入沉淀剂。这样可避免溶液局部过饱和度增大，生成大量晶核。

④ 沉淀应放置陈化。沉淀析出后，将沉淀与母液一起放置一段时间，这个过程称为陈化。陈化后，沉淀的小颗粒被溶解，大颗粒晶体变大，最终获得完整、纯净、颗粒较大的晶体。

在陈化过程中，随着小晶体的溶解，被吸附、吸留或包藏在沉淀内部的杂质将重新进入溶液，可提高沉淀的纯度。另外，在陈化过程中，还可以使不完整的晶粒转化为较完整的晶粒。不同晶形沉淀的陈化时间不同，但均较长，加热和搅拌可以缩短陈化时间。

综上所述，得到较大晶形沉淀的条件可归纳为五个字，即"稀、热、慢、搅、陈"。

(2) 无定形沉淀的沉淀条件　无定形沉淀，颗粒小、体积大、结构疏松、吸附杂质多，不易过滤和洗涤，甚至可形成胶体溶液。因此，对于无定形沉淀，主要考虑如何促使沉淀颗粒凝集，防止形成胶体并减少杂质吸附。

① 沉淀过程在较浓溶液中进行。这样可使生成沉淀含水量少，结构较紧密，易于过滤和洗涤。但为了防止沉淀在较浓溶液中吸附较多杂质，当沉淀完毕，加大量热水（100mL左右）稀释并充分搅拌，这样可使沉淀表面吸附的一部分杂质再次转入到溶液。

② 沉淀应在热溶液中进行。这样可促进沉淀颗粒的凝聚，防止形成胶体溶液，同时热溶液还能减少对杂质吸附。

③ 加入适当电解质或一些能引起沉淀颗粒凝聚的胶体。这样可防止形成胶体。一般加

入的是易挥发的盐类，如 NH_4Cl、NH_4NO_3 等。

④ 不必陈化，趁热过滤。沉淀作用完毕后，静置数分钟，待沉淀下沉后便可立即趁热过滤。因为放置可使沉淀失水聚集得更紧密，使包藏在沉淀内部的杂质更难洗去。

得到无定形沉淀的条件可归纳为"浓、热、快、电、不陈"。

4. 有机沉淀剂

在重量分析法中，选择合适的沉淀剂是获得符合要求的沉淀的重要手段。选用的沉淀剂必须使生成的沉淀具有最小的溶解度，并且沉淀剂要易挥发、溶解度大，选择性高。有机沉淀剂具有以下优点。

① 有机沉淀剂种类多，选择性高。

② 一般生成沉淀的溶解度小，利于沉淀完全。

③ 生成的沉淀吸附杂质少。沉淀表面不带电荷，不易吸附杂质，可获得纯净的沉淀。

④ 沉淀组成恒定，烘干后即可称量，简化了称量分析操作过程，缩短了分析周期。

⑤ 沉淀称量形式的摩尔质量大，可减少称量的相对误差，提高分析结果的准确性。

常用的有机溶剂有两大类：一类是可与金属离子形成螯合物的沉淀剂，如丁二酮肟等；另一类是可与金属离子缔合的有机沉淀剂，如四苯硼酸钠等。但一般有机沉淀剂在水溶液中的溶解度较小，有些沉淀组成不恒定。

总之，沉淀条件不是绝对、一成不变的，要根据具体沉淀作具体分析。

任务二　重量分析法的基本操作

一、知识目标

（1）掌握滤纸、坩埚、漏斗的选择方法；

（2）理解晶形沉淀的条件；

（3）掌握晶形沉淀的制备、过滤、洗涤、灼烧及恒重等操作要领。

二、能力目标

（1）能正确使用重量分析法中的各种仪器；

（2）学会选择合适的滤纸、坩埚、漏斗；

（3）能进行晶形沉淀的制备、过滤、洗涤、灼烧及恒重等操作。

三、素质目标

（1）具有诚实守信、爱岗敬业，精益求精的工匠精神；

（2）具有质量意识、绿色环保意识、安全意识、信息素养、创新精神；

（3）具有团结协作、人际沟通能力。

四、教、学、做说明

学生线上、线下完成对【相关知识】的学习后，在教师的指导下，分组讨论操作要领，并进行重量分析操作的单项训练，最后由老师进行操作考核。

五、工作准备

（1）仪器　电子天平；烧杯；玻璃棒；表面皿；漏斗；定量滤纸；瓷坩埚等。

（2）试剂　氯化钡；硝酸银；盐酸；硫酸钠等。

六、工作过程

① 沉淀的制备。
② 训练滤纸的折叠、过滤沉淀等技术。
③ 训练坩埚及坩埚钳的使用。
④ 训练干燥器的使用。
⑤ 训练沉淀的称量技术。

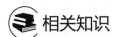 相关知识

沉淀重量分析法的基本操作包括：样品的称取及溶解，沉淀的产生，沉淀的过滤和洗涤，沉淀的烘干和灼烧，称量形式的称量，结果的计算等步骤。操作繁琐、精细、费时。因此，为使沉淀完全、纯净，应根据沉淀的类型选择适宜的操作条件，把握每一个环节的每一步操作，以得到准确的分析结果。

一、样品的称取及溶解

1. 样品的称取

现场取样后将样品均匀混合。取样量要适宜，过多会产生大量沉淀，使操作困难；过少则使称量误差大。一般沉淀称量形式的适宜质量为：晶形沉淀为 $0.1\sim0.5g$，非晶形沉淀为 $0.08\sim0.10g$。

2. 样品的溶解

液体试样，可直接量取一定体积后放入干净烧杯中进行分析。

固体试样，根据试样的性质，可用水、酸、碱溶解或采用熔融等方法进行溶解。一般情况下，应先考虑用水溶解，水不溶时再选用其他溶剂。

溶解前，应准备好清洁的烧杯、合适的玻璃棒和表面皿，烧杯底部和内壁不能有划痕。玻璃棒的长度应高出烧杯 $5\sim7cm$，表面皿应大于烧杯口。

溶样时若无气体产生，将样品倾入烧杯，即可沿杯壁倒入或沿玻璃棒使下端流入杯中，边加边搅拌，待试样溶解后，盖上表面皿。若试样溶解时有气体产生，将样品倾入烧杯后，应用少量水将样品湿润，然后盖上表面皿，从烧杯嘴与表面皿之间的空隙缓慢加入溶剂，直到样品完全溶解，再用洗瓶冲洗表面皿，洗液流入烧杯内，之后再盖上表面皿。溶样时若需要加热以促进溶解，则应在水浴锅内进行并盖好表面皿，防止溶液暴沸或溅出，加热停止时，用洗瓶洗表面皿或烧杯内壁。溶解时需要用玻璃棒搅拌，此玻璃棒再不能作为它用。

二、沉淀的产生

沉淀是将待测离子完全转化为沉淀形式，因此沉淀制备得完全和纯净是重量分析法的关键。

沉淀时按各类沉淀的条件进行，通常沉淀在热溶液中进行。

根据晶形沉淀的条件，在操作时，应一手拿滴管，缓缓滴加沉淀剂，一手握玻璃棒不断

搅拌溶液，搅拌时玻璃棒不要触碰烧杯内壁和烧杯底，速度不宜快，以免溶液溅出。加热时应在水浴锅或电热板上进行，不得使溶液沸腾，否则会引起水溅或产生泡沫飞散，造成被测物的损失。沉淀后，应检查沉淀是否完全，方法是：将沉淀静置一段时间，让沉淀下沉，上层溶液澄清后，滴加一滴沉淀剂，观察交接面是否浑浊，如浑浊，表明沉淀未完全，还需要加入沉淀剂；反之，如清亮则沉淀完全。此时，盖上表面皿，放置一段时间或在水浴上恒温静置 1h 左右，让沉淀陈化。

非晶形沉淀时，宜用较浓的沉淀剂溶液，加入沉淀剂的速度和搅拌的速度均可快一些，以获得致密的沉淀，沉淀完全后，要用热蒸馏水稀释，不必放置陈化。

三、沉淀的过滤和洗涤

在重量分析中，常遇到沉淀与母液分离的问题，这时通常采用过滤技术。对于需要灼烧的沉淀，常用定量滤纸过滤；而对于过滤、烘干后即可称量的沉淀则可采用微孔玻璃坩埚。用滤纸过滤时采用常压过滤法；用微孔玻璃坩埚过滤时采用减压过滤法。常压过滤所用的定量滤纸分为快速、中速、慢速三种，各种类型定量滤纸的规格及用途等见表 8-3。

表 8-3　定量滤纸的规格及用途

滤纸类型	滤纸盒色带标志	灰分/%	滤速/(s/100mL)	用途
快速	蓝	0.02	60～100	过滤无定形沉淀
中速	白	0.02	100～160	过滤粗晶形沉淀
慢速	红	0.02	160～200	过滤细形沉淀

减压过滤所用的微孔玻璃坩埚按玻璃粉的粗细、空隙大小不同分六类，见表 8-4。

表 8-4　微孔玻璃坩埚的规格及用途

坩埚代号	滤孔大小/μm	一般用途
G_1	80～120	过滤粗颗粒沉淀
G_2	40～80	过滤较粗颗粒沉淀
G_3	15～40	过滤一般晶形沉淀
G_4	5～15	过滤细颗粒沉淀
G_5	2～5	过滤极细颗粒沉淀
G_6	<2	滤除细菌

减压过滤装置见图 8-2。

用滤纸过滤沉淀的操作方法如下。

在过滤前，首先根据沉淀量和沉淀性质选用大小和致密程度不同的滤纸，再由滤纸的大小选择合适的漏斗。

1.滤纸的折叠和安放

滤纸的折叠和安放如图 8-3 所示。选好滤纸和漏斗后，先将滤纸沿直径对折成半圆，再根据漏斗角度的大小对折。折好的滤纸，一边为三层，另一边为单层，为使滤纸三层部分紧贴漏斗内壁，可将滤纸的上角撕下，并留作擦拭沉淀用。将折叠好的滤纸放在洁净的漏斗中，放入的滤纸应比漏斗口低 0.5～1cm。

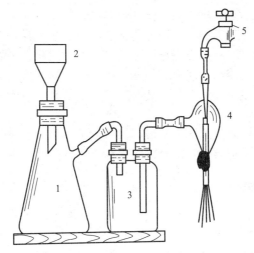

图 8-2   减压过滤装置

1—吸滤瓶；2—布氏漏斗；3—安全瓶；4—抽气管（水泵）；5—自来水龙头

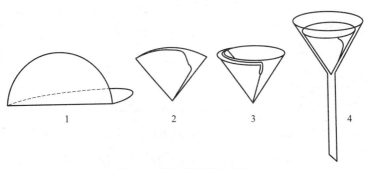

图 8-3   滤纸的折叠和安放

将滤纸放入漏斗后，用食指按住滤纸，同时用洗瓶加蒸馏水湿润，再用手指小心轻压滤纸，把留在滤纸与漏斗壁之间的气泡赶走，使滤纸紧贴漏斗并使水充满漏斗颈形成水柱，以加快过滤速度。

2. 沉淀的过滤

沉淀一般采用"倾泻法"过滤。操作方法是：将漏斗放在漏斗架或铁圈上，接收滤液的烧杯放在漏斗下面，漏斗颈下端在烧杯边沿以下3～4cm处，并与烧杯内壁紧贴，避免滤液溅出。操作时一手拿住玻璃棒，使其直立于漏斗中三层滤纸一边，但不能和滤纸接触。另一只手拿住盛沉淀的烧杯，烧杯嘴要靠住玻璃棒，慢慢将烧杯倾斜，使上层清液沿着玻璃棒流入滤纸，漏斗中液体高度不能超过滤纸高度的 2/3，然后沿玻璃棒将烧杯嘴往上提起少许，扶正烧杯，在扶正烧杯以前不可将烧杯嘴离开玻璃棒，使残留在烧杯嘴的液体流回烧杯中，之后再将玻璃棒放回烧杯。如此重复进行，直至将上层清液倾完。将沉淀转移到滤纸上。倾泻法过滤操作和倾斜静置如图8-4所示。

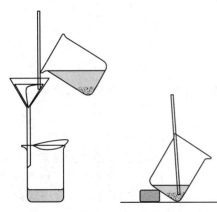

图 8-4   倾泻法过滤操作和倾斜静置

3. 沉淀的洗涤和转移

洗涤的沉淀，也采用倾泻法。在上层清液倾注完以后，沿烧杯四周注入少量洗涤液，充分搅拌、静置。待沉淀下沉后，按上述方法倾注过滤，为提高洗涤效率，按少量多次的原则进行，每次用 10～20mL 洗涤液。

沉淀的转移：沉淀洗涤后，在烧杯中加入少量洗涤液，将沉淀充分搅起，然后立即将悬浊液一次转移到滤纸中。接着用洗瓶冲洗烧杯内壁、玻璃棒，重复以上操作 2～3 次，在烧杯内壁和玻璃棒上可能仍残留少量沉淀，这时可用撕下的滤纸角擦拭，放入漏斗中。再用洗涤液冲洗烧杯，使残留的沉淀全部转入漏斗中，如图 8-5 所示。

沉淀转移完全后，再在滤纸上进行洗涤，以除尽全部杂质。用洗瓶或胶头滴管在滤纸边缘稍下的地方自上而下螺旋式冲洗，以使沉淀集中在滤纸锥体最下部。重复进行直至沉淀完全洗净，如图 8-6 所示。

图 8-5　沉淀转移操作

图 8-6　在滤纸上洗涤沉淀

四、沉淀的烘干和灼烧及恒重

1. 干燥器的准备和使用

干燥器用来对物品进行干燥和保存干燥物品的玻璃器皿，如图 8-7 所示。

准备干燥器时，先用干布将磁板和内壁擦干净，一般不能用水洗。再将干燥剂装到下室的一半即可，干燥剂一般用变色硅胶，当蓝色的硅胶变为红色（钴盐的水合物）时，应将硅胶重新烘干。

干燥器的口和盖沿均为磨砂平面，用时涂一薄层凡士林以增加其密封性，开启或关闭时左手向右抵住干燥器身，右手握住干燥器盖的圆把手向左推开，如图 8-8 所示。灼烧的物体放入干燥器前，应先冷却 30～60s。放入干燥器后，应反复将盖子推开一道缝，直到不再有热空气排出时再盖严盖子。

移动干燥器时，必须用双手拿着干燥器和盖子的沿口，以防盖子滑落打碎，如图 8-9 所示。干燥器不能用来保存潮湿的器皿或沉淀。

2. 坩埚的准备

坩埚是用来进行高温灼烧的器皿，坩埚钳是用来夹取热坩埚和坩埚盖的，如图 8-10 所示。

图8-7　干燥器

图8-8　干燥器盖的开启和关闭

图8-9　干燥器的移动

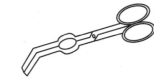

图8-10　坩埚和坩埚钳

首先将洗净并干燥的空坩埚放入马弗炉进行第一次灼烧，一般在 800～850℃ 下灼烧 30～45min。等红热状态消失后，将其放入干燥器内冷却至室温，再取出称量。按同样方法再灼烧、冷却、称量。第二次灼烧 15～20min。如果两次称量结果之差小于 0.2mg，即可认为空坩埚已达到恒重，反之还要继续灼烧直至恒重。

3. 包裹沉淀的方法

包裹沉淀时，先用干净的玻璃棒将滤纸的三层部分挑起，再用洗净的手将带有沉淀的滤纸小心取出，按图 8-11 所列的顺序折卷带有沉淀的滤纸，将层数较多的一端或滤纸包的尖端向下，放入已恒重的空坩埚中。

如果沉淀体积较大（如胶状沉淀），不适合用上述方法折卷滤纸。可在漏斗中，用玻璃棒将滤纸挑起，向中间折叠，将沉淀全部盖住，再用玻璃棒把滤纸锥体转移到坩埚中。尖头朝上。

4. 沉淀的烘干、灼烧和恒重

烘干，一般是在 250℃ 以下进行的。凡是用微孔玻璃坩埚过滤的沉淀，可用烘干的方法处理。一般用电热烘箱或红外灯，目的是除去沉淀中的水分和所沾的洗涤液。

灼烧，是指在 800℃ 以上高温下进行的处理，它适用于用滤纸过滤，灼烧是在预先已烧至恒重的瓷坩埚中进行的。目的是烧去滤纸，除去洗涤剂，将沉淀烧成合乎要求的称量形式。操作方法如图 8-12 所示。如用高温炉灼烧，将坩埚先放在打开炉门的炉膛上预热后，再送入炉膛，盖上坩埚盖，在所要求的温度下灼烧一定时间。然后冷却、称量。继续灼烧一定时间，冷却再称量，直至恒重。

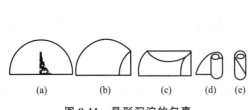

图8-11　晶形沉淀的包裹

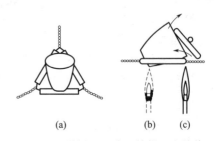

图8-12　坩埚（沉淀）的烘干和灼烧

沉淀经烘干或灼烧至恒重后，由其质量即可计算测定结果。

任务三　氯化钡含量的测定

一、知识目标
（1）掌握重量分析法各步骤的操作要领；
（2）熟悉测定 $BaCl_2 \cdot 2H_2O$ 中钡含量的原理和方法；
（3）学会晶形沉淀的制备、过滤、洗涤、灼烧及恒重等重量分析的基本操作；
（4）掌握晶形沉淀的条件。

二、能力目标
（1）能正确使用重量分析法的各种仪器；
（2）能正确测定 $BaCl_2 \cdot 2H_2O$ 中钡的含量，并进行结果计算；
（3）熟练进行晶形沉淀的制备、过滤、洗涤、灼烧及恒重等基本操作。

三、素质目标
（1）具有诚实守信、爱岗敬业，精益求精的工匠精神；
（2）具有质量意识、绿色环保意识、安全意识、信息素养、创新精神；
（3）具有团结协作、人际沟通能力；
（4）能做到检测行为公正、公平，数据真实、可靠。

四、教、学、做说明
学生通过线上、线下对【相关知识】的学习，结合前面所学知识，由教师引领，熟悉实验室环境，分组讨论测定氯化钡含量的整个流程及所需仪器，并与全班进行交流，优化实施方案后，进行测定及数据处理，并上交实验报告。

五、工作准备
（1）仪器　烧杯；表面皿；玻璃棒；马弗炉；瓷坩埚及坩埚钳；干燥器；快速定量滤纸；玻璃漏斗；水浴锅等。
（2）试剂　1mol/L H_2SO_4 溶液；2mol/L HCl 溶液；6mol/L HNO_3 溶液；0.1% $AgNO_3$ 溶液；$BaCl_2 \cdot 2H_2O$（AR）。
洗涤液：200mL 水中加入 3mol/L H_2SO_4 溶液。

六、工作过程

微课
码8-1　氯化钡
含量的测定1

1. 瓷坩埚的准备
将瓷坩埚洗净、晾干，然后在 800～850℃ 马弗炉内灼烧，第一次灼烧 30～45min，取出稍冷片刻后，转入干燥器中冷却至室温，然后称量；然后再放入与第一次同样温度的马弗炉内灼烧约 15～20min，取出稍冷片刻后，转入干燥器中冷却至室温，然后称量，如此进行同样操作，直至坩埚恒重。

码8-2 氯化钡
含量的测定2

2. 称样及沉淀的制备

准确称取两份 0.4~0.6g BaCl$_2$·2H$_2$O（AR）试样，分别置于 250mL 烧杯中，加入约 100mL 水、2~3mLHCl 溶液，搅拌溶解，盖上表面皿，加热至近沸。

同时另取 4mL1mol/L 的 H$_2$SO$_4$ 两份，分别放于两个 100mL 烧杯中，加水 30mL，加热至近沸，趁热将两份 H$_2$SO$_4$ 溶液分别用滴管逐滴加入两份热的钡盐溶液中，并用玻璃棒不断搅拌，直至两份硫酸溶液加完。

待 BaSO$_4$ 沉淀下沉后，在上清液中加入 1~2 滴 1mol/L 的 H$_2$SO$_4$ 溶液，检验沉淀是否完全。沉淀完全后，盖上表面皿，将沉淀在室温下过夜陈化，或放在水浴上保温 0.5~1h 陈化，注意不要将玻璃棒拿出烧杯外。

码8-3 氯化钡
含量的测定3

3. 沉淀的过滤和洗涤

用慢速定量滤纸倾泻法过滤。再用稀硫酸洗涤沉淀 3~4 次，每次约 10mL。然后将沉淀定量转移到滤纸上，再用稀 H$_2$SO$_4$ 洗涤 4~6 次，直至洗涤液中不含 Cl$^-$（用 AgNO$_3$ 检验）。

码8-4 氯化钡
含量的测定4

4. 沉淀的灼烧和恒重

将洗涤后的沉淀进行包裹后，置于已恒重的瓷坩埚中，经烘干、炭化、灰化，于 800~850℃马弗炉内灼烧至恒重。

5. 称量

恒重的沉淀放于干燥器中冷却，然后称量。最后再计算 BaCl$_2$·2H$_2$O 中 BaCl$_2$ 的含量。

七、数据记录与处理

1. 数据记录

内容	1	2
（称量瓶+试样）的质量/g		
（倾出后称量瓶+试样）的质量/g		
试样氯化钡的质量/g		
恒重的瓷坩埚的质量/g		
（恒重的瓷坩埚+沉淀）的质量/g		
沉淀的质量/g		
氯化钡的含量 w/%		
平均值/%		
相对极差/%		

2. 结果计算

试样中 BaSO$_4$ 的含量为：

$$w(BaCl_2) = \frac{(m_2 - m_1) \times \dfrac{M(BaCl_2)}{M(BaSO_4)}}{m(样)} \times 100\%$$

式中　$w(BaCl_2)$——$BaCl_2$ 的质量分数，%；

m_1——空坩埚的质量，g；

$M(BaSO_4)$——$BaSO_4$ 的摩尔质量，g/mol；

$M(BaCl_2)$——$BaCl_2$ 的摩尔质量，g/mol；

m_2——坩埚加硫酸钡的质量，g；

$m(样)$——样品的质量，g。

相关知识

重量分析法常用于一些金属元素、非金属元素含量的测定。测定 $BaCl_2 \cdot 2H_2O$ 中氯化钡的含量时，由于在 Ba^{2+} 的难溶化合物中，晶形沉淀 $BaSO_4$ 的溶解度最小，稳定且符合重量分析法对沉淀的要求。因此氯化钡含量的测定常用沉淀重量法。

以 $BaSO_4$ 的形式测定不纯的氯化钡含量时，试样称取量直接影响后续步骤的操作与分析结果的准确度。称样量太多，在下一步中会得到大量的沉淀，使过滤和洗涤等操作困难；称样量太少，则称量误差及其他各个步骤中不可避免的误差将在测定数据中占据较大的比重，使分析结果的准确度下降。重量分析法中试样称取量主要取决于沉淀的类型。

一、重量分析法应用实例

1. $BaCl_2 \cdot 2H_2O$ 中氯化钡含量的测定

（1）测定原理　$BaSO_4$ 重量法既可用于测定 Ba^{2+} 的含量，也可用于测定 SO_4^{2-} 的含量。称取一定量的氯化钡（$BaCl_2 \cdot 2H_2O$），用水溶解，用稀盐酸酸化，加热至近沸，在不断搅拌下缓缓加入热的稀硫酸溶液。Ba^{2+} 与 SO_4^{2-} 反应生成 $BaSO_4$ 晶形沉淀。其反应式为：

$$Ba^{2+} + SO_4^{2-} \longrightarrow BaSO_4 \downarrow$$

沉淀经陈化、过滤、洗涤、烘干、炭化、灰化、灼烧之后，以 $BaSO_4$ 形式称量，即可求出 $BaCl_2 \cdot 2H_2O$ 中氯化钡的含量。

硫酸钡重量法一般在 0.05mol/L 左右的盐酸介质中进行沉淀，这是为了防止产生 $BaCO_3$、$BaHPO_3$ 沉淀进而防止生成 $Ba(OH)_2$ 共沉淀。同时应适当提高酸度，增加 $BaSO_4$ 在沉淀过程中的溶解度，以降低其相对过饱和度，利于得到较好晶粒的沉淀。

为了使 $BaSO_4$ 沉淀完全，沉淀剂 H_2SO_4 必须过量。由于 H_2SO_4 在高温条件下可以挥发除去，故沉淀带下的 H_2SO_4 不会引起误差，一般沉淀剂 H_2SO_4 可过量 50%～100%。如果用 $BaSO_4$ 沉淀法测 SO_4^{2-}，沉淀剂 $BaCl_2$ 只允许过量 20%～30%，因为 $BaCl_2$ 灼烧时不易挥发除去。

$PbSO_4$、$SrSO_4$ 的溶解度均较小，因此 Pb^{2+}、Sr^{2+} 对氯化钡的测定有干扰。NO_3^-、Cl^-、ClO_3^- 等阴离子和 K^+、Ca^{2+}、Fe^{3+} 等阳离子均可以引起共沉淀现象，故应严格控制沉淀条件，减少共沉淀现象，以获得纯净的 $BaSO_4$ 晶形沉淀。

（2）注意事项

① 稀硫酸和样品溶液都必须加热至近沸，并趁热加热硫酸，最好在断电的热电炉上加入，加入硫酸的速度要慢并且要不断搅拌，否则形成的沉淀太细以至穿透滤纸。

② 搅拌时玻璃棒不要触碰烧杯底及内壁，以免划破烧杯壁，使沉淀黏附在烧杯壁上。

③ 搅拌用的玻璃棒直到过滤、洗涤完毕才能取出。

④ 洗净的坩埚放取或移动时都应用坩埚钳，不得用手直接拿。

⑤ 放置坩埚钳时，要将钳尖向上，以免污染。

⑥ 陈化时要盖上表面皿。

⑦ 恒重时要注意三个一致性。

2. 挥发法测定 $BaCl_2 \cdot 2H_2O$ 中结晶水的含量

固体物质中的水分有两种：湿存水和结晶水。湿存水是物质吸收的空气中的水蒸气而形成，其含量随物质的性质、温度、空气的湿度变化而变化，没有化学数量关系，在 $100 \sim 105℃$ 烘干即可将其除去。结晶水是结晶化合物内部的水分，有一定组成，因而含有化学计量关系。

$BaCl_2 \cdot 2H_2O$ 在 $120℃$ 时可完全失去结晶水。方法是：准确称取氯化钡样品 $1 \sim 2g$ 左右，放入恒重的空称量瓶中，将瓶盖斜放在瓶口上，$120 \sim 125℃$ 烘干箱内干燥 $1 \sim 2h$ 取出，稍冷后放入干燥器中冷却后至室温称量，恒重直至质量差在 $0.2mg$ 以内，即可求出 $BaCl_2 \cdot 2H_2O$ 中结晶水的含量。

3. 沉淀法测定硅酸盐中 SiO_2 的含量

方法是：将样品用碱熔融后，用热水提取，再加入浓盐酸处理。此时金属元素成为离子溶于酸中，但硅酸根大多成胶状硅酸沉淀析出，只有少量仍在溶液中，脱水才能完全沉淀。这时可采用动物胶凝聚硅酸沉淀，再将沉淀在 $900℃$ 的马弗炉中灼烧至恒重，冷却后称量。

4. 化工产品氯化钾中钾含量的测定

测定时，在 $0.2mol/L$ 的 HAc 溶液中，用四苯硼酸钠沉淀 K^+，生成的沉淀用玻璃坩埚抽滤，$120℃$ 烘干后进行称量。

二、重量分析法结果计算

1. 试样称取量的估算

试样称取量决定了称量时的相对误差。对于体积小，易过滤和洗涤的晶形沉淀，称取量可适当多一些。而对于体积大，不易洗涤和过滤的无定形沉淀，称取量适当少一些。一般来讲，晶形沉淀的质量为 $0.3 \sim 0.5g$，无定形沉淀为 $0.1 \sim 0.2g$，人们可根据不同类型沉淀称量形式的质量计算出称取样品的质量。

【例 8-2】 测定工业 $BaCl_2 \cdot 2H_2O$ 的含量时，其样品中 $BaCl_2 \cdot 2H_2O$ 的含量达 95% 以上，且称量形式为 $BaSO_4$ 时，应称取此样品的质量为多少？

解：$BaSO_4$ 是晶形沉淀，设若生成的 $BaSO_4$ 沉淀为 $0.5g$，则需纯 $BaCl_2 \cdot 2H_2O$ 的质量为 xg（$BaSO_4$ 为晶形沉淀，一般称量形式为 $0.5g$ 左右）。

$$BaCl_2 \cdot 2H_2O + H_2SO_4 \longrightarrow BaSO_4 \downarrow + 2H_2O + 2HCl$$

$$\begin{array}{cc} 244.27 & 233.39 \\ x & 0.5 \end{array}$$

$$x = \frac{244.27 \times 0.5}{233.4} \approx 0.52(g)$$

应称取该样品的质量为：

$$m = \frac{x}{95\%} = \frac{0.52}{0.95} \approx 0.55(g)$$

答：应称取试样的质量为 0.55g。

2.沉淀剂用量的计算

由前面讨论可知，在称量分析中，为了使被测组分沉淀完全，通常加入过量的沉淀剂，一般按理论用量过量 $50\%\sim100\%$，若沉淀剂为不易挥发的物质，则过量 $20\%\sim30\%$。

【例 8-3】 测定 $BaCl_2\cdot2H_2O$ 中钡的含量时，称取 $0.5g$ 样品，用 $1mol/L$ 的 H_2SO_4 溶液作沉淀剂，需要使用沉淀剂多少 mL？

解： 设需要 H_2SO_4 溶液 $V mL$，

$$BaCl_2\cdot2H_2O+H_2SO_4\longrightarrow BaSO_4\downarrow+2H_2O+2HCl$$

$$n(BaCl_2\cdot2H_2O)=n(H_2SO_4)$$

$$\frac{m}{M(BaCl_2\cdot2H_2O)}=c(H_2SO_4)V(H_2SO_4)$$

$$V(H_2SO_4)=\frac{m}{c(H_2SO_4)M(BaCl_2\cdot2H_2O)}=\frac{0.5}{1\times244.27}\approx2\times10^{-3}(L)=2(mL)$$

所以理论上需要 $1mol/L$ 的 H_2SO_4 $2mL$。

3.重量分析法结果的计算

（1）换算因数（又称化学因数）　重量分析法是根据称量形式的质量计算被测组分的含量的，一般以被测组分在试样中所占的比例来表示。

即：

$$w(被测组分)=\frac{m(被测组分)}{m_s}\times100\% \tag{8-2}$$

如果称量形式与被测组分的形式相同，可直接用此式进行计算。

但在重量分析法中，多数情况下称量形式与被测组分的形式不同，这时就需要将称量形式的质量换算成被测组分形式的质量，然后再进行计算。

被测组分的摩尔质量与称量形式摩尔质量的比值是常数，称为换算因数，常用 F 表示。其可由下式计算：

$$F=K\times\frac{M(被测组分)}{M(称量形式)} \tag{8-3}$$

式中　　　K——被测原子在称量形式化学式中的数目与在被测组分化学式中的数目之比；

M（被测组分）——被测组分的摩尔质量；

M（称量形式）——沉淀称量形式的摩尔质量。

例如，被测组分为 Fe，称量形式为 Fe_2O_3，则换算因数 $F=2\times\dfrac{M(Fe)}{M(Fe_2O_3)}$

在计算换算因数时一般要求保留四位有效数字，常见物质的换算因数见表 8-5。

表 8-5　几种常见物质的换算因数

被测物	沉淀形式	称量形式	换算因数
Fe	$Fe_2O_3\cdot nH_2O$	Fe_2O_3	$2M(Fe)/M(Fe_2O_3)=0.6994$
Fe_3O_4	$Fe_2O_3\cdot nH_2O$	Fe_2O_3	$2M(Fe_3O_4)/3M(Fe_2O_3)=0.9666$
P	$MgNH_4PO_4\cdot6H_2O$	$Mg_2P_2O_7$	$2M(P)/M(Mg_2P_2O_7)=0.2783$
P_2O_5	$MgNH_4PO_4\cdot6H_2O$	$Mg_2P_2O_7$	$M(P_2O_5)/M(Mg_2P_2O_7)=0.6377$
MgO	$MgNH_4PO_4\cdot6H_2O$	$Mg_2P_2O_7$	$2M(MgO)/M(Mg_2P_2O_7)=0.3621$
S	$BaSO_4$	$BaSO_4$	$M(S)/M(BaSO_4)=0.1374$

（2）测定结果的计算   一般用被测物组分在样品中的质量分数表示，即：

$$w(被测组分)=\frac{m(被测组分)}{m_s}\times100\%=\frac{称量形式的质量\times F}{试样的质量}\times100\%\qquad(8-4)$$

【例 8-4】   测定某矿石中 SiO_2 的含量时，称取样品 0.3000g，析出沉淀后，灼烧成 SiO_2 进行称量，称得 SiO_2 的质量为 0.1976g，计算样品中 SiO_2 的含量。

解：由于称量形式与被测组分的形式相同，所以：

$$w(SiO_2)=\frac{0.1976}{0.3000}\times100\%\approx65.87\%$$

【例 8-5】   测定某铁矿石中铁的含量时，称取样品 0.2500g，经处理后得 Fe_2O_3，其质量为 0.2490g，求此铁矿石中 Fe 和 Fe_3O_4 的质量分数。

解：称量形式与被测组分的形式不同，以 Fe 表示其质量分数时，换算因数为：

$$F=2\times\frac{M(Fe)}{M(Fe_2O_3)}=2\times\frac{55.85}{159.69}\approx0.6995$$

$$w(Fe)=\frac{m(Fe)\times F}{m_s}\times100\%=\frac{0.2490\times0.6995}{0.2500}\times100\%\approx69.67\%$$

以 Fe_3O_4 表示时，换算因数为：

$$F=\frac{2M(Fe_3O_4)}{3M(Fe_2O_3)}=\frac{2\times231.54}{3\times159.69}\approx0.9666$$

$$w(Fe_3O_4)=\frac{m(Fe_3O_4)\times F}{m_s}\times100\%=\frac{0.2490\times0.9666}{0.2500}\times100\%\approx96.27\%$$

答：该铁矿石中 Fe 的质量分数为 69.67%，Fe_3O_4 的质量分数 96.27%。

能力测评与提升

1. 填空题

（1）由于溶解度 AgBr _____ AgSCN（>，<，=），故 AgBr 沉淀不能转化成 AgSCN 沉淀。

（2）在重量分析法中，为了使测量的相对误差小于 0.1%，则称样量必须大于_____。

（3）影响沉淀溶解度的主要因素有_____、_____、_____、_____。

（4）根据沉淀的物理性质，可将沉淀分为_____沉淀、_____沉淀和_____沉淀。生成的沉淀属于何种类型，首先决于_____，其次还与_____和_____有关。

（5）在沉淀的形成过程中，存在两种速率：_____和_____。当_____大时，将形成晶形沉淀。

（6）产生共沉淀现象的原因有_____、_____和_____。

（7）沉淀发生吸附现象的根本原因是_____。_____是减少吸附杂质的有效方法之一。

（8）陈化的作用有：_____和_____。

（9）重量分析是根据_____的质量来计算待测组分的含量。

（10）重量分析法中，一般同离子效应将使沉淀溶解度_____；络合效应、盐效应、酸效应将使沉淀溶解度_____。

（11）在沉淀反应中，沉淀的颗粒越_____，沉淀吸附杂质越_____。

（12）利用 Fe_2O_3（$M=159.69$g/mol）沉淀形式称重，测定 FeO（$M=71.85$g/mol）时，

其换算因数为_____。

(13) 重量分析误差主要原因由_____和_____而引起的沉淀不纯造成的。

(14) 金属氢氧化物沉淀形成过程中，定向速度小，且溶解速度小，聚集速度大，易形成_____沉淀。

(15) 从一种难溶化合物转变为另一种难溶化合物的过程，称为_____。

2. 选择题

(1) 下述说法正确的是（   ）。
A. 称量形式和沉淀形式应该相同
B. 称量形式和沉淀形式必须不同
C. 称量形式和沉淀形式可以不同
D. 称量形式和沉淀形式中都不能含有水分子

(2) 下列选项中属于重量分析法特点的是（   ）。
A. 需要基准物质作参比
B. 需配制标准溶液
C. 经过方法处理，即可直接通过称量得到分析结果
D. 适用于微量组分的测定

(3) 氯化银在 1mol/L 的 HCl 中比在水中较易溶解是因为（   ）。
A. 酸效应　　　　　　B. 盐效应　　　　　　C. 同离子效应　　　　　D. 络合效应

(4) 下列瓷器中用于灼烧沉淀和高温处理试样的是（   ）。
A. 蒸发皿　　　　　　B. 坩埚　　　　　　　C. 研钵　　　　　　　D. 布氏漏斗

(5) 如果被吸附的杂质和沉淀具有相同的晶格，就可能形成（   ）。
A. 表面吸附　　　　　B. 机械吸留　　　　　C. 包藏　　　　　　　D. 混晶

(6) 用洗涤的方法能有效提高其纯度的沉淀是（   ）。
A. 混晶共沉淀　　　　　　　　　B. 吸附共沉淀
C. 包藏共沉淀　　　　　　　　　D. 后沉淀

(7) 若 $BaCl_2$ 中含有 $NaCl$、KCl、$CaCl_2$ 等杂质，用 H_2SO_4 沉淀 Ba^{2+} 时，生成的 $BaSO_4$ 最容易吸附（   ）。
A. Na^+　　　　　　B. K^+　　　　　　C. Ca^{2+}　　　　　　D. H^+

(8) 晶形沉淀的沉淀条件是（   ）。
A. 稀、热、快、搅、陈　　　　　B. 浓、热、快、搅、陈
C. 稀、冷、慢、搅、陈　　　　　D. 稀、热、慢、搅、陈

(9) 待测组分为 MgO，沉淀形式为 $MgNH_4PO_4 \cdot 6H_2O$，称量形式为 $Mg_2P_2O_7$，换算因数等于（   ）。
A. 0.3621　　　　　　B. 0.724　　　　　　C. 1.105　　　　　　D. 2.210

(10) 往 $AgCl$ 沉淀中加入浓氨水，沉淀消失，这是因为（   ）。
A. 盐效应　　　　　　B. 同离子效应　　　　C. 酸效应　　　　　　D. 络合效应

(11) 只要烘干就可以称量的沉淀选用（   ）过滤。
A. 微孔玻璃坩埚　　　B. 定性滤纸　　　　　C. 无灰滤纸　　　　　D. 定量滤纸

(12) 以 SO_4^{2-} 沉淀 Ba^{2+} 时，加入适量过量的 SO_4^{2-} 可以使 Ba^{2+} 离子沉淀更完全。这是利用（   ）。
A. 同离子效应　　　　B. 酸效应　　　　　　C. 络合效应　　　　　D. 异离子效应

(13) 在只含有 Cl^- 和 Ag^+ 的溶液中，能产生 AgCl 沉淀的条件是（　　　）。

A. 离子积＞溶度积　　　　　　　　　B. 离子积＜溶度积

C. 离子积＝溶度积　　　　　　　　　D. 不能确定

(14) 过滤大颗粒晶形沉淀应选用（　　　）。

A. 快速滤纸　　　　　　　　　　　　B. 中速滤纸

C. 慢速滤纸　　　　　　　　　　　　D. 4#玻璃砂芯坩埚

(15) 不属于重量分析法的是（　　　）。

A. 挥发法　　　　　B. 沉淀法　　　　　C. 电解法　　　　　D. 沉淀滴定法

3. 判断题

(1) 无定形沉淀要在较浓的热溶液中进行沉淀，加入沉淀剂速度适当快。　　　　　（　　）

(2) 沉淀重量法中的称量形式必须具有确定的化学组成。　　　　　　　　　　　（　　）

(3) 沉淀重量法测定中，要求沉淀形式和称量形式相同。　　　　　　　　　　　（　　）

(4) 共沉淀引入的杂质量，随陈化时间的延大而增多。　　　　　　　　　　　　（　　）

(5) 由于混晶而带入沉淀中的杂质是不能通过洗涤除掉的。　　　　　　　　　　（　　）

(6) 沉淀 $BaSO_4$ 应在热溶液中后进行，然后趁热过滤。　　　　　　　　　　　（　　）

(7) 用洗涤液洗涤沉淀时，要少量、多次，为保证 $BaSO_4$ 沉淀的溶解损失不超过 0.1%，洗涤沉淀时每次用 10～20mL 洗涤液。　　　　　　　　　　　　　　　（　　）

(8) 晶形沉淀用热水洗涤，非晶形沉淀用冷水洗涤。　　　　　　　　　　　　　（　　）

(9) 无定形沉淀的沉淀条件之一是应在热溶液中进行。　　　　　　　　　　　　（　　）

(10) 重量分析中，当沉淀从溶液中析出时，其他某些组分被待测组分的沉淀带下来而混入沉淀之中的现象称后沉淀现象。　　　　　　　　　　　　　　　　　　　（　　）

(11) 重量分析中，对形成胶体的溶液进行沉淀时，可放置一段时间，以促使胶体微粒的胶凝，然后再过滤。　　　　　　　　　　　　　　　　　　　　　　　　　　（　　）

(12) 在进行沉淀时，沉淀剂不是越多越好，因为过多的沉淀剂可能会引起同离子效应，反而使沉淀的溶解度增加。　　　　　　　　　　　　　　　　　　　　　　　　（　　）

(13) 重量分析的准确度较高，一般相对误差为 0.1%～0.2%。　　　　　　　　　　（　　）

(14) 在沉淀的形成过程中，如定向速率远大于聚集速率，则易形成晶形沉淀。（　　）

(15) 为了获得纯净的沉淀，沉淀洗涤的次数越多，每次用的洗涤液越多，则杂质含量越少，结果的准确度越高。　　　　　　　　　　　　　　　　　　　　　　　　　（　　）

4. 简答题

(1) 何谓重量分析法？重量分析法与滴定分析法相比，有何优缺点？

(2) 重量分析法分为哪几种？试举例说明什么叫沉淀法？

(3) 重量分析法对沉淀的要求是什么？

(4) 影响沉淀溶解度的因素有哪些？如何使沉淀完全？

(5) 在重量分析法中，要想得到大颗粒的晶形沉淀，应采取哪些措施？

(6) 简述沉淀的形成过程，并说明形成沉淀的类型与哪些因素有关。

(7) 影响沉淀纯度的因素有哪些？如何提高沉淀的纯度？

(8) 简要说明晶形沉淀和无定形沉淀的沉淀条件。

(9) 为什么要进行陈化？哪些情况下不需要进行陈化？

(10) 有机沉淀剂较无机沉淀剂有何优点？有机沉淀剂必须具备什么条件？

5. 计算题

（1）计算下列被测组分的换算因数。

被测组分　　　　　　　　　称量形式

① Ba　　　　　　　　　　$BaSO_4$

② Mg　　　　　　　　　　$Mg_2P_2O_7$

③ Al_2O_3　　　　　　　　$Al(C_9H_6NO)_3$

④ Cl　　　　　　　　　　AgCl

（2）称取含铁试样 0.5000g，经一系列处理后，其沉淀形式为 $Fe(OH)_3 \cdot nH_2O$，称量形式为 Fe_2O_3，称得其质量为 0.4990g，求此试样中 Fe_3O_4 的质量分数。

（3）称取含硫的纯有机化合物 1.0000g。首先用 Na_2O_2 熔融，使其中的硫定量转化为 Na_2SO_4，然后溶于水，用 $BaCl_2$ 溶液处理，定量转化为 1.0890g $BaSO_4$，计算有机化合物中硫的质量分数。

（4）称取纯 $BaCl_2 \cdot 2H_2O$ 试样 0.3675g，溶于水后，加入稀 H_2SO_4 将 Ba^{2+} 沉淀为 $BaSO_4$，如果加入过量 50% 的沉淀剂，问需要 0.50mol/L H_2SO_4 溶液的体积。

（5）称取过磷酸钙肥料试样 0.4900g，经处理得到 $0.1135g Mg_2P_2O_7$，试计算试样中 P_2O_5 和 P 的含量。

（6）今有纯 CaO 和 BaO 的混合物 2.200g，转化为混合硫酸盐后其质量为 5.020g，计算原混合物中 CaO 和 BaO 的含量。

（7）黄铁矿中硫的质量分数约为 37%，用重量法测定硫，欲得 0.50g 左右的 $BaSO_4$ 沉淀，问应称取试样的质量。

（8）测定硅酸盐中 SiO_2 的质量，称取试样 0.5000g，得到不纯的 SiO_2 0.2835g（主要含有 Fe_2O_3、Al_2O_3）。将不纯的 SiO_2 用 HF 和 H_2SO_4 处理，使 SiO_2 全部以 SiF_4 的形式逸出，残渣经灼烧后为 0.0015g，计算试样中 SiO_2 的含量。若试样不处理，则分析结果的误差是多少？

学习情境九

定量分析的一般步骤

任务一　试样的采集与制备技术

一、知识目标
（1）了解化工产品常用总则；

（2）掌握固体样品的采集及制备过程。

二、能力目标
（1）学会试样采集常用工具的使用方法；

（2）学会采集袋装化工产品及物料堆试样的方法；

（3）学会固体试样的采集和制备方法。

三、素质目标
（1）具有诚实守信、爱岗敬业，精益求精的工匠精神；

（2）具有质量意识、绿色环保意识、安全意识、信息素养、创新精神；

（3）具有团结协作、人际沟通能力；

（4）能做到检测行为公正、公平，数据真实、可靠。

四、教、学、做说明
学生通过线上、线下对【相关知识】学习，由教师引领，熟悉实验室环境，并在教师的指导下，学会试样采集常用工具的使用方法，然后完成不同试样的采集与制备，并与全班进行交流与评价。

五、工作准备
（1）仪器　取样钻；试剂瓶；采样铲；搪瓷托盘；冷凝器；橡胶管；弹簧夹；气袋及过滤管等。

（2）试剂　袋装的硝酸铵等。

六、工作过程
1. 袋装成品硝酸铵的采集

（GB/T 2945—2017、　GB/T 6678—2003 化工产品采样总则）

① 总体物料的单元数（袋数）小于 500 的按表 9-1 的规定确定，总袋数大于 500 的，采样数按公式 $3 \times \sqrt[3]{N}$（N 为总体单元数）求出，如遇有小数时，则进为整数。

表 9-1　采样单元数的规定

总体物料的单元数	选取的最少单元数	总体物料的单元数	选取的最少单元数	总体物料的单元数	选取的最少单元数
1~10	全部单元	102~125	15	255~296	20
11~49	11	126~151	16	297~343	21
50~64	12	152~181	17	344~394	22
65~81	13	182~216	18	395~450	23
81~101	14	217~254	19	451~512	24

② 根据子样数目，将子样均匀地分布于该分析化验单位之中。

③ 用取样钻从袋口一角沿对角线方向插入袋内 1/4~1/3 处，旋转 180° 后抽出，将取样钻槽中的尿素刮出，放入试剂瓶中作为分析试样（份样）。

④ 用同样的方法在各个采集点采集所有子样。

⑤ 采集完所有子样后，盖上试剂瓶盖，上下抖动试剂瓶，即可把试样混合均匀。

⑥ 用四分法在干燥、洁净的搪瓷托盘内，用采样铲进行缩分，得到两份分析所用的试样，一份用于分析，一份备用。

2. 反应釜中合成氨气体的采集

① 将过滤管、冷凝器、气袋用橡胶管按要求依次进行连接，冷凝器与气袋之间的橡胶管用弹簧夹夹住。

② 用橡胶管将过滤管与反应釜上安装的采样阀连接。

③ 打开冷却水开关和气袋前的弹簧夹。

④ 打开采样阀开关，用所采集气体对管线及容器进行充分置换。

⑤ 用气袋采集所需气体的气样。

⑥ 采样结束后做采样记录。

相关知识

定量分析工作一般包括试样的采集和制备、试样的称量和分解、分析方法的选择、干扰物质的分离和待测组分的测定、分析结果的计算及对结果作出评价等步骤。本任务主要学习试样的采集和制备、试样的溶解和分解等内容。

一、试样的采集和制备

定量分析的结果常常反映数吨甚至数千吨物料的真实情况。而人们在进行定量分析之前，所称取试样只是零点几克至几克。因此在测定前，必须从大量的分析对象中抽取一小部分组成均匀、有代表性的试样作为分析样品，要求所采集的样品能反映整批物料的真实情况，即分析试样的组成必须能代表全部物料的平均组成。这就要求人们必须使用正确的采样方法，才能采集和制备出具有高度代表性的试样，否则分析结果再准确也是毫无意义的，甚至会酿成事故，给工业生产带来严重损失。那么如何取得具有代表性的试样？通过什么样的方法对试样进行处理，使之能直接用于分析测定呢？接下来将讨论试样的采集与制备技术。

从待检的总体物料中取得有代表性样品的过程叫采样。

采集试样的方法因分析对象的性质、状态、均匀程度、分析项目的不同而异。通常遇到的分析对象，从其形态来分，有气体、液体和固体三类，对于不同的形态和不同的物料，应采取不同的取样方法。首先从大批物料中采集最初试样，再制备成最终分析试样，最后在已经比较均匀的试样中取少量进行定量分析。

1. 气体、液体样品的采集

气体或液体大都是均匀的，在采集试样时，主要考虑样品的流动及在贮存和预处理室时可能发生的化学变化。

(1) 气体样品的采集　要根据具体情况，采取相应的方法。一般常采用减压法、真空法等，将气体样品直接导入适当的容器；也可以用适当的液体溶剂吸收或用固体吸附剂吸附来富集气体等。例如大气样品的采集，通常在距地面 50～180cm 的高度用抽气泵采样，使所采的样品与人呼吸的空气相同。用于烟道气、废气中某些有毒污染物的分析时，可将气体样品采入空瓶或大型注射器。常用气体采样装置如图 9-1 所示。

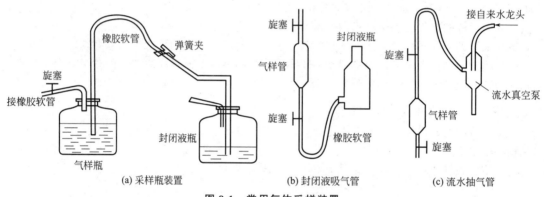

(a) 采样瓶装置　　　　　　(b) 封闭液吸气管　　　　　(c) 流水抽气管

图 9-1　常用气体采样装置

图 9-2　常用液体采样瓶

(2) 液体样品的采集　例如管道、河流、湖泊中的液体样品，在不同出水点、不同深度、不同位置、多点取样，以便得到有充分代表性的样品。而装在大容器里的液体，只要在容器的不同深度取样后混合均匀，其可作为分析试样。对于分装在小容器中的液体，从各个容器中取样后混合均匀便可作为分析样品。常用的液体采样瓶如图 9-2 所示。

2. 固体样品的采集与制备

对于组成较为均匀的固体化工产品、金属等，取样比较简单。对于一些颗粒大、组成不均匀的物料，如矿石、煤炭等，选取具有代表性的试样是一项既复杂又困难的工作。

(1) 固体样品的采集　为了使所采取的固体试样具有代表性，在取样时要根据堆放情况，从不同的部位和深度选取多个取样点，采取的份数越多，越有代表性。但是，取量过大，处理反而麻烦，采集试样的量一般按下面经验公式计算：

$$Q = Kd^2$$

式中　Q——需采集试样的最小质量，kg；

　　　d——试样中最大颗粒的直径，mm；

　　　K——经验常数，由实验测得。

矿石的 K 值一般为 $0.02\sim0.15$。样品越不均匀，K 值就越大。例如，采集某一矿物质时，$K=0.12$，最大颗粒直径为 10 mm，则应采集试样的最小质量为：

$$Q=Kd^2=0.12\times10^2=12(\text{kg})$$

粗样是不均匀的，但应能代表整体的平均组成。如果试样是在传送带上移动的，可以在一个固定位置，每隔一定时间取样；如果试样是堆放着的，应根据堆放情况，从不同部位和不同深度取样，最下层采样位置应距地面 0.5 m。采集距离表层最近采样点的样品时，应将距离表层 0.2 m 的表层样品除去后再采样。常用固体试样采集工具如图 9-3 所示。

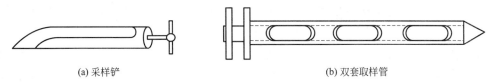

(a) 采样铲   (b) 双套取样管

图 9-3　固体试样采集工具

（2）固体试样的制备　粗样经破碎、过筛、混匀和缩分四个阶段，才能制备成分析试样。其具体过程如下：

固体试样经机械粉碎、研磨等方法处理，获得细小颗粒，再经规定分样筛过筛（注意：不能随意弃去不能过筛的大颗粒，应继续粉碎，直至全部通过筛子，否则影响试样的代表性），然后再用手铲将其混匀。我国标准筛的筛号（目数）和孔径见表 9-2。

表 9-2　我国标准筛的筛号（目数）和孔径

筛号（目数）	5	10	20	40	60	80	100	120	200
孔径/mm	4.0	2.0	0.84	0.42	0.25	0.18	0.15	0.125	0.074

缩分是为了减少试样量，且保证缩分后的试样不失去其代表性。最常用的缩分方法是四分法：将粉碎、混匀后的试样堆成锥形，并略微压平，通过顶部中间分为四等份（画十字形），弃去任何相对的两份，将剩余部分收集起来混匀，这时试样就减少了一半，根据需要继续重复上述方法进行缩分，直至获得分析所需的用量。一般为 $100\sim300$ g，对送化验室的试样进一步研磨、过筛，有时候需要进一步缩分，直到测定需要量（一般 1 g 左右）。四分法如图 9-4 所示。

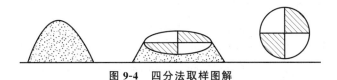

图 9-4　四分法取样图解

二、试样的溶解和分解

微课

在分析工作中，试样分解的一般要求是：试样分解完全，待测组分不损失，不引入杂质等，同时所用的分解方法应简便、快速、安全、经济。

码9-1　试样的
溶解与分解

定量化学分析一般都采用湿法进行分析，就是将试样分解后使被测组分进入溶液。一般是将样品溶于水、酸、碱或有机溶剂，有些试样如果不溶解，可用熔融或烧结法将样品分解后，再用适当方法溶解。

1. 溶解法

溶解法就是用水、酸、碱或其他溶剂作分解试剂，来溶解试样。常用的溶剂有下列几种。

（1）水　绝大多数碱金属和碱土金属的盐类都溶于水，大部分金属的硝酸盐都溶于水，除 Ag^+、Hg^{2+}、Pb^{2+} 以外的氯化物都溶于水，除 Pb^{2+}、Ba^{2+}、Sr^{2+}、Ca^{2+} 以外的硫酸盐都溶于水。

（2）盐酸　最常用的溶剂之一，能溶解大部分金属氧化物、弱酸盐和金属电位次序在氢之前的金属及合金；同时利用盐酸的弱还原性，可促使具有氧化性的试样（如 MnO_2）溶解；其还可与 Fe^{3+}、Sb^{3+} 等形成稳定的络合物。

（3）硝酸　具有强氧化性，没有络合性，能溶解活动顺序位于氢以后的不活泼金属及合金、大多数硫化物等，但与硝酸作用生成难溶性酸的金属（如锑、锡、钨在 HNO_3 中生成难溶的偏锑酸、偏锡酸及钨酸）以及能被硝酸钝化的金属（如铁、铝、铬等金属在硝酸中能生成氧化膜，使其表面钝化）则不能用硝酸溶解。

（4）硫酸　热浓硫酸具有氧化性和脱水性，其可溶解多种金属和矿石。硫酸的沸点高（338℃），可将其加热至冒白烟（SO_3）而消除溶液中盐酸、氢氟酸、硝酸的干扰（它们的沸点较硫酸低）。

（5）氢氟酸　酸性较弱，但有很强的络合能力，常与硫酸或硝酸混合使用分解硅酸盐及含硅的试样，但氢氟酸对玻璃有强烈的腐蚀作用，分解试样时要使用铂坩埚或塑料容器。

（6）氢氧化钠　常用 20%～30% 的氢氧化钠溶解铝和铝合金以及三氧化二砷等两性氧化物，分解应在银或塑料容器中进行。

（7）混合溶剂　具有更强的溶解能力，在实际工作中经常使用，以提高溶解效率。如王水（用 3 份浓 HCl 与 1 份浓 HNO_3 混合制成）可溶解金、铂等贵重金属及硫化汞，H_2SO_4 与 K_2SO_4 及 H_2SO_4 与 $HClO_4$ 组成的混合酸可用于分解有机物。

2. 熔融法

熔融法是将试样与固体熔剂混合，在 500～1000℃ 高温下使待测组分转化为能溶于水、酸或碱的化合物的方法。熔融法根据所用熔剂的性质可分为酸熔法和碱熔法。

（1）酸熔法　常用的酸性熔剂为焦硫酸钾（$K_2S_2O_7$）或硫酸氢钾（$KHSO_4$）。硫酸氢钾加热后脱水生成焦硫酸钾，其反应如下：

$$2KHSO_4 \xrightarrow{\text{加热}} K_2S_2O_7 + H_2O \uparrow$$

所以二者的作用是相同的。但由于 $KHSO_4$ 在高温下释放出水蒸气，易造成试样飞溅。故常用焦硫酸钾在高温下与难溶的碱性或中性试样（如 Al_2O_3、Fe_3O_4、TiO_2、钛铁矿、中性耐火材料和碱性耐火材料等）作用，生成可溶性硫酸盐。例如分解天然的 TiO_2（金红石）时的反应为：

$$TiO_2 + 2K_2S_2O_7 \xrightarrow{\text{加热}} Ti(SO_4)_2 + 2K_2SO_4$$

近几年来提出，V_2O_5 可作酸性熔剂且具有氧化能力，用于分解含氮、硫、卤素的有机物，释放出来的气体能直接用试纸检验出来。

（2）碱熔法　常用的碱性熔剂有碳酸钠、碳酸钾、氢氧化钠、氢氧化钾、过氧化钠或它们的混合熔剂等。其可用于分解酸性试样，如硅酸盐、硫酸盐及不溶于酸的残杂等。Na_2CO_3 常用于分解硅酸盐，其与长石（$NaAlSi_3O_8$）的分解反应为：

$$NaAlSi_3O_8 + 3Na_2CO_3 \xrightarrow{\text{高温}} NaAlO_2 + 3Na_2SiO_3 + 3CO_2 \uparrow$$

熔融法分解试样时在高温下操作，且熔剂有很大的活性，因此常用坩埚进行熔融。为使坩埚不受损坏，避免熔融时坩埚材料混入试样，必须根据熔剂及试样的组成选择材料适宜的坩埚。如碱熔法严重腐蚀瓷坩埚，可选用铂、铁、镍、银坩埚进行熔融。常用的各种材料坩埚及使用性能见表 9-3。

表 9-3　各种材料坩埚及使用性能

熔剂名称	坩埚材料					
	铂	镍	铁	银	石英	瓷
无水碳酸钠	+	+	+	－	－	－
氢氧化钠(钾)	－	+	+	+	－	－
过氧化钠	－	+	+	+	－	－
焦硫酸钾	+	－	－	－	+	+
硫酸氢钾	+	－	－	－	+	+

注："+"表示可选用，"—"表示不可选用。

3. 半熔法

半熔法也称烧结法。在低于熔点的条件下，使试样与溶剂作用，温度不太高，可减少熔融物对坩埚的侵蚀作用。但能否达到预期目的，取决于烧结的条件（熔剂及用量、烧结温度及时间等）和试样的性质，例如，水泥生料的分解常采用烧结法。熔剂 Na_2CO_3 与试样的量相等或稍低一些，试样与溶剂要磨细并且混合均匀，在高温炉中烧结 $3\sim5$ min。又如，常用 Na_2CO_3 和 MgO 作熔剂，用半熔法分解矿石测定硫的含量；用 $CaCO_3$ 和 NH_4Cl 混合物作熔剂，烧结分解长石，以测定 K^+、Na^+ 等。

半熔法不仅比熔融法快，而且所得的半熔物很容易从坩埚中脱出，可避免铂坩埚的损耗。

试样的采集、制备与分解可参考国家标准或行业标准，例如，化工部分可参考国家标准 GB/T 6678—2003《化工产品采样总则》、GB/T 6679—2003《固体化工产品采样通则》、GB/T 6680—2003《液体化工产品采样通则》、GB/T6681—2003《气体化工产品采样通则》。化学化工试样采集、制备与分解要特别注意安全，其可参考 GB/T 3723—1999《工业用化学产品采样安全通则》。

标准一般 $3\sim5$ 年重审或修订一次。符号"GB"代表强制性国家标准，"GB/T"代表推荐性国家标准，从业人员可本着创新、环保、操作简便、重现性好的要求，不断改进和创新标准。

代表世界最高要求的标准是国际标准（标准代号 ISO），世界各国积极采用国际标准已成为一种趋势。

任务二　水泥熟料全分析

一、知识目标

（1）掌握用重量法测定水泥熟料中的 SiO_2 含量；

（2）进一步掌握络合滴定法的原理，特别是通过控制溶液的酸度、温度及选择适当的掩蔽剂和指示剂等，在铁、铝、钙、镁共存时直接分别测定的方法及原理；

（3）掌握络合滴定的常用方法——直接滴定法、返滴定法和置换滴定法及相关计算；

（4）熟悉干扰组分的分离及分析测定方法选择的一般原则。

二、能力目标

（1）能熟练测定水泥熟料中铁、铝、钙、镁的含量；

（2）能控制溶液的酸度、温度并选择适当的掩蔽剂和指示剂；

（3）熟练进行水浴加热，沉淀的过滤、洗涤、灰化、灼烧等操作；

（4）能进行实验方案的设计并选择合适的测定方法。

三、素质目标

（1）具有诚实守信、爱岗敬业，精益求精的工匠精神；

（2）具有质量意识、绿色环保意识、安全意识、信息素养、创新精神；

（3）具有团结协作、人际沟通能力；

（4）能做到检测行为公正、公平，数据真实、可靠。

四、教、学、做说明

学生通过线上、线下对【相关知识】学习，由教师引领，熟悉实验室环境，结合前面所学知识，在教师的指导下完成水泥熟料全分析。

五、工作准备

（1）仪器　分析天平；烧杯；电炉；水浴锅；滴定分析所需仪器等。

（2）试剂　水泥熟料；EDTA 标准溶液；磺基水杨酸指示剂；PAN；$CuSO_4$ 标准溶液；三乙醇胺；KB 指示剂；钙指示剂；氨水（1+1）；氨性缓冲溶液等。

（3）实验原理　水泥熟料是生料经 1400℃ 以上高温煅烧而成的。它的主要成分是 SiO_2、CaO、MgO、Fe_2O_3、Al_2O_3 及少量的 K_2O、Na_2O 及 TiO_2 等。

水泥熟料中碱性氧化物占 60% 以上，主要为硅酸三钙（$3CaO \cdot SiO_2$）、硅酸二钙（$2CaO \cdot SiO_2$）、铝酸三钙（$3CaO \cdot Al_2O_3$）和铁铝酸四钙（$4CaO \cdot Al_2O_3 \cdot Fe_2O_3$）等化合物的混合物，因此易被酸分解生成硅酸和可溶性盐。

SiO_2 用重量法测定。试样用 HCl 分解后，即析出无定形硅酸沉淀，但沉淀不完全，而且吸附严重。本实验中是将试样与是其 7~8 倍量的固体 NH_4Cl 混匀后，再加 HCl 分解。此时，由于是在含有大量电解质的小体积溶液中析出硅酸，有利于硅酸的凝聚，沉淀也比较完全。硅酸的含水量少，结构紧密，吸附现象也有所减少。试样分解完全后，加入适量的水溶解可溶性盐类，过滤，将沉淀灼烧称量，即可测得 SiO_2 的含量。

水泥熟料中的铁、铝、钙、镁等组分以离子形式存在于过滤掉 SiO_2 后的滤液中。它们都可与 EDTA 形成稳定的络离子，但这些络离子的稳定性有较明显的差别。因此控制溶液的适当酸度就可用 EDTA 分别滴定它们。调节溶液的 pH 为 2.0~2.5，以磺基水杨酸作指示剂，用 EDTA 滴定 Fe^{3+}，此时 Al^{3+}、Ca^{2+}、Mg^{2+} 不干扰 Fe^{3+} 的测定；在滴定 Fe^{3+} 后的溶液中加入一定量且过量的 EDTA，煮沸，待 Al^{3+} 与 EDTA 络合后，再调节溶液的 pH=4~5，以 PAN 作指示剂，在热溶液中用 $CuSO_4$ 标准溶液滴定过量的 EDTA，以测定 Al^{3+} 的含量。此时分别测得 Fe_2O_3 和 Al_2O_3 的含量。另取一份试液，用三乙醇胺掩蔽 Fe^{3+}、Al^{3+} 后，在 pH=

10.0 时用 EDTA 滴定，测得钙和镁的总量；然后在 pH > 12.0 时，用 EDTA 滴定钙的含量，然后计算试样中 CaO 和 MgO 的含量。

六、工作过程

1. 试样的分解

根据试样中 SiO_2 含量的不同，分解试样可采用两种不同的方法，若 SiO_2 含量低，可用酸熔法分解试样；若 SiO_2 含量高，则采用碱熔法分解试样。酸熔法常用 HCl 或 $HF-H_2SO_4$ 为熔剂。碱熔法常用 Na_2CO_3 或 $Na_2CO_3-K_2CO_3$ 作熔剂，如果试样中含有还原性组分（如黄铁矿、铬铁矿），则在熔剂中加入一些 Na_2O_2 以分解试样。

试样先在低温下熔化，然后升高温度至试样完全分解（一般约需 20min），放冷，用热水浸取熔块，加 HCl 酸化，制备成一定体积的溶液。

2. 测定

（1）SiO_2 含量的测定　有重量法和氟硅酸钾容量法，前者准确度高但太费时间，后者虽然准确度稍差但测定快速。

① 重量法：经碱熔法分解，试样 SiO_2 转变成硅酸盐，加 HCl 之后形成含有大量水分的无定形硅酸沉淀，为了使硅酸沉淀完全并脱去所含水分，可以在水浴上蒸发至近干，之后加入 HCl 蒸发至湿盐状，再加入 HCl 和动物胶使硅酸凝聚。于 $60 \sim 70℃$ 保温 10min 以后，加水溶解其他可溶性盐类，用快速滤纸过滤、洗涤。滤液留作测定其他组分用。沉淀灼烧至恒重，即得 SiO_2 的质量，可计算 SiO_2 的含量。

上述分析方法所得到的 SiO_2 中，往往含有少量被硅酸吸附的杂质（如 Al^{3+}、Ti^{4+} 等），灼烧之后变成对应的氧化物与 SiO_2 一起被称量，造成结果偏高。为了消除这种误差，可将称过质量的不纯 SiO_2 沉淀用 $HF-H_2SO_4$ 处理，则 SiO_2 转变成 SiF_4 挥发逸去。

$$SiO_2 + 4HF \longrightarrow SiF_4\uparrow + 2H_2O$$

所得残渣经灼烧称量，处理前后质量之差即 SiO_2 的准确质量，供测定其他组分用。

② 氟硅酸钾容量法：试样分解后使 SiO_2 转化成可溶性的硅酸盐，在硝酸介质中，加入 KCl 和 KF，则生成硅氟酸钾沉淀：

$$K_2SiO_3 + 6HF \longrightarrow K_2SiF_6\downarrow + 3H_2O$$

因为沉淀的溶解度较大，所以应加入固体 KCl 至饱和，以降低沉淀的溶解度。在过滤、洗涤过程中，为了防止沉淀的溶解损失，以 $KCl-C_2H_5OH$ 溶液作洗涤剂。沉淀洗涤后连同滤纸一起放入烧杯中，加入 $KCl-C_2H_5OH$ 溶液及酚酞指示剂，用 NaOH 溶液中和至酚酞变红。加入沸水使沉淀水解：

$$K_2SiF_6 + 3H_2O \longrightarrow 2KF + H_2SiO_3\downarrow + 4HF$$

用标准 NaOH 溶液，滴定水解产生的 HF，由 NaOH 标准溶液的用量计算 SiO_2 的含量。

（2）Fe_2O_3、Al_2O_3 的测定　用重量法测定 SiO_2 时的滤液和浸出液加热至沸，以氨水中和至呈微碱性。则 Fe^{3+}、Al^{3+} 生成氢氧化物沉淀。过滤、洗涤后，沉淀用稀盐酸溶解，供 Fe^{3+}、Al^{3+} 的测定，而滤液则用于测定 Ca^{2+} 和 Mg^{2+}。

在 pH 为 2.0~2.5 的条件下，采用络合滴定法，以磺基水杨酸作指示剂，用 EDTA 标准溶液滴定至亮黄色，即为终点，此时共存的 Al^{3+}、Ca^{2+}、Mg^{2+} 不干扰 Fe^{3+} 的测定，根据 EDTA 标准溶液的用量计算样品中 Fe_2O_3 的含量。

将滴定 Fe^{3+} 的溶液用氨水调节至 pH 为 3~4，加入过量的 EDTA 标准溶液，再用 HAc-NaAc 缓冲溶液调节 pH=6.0，加热促使 Al^{3+} 完全络合，再用硫酸铜标准溶液返滴剩余的 EDTA，用 PAN 作指示剂，滴定至溶液呈紫红色，即为终点，以测出 Al^{3+} 的含量。

（3）CaO、MgO 的测定　将 Fe^{3+}、Al^{3+} 分离后的滤液，用来测定 CaO、MgO 的含量，目前大多采用络合滴定法，用 KB 指示剂。相关方法已在络合滴定中介绍，这里不再重述。

3. 结果计算

七、数据记录与处理（自己设计）

相关知识

一、干扰组分的分离

在定量分析中，当试样比较简单，且彼此测定不干扰时，将试样分解后制成溶液，可直接测定被测组分的含量。但在实际工作中，通常遇到的试样组成比较复杂，在测定时，彼此互相干扰。这时在测定前必须选择适当的方法除去干扰物质。常用的分离方法有沉淀分离法、萃取分离法、离子交换分离法、层析分离法、挥发与蒸馏分离法等。

码9-2　干扰组分
的分离

1. 沉淀分离法

沉淀分离法是利用沉淀反应进行分离的方法，就是根据溶度积的原理，某种沉淀剂有选择性地沉淀一些离子，而另外一些离子不形成沉淀留在溶液中，达到分离的目的。沉淀分离常用的沉淀剂有无机沉淀剂、有机沉淀剂，对于痕量组分的分离、富集可采用共沉淀分离法。

（1）无机沉淀剂分离法　无机沉淀剂很多，形成的沉淀类型也很多，常用的是氢氧化物沉淀形式和硫化物沉淀形式分离。

① 氢氧化物沉淀形式分离。常用的沉淀剂有氢氧化钠、氨水、ZnO 悬浮溶液等。一些常见金属氢氧化物沉淀的 pH 见表 9-4。

表 9-4　常见金属氢氧化物沉淀的 pH

氢氧化物	开始沉淀	沉淀完全	沉淀开始溶解	沉淀完全溶解
$Sn(OH)_4$	0.5	1.0	13	14
$Sn(OH)_2$	2.1	4.7	10	13.5
$Fe(OH)_3$	2.3	4.1	14	—
$Zr(OH)_2$	2.3	3.8	—	—
$Mg(OH)_2$	10.4	12.4	—	—

续表

氢氧化物	开始沉淀	沉淀完全	沉淀开始溶解	沉淀完全溶解
$Al(OH)_3$	4.0	5.2	—	14
$Cr(OH)_3$	4.9	6.8	7.8	12~13
$Zn(OH)_2$	6.4	8.0	12	—
$Fe(OH)_2$	7.5	9.7	10.5	—
$Ni(OH)_2$	7.7	9.5	—	—
$Cd(OH)_2$	8.2	9.7	—	—
$Co(OH)_2$	7.6	9.2	14	—
$Pb(OH)_2$	7.2	8.7	10	13
$Mn(OH)_2$	8.8	10.4	14	—

氢氧化物沉淀形式分离的选择性较差，同时沉淀为非晶形沉淀，共沉淀现象严重，过滤和洗涤较困难。表 9-4 说明不同金属离子生成氢氧化物沉淀所需的 pH 不同，因此可以通过控制溶液的 pH 达到分离的目的。需要指出的是，表中所列的 pH 仅为近似值，实际上沉淀的溶解度会因沉淀条件的不同而发生改变。

② 硫化物沉淀形式分离。许多金属离子都能形成硫化物沉淀，且这些硫化物的溶解度又相差较大，可通过控制 $c(S^{2-})$ 的方法，使金属离子分别沉淀。常用的沉淀剂是 H_2S，溶液中 S^{2-} 与溶液中 H^+ 之间的平衡关系如下：

$$H_2S \underset{+H^+}{\overset{-H^+}{\rightleftharpoons}} HS^- \underset{+H^+}{\overset{-H^+}{\rightleftharpoons}} S^{2-}$$

显然，可通过控制溶液的酸度来调节 $c(S^{2-})$，使硫化物完全沉淀。

硫化物沉淀也属于非晶形沉淀，分离选择性不高。另外由于 H_2S 有毒，气味恶臭，所以应用范围受到限制，目前认为使用硫代乙酰胺代替 H_2S 较好。

（2）有机沉淀剂分离法　由于有机沉淀剂具有较高的选择性和灵敏性，生成的沉淀性能好，并且共沉淀现象少，因此近几年来被广泛应用。最常用的有机沉淀剂有：丁二酮肟、四苯硼酸钠、8-羟基喹啉、亚硝基红盐。

沉淀分离中常用的无机及有机沉淀剂见表 9-5。

表 9-5　沉淀分离中常用的沉淀剂

沉淀剂	沉淀条件	溶液中被沉淀的元素/不被沉淀的元素
硫化氢	盐酸(0.2~0.5 mol/L)	<u>Cu Ag Hg Pb Bi Sb As Sn</u> Al Cr Mn Fe Ni Co Zn V
氨水-氯化物	小体积沉淀	<u>Al Cr Fe Mn Hg Pb Bi Sb</u> Ni Co Zn Cu Ag W V
氢氧化钠-氯化钠	小体积沉淀	<u>Fe Mn Co Ni Ti Cu Ag 稀土</u> Al Cr Zn Pb Sb Sn V
六亚甲基胺-铜试剂	小体积沉淀	<u>Cu Ag Hg Pb Bi Fe Al Mn Sn</u> Mo V Ca Sr Ba Mg
苯甲酸铵	pH＝3.8	<u>Cu Pb Sn Ti Fe Cr Al</u> Ba Cd Co Li Mn

续表

沉淀剂	沉淀条件	溶液中被沉淀的元素/不被沉淀的元素
铜-铁试剂	强酸性溶液	W Fe Ti V Mo Sn K Na Ca Ba Mg Al Ag Cu
辛可宁	酸性溶液(0.15～3.9mol/L)	Zr Mn Pt W

注：右栏为共存元素，下加横线者为被沉淀元素。

（3）共沉淀分离法 利用共沉淀现象分离和富集痕量组分的方法，共沉淀现象产生的原因在前面已进行了讨论，并指出共沉淀现象对沉淀纯净是不利因素，但在分离方法中，人们可以利用共沉淀现象达到将痕量组分分离和富集的目的。

对微量组分和主要组分进行分离时，如果主要组分形成沉淀，则由于共沉淀现象，微量组分会损失严重；如果将微量组分进行沉淀，由于其浓度小，则很难沉淀析出，这时可加入一种与其他离子共同沉淀的沉淀剂作为载体（也称共沉淀剂），将微量组分定量共同沉淀下来，再将沉淀溶解在少量溶剂中。利用这一原理可使一些待测的微量、痕量组分通过沉淀物的载带而得到分离和富集。如自来水中微量铅的测定，因其含量太低，难以直接测定，可向水中加入适量的 Ca^{2+}，之后再加入沉淀剂 Na_2CO_3，使水中的 Ca^{2+} 生成 $CaCO_3$ 沉淀，则水中痕量的 Pb^{2+} 可被 $CaCO_3$ 共沉淀下来；然后再将沉淀溶于少量酸，即可准确测定，被分离和富集的 Pb^{2+}。

共沉淀分离所用的共沉淀剂，也叫载体，如生成的 $CaCO_3$ 为载体，Pb^{2+} 是被载体载带的离子。常用的共沉淀剂一般分为无机共沉淀剂和有机共沉淀剂两种。无机共沉淀剂主要是通过表面吸附或混晶等方式对微量组分进行共沉淀分离的，多数是一些金属的氢氧化物和硫化物。

无机共沉淀剂一般选择性不高，并且往往自身还会影响下一步微量元素的测定，因此受到限制。常用的无机共沉淀剂及应用见表9-6。

表9-6 常用的无机共沉淀剂及应用

无机共沉淀剂	条件	被载带离子	应用
$Al(OH)_3$	$NH_3 + NH_4^+$	Fe^{2+}、TiO^{2+}	
$Fe(OH)_3$	$NH_3 + NH_4^+$	Sn^{4+}、Bi^{3+}、Al^{3+}	纯金属分析
MnO_2	酸液，MnO_4^-，Mn^{2+}	Sb^{2+}	纯金属分析
HgS	弱酸，$NH_3 + NH_4^+$，H_2S	Pb^{2+}	饮料分析
CaC_2O_4	微酸性	稀土	矿石分析
$Mg(OH)_2$	NaOH	稀土	钢铁分析
MgF_2	酸性	稀土、Ca^{2+}	

有机共沉淀剂对微量组分的共沉作用不是通过表面吸附或形成混晶实现的，而是首先把无机离子（痕量组分）转化为疏水化合物，然后用与其结构相似的有机共沉剂将其载带下来。由于有机共沉淀剂具有选择性高、灵敏性好、分离效果好等优点，同时它自身一般可通过灼烧等方法除去，近几年来应用比较普遍。常用的有机共沉淀剂及应用见表9-7。

表9-7 常用的有机共沉淀剂及应用

有机共沉淀剂	被载带组分	应用
辛克宁	H_2WO_4	

续表

有机共沉淀剂	被载带组分	应用
动物胶	硅胶	
甲基紫或甲基橙	$Zn(SCN)_4^{2-}$	可富集 100mL 溶液中 1mg 锌
甲基橙	$TiCl_4^-$	可富集 $10^{-10}mol/L$ 的 PO_4^{3-}
酚酞或 α-萘酚	U(Ⅳ)与亚硝基红盐螯合物	

2. 萃取分离法

萃取分离法是根据物质在两种互不相溶的溶剂中的溶解度不同，把被测组分从一种液相（如水相）转移到另一种液相（如有机相）以达到分离目的的方法，其包括液-液萃取、固-液萃取和气-液萃取等方法，其中应用最广泛的是液-液萃取分离法。液-液萃取分离法是在一定条件下，向待测物的水溶液中加入与水不混溶的有机溶剂，将试样的水溶液与有机溶剂一起充分振荡，使某些物质进入有机溶剂，而另一些物质仍留在水溶液中，从而达到分离的目的。使物质从水溶液进入有机溶剂的过程，称为萃取，也称液-液萃取法。

在分析工作中常用间歇萃取法。该法是在被萃取的溶液中加入适当的有机萃取剂，使被萃取部分转化为易溶于有机溶剂的化合物，再调节溶液至所需酸度，将溶液转入分液漏斗，此时再加入一定体积的有机溶剂，振荡、静置、分层后，将水溶液层或有机溶剂层转入另一容器中，使它们分离。如果被萃取的离子进入有机溶剂的同时有少量杂质混入，则可采用洗涤的方法除去杂质离子，有时还需要重复几次，以达到较好的分离效果。

萃取分离法具有下列特点：所用仪器设备简单（只需分液漏斗就行），操作方便，快速，分析效果好，可用于常量分析，更适用于微量组分的分析。但是由于萃取剂常易燃、易挥发，有一定的毒性，并且大多数价格较贵，所以在应用上受到一定的限制，但它仍是定量分析中必不可少的一种测定前分离干扰组分的有效手段。

3. 离子交换分离法

离子交换分离法利用离子交换剂所含有的可以电离的阴离子或阳离子与溶液中的阴离子或阳离子发生交换反应，从而达到分离的目的。凡是具有离子交换能力的物质均可称为离子交换剂。目前最常用的是一种有机的交换剂，即离子交换树脂。

离子交换树脂是具有网状结构的复杂有机高分子聚合物。网状结构的骨架部分很稳定，不溶于酸、碱和一般的溶剂。网状骨架之间有一定大小的空间，可以允许游离离子自由进出，骨架上有许多可被交换的活性基团。根据活性基团的不同，离子交换树脂可分为阳离子交换树脂和阴离子交换树脂。

阳离子交换树脂中含有酸性基团，基团上的 H^+ 能与溶液中的阳离子交换，应用最广泛的是强酸性磺酸型聚苯乙烯树脂。阴离子交换树脂中含有碱性基团，基团上的 OH^- 能与溶液中的阴离子发生交换反应，阴离子交换树脂的稳定性及耐燃性不如阳离子交换树脂。

离子交换分离过程一般在交换柱中进行。实验室所用的离子交换柱可用普通玻璃加工而成，也可用滴定管代替，如图 9-5 所示。装柱时，先在柱下端塞一团玻璃纤维，柱中充满蒸馏水，将处理好的树脂装入柱中，最上端再塞适量玻璃纤维，做成交换柱，最后将待交换的溶液慢慢倾入交换柱，控制适当的流速，进行交换。若要测定交换在树脂上的离子，可用洗脱液将它洗下来。注意：整个交换柱不能有气泡，应始终保持液面高于树脂层，防止树脂干裂，使用后的交换柱经再生可循环使用。

离子交换分离法常用于富集微量元素，除去干扰元素，分离性质相近的元素，也可用来

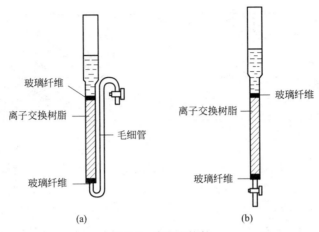

图 9-5　离子交换柱

制取纯水。例如水的净化，天然水中常含有一些无机盐类，为了除去这些无机盐，可将水通过强酸性阳离子交换树脂，除去各种阳离子后，再通过强碱性阴离子交换树脂，除去各种阴离子，这样可得到不含溶解盐的去离子水。交换柱经再生可以循环使用。其过程如下：

首先用强酸性阳离子交换树脂除去水中的 Ca^{2+}、Mg^{2+} 等其他阳离子。

$$2R\text{-}SO_3H + Ca^{2+} \longrightarrow (R\text{-}SO_3)_2Ca + 2H^+$$

再通过强碱性阴离子交换树脂，除去各种阴离子。

$$RN(CH_3)_3OH + Cl^- \longrightarrow RN(CH_3)_3Cl + OH^-$$

还可用于微量元素的富集。如测定天然水中 K^+、Na^+、Ca^{2+}、Mg^{2+}、Cl^-、SO_4^{2-} 等组时，可将水流经阳离子交换树脂和阴离子交换树脂，这时各种组分分别交换于柱上，然后再用稀盐酸洗脱阳离子，用稀氨液洗脱阴离子，微量组分便得到了富集，从而可以比较方便地测定流出液中各组分的含量。

4. 层析分离法

层析分离法是由一种流动相带着试样经过固定相，试样中的组分在两者之间进行反复分配，由于各种组分在两者之间的移动速度不同，从而达到相互分离目的的方法。

层析分离法按操作形式不同，可分为柱层析法、纸层析法、薄层层析法。

(1) 柱层析法　把吸附剂（如氧化铝或硅胶等）装在一支玻璃柱中，做成色谱柱（图 9-6），然后将试液加在柱上。如果试液中有 A、B 两种组分，则 A 和 B 便被吸附剂（固定相）吸附在柱的上端，如图 9-6(a) 所示。再用一种洗脱剂（展开剂）进行洗脱，这时柱内不断地发生溶解、吸附、再溶解、再吸附的现象。如果洗脱剂与吸附剂对二者的溶解能力和吸附能力不同，例如对 A 的吸附能力较弱，则 A 就较易溶解且较难被吸附，A 在柱中移动较快。当冲洗到一定程度时，A 和 B 完全分开，在柱中分别形成两个色带，如图 9-6(b) 所示。再继续冲洗，两个色带的距离越来越大，最后 A 先从柱中流出来，如图 9-6(c) 所示，这样便可将 A 和 B 两组分分离开。

(2) 纸层析法　一种用滤纸作载体的层析法，此方法设备简单、便于操作，应用范围广，既可用于有机物质、生化物质和药物的分析，又可用于无机物的分离。另外，由于所需试样量少，在贵重金属和微量元素的分离中也发挥了很重要的作用，所以它是一种微量分离法。

纸层析法是先将滤纸放在含饱和水蒸气的空气中，滤纸吸收水分（一般在 20％ 左右）

作为固定相，再将待分离的试液点在滤纸条的一端离边缘一定距离处，点液之处叫"原点"。将点试液的一端浸入有机溶剂中，有机溶剂作为流动相，由于滤纸条的毛细管作用，流动相将不断上升，由于待分离的各组分在流动相和固定相上的分配系数不同，因而在随溶剂上升时，各物质在纸上的移动速度也不同，当溶剂前沿移动一定距离后，取出滤纸条，干燥后，用显色剂显色，可得到相互分离的各组分斑点。然后再进行定性、定量分析，如图 9-7 所示。

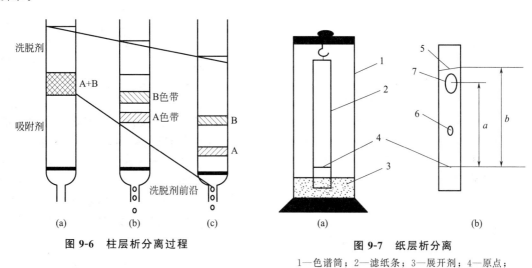

图 9-6　柱层析分离过程

图 9-7　纸层析分离

1—色谱筒；2—滤纸条；3—展开剂；4—原点；
5—溶剂前沿；6,7—色斑

在纸层析法中，通常用比移值（R_f）来衡量各组分的分离情况。比移值的表达式为：

$$比移值 = \frac{原点到斑点中心的距离}{原点到溶剂前沿的距离}$$

比移值为 0~1。在一定实验条件下，各种物质都有其特定的比移值，根据各种物质比移值的差值可判断彼此能否分离，一般情况下，两种组分的比移值之差大于 0.02 时，彼此就可以互相分离。

（3）薄层层析法　是在纸层析的基础上发展起来的。薄层层析法是将吸附剂研成粉末，压制或涂成薄饼，或均匀地涂抹在薄层板上，用它来代替滤纸作为固定相，其原理与操作与纸层析法基本相同，如图 9-8 所示。

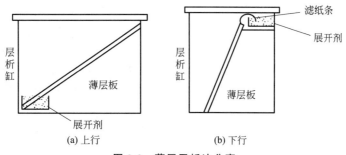

图 9-8　薄层层析法分离

薄层层析法具有展开所需时间短，比柱层析和纸层析的分离速度快，效率高，斑点不易扩散等特点，因此检出灵敏度比纸层析高 10~100 倍，同时它的薄层板负荷试样量大，为试剂的纯化、分离提供了方便，另外其还可以使用具有腐蚀性的显色剂等，所以近年来薄层层析法的应用日益广泛。

5. 挥发与蒸馏分离法

挥发与蒸馏分离法是分离共存组分最常用的一种方法，它是利用化合物挥发性不同而进行分离的方法。利用这种方法既可以除去干扰组分，也可以使待测组分挥发出来以便进行测定。

（1）挥发分离

① 无机物的分离。易挥发的无机待测物并不多，但测定时，一般要经过一定反应，使待测物转化为易挥发的物质后，再进行分离。如水中 F^- 的测定，在测定过程中，水中的 Al^{3+}、Fe^{2+} 等干扰测定，可向水中加入浓硫酸，加热到 $180℃$，使氟化物以 HF 的形式挥发出来，然后用水吸收，进行测定。

NH_4^+ 测定时，为了消除干扰，加入 NaOH 加热，使 NH_3 挥发出来，然后用酸吸收测定。在挥发过程中，可加热使其生成挥发性气体；也可以用惰性气体（作为载气）带出来。

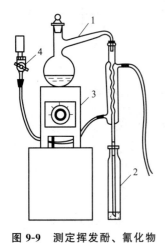

图 9-9　测定挥发酚、氰化物的蒸馏装置

1—全玻璃蒸馏装置；2—接收瓶；
3—电炉；4—水龙头

② 有机物的分离。挥发与蒸馏分离法在有机化合物分离中的应用很多。例如，有机化合物中 C、H、O、N、S 等元素的定量测定，就多用这种分离方法。如最常见的氮的测定，首先将含氮化合物中的氮用适当方法处理转化成 NH_4^+，在浓碱存在下，利用 NH_3 的挥发性把它蒸馏出来，并用酸标准溶液吸收，再用碱标准溶液回滴剩余的酸，即可求得氮或含氮化合物的含量。

（2）蒸馏分离　固-液、液-液分离最基本的方法，它是利用水样中各组分沸点不同而使其彼此分离的方法。例如，在测定水样中的挥发酚、氰化物、氟化物时，首先在酸性介质中进行预蒸馏分离，此时蒸馏具有消毒、富集和分离三种作用，图 9-9 是测定挥发酚和氰化物的蒸馏装置。氟化物可用直接蒸馏装置，也可用水蒸气蒸馏装置。

除以上的分离方法外，近几年来还出现了许多新的分离技术。如固相微萃取法（本法利用固体吸附剂将液体样品中待分离组分吸附，再用洗脱液洗脱，也可通过加热解除吸附，达到分离和富集的目的）、液膜分离法、超临界流体萃取分离法等。

二、测定方法的选择

在定量分析中，一种组分可用多种方法测定，各种方法均有其优点和不足之处。例如测定铁时，可用氧化还原滴定法、络合滴定法、重量分析法等。因此，必须根据分析测定的具体要求、被测组分的性质、被测组分的含量范围、干扰组分的情况和实验室的工作条件等因素，综合考虑选用最恰当的分析方法。

一个好的分析工作者应根据分析任务和要求，最恰当地选择分析方法和使用分析仪器，而不必盲目地利用最新方法和仪器解决问题，一般从以下几个方面进行测定方法的选择。

1. 根据分析测定的具体要求

首先要明确测定的目的要求，主要考虑的是需测定的组分、准确度及完成的速度等。

例如，在工业生产中，各个生产车间的中间控制分析，要求分析速度快，能及时获取分析数据以指导生产的连续运行，这时速度便成为主要考虑的因素；在成品分析中，需确定产品质量，给产品定级，这就需要使用准确的分析方法，准确度成为主要考虑的因素。一般所选的分析方法是在能满足所要求准确度的前提下，测定过程越简便、完成测定时间越短越好。

2. 根据被测组分的性质

了解被测组分的性质，有助于测定方法的选择。例如酸、碱性物质，首先考虑用酸碱滴定法测定；被测物为金属离子时可用 EDTA 络合滴定法测定，有氧化性或还原性物质时可用氧化还原滴定法测定等。

3. 根据被测组分的含量范围

常量组分的测定，一般用滴定分析法或重量分析法，这些分析方法能达到准确度的要求，其相对误差可达千分之几；微量或痕量组分可采用灵敏度较高的仪器分析法，其相对误差一般在百分之几。

4. 根据干扰组分的情况

在选择分析方法时，必须考虑共存组分的影响，应尽量采用选择性较好的分析方法。如果确实没有合适的方法，应采用适当的分离方法，除去干扰组分后再进行测定。例如，测定硅酸盐中各个组分的含量时，必须考虑不同组分间的相互干扰，需拟订详细的系统分析步骤，经沉淀分离除去主体成分 SiO_2 后，才能测定其中含有的 Fe_2O_3、TiO_2、Al_2O_3、CaO、MgO 的各自含量，测定中可使用多种分析方法。

5. 根据实验室的工作条件

选择分析方法时应尽量用新的分析技术及方法，但还要根据实验室的具体条件（如仪器灵敏度的高低、标准试样的具备情况及操作人员的技术水平等）综合考虑。在具有一定工作条件的分析实验室中，充分发挥分析工作者的聪明才智，也是快速、准确完成各种分析任务的重要因素。

综上所述，分析方法很多，各种方法均有其优点和不足之处，一个完美无缺的适用于任何试样、任何组分的方法是不存在的。因此，必须根据试样的组成、组分的性质和含量、测定的要求、存在的干扰组分和实验室实际情况，选择一个较为合适的分析方法，进行准确分析。

三、测定及分析结果的表示

用所选择的测定方法进行测定，根据测定所得的数据，计算试样中待测组分的含量，并对分析结果的可靠性进行评价，并正确地表示分析结果。

码9-3 测定方法的
选择及结果的表示

任何一个分析过程由于受各种因素的影响，不可避免地会有误差。所以，分析过程要进行质量控制，同时要采用有效的方法，评价分析结果的可靠性或质量，即判断分析结果是否可取，找出误差的来源，并进行校正。

评价的方法有实验室内和实验室间两种。

实验室内的质量评价包括：确定偶然误差——用多次重复测定的方法；检查方法误差——用已知准确组成的试样或可靠的分析方法进行对照试验；检查仪器误差——用另一种仪器检查；检查操作误差——由不同操作者在相同的条件下做同一实验。

实验室间的质量评价由权威机构或由一个中心实验室将已知准确组成的试样分发给各参

加评价的实验室，这样可考察各实验室的工作质量及评价这些实验室是否有明显的系统误差。

✳ 能力测评与提升

1. 填空题

(1) 物质的定量分析主要包括以下几个过程：_____、_____、_____、_____、_____。

(2) 进行物质的定量分析，必须要保证所取的试样具有_____。

(3) 对于组成不均匀的试样，平均取样量与试样的_____、_____有关。

(4) 分析试样的制备，一般包括_____、_____、_____、_____等步骤。

(5) 常用的缩分法是_____。

(6) 无机物的分解方法有_____、_____、_____。

(7) 干扰组分常用的分离方法有_____、_____、_____、_____等。

(8) 层析分离法包括_____、_____和_____法。

(9) 离子交换树脂的特性主要包括_____和_____。

(10) 测定方法的选择，一般可由以下几方面考虑：_____、_____、_____、_____和_____等。

2. 选择题

(1) 分样器的作用是（　　）。

A. 破碎样品　　　　B. 分解样品　　　　C. 缩分样品　　　　D. 掺和样品

(2) 欲采集固体非均匀物料，已知该物料中最大颗粒直径为 20mm，若 $K=0.06$，则最低采集量应为（　　）。

A. 24kg　　　　B. 1.2kg　　　　C. 1.44kg　　　　D. 0.072kg

(3) 能用过量 NaOH 溶液分离的混合离子是（　　）。

A. Pb^{2+}，Al^{3+}　　B. Fe^{3+}，Mn^{2+}　　C. Al^{3+}，Ni^{2+}　　D. Co^{2+}，Ni^{2+}

(4) 萃取过程的本质可表述为（　　）。

A. 被萃取物质形成离子缔合物的过程

B. 被萃取物质形成螯合物的过程

C. 被萃取物质在两相中分配的过程

D. 将被萃取物由亲水性转变为疏水性的过程

(5) 含 0.025g Fe^{3+} 的强酸溶液，用乙醚萃取时，已知其分配比为 99，则等体积萃取一次后，水相中残存 Fe^{3+} 量为（　　）。

A. 2.5mg　　　　B. 0.25mg　　　　C. 0.025mg　　　　D. 0.50mg

(6) 离子交换树脂的交换容量决定于树脂的（　　）。

A. 酸碱性　　　　B. 网状结构　　　　C. 分子量大小　　　　D. 活性基团的数目

(7) 离子交换树脂的交联度决定于（　　）。

A. 离子交换树脂活性基团的数目　　　　B. 树脂中所含交联剂的量

C. 离子交换树脂的交换容量　　　　D. 离子交换树脂的亲合力

(8) 下列树脂属于强碱性阴离子交换树脂的是（　　）。

A. $RN(CH_3)_3OH$ B. RNH_3OH
C. $RNH_2(CH_3)OH$ D. $RNH(CH_3)_2OH$

（9）用一定浓度的 HCl 洗脱富集于阳离子交换树脂柱上的 Ca^{2+}、Na^+ 和 Cr^{3+}，洗脱顺序为（   ）。

A. Cr^{3+}、Ca^{2+}、Na^+ B. Na^+、Ca^{2+}、Cr^{3+}
C. Ca^{2+}、Na^+、Cr^{3+} D. Cr^{3+}、Na^+、Ca^{2+}

3. 判断题

（1）采集非均匀固体物料时，采集量可由公式 $Q=Kd^2$ 计算得到。   （   ）

（2）试样的制备通常应经破碎、过筛、混匀、缩分四个基本步骤。   （   ）

（3）四分法缩分样品，弃去相邻的两个扇形样品，留下另两个相邻的扇形样品。（   ）

（4）制备固体分析样品时，当部分采集的样品很难破碎和过筛时，则该部分样品可以弃去不要。   （   ）

（5）无论均匀和不均匀物料的采集，都要求不能引入杂质，避免引起物料的变化。

          （   ）

（6）纸层析分离时，溶解度较小的组分，沿着滤纸向上移动较快，停留在滤纸的较上端。   （   ）

（7）分析检验的目的是为了获得样本的情况，而不是为了获得总体物料的情况。（   ）

（8）分解试样的方法很多，选择分解试样的方法时应考虑测定对象、测定方法和干扰元素等几方面的问题。   （   ）

（9）试液中各组分分离时，各比移值相差越大，分离就越好。   （   ）

（10）在萃取剂的用量相同的情况下，少量多次萃取的方式比一次萃取的方式萃取率要低得多。   （   ）

4. 简答题

（1）简述物质定量分析的主要过程。

（2）采集试样的原则是什么？如不遵循此原则会对分析结果有何影响？

（3）简述固体平均试样的采集和制备。

（4）常用的分解试样的方法有哪些？什么叫半熔法？它有何优点？

（5）柱层析法、纸层析法、薄层层析法的分离原理是什么？在操作上有何异同？

（6）用重量分析法测定硅酸盐中 SiO_2 的含量时，为什么所得的沉淀不纯？如何校正测定结果？

（7）选择测定方法时，应注意哪些问题？

（8）离子交换分离的依据是什么？

（9）进行试样的采集、制备和分解时应注意哪些事项？正确地进行试样的采集、制备和分离对分析工作有何重要意义？

（10）简述硅酸盐的系统分析步骤。

习题参考答案

学习情境一　分析化学实验基础知识

1. 选择题

(1) D　　(2) A　　(3) D　　(4) B　　(5) C　　(6) C　　(7) B　　(8) C
(9) B　　(10) C　　(11) A　　(12) C　　(13) B　　(14) A　　(15) A　　(16) A
(17) C　　(18) C　　(19) C　　(20) B　　(21) D　　(22) C　　(23) C　　(24) C
(25) C　　(26) D　　(27) C　　(28) C　　(29) A　　(30) A

2. 判断题

(1) ×　　(2) √　　(3) ×　　(4) √　　(5) ×　　(6) √　　(7) ×　　(8) √
(9) √　　(10) ×　　(11) √　　(12) ×　　(13) ×　　(14) √　　(15) √　　(16) ×
(17) ×　　(18) √　　(19) ×　　(20) √　　(21) √　　(22) √　　(23) √　　(24) √
(25) ×　　(26) √　　(27) ×　　(28) ×　　(29) √　　(30) ×　　(31) √　　(32) ×
(33) √　　(34) √　　(35) √

3. 简答题（略）

学习情境二　定量分析误差及数据处理

1. 填空题

(1) 误差的大小，真实值，偏差，平均值
(2) 系统，随机
(3) 对照实验，空白试验，校准仪器，增加平行测定次数
(4) 试剂
(5) 0.2043，0.0003，0.15%
(6) 随机
(7) 试剂
(8) 随机，系统
(9) 一般统计，增加平行测定次数
(10) 仪器

2. 选择题

(1) D　　(2) C　　(3) D　　(4) B　　(5) C　　(6) A　　(7) C　　(8) D
(9) B　　(10) C　　(11) C　　(12) A　　(13) C　　(14) B　　(15) B　　(16) B
(17) A　　(18) A　　(19) C　　(20) D

3. 判断题

(1) √　　(2) √　　(3) √　　(4) √　　(5) √　　(6) √　　(7) √　　(8) √
(9) ×　　(10) ×　　(11) ×　　(12) ×　　(13) ×　　(14) ×　　(15) ×

4. 简答题（略）

5. 计算题

(1) 24.83%，−0.23%，−0.92%

(2) 0.036%，0.053%，0.046%，0.11%，0.069%

(3) 不能达到要求，可以达到要求

(4) 舍去，舍去

(5) 3.00，0.0713，5.32

(6) 1.05，4.72，4.15，1.35，6.36，22.6，25.5

学习情境三　滴定分析概论

1. 填空题

(1) 常量

(2) 酸碱滴定法，络合滴定法，氧化还原滴定法，沉淀滴定法

(3) 2.0g

(4) 0.015mol/L

(5) 0.2496mol/L

(6) mL HCl，g NaOH

(7) 直接配制法，间接配制法

(8) 偏高，偏低，硼砂，硼砂摩尔质量大

(9) 3，使内壁与溶液浓度一致

(10) 99.9%

2. 选择题

(1) B　　(2) C　　(3) C　　(4) B　　(5) B　　(6) D　　(7) D　　(8) A

(9) B　　(10) C　　(11) A　　(12) B　　(13) D　　(14) A　　(15) C　　(16) A

(17) B　　(18) A　　(19) C　　(20) B

3. 判断题

(1) ×　　(2) ×　　(3) ×　　(4) ×　　(5) ×　　(6) √　　(7) ×　　(8) √

(9) ×　　(10) √　　(11) ×　　(12) ×　　(13) ×　　(14) √　　(15) ×　　(16) √

(17) ×　　(18) √　　(19) ×　　(20) √

4. 简答题（略）

5. 计算题

(1) 0.1202mol/L

(2) 0.05132mol/L

(3) 32.87%，48.87%

(4) 0.09977mol/L

(5) 13.87mL

(6) 50.79mol/L

(7) 84.66%

(8) 0.2~0.3g

(9) 4.2mL

(10) 25.79%

学习情境四 酸碱滴定法

1. 填空题

(1) 质子转移

(2) 给出，接受，强，弱

(3) 共轭酸碱对，$H_2PO_4^-$，PO_4^{3-}

(4) NH_4^+，5.6×10^{-10}

(5) 缓冲容量，总浓度，各组分的浓度比

(6) 3.1~4.4，红，8.0~10.0，红

(7) 有

(8) 混合指示剂

(9) 3.0~5.0，强酸滴定强碱

(10) 碱，酸，突跃范围

(11) 0.11~0.16，甲基橙

(12) 邻苯二甲酸氢钾，酚酞

(13) 否

(14) 标准溶液和待测组分恰好完全反应的那一点，当指示剂发生颜色突变时即停止滴定反应的这一点，滴定误差

2. 选择题

(1) B　(2) B　(3) C　(4) A　(5) C　(6) D　(7) C　(8) C
(9) A　(10) C　(11) C　(12) D　(13) D　(14) A　(15) C　(16) A
(17) B　(18) A　(19) A　(20) B　(21) B　(22) D　(23) C　(24) C
(25) B

3. 判断题

(1) ×　(2) ×　(3) ×　(4) ×　(5) ×　(6) ×　(7) √　(8) ×
(9) ×　(10) ×　(11) √　(12) ×　(13) ×　(14) √　(15) ×

4. 简答题 （略）

5. 计算题

(1) 8.72，5.28，5.28，7.00，8.31

(2) 7.00，酚酞；7.00，甲基橙；8.88，酚酞；5.12，甲基橙

(3) 8.22，酚酞，6.74~9.70

(4) 0.1106mol/L

(5) Na_2CO_3：71.71%，$NaHCO_3$：9.39%

(6) 0.3993mol/L

(7) 36.37%

(8) NaOH：69.16%，Na_2CO_3：26.61%

(9) 99.42%

(10) Na_2CO_3：45.01％，$NaHCO_3$：49.06％

学习情境五 络合滴定法

1. 填空题

(1) 乙二胺四乙酸，H_4Y，$Na_2H_2Y \cdot 2H_2O$

(2) H_6Y^{2+}、H_5Y^+、H_4Y、H_3Y^-、H_2Y^{2-}、HY^{3-}、Y^{4-}，7，Y^{4-}，pH≥12

(3) $M+Y \rightleftharpoons MY$，$K_{MY} = \dfrac{[MY]}{[M][Y]}$

(4) 离子电荷数，离子半径，电子层结构，溶液酸度

(5) $\dfrac{[Y']}{[Y]}$，大

(6) 金属离子浓度，K'_{MY}，K'_{MY}，越大，$[M^{n+}]$，越大

(7) 最低 pH，金属离子允许最低酸度

(8) 红，蓝

(9) $\Delta \lg K \geqslant 5$

(10) 掩蔽剂，络合掩蔽法，沉淀掩蔽法，氧化还原掩蔽法

(11) 大于

(12) 返滴定法

(13) 铬黑 T，8~11，钙指示剂，12~13

(14) 条件稳定常数，实际，$\lg K'_{MY} = \lg K_{MY} - \lg \alpha_{Y(H)}$

(15) 三乙醇胺，10

2. 选择题

(1) D　　(2) A　　(3) C　　(4) A　　(5) C　　(6) D　　(7) D
(8) D　　(9) C　　(10) C　　(11) C　　(12) C　　(13) B　　(14) B
(15) C、D　(16) B　　(17) D　　(18) D　　(19) A　　(20) C

3. 判断题

(1) √　　(2) ×　　(3) ×　　(4) ×　　(5) ×　　(6) ×　　(7) ×　　(8) ×
(9) ×　　(10) √　　(11) ×　　(12) ×　　(13) √　　(14) ×　　(15) ×　　(16) √
(17) √　　(18) ×　　(19) ×　　(20) √

4. 简答题（略）

5. 计算题

(1) 约 4，约 7.8，约 4.2，约 5

(2) 8.24，8.42

(3) 0.01025mol/L

(4) 106.1mg/L，41.54mg/L

(5) 755.8mol/L

(6) 1.77％

(7) 98.3mg/mL

(8) 98.31％

(9) 0.02507mol/L

(10) 79.51％

学习情境六　氧化还原滴定法

1.填空题

(1) 强，强

(2) 各种副反应，离子强度

(3) 完全程度，方向，速度

(4) 条件电极点位，大

(5) 被测物，滴定剂

(6) 强酸性，碱性，在碱性中反应速率更快

(7) 易提纯，稳定，氧化能力弱

(8) 氯化亚锡-氯化汞提供酸度，消除 Fe^{3+} 黄色干扰

(9) I_2，还原性，$Na_2S_2O_3$，氧化性，间接

(10) 无，蓝

(11) 临近终点时，消除 $Na_2S_2O_3$ 还原 I_2 的影响

(12) 方向，次序，程度

(13) $K_2Cr_2O_7$，$Na_2C_2O_4$

(14) KI

(15) Mn^{2+}，MnO_2，MnO_4^{2-}

2.选择题

(1) B　　(2) C　　(3) B　　(4) C　　(5) B　　(6) A　　(7) A　　(8) D

(9) D　　(10) C　　(11) C　　(12) B　　(13) C　　(14) C　　(15) A　　(16) B

(17) A　　(18) C　　(19) D　　(20) A

3.判断题

(1) √　　(2) ×　　(3) ×　　(4) ×　　(5) √　　(6) ×　　(7) ×　　(8) √

(9) ×　　(10) ×　　(11) √　　(12) ×　　(13) ×　　(14) ×　　(15) √　　(16) √

(17) ×　　(18) √　　(19) ×　　(20) ×

4.简答题（略）

5.计算题

(1) 3.76%

(2) $10^{18.30}$

(3) 0.06760mol/L

(4) 60.03%，85.84%

(5) 0.1191mol/L

(6) 53.88%

(7) 97.50%

(8) 61.14%

学习情境七　沉淀滴定法

1.填空题

(1) 莫尔法，福尔哈德法，法扬斯

(2) K_2CrO_4，中性或弱碱性，$AgNO_3$

(3) 铁铵钒，NH_4SCN，Ag^+，Cl^-

(4) 加有机溶剂，沉淀过滤

(5) Cl^-，Br^-，I^-，SCN^-

(6) 见光易分解

(7) Ag_2O，过量 $AgNO_3$，铁铵钒

(8) 提前，推迟

(9) 直接，返滴定

(10) 负，正

(11) 见光，光

2. 选择题

(1) C　　(2) D　　(3) D　　(4) A　　(5) A　　(6) A　　(7) B　　(8) D

(9) A　　(10) A

3. 判断题

(1) √　　(2) ×　　(3) √　　(4) ×　　(5) √　　(6) √　　(7) ×　　(8) √

(9) √　　(10) ×　　(11) ×　　(12) √　　(13) √　　(14) √　　(15) √

4. 简答题（略）

5. 计算题

(1) 8.017g/L

(2) 85.58%

(3) 40.56%

(4) 0.1000mol/L

(5) 22.82%，77.18%

(6) 0.272g

(7) KIO_3

(8) 0.07447mol/L，0，07092mol/L

学习情境八　重量分析法

1. 填空题

(1) 大于

(2) 0.2g

(3) 同离子效应，酸效应，盐效应，络合效应

(4) 晶形，无定形，凝乳状沉淀物质本身性质，沉淀时的条件，沉淀以后的处理情况

(5) 聚集，定向，定向

(6) 表面吸附，吸留与包藏，形成混晶

(7) 晶体表面离子电荷的不完全等衡，洗涤

(8) 小晶体溶解，不完整的晶粒转化为较完整的晶粒

(9) 称量物质

(10) 减小，增大

(11) 大，少

(12) 0.8999

(13) 共沉淀，后沉淀

(14) 无定形

（15）沉淀的转化

2. 选择题

（1）C　　（2）C　　（3）D　　（4）B　　（5）D　　（6）B　　（7）C　　（8）D

（9）A　　（10）D　　（11）A　　（12）A　　（13）A　　（14）B　　（15）D

3. 判断题

（1）√　　（2）√　　（3）×　　（4）×　　（5）√　　（6）×　　（7）√　　（8）×

（9）√　　（10）×　　（11）×　　（12）×　　（13）√　　（14）√　　（15）×

4. 简答题（略）

5. 计算题

（1）0.5884，0.1092，0.1005，0.2473

（2）96.45%

（3）14.96%

（4）6.02mL

（5）14.77%，6.45%

（6）83.88%，16.12%

（7）0.1856g

（8）56.40%，0.30%

学习情境九　定量分析法的一般步骤

1. 填空题

（1）分析试样的采取和制备、试样的分解、干扰组分的分离、测定方法的选择、分析结果的计算和数据处理

（2）代表性

（3）均匀度、粒度、易破碎程度

（4）破碎、过筛、混匀、缩分

（5）四分法

（6）溶解法、熔融法、半熔法

（7）沉淀分离法、溶剂萃取法、层析分离法、离子交换法

（8）柱层析、纸层析和薄层层析法

（9）交联度、交换容量

（10）测定的具体要求、待测组分的性质、待测组分的含量范围、共存组分的影响、实验室的条件

2. 选择题

（1）C　　（2）A　　（3）C　　（4）D　　（5）B　　（6）D　　（7）B　　（8）A

（9）B

3. 判断题

（1）√　　（2）√　　（3）×　　（4）×　　（5）√　　（6）√　　（7）×　　（8）√

（9）√　　（10）×

4. 简答题（略）

附录

附录一　常用酸碱溶液的相对密度、质量分数与物质的量浓度

1. 酸

相对密度 (15℃)	HCl		HNO$_3$		H$_2$SO$_4$	
	w/%	c/(mol/L)	w/%	c/(mol/L)	w/%	c/(mol/L)
1.02	4.13	1.15	3.70	0.6	3.1	0.3
1.04	8.16	2.3	7.26	1.2	6.1	0.6
1.05	10.2	2.9	9.0	1.5	7.4	0.8
1.06	12.2	3.5	10.7	1.8	8.8	0.9
1.08	16.2	4.8	13.9	2.4	11.6	1.3
1.10	20.0	6.0	17.1	3.0	14.4	1.6
1.12	23.8	7.3	20.2	3.6	17.0	2.0
1.14	27.7	8.7	23.3	4.2	19.9	2.3
1.15	29.6	9.3	24.8	4.5	20.9	2.5
1.19	37.2	12.2	30.9	5.8	26.0	3.2
1.20			32.3	6.2	27.3	3.4
1.25			39.8	7.9	33.4	4.3
1.30			47.5	9.8	39.2	5.2
1.35			55.8	12.0	44.8	6.2
1.40			65.3	14.5	50.1	7.2
1.42			69.8	15.7	52.2	7.6
1.45					55.0	8.2
1.50					59.8	9.2
1.55					64.3	10.2
1.6					68.7	11.2
1.65					73.0	12.3
1.70					77.2	13.4
1.84					95.6	18.0

2. 碱

相对密度 (15℃)	NH₃·H₂O		NaOH		KOH	
	$w/\%$	$c/(mol/L)$	$w/\%$	$c/(mol/L)$	$w/\%$	$c/(mol/L)$
0.88	35.0	18.0				
0.90	28.3	15.0				
0.91	25.0	13.4				
0.92	21.8	11.8				
0.94	15.6	8.6				
0.96	9.9	5.6				
0.98	4.8	2.8				
1.05			4.5	1.25	5.5	1.0
1.10			9.0	2.5	10.9	2.1
1.15			13.5	3.9	16.1	3.3
1.20			18.0	5.4	21.2	4.5
1.25			22.5	7.0	26.1	5.8
1.30			27.0	8.8	30.9	7.2
1.35			31.8	10.7	35.5	8.5

附录二　弱酸和弱碱的电离常数

1. 弱酸

名称	温度/℃	电离常数 K_a	pK_a
砷酸 H_3AsO_4	18	$K_{a1}=5.6\times10^{-3}$	2.25
		$K_{a2}=1.7\times10^{-7}$	6.77
		$K_{a3}=3.0\times10^{-12}$	11.5
硼酸 H_3BO_3	20	$K_a=5.7\times10^{-10}$	9.24
氢氰酸 HCN	25	$K_a=6.2\times10^{-10}$	9.21
碳酸 H_2CO_3	25	$K_{a1}=4.2\times10^{-7}$	6.38
		$K_{a2}=5.6\times10^{-11}$	10.25
铬酸 H_2CrO_4	25	$K_{a1}=1.8\times10^{-1}$	0.74
		$K_{a2}=3.2\times10^{-7}$	6.49
氢氟酸 HF	25	$K_a=3.5\times10^{-4}$	3.46
亚硝酸 HNO_2	25	$K_a=4.6\times10^{-4}$	3.34
磷酸 H_3PO_4	25	$K_{a1}=7.6\times10^{-3}$	2.12
		$K_{a2}=6.3\times10^{-8}$	7.20
		$K_{a3}=4.4\times10^{-13}$	12.36

续表

名称	温度/℃	电离常数 K_a	pK_a
硫化氢 H_2S	25	$K_{a1}=1.3\times10^{-7}$	6.89
		$K_{a2}=7.1\times10^{-15}$	14.15
亚硫酸 H_2SO_3	18	$K_{a1}=1.5\times10^{-2}$	1.82
		$K_{a2}=1.0\times10^{-7}$	7.00
硫酸 H_2SO_4	25	$K_a=1.0\times10^{-2}$	2.00
甲酸 HCOOH	20	$K_a=1.8\times10^{-4}$	3.74
乙酸 CH_3COOH	20	$K_a=1.8\times10^{-5}$	4.74
一氯乙酸 $CH_2ClCOOH$	25	$K_a=1.4\times10^{-3}$	2.85
二氯乙酸 $CHCl_2COOH$	25	$K_a=5.0\times10^{-2}$	1.30
三氯乙酸 CCl_3COOH	25	$K_a=0.23$	0.64
草酸 $H_2C_2O_4$	25	$K_{a1}=5.9\times10^{-2}$	1.23
		$K_{a2}=6.4\times10^{-5}$	4.19
琥珀酸 $(CH_2COOH)_2$	25	$K_{a1}=6.4\times10^{-5}$	4.19
		$K_{a2}=2.7\times10^{-6}$	5.57
酒石酸 CH(OH)COOH | CH(OH)COOH	25	$K_{a1}=9.1\times10^{-4}$	3.04
		$K_{a2}=4.3\times10^{-5}$	4.37
柠檬酸 $\quad CH_2COOH$ HO—C—COOH $\quad CH_2COOH$	18	$K_{a1}=7.4\times10^{-4}$	3.13
		$K_{a2}=1.7\times10^{-5}$	4.77
		$K_{a3}=4.0\times10^{-7}$	6.40
苯酚 C_6H_5OH	20	$K_a=1.1\times10^{-10}$	9.96
苯甲酸 C_6H_5COOH	25	$K_a=6.2\times10^{-5}$	4.21
水杨酸 $C_6H_4(OH)COOH$	18	$K_{a1}=1.07\times10^{-3}$	2.97
		$K_{a2}=4\times10^{-14}$	13.40
邻苯二甲酸 $C_6H_4(COOH)_2$	25	$K_{a1}=1.1\times10^{-3}$	2.96
		$K_{a2}=2.9\times10^{-6}$	5.54

2. 弱碱

名称	温度/℃	电离常数 K_b	pK_b
氨水 $NH_3\cdot H_2O$	25	$K_b=1.8\times10^{-5}$	4.74
羟胺 NH_2OH	20	$K_b=9.1\times10^{-9}$	8.04
苯胺 $C_6H_5NH_2$	25	$K_b=4.6\times10^{-10}$	9.34
乙二胺 $H_2NCH_2CH_2NH_2$	25	$K_{b1}=8.5\times10^{-5}$	4.07
		$K_{b2}=7.1\times10^{-8}$	7.15
六亚甲基四胺 $(CH_2)_6N_4$	25	$K_b=1.4\times10^{-9}$	8.85
吡啶	25	$K_b=1.7\times10^{-9}$	8.77

附录三 常用的缓冲溶液

1. 几种常用缓冲溶液的配制

pH	配制方法
0	1mol/L HCl*
1	0.1mol/L HCl
2	0.01mol/L HCl
3.6	NaAc·3H$_2$O 8g,溶于适量水中,加 6mol/L HAc 134mL,稀释至 500mL
4.0	NaAc·3H$_2$O 20g,溶于适量水中,加 6mol/L HAc 134mL,稀释至 500mL
4.5	NaAc·3H$_2$O 32g,溶于适量水中,加 6mol/L HAc 68mL,稀释至 500mL
5.0	NaAc·3H$_2$O 50g,溶于适量水中,加 6mol/L HAc 34mL,稀释至 500mL
5.7	NaAc·3H$_2$O 100g,溶于适量水中,加 6mol/L HAc 13mL,稀释至 500mL
7	NH$_4$Ac 77g,用水溶解后,稀释至 500ml
7.5	NH$_4$Cl 60g,溶于适量水中,加 15mol/L 氨水 1.4mL,稀释至 500mL
8.0	NH$_4$Cl 50g,溶于适量水中,加 15mol/L 氨水 3.5mL,稀释至 500mL
8.5	NH$_4$Cl 40g,溶于适量水中,加 15mol/L 氨水 8.8mL,稀释至 500mL
9.0	NH$_4$Cl 35g,溶于适量水中,加 15mol/L 氨水 24mL,稀释至 500mL
9.5	NH$_4$Cl 30g,溶于适量水中,加 15mol/L 氨水 65mL,稀释至 500mL
10.0	NH$_4$Cl 27g,溶于适量水中,加 15mol/L 氨水 197mL,稀释至 500mL
10.5	NH$_4$Cl 9g,溶于适量水中,加 15mol/L 氨水 175mL,稀释至 500mL
11	NH$_4$Cl 3g,溶于适量水中,加 15mol/L 氨水 207mL,稀释至 500mL
12	0.01mol/L NaOH**
13	0.1mol/L NaOH

* Cl$^-$ 对测定有妨碍时,可用 HNO$_3$。

** Na$^+$ 对测定有妨碍时,可用 KOH。

2. 不同温度下,标准缓冲溶液的 pH

温度/℃	0.05mol/L 草酸三氢钾	25℃饱和酒石酸氢钾	0.05mol/L 邻苯二甲酸氢钾	0.025mol/L KH$_2$PO$_4$+0.025mol/L Na$_2$HPO$_4$	0.008695mol/L KH$_2$PO$_4$+0.03043mol/L Na$_2$HPO$_4$	0.01mol/L 硼砂	25℃饱和氢氧化钙
10	1.670	—	3.998	6.923	7.472	9.332	13.011
15	1.672	—	3.999	6.900	7.448	9.276	12.820
20	1.675	—	4.002	6.881	7.429	9.225	12.637
25	1.679	3.559	4.008	6.865	7.413	9.180	12.460
30	1.683	3.551	4.015	6.853	7.400	9.139	12.292
40	1.694	3.547	4.035	6.838	7.380	9.068	11.975
50	1.707	3.555	4.060	6.833	7.367	9.011	11.697
60	1.723	3.573	4.091	6.836	—	8.962	11.426

附录四 标准电极电位（18~25℃）

半反应	$E^{\ominus}/V$
$F_2(g)+2H^++2e \longrightarrow 2HF$	3.06
$O_3+2H^++2e \longrightarrow O_2+H_2O$	2.07
$S_2O_8^{2-}+2e \longrightarrow 2SO_4^{2-}$	2.01
$H_2O_2+2H^++2e \longrightarrow 2H_2O$	1.77
$MnO_4^-+4H^++3e \longrightarrow MnO_2(s)+2H_2O$	1.695
$PbO_2(s)+SO_4^{2-}+4H^++2e \longrightarrow PbSO_4(s)+2H_2O$	1.685
$HClO_2+2H^++2e \longrightarrow HClO+H_2O$	1.64
$HClO+H^++e \longrightarrow 1/2\ Cl_2+H_2O$	1.63
$Ce^{4+}+e \longrightarrow Ce^{3+}$	1.61
$H_5IO_6+H^++2e \longrightarrow IO_3^-+3H_2O$	1.60
$HBrO+H^++e \longrightarrow 1/2\ Br_2+H_2O$	1.59
$BrO_3^-+6H^++5e \longrightarrow 1/2\ Br_2+3H_2O$	1.52
$MnO_4^-+8H^++5e \longrightarrow Mn^{2+}+4H_2O$	1.51
$Au^{3+}+3e \longrightarrow Au$	1.50
$HClO+H^++2e \longrightarrow Cl^-+H_2O$	1.49
$ClO_3^-+6H^++5e \longrightarrow 1/2\ Cl_2+3H_2O$	1.47
$PbO_2(s)+4H^++2e \longrightarrow Pb^{2+}+2H_2O$	1.455
$HIO+H^++e \longrightarrow 1/2\ I_2+H_2O$	1.45
$ClO_3^-+6H^++6e \longrightarrow Cl^-+3H_2O$	1.45
$BrO_3^-+6H^++6e = Br^-+3H_2O$	1.44
$Au^{3+}+2e \longrightarrow Au^+$	1.41
$Cl_2(g)+2e \longrightarrow 2Cl^-$	1.3595
$ClO_4^-+8H^++7e \longrightarrow 1/2\ Cl_2+4H_2O$	1.34
$Cr_2O_7^{2-}+14H^++6e = 2Cr^{3+}+7H_2O$	1.33
$MnO_2(s)+4H^++2e \longrightarrow Mn^{2+}+2H_2O$	1.23
$O_2(g)+4H^++4e \longrightarrow 2H_2O$	1.229
$IO_3^-+6H^++5e \longrightarrow 1/2\ I_2+3H_2O$	1.20
$ClO_4^-+2H^++2e \longrightarrow ClO_3^-+H_2O$	1.19
$Br_2(l)+2e \longrightarrow 2Br^-$	1.087
$NO_2+H^++e \longrightarrow HNO_2$	1.07
$Br_3^-+2e \longrightarrow 3Br^-$	1.05
$HNO_2+H^++e \longrightarrow NO(g)+H_2O$	1.00
$VO_2^++2H^++e \longrightarrow VO^{2+}+H_2O$	1.00

半反应	$E^{\ominus}/V$
$HIO+H^++2e\longrightarrow I^-+H_2O$	0.99
$NO_3^-+3H^++2e\longrightarrow HNO_2+H_2O$	0.94
$ClO^-+H_2O+2e\longrightarrow Cl^-+2OH^-$	0.89
$H_2O_2+2e\longrightarrow 2OH^-$	0.88
$Cu^{2+}+I^-+e\longrightarrow CuI(s)$	0.86
$Hg^{2+}+2e\longrightarrow Hg$	0.845
$NO_3^-+2H^++e\longrightarrow NO_2+H_2O$	0.80
$Ag^++e\longrightarrow Ag$	0.7995
$Hg_2^{2+}+2e\longrightarrow 2Hg$	0.793
$Fe^{3+}+e\longrightarrow Fe^{2+}$	0.771
$BrO^-+H_2O+2e\longrightarrow Br^-+2OH^-$	0.76
$O_2(g)+2H^++2e\longrightarrow H_2O_2$	0.682
$AsO_2^-+2H_2O+3e\longrightarrow As+4OH^-$	0.68
$2HgCl_2+2e\longrightarrow Hg_2Cl_2(s)+2Cl^-$	0.63
$Hg_2SO_4(s)+2e\longrightarrow 2Hg+SO_4^{2-}$	0.6151
$MnO_4^-+2H_2O+3e\longrightarrow MnO_2+4OH^-$	0.588
$MnO_4^-+e\longrightarrow MnO_4^{2-}$	0.564
$H_3AsO_4+2H^++2e\longrightarrow HAsO_2+2H_2O$	0.559
$I_3^-+2e\longrightarrow 3I^-$	0.545
$I_2(s)+2e\longrightarrow 2I^-$	0.5345
$Mo^{(6+)}+e\longrightarrow Mo^{(5+)}$	0.53
$Cu^++e\longrightarrow Cu$	0.52
$4SO_2(l)+4H^++6e\longrightarrow S_4O_6^{2-}+2H_2O$	0.51
$HgCl_4^{2-}+2e\longrightarrow Hg+4Cl^-$	0.48
$2SO_2(l)+2H^++4e\longrightarrow S_2O_3^{2-}+H_2O$	0.40
$Fe(CN)_6^{3-}+e\longrightarrow Fe(CN)_6^{4-}$	0.36
$Cu^{2+}+2e\longrightarrow Cu$	0.337
$VO^{2+}+2H^++e\longrightarrow V^{3+}+H_2O$	0.337
$BiO^++2H^++3e\longrightarrow Bi+H_2O$	0.32
$Hg_2Cl_2(s)+2e\longrightarrow 2Hg+2Cl^-$	0.2676
$HAsO_2+3H^++3e\longrightarrow As+2H_2O$	0.248
$AgCl(s)+e\longrightarrow Ag+Cl^-$	0.2223
$SbO^++2H^++3e\longrightarrow Sb+H_2O$	0.212
$SO_4^{2-}+4H^++2e\longrightarrow SO_2(l)+2H_2O$	0.17
$Cu^{2+}+e\longrightarrow Cu^-$	0.519
$Sn^{4+}+2e\longrightarrow Sn^{2+}$	0.154
$S+2H^++2e\longrightarrow H_2S(g)$	0.141

半反应	$E^{\ominus}/V$
$Hg_2Br_2+2e \longrightarrow 2Hg+2Br^-$	0.1395
$TiO^{2+}+2H^++e \longrightarrow Ti^{3+}+H_2O$	0.1
$S_4O_6^{2-}+2e \longrightarrow 2S_2O_3^{2-}$	0.08
$AgBr(s)+e \longrightarrow Ag+Br^-$	0.071
$2H^++2e \longrightarrow H_2$	0.000
$O_2+H_2O+2e \longrightarrow HO_2^-+OH^-$	-0.067
$TiOCl^++2H^++3Cl^-+e \longrightarrow TiCl_4^-+H_2O$	-0.09
$Pb^{2+}+2e \longrightarrow Pb$	-0.126
$Sn^{2+}+2e \longrightarrow Sn$	-0.136
$AgI(s)+e \longrightarrow Ag+I^-$	-0.152
$Ni^{2+}+2e \longrightarrow Ni$	-0.246
$H_3PO_4+2H^++2e \longrightarrow H_3PO_3+H_2O$	-0.276
$Co^{2+}+2e \longrightarrow Co$	-0.277
$Ti^++e \longrightarrow Ti$	-0.3360
$In^{3+}+3e \longrightarrow In$	-0.345
$PbSO_4(s)+2e \longrightarrow Pb+SO_4^{2-}$	0.3553
$SeO_3^{2-}+3H_2O+4e \longrightarrow Se+6OH^-$	-0.366
$As+3H^++3e \longrightarrow AsH_3$	-0.38
$Se+2H^++2e \longrightarrow H_2Se$	-0.40
$Cd^{2+}+2e \longrightarrow Cd$	-0.403
$Cr^{3+}+e \longrightarrow Cr^{2+}$	-0.41
$Fe^{2+}+2e \longrightarrow Fe$	-0.440
$S+2e \longrightarrow S^{2-}$	-0.48
$2CO_2+2H^++2e \longrightarrow H_2C_2O_4$	-0.49
$H_3PO_3+2H^++2e \longrightarrow H_3PO_2+H_2O$	-0.50
$Sb+3H^++3e \longrightarrow SbH_3$	-0.51
$HPbO_2^-+H_2O+2e \longrightarrow Pb+3OH^-$	-0.54
$Ga^{3+}+3e \longrightarrow Ga$	-0.56
$TeO_3^{2-}+3H_2O+4e \longrightarrow Te+6OH^-$	-0.57
$2SO_3^{2-}+3H_2O+4e \longrightarrow S_2O_3^{2-}+6OH^-$	-0.58
$SO_3^{2-}+3H_2O+4e \longrightarrow S+6OH^-$	-0.66
$AsO_4^{3-}+2H_2O+2e \longrightarrow AsO_2^-+4OH^-$	-0.67
$Ag_2S(s)+2e \longrightarrow 2Ag+S^{2-}$	-0.69
$Zn^{2+}+2e \longrightarrow Zn$	-0.763
$2H_2O+2e \longrightarrow H_2+2OH^-$	-8.28
$Cr^{2+}+2e \longrightarrow Cr$	-0.91
$HSnO_2^-+H_2O+2e \longrightarrow Sn+3OH^-$	-0.91

续表

半反应	$E^{\ominus}/V$
$Se + 2e \longrightarrow Se^{2-}$	-0.92
$Sn(OH)_6^{2-} + 2e \longrightarrow HSnO_2^- + H_2O + 3OH^-$	-0.93
$CNO^- + H_2O + 2e \longrightarrow CN^- + 2OH^-$	-0.97
$Mn^{2+} + 2e \longrightarrow Mn$	-1.182
$ZnO_2^{2-} + 2H_2O + 2e \longrightarrow Zn + 4OH^-$	-1.216
$Al^{3+} + 3e \longrightarrow Al$	-1.66
$H_2AlO_3^- + H_2O + 3e \longrightarrow Al + 4OH^-$	-2.35
$Mg^{2+} + 2e \longrightarrow Mg$	-2.37
$Na^+ + e \longrightarrow Na$	-2.71
$Ca^{2+} + 2e \longrightarrow Ca$	-2.87
$Sr^{2+} + 2e \longrightarrow Sr$	-2.89
$Ba^{2+} + 2e \longrightarrow Ba$	-2.90
$K^+ + e \longrightarrow K$	-2.925
$Li^+ + e \longrightarrow Li$	-3.042

附录五　部分氧化还原电对的条件电极电位

半反应	$E^{\ominus\prime}/V$	介质
$Ag^{2+} + e \longrightarrow Ag^+$	1.927	4mol/LHNO$_3$
$Ce^{4+} + e \longrightarrow Ce^{3+}$	1.74	1mol/LHClO$_4$
	1.61	1mol/LHNO$_3$
	1.44	0.5mol/LH$_2$SO$_4$
	1.28	1mol/LHCl
$Co^{3+} + e \longrightarrow Co^{2+}$	1.84	3mol/L HNO$_3$
$Co(乙二胺)_3^{3+} + e \longrightarrow Co(乙二胺)_3^{2+}$	-0.2	0.1mol/LHNO$_3$+0.1mol/L 乙二胺
$Cr^{3+} + e \longrightarrow Cr^{2+}$	-0.40	5mol/LHCl
$Cr_2O_7^{2-} + 14H^+ + 6e \longrightarrow 2Cr^{3+} + 7H_2O$	1.08	3mol/LHCl
	1.15	4mol/LH$_2$SO$_4$
	1.025	1mol/L HClO$_4$
$CrO_4^{2-} + 2H_2O + 3e \longrightarrow CrO_2^- + 4OH^-$	-0.12	1mol/LNaOH
$Fe^{3+} + e \longrightarrow Fe^{2+}$	0.767	1mol/LHClO$_4$
	0.71	0.5mol/LHCl
	0.68	1mol/LH$_2$SO$_4$
	0.68	1mol/LHCl
	0.46	2mol/L H$_3$PO$_4$
	0.51	1mol/L HCl+0.25mol/L H$_3$PO$_4$

续表

半反应	$E^{\ominus\prime}/V$	介质
$Fe(EDTA)^- + e \longrightarrow Fe(EDTA)^{2-}$	0.12	0.1mol/LEDTA,pH=4~6
$Fe(CN)_6^{3-} + e \longrightarrow Fe(CN)_6^{4-}$	0.48	0.01mol/L HCl
	0.56	0.1mol/LHCl
	0.71	1mol/LHCl
$H_3AsO_4 + H^+ + e \longrightarrow H_2AsO_3 + H_2O$	0.557	1mol/LHCl
	0.557	1mol/LHClO_4
$I_3^- + 2e \longrightarrow 3I^-$	0.5446	0.5mol/LH_2SO_4
$I_2(l) + 2e \longrightarrow 2I^-$	0.6276	0.5mol/LH_2SO_4
$MnO_4^- + 8H^+ + 5e \longrightarrow Mn^{2+} + 4H_2O$	1.45	1mol/L HClO_4
$SnCl_6^{2-} + 2e \longrightarrow SnCl_4^{2-} + 2Cl^-$	0.14	1mol/L HCl
$Sb^{5+} + 2e \longrightarrow Sb^{3+}$	0.75	3.5mol/LHCl
$Sn^{2+} + 2e \longrightarrow Sn$	−0.16	1mol/LHClO_4
$Sb(OH)_6^- + 2e \longrightarrow SbO_2^- + 2OH^- + 2H_2O$	−0.428	3mol/LNaOH
$SbO_2^- + 2H_2O + 3e \longrightarrow Sb + 4OH^-$	−0.675	10mol/LKOH
$Ti^{4+} + e \longrightarrow Ti^{3+}$	−0.01	0.2mol/LH_2SO_4
	0.12	2mol/LH_2SO_4
	0.10	3mol/LHCl
	−0.04	1mol/LHCl
	−0.05	1mol/LH_3PO_4
$Pb^{2+} + 2e \longrightarrow Pb$	−0.32	1mol/LNaAc
	−0.14	1mol/LHClO_4
$UO_2^{2+} + 4H^+ + 2e \longrightarrow U^{4+} + 2H_2O$	0.41	0.5mol/LH_2SO_4

附录六　络合物的稳定常数

络合物	温度/K	K_a	络合物	温度/K	K_a
$[Co(NH_3)_6]^{2+}$	303	2.45×10^4	$[Bi(SCN)_6]^{3-}$	298	1.70×10^4
$[Co(NH_3)_6]^{3+}$	303	2.29×10^{34}	$[ScF_4]^-$	298	6.46×10^{20}
$[Ni(NH_3)_6]^{2+}$	303	1.02×10^3	$[ZrF_6]^{2-}$	298	9.77×10^{35}
$[Cu(NH_3)_2]^+$	291	7.24×10^{10}	$[TiOF]^-$	—	2.75×10^5
$[Cu(NH_3)_4]^{2+}$	303	1.07×10^{12}	$[VOF]^-$	298	1.41×10^3
$[Ag(NH_3)_2]^+$	298	1.70×10^7	$[CrF_3]$	298	1.51×10^{10}
$[Zn(NH_3)_4]^{2+}$	303	5.01×10^8	$[FeF_3]$	298	7.24×10^{11}
$[Cd(NH_3)_5]^{2+}$	303	1.38×10^5	$[FeF_6]^{3-}$	298	2.04×10^{14}
$[Hg(NH_3)_4]^{2+}$	995	2.00×10^{19}	$[AlF_6]^{3-}$	298	6.92×10^{19}

络合物	温度/K	K_a	络合物	温度/K	K_a
$[Fe(CN)_6]^{4-}$	298	1.00×10^{24}	$[CrCl]^{2+}$	298	3.98
$[Fe(CN)_6]^{3-}$	298	1.00×10^{31}	$[ZrCl]^{3+}$	298	2.00
$[Co(CN)_6]^{4-}$	—	1.23×10^{19}	$[FeCl]^+$	293	2.29
$[Co(CN)_6]^{3-}$	275	1.00×10^{64}	$[FeCl]^{2+}$	298	3.02×10
$[Ni(CN)_4]^{2-}$	298	1.00×10^{22}	$[PdCl_4]^{2-}$	298	5.01×10^{15}
$[Cu(CN)_2]^-$	298	1.00×10^{24}	$[CuCl_2]^-$	298	5.37×10^4
$[Ag(CN)_2]^-$	298	6.31×10^{21}	$[CuCl]^+$	298	2.51
$[Au(CN)_2]^-$	298	2.00×10^{38}	$[AgCl_2]^-$	298	1.10×10^5
$[Zn(CN)_4]^{2-}$	294	7.94×10^{16}	$[ZnCl_4]^{2-}$	室温	0.1
$[Cd(CN)_4]^{2-}$	298	6.03×10^{38}	$[CdCl_4]^{2-}$	298	4.47×10
$[Hg(CN)_4]^{2-}$	298	9.33×10^{33}	$[HgCl_4]^{2-}$	298	1.17×10^{15}
$[Ti(CN)_4]^-$	298	1.00×10^{35}	$[SnCl_4]^{2-}$	298	3.02×10
$[Cr(SCN)_6]^{2-}$	323	6.31×10^3	$[PbCl_4]^{2-}$	298	2.40×10
$[Fe(SCN)_6]^{3-}$	291	1.48×10^3	$[BiCl_6]^{3-}$	293	3.63×10^7
$[Fe(SCN)]^{2+}$	298	1.07×10^3	$[FeBi]^{2+}$	298	3.98
$[Co(SCN)_4]^{2-}$	293	1.82×10^2	$[CuBr_2]^-$	298	8.32×10^5
$[Ni(SCN)_3]^-$	293	6.46×10^2	$[CuBr]^+$	298	0.93
$[Cu(SCN)_2]^-$	291	1.29×10^{12}	$[ZnBr]^+$	298	0.25
$[Cu(SCN)_4]^{2-}$	291	3.31×10^6	$[AgBr_2]^-$	298	2.19×10^7
$[Ag(SCN)_2]^-$	298	2.40×10^8	$[CdBr_4]^{2-}$	298	3.16×10^3
$[Zn(SCN)_4]^{2-}$	303	2.0×10^1	$[HgBr_4]^{2-}$	298	1.00×10^{21}
$[Ca(SCN)_4]^{2-}$	298	9.55×10^1	$[Agl_2]^-$	291	5.50×10^{11}
$[Hg(SCN)_4]^{2-}$	—	1.32×10^{21}	$[CuI_2]^-$	298	7.08×10^8
$[Pb(SCN)_4]^{2-}$	298	7.08	$[CdI_4]^{2-}$	298	1.26×10^6
$[HgI_4]^{2-}$	298	6.76×10^{29}	$[LiY]^{3-}$	293	6.17×10^2
$[Ag(S_2O_3)_2]^{3-}$	298	2.88×10^{13}	$[AgY]^{3-}$	293	2.09×10^7
$[Cu(S_2O_3)_2]^{3-}$	298	1.86×10^{11}	$[MgY]^{2-}$	293	4.90×10^8
$[Cd(S_2O_3)_3]^{4-}$	298	5.89×10^6	$[CaY]^{2-}$	293	1.26×10^{11}
$[Cd(S_2O_3)_2]^{2-}$	298	5.50×10^4	$[SrY]^{2-}$	293	4.27×10^8
$[Hg(S_2O_3)_4]^{6-}$	298	1.74×10^{33}	$[BaY]^{2-}$	293	5.75×10^7
$[Hg(S_2O_3)_2]^{2-}$	298	2.75×10^{29}	$[MnY]^{2-}$	293	1.10×10^{14}
$[Ag(CSN_2H_4)_2]^+$	室温	2.51×10	$[FeY]^{2-}$	293	2.14×10^{14}
$[Cu(CSN_2H_4)_2]^+$	298	2.45×10^{15}	$[FeY]^-$	293	1.24×10^{25}
$[Cd(CS_2NH_4)_2]^{2+}$	298	3.55×10^3	$[CoY]^{2-}$	293	2.04×10^{16}
$[Hg(CSN_2H_4)_2]^{2+}$	298	2.00×10^{26}	$[CoY]^-$	—	3.60×10
$[Fe(P_2O_7)]^{6-}$	—	3.55×10^3	$[NiY]^{2-}$	293	4.17×10^{18}
$[Ni(P_2O_7)_2]^{6-}$	298	1.55×10^7	$[PdY]^{2-}$	298	3.16×10^{18}

续表

络合物	温度/K	K_a	络合物	温度/K	K_a
$[Cu(P_2O_7)_2]^{6-}$	298	7.76×10^{10}	$[CuY]^{2-}$	293	6.31×10^{18}
$[Zn(P_2O_7)_2]^{6-}$	291	1.74×10^{7}	$[ZnY]^{2-}$	293	3.16×10^{16}
$[Cd(P_2O_7)_2]^{6-}$	—	1.51×10^{4}	$[CdY]^{2-}$	293	2.88×10^{16}
$[Cu(OH)_4]^{2-}$	—	1.32×10^{16}	$[HgY]^{2-}$	293	6.31×10^{21}
$[Zn(OH)_4]^{2-}$	298	2.75×10^{15}	$[PbY]^{2-}$	293	1.10×10^{18}
$[Al(OH)_4]^{-}$	298	6.03×10^{2}	$[SnY]^{2-}$	293	1.29×10^{22}
$[Ag(En)_2]^{+}$	298	2.51×10^{7}	$[VO_2Y]^{2-}$	293	5.89×10^{18}
$[Cd(En)_2]^{2+}$	303	1.05×10^{10}	$[VO_2Y]^{3-}$	—	1.80×10
$[Co(En)_3]^{2+}$	303	6.61×10^{13}	$[ScY]^{-}$	293	1.26×10^{23}
$[Cu(En)_2]^{2+}$	303	3.98×10^{19}	$[BiY]^{-}$	293	8.71×10^{27}
$[Cu(En)_2]^{+}$	298	6.31×10^{10}	$[AlY]^{-}$	293	1.35×10^{18}
$[Fe(En)_3]^{2+}$	303	3.31×10^{9}	$[GaY]^{-}$	293	1.86×10^{20}
$[Hg(En)_2]^{2+}$	298	1.51×10^{23}	$[TiOY]^{2-}$	—	2.00×10^{17}
$[Mn(En)_3]^{2+}$	303	4.57×10^{5}	$[ZrOY]^{2-}$	293	3.16×10^{29}
$[Ni(En)_2]^{2+}$	303	4.07×10^{18}	$[LaY]^{-}$	293	3.16×10^{16}
$[Zn(En)_2]^{2+}$	303	2.34×10^{10}	$[TiY]^{-}$	293	3.16×10^{22}
$[NaY]^{3-}$	293	4.57			

附录七　难溶化合物的溶度积常数（18℃）

难溶化合物	化学式	K_{sp}	温度
氢氧化铝	$Al(OH)_3$	2×10^{-32}	
溴酸银	$AgBrO_3$	5.77×10^{-5}	25℃
溴化银	$AgBr$	4.1×10^{-13}	
碳酸银	Ag_2CO_3	6.15×10^{-12}	25℃
氯化银	$AgCl$	1.56×10^{-10}	25℃
铬酸银	Ag_2CrO_4	9×10^{-12}	25℃
氢氧化银	$AgOH$	1.52×10^{-8}	20℃
碘化银	AgI	1.5×10^{-16}	25℃
硫化银	Ag_2S	1.6×10^{-49}	
硫氰酸银	$AgSCN$	4.9×10^{-13}	
碳酸钡	$BaCO_3$	8.1×10^{-9}	25℃
铬酸钡	$BaCrO_4$	1.6×10^{-10}	
草酸钡	$BaC_2O_4\cdot2H_2O$	1.62×10^{-7}	
硫酸钡	$BaSO_4$	8.7×10^{-11}	

难溶化合物	化学式	K_{sp}	温度
氢氧化铋	$Bi(OH)_3$	4.0×10^{-31}	
氢氧化铬	$Cr(OH)_3$	5.4×10^{-31}	
硫化镉	CdS	3.6×10^{-29}	
碳酸钙	$CaCO_3$	8.7×10^{-9}	25℃
氟化钙	CaF_2	3.4×10^{-11}	
草酸钙	$CaC_2O_4 \cdot H_2O$	1.78×10^{-9}	
硫酸钙	$CaSO_4$	2.45×10^{-5}	25℃
硫化钴	$\alpha\text{-}CoS$	4×10^{-21}	
	$\beta\text{-}CoS$	2×10^{-25}	
碘酸铜	$CuIO_3$	1.4×10^{-7}	25℃
草酸铜	CuC_2O_4	2.87×10^{-8}	25℃
硫化铜	CuS	8.5×10^{-45}	
溴化亚铜	$CuBr$	4.15×10^{-9}	(18~20℃)
氯化亚铜	$CuCl$	1.02×10^{-6}	(18~20℃)
碘化亚铜	CuI	1.1×10^{-12}	(18~20℃)
硫化亚铜	Cu_2S	2×10^{-47}	(16~18℃)
硫氰酸亚铜	$CuSCN$	4.8×10^{-15}	
氢氧化铁	$Fe(OH)_3$	3.5×10^{-38}	
氢氧化亚铁	$Fe(OH)_2$	1.0×10^{-15}	
草酸亚铁	FeC_2O_4	2.1×10^{-7}	25℃
硫化亚铁	FeS	3.7×10^{-19}	
硫化汞	HgS	$4 \times 10^{-53} \sim 2 \times 10^{-49}$	
溴化亚汞	Hg_2Br_2	5.8×10^{-23}	
氯化亚汞	Hg_2Cl_2	1.3×10^{-18}	
碘化亚汞	Hg_2I_2	4.5×10^{-29}	
磷酸铵镁	$MgNH_4PO_4$	2.5×10^{-13}	25℃
碳酸镁	$MgCO_3$	2.6×10^{-5}	12℃
氟化镁	MgF_2	7.1×10^{-9}	
氢氧化镁	$Mg(OH)_2$	1.8×10^{-11}	
草酸镁	MgC_2O_4	8.57×10^{-5}	
氢氧化锰	$Mn(OH)_2$	4.5×10^{-13}	
硫化锰	MnS	1.4×10^{-15}	
氢氧化镍	$Ni(OH)_2$	6.5×10^{-18}	
碳酸铅	$PbCO_3$	3.3×10^{-14}	
铬酸铅	$PbCrO_4$	1.77×10^{-14}	
氟化铅	PbF	3.2×10^{-8}	
草酸铅	PbC_2O_4	2.74×10^{-11}	

难溶化合物	化学式	K_{sp}	温度
氢氧化铅	$Pb(OH)_2$	1.2×10^{-15}	
硫酸铅	$PbSO_4$	1.06×10^{-8}	
硫化铅	PbS	3.4×10^{-28}	
碳酸锶	$SrCO_3$	1.6×10^{-9}	25℃
氟化锶	SrF_2	2.8×10^{-9}	
草酸锶	SrC_2O_4	5.61×10^{-8}	
硫酸锶	$SrSO_4$	3.81×10^{-7}	17.4℃
氢氧化锡	$Sn(OH)_4$	1×10^{-57}	
氢氧化亚锡	$Sn(OH)_2$	3×10^{-27}	
氢氧化钛	$Ti(OH)_2$	1×10^{-29}	
氢氧化锌	$Zn(OH)_2$	1.2×10^{-17}	18～20℃
草酸锌	ZnC_2O_4	1.35×10^{-9}	
硫化锌	ZnS	1.2×10^{-23}	

附录八　常用指示剂

1. 酸碱指示剂

指示剂	pH 值变色范围	颜色		浓度
		酸色	碱色	
百里酚蓝（第一次变色）	1.2～2.8	红	黄	0.1%（20%乙醇溶液）
甲基黄	2.9～4.0	红	黄	0.1%（90%乙醇溶液）
甲基橙	3.1～4.4	红	黄	0.05%水溶液
溴酚蓝	3.1～4.6	黄	紫	0.1%（20%乙醇溶液），或指示剂钠盐的水溶液
溴甲酚绿	3.8～5.4	黄	蓝	0.1%水溶液，每100mg指示剂加0.05mol/L NaOH 2.9mL
甲基红	4.4～6.2	红	黄	0.1%（60%乙醇溶液），或指示剂钠盐的水溶液
溴百里酚蓝	6.0～7.6	黄	蓝	0.1%（20%乙醇溶液），或指示剂钠盐的水溶液
中性红	6.8～8.0	红	黄橙	0.1%（60%乙醇溶液）
酚红	6.7～8.4	黄	红	0.1%（60%乙醇溶液），或指示剂钠盐的水溶液
酚酞	8.0～9.6	无	红	0.1%（90%乙醇溶液）
百里酚蓝（第二次变色）	8.0～9.6	黄	蓝	0.1%（20%乙醇溶液）
百里酚酞	9.4～10.6	无	蓝	0.1%（90%乙醇溶液）

2. 常用混合指示剂

指示剂组成	配制比例	变色点	颜色		备注
			酸色	碱色	
1g/L 甲基黄溶液 1g/L 次甲基蓝酒精溶液	1+1	3.25	蓝紫	绿	pH=3.4 绿色 pH=3.2 蓝紫色
1g/L 甲基橙水溶液 2g/L 靛蓝二磺酸水溶液	1+1	4.1	紫	黄绿	
1g/L 溴甲酚绿酒精溶液 1g/L 甲基红酒精溶液	3+1	5.1	酒红	绿	
1g/L 甲基红酒精溶液 1g/L 次甲基蓝酒精溶液	2+1	5.4	红紫	绿	pH=5.2 红紫,pH=5.4 暗蓝 pH=5.6 紫
1g/L 溴甲酚绿钠盐水溶液 1g/L 氯酚红钠盐水溶液	1+1	6.1	黄绿	蓝紫	pH=5.4 蓝绿,pH=5.4 暗蓝 pH=6.0 蓝带紫,pH=6.2 蓝紫
1g/L 中性红酒精溶液 1g/L 次甲基蓝酒精溶液	1+1	7.0	蓝紫	绿	pH=7.0 紫蓝
1g/L 甲酚红钠盐水溶液 1g/L 百里酚蓝钠盐水溶液	1+3	8.3	黄	紫	pH=8.2 玫瑰红 pH=8.4 紫色
1g/L 百里酚蓝 50% 酒精溶液 1g/L 酚酞 50% 酒精溶液	1+3	9.0	黄	紫	从黄到绿再到紫
1g/L 百里酚酞酒精溶液 1g/L 茜素黄酒精溶液	2+1	10.2	黄	紫	

3. 金属离子指示剂

名称	颜色		配制方法
	化合物	游离态	
铬黑 T(EBT)	红	蓝	1. 称取 0.50g 铬黑 T 和 2.0g 盐酸羟胺,溶于乙醇,用乙醇稀释至 100mL。使用前制备 2. 将 1.0g 铬黑 T 与 100.0gNaCl 研细,混匀
二甲酚橙	红	黄	2g/L 水溶液(去离子水)
钙指示剂	酒红	蓝	0.50g 钙指示剂与 100.0g NaCl 研细,混匀
紫脲酸铵	黄	紫	1.0g 紫脲酸铵与 200.0gNaCl 研细,混匀
K-B 指示剂	红	蓝	0.50g 酸性铬蓝 K 加 1.250g 萘酚绿,再加 25.0g K_2SO_4 研细,混匀
磺基水杨酸	红	无	10g/L 水溶液
PAN	红	黄	2g/L 乙醇溶液
Cu-PAN(CuY+PAN)	Cu-PAN 红	CuY-PAN 浅绿	0.050mol/L Cu^{2+} 溶液 l0ml,加 pH=5~6 的 HAc 缓冲溶液 5ml,1 滴 PAN 指示剂,加热至 60℃ 左右,用 EDTA 滴至绿色,得到约 0.025mol/L 的 CuY 溶液。使用时取 2~3mL 于试液中,再加数滴 PAN 溶液

4. 氧化还原指示剂

名称	变色点	颜色		配制方法
	V	氧化态	还原态	
二苯胺	0.76	紫	无	1g 二苯胺在搅拌下溶于 100mL 浓硫酸
二苯胺磺酸钠	0.85	紫	无	5g/L 水溶液
邻菲罗啉-Fe(Ⅱ)	1.06	淡蓝	红	0.5g $FeSO_4 \cdot 7H_2O$ 溶于 100mL 水,加 2 滴硫酸,再加 0.5g 邻菲罗啉
邻苯氨基苯甲酸	1.08	紫红	无	0.2g 邻苯氨基苯甲酸,加热溶解在 100mL 0.2% Na_2CO_3 溶液中,必要时过滤
硝基邻二氮菲-Fe(Ⅱ)	1.25	淡蓝	紫红	1.7g 硝基邻二氮菲溶于 100mL 0.025mol/L Fe^{2+} 溶液中
淀粉	—	—	—	1g 可溶性淀粉加少许水调成糊状,在搅拌下注入 100mL 沸水,微沸 2min,放置,取上层清液使用(若要保持稳定,可在研磨淀粉时加 1mLHgI_2)

5. 沉淀滴定法指示剂

名称	颜色变化		配制方法
铬酸钾	黄	砖红	5g K_2CrO_4 溶于水,稀释至 100mL
硫酸铁铵	无	血红	40g $NH_4Fe(SO_4)_2 \cdot 12H_2O$ 溶于水,加几滴硫酸,用水稀释至 100mL
荧光黄	绿色荧光	玫瑰红	0.5g 荧光黄溶于乙醇中,用乙醇稀释成 100mL
二氯荧光黄	绿色荧光	玫瑰红	0.1g 二氯荧光黄溶于乙醇,用乙醇稀释至 100mL
曙红	黄	玫瑰红	0.5g 曙红钠盐溶于水,稀释至 100mL

附录九　一些化合物的分子量

化合物	分子量	化合物	分子量
AgBr	187.78	$FeCl_3$	162.21
AgCl	143.32	$FeCl_3 \cdot 6H_2O$	270.30
AgI	234.77	FeO	71.85
$AgNO_3$	169.87	Fe_2O_3	159.69
Al_2O_3	101.96	Fe_3O_4	231.54
$Al_2(SO_4)_3$	342.15	$FeSO_4 \cdot H_2O$	169.93
As_2O_3	197.84	$FeSO_4 \cdot 7H_2O$	278.02
As_2O_5	229.84	$Fe_2(SO_4)_3$	399.89
$BaCO_3$	197.34	$FeSO_4 \cdot (NH_4)_2SO_4 \cdot 6H_2O$	392.14
BaC_2O_4	225.35	$HClO_4$	100.46
$BaCl_2$	208.24	HF	20.01

化合物	分子量	化合物	分子量
$BaCl_2 \cdot 2H_2O$	244.27	HI	127.91
$BaCrO_4$	253.32	HNO_2	47.01
$BaSO_4$	233.39	HNO_3	63.01
$CaCO_3$	100.09	H_2O	18.02
CaC_2O_4	128.10	H_2O_2	34.02
$CaCl_2$	110.99	H_3PO_4	98.00
$CaCl_2 \cdot H_2O$	129.00	H_2S	34.08
CaO	56.08	H_2SO_3	82.08
$Ca(OH)_2$	74.09	H_2SO_4	98.08
$CaSO_4$	136.14	$HgCl_2$	271.50
$Ca_3(PO_4)_2$	310.18	Hg_2Cl_2	472.09
$Ce(SO_4)_2 \cdot 2(NH_4)_2SO_4 \cdot 2H_2O$	632.54	H_3BO_3	61.83
CH_3COOH	60.05	HBr	80.91
CH_3OH	32.04	H_2CO_3	62.03
CH_3COCH_3	58.08	$H_2C_2O_4$	90.04
C_6H_5COOH	122.12	$H_2C_2O_4 \cdot 2H_2O$	126.07
$C_6H_4COOHCOOK$ （邻苯二甲酸氢钾）	204.23	HCOOH	46.03
CH_3COONa	82.03	HCl	36.46
C_6H_5OH	94.11	$KAl(SO_4)_2 \cdot 12H_2O$	474.39
$(C_9H_7N)_3H_3(PO_4 \cdot 12MoO_3)$ （磷钼酸喹啉）	2212.74	$KB(C_6H_5)_4$	358.33
CCl_4	153.81	KBr	119.01
CO_2	44.01	$KBrO_3$	167.01
CuO	79.54	K_2CO_3	138.21
Cu_2O	143.09	KCl	74.56
$CuSO_4$	159.61	$KClO_3$	122.55
$CuSO_4 \cdot 5H_2O$	249.69	$KClO_4$	138.55
K_2CrO_4	194.20	$Na_2S_2O_3$	158.11
$K_2Cr_2O_7$	294.19	$Na_2S_2O_3 \cdot 5H_2O$	248.19
$KHC_2O_4 \cdot H_2C_2O_4 \cdot 2H_2O$	254.19	$NaH_2OH \cdot HCl$	69.49
KI	166.01	NH_3	17.03
KIO_3	214.00	NH_4Cl	53.49
$KIO_3 \cdot HIO_3$	389.92	$Na_2B_4O_7 \cdot 10H_2O$	381.37
KMnO	158.04	$NaBiO_3$	279.97
KNO_2	85.10	NaBr	102.90
KOH	56.11	Na_2CO_3	105.99

化合物	分子量	化合物	分子量
KSCN	97.18	$Na_2C_2O_4$	134.00
K_2SO_4	174.26	NaCl	58.44
$MgCO_3$	84.32	NaF	41.99
$MgCl_2$	95.21	$NaHCO_3$	84.01
$MgNH_4PO_4$	137.33	NaH_2PO_4	119.98
MgO	40.31	Na_2HPO_4	141.96
$Mg_2P_2O_7$	222.60	$Na_2H_2Y \cdot 2H_2O$(EDTA 二钠盐)	372.26
MnO_2	86.94	NaI	149.89
$(NH_4)_2C_2O_4 \cdot H_2O$	142.11	P_2O_5	141.95
$NH_3 \cdot H_2O$	35.05	$PbCrO_4$	323.19
$NH_4Fe(SO_4)_2 \cdot 12H_2O$	482.20	PbO	223.19
$(NH_4)_2HPO_4$	132.05	PbO_2	239.19
$(NH_4)PO_4 \cdot 12MoO_3$	1876.35	Pb_3O_4	685.57
NH_4SCN	76.12	$PbSO_4$	303.26
$(NH_4)_2SO_4$	132.14	SO_2	64.06
$NiC_8H_{14}O_4N_4$(丁二酮肟镍)	288.91	SO_3	80.06
$NaNO_2$	69.00	Sb_2O_3	291.52
Na_2O	61.98	Sb_2S_3	339.72
NaOH	40.01	SiF_4	104.08
Na_3PO_4	163.94	SiO_2	60.08
Na_2S	78.05	$SnCl_2$	189.62
$Na_2S \cdot 9H_2O$	240.18	TiO_2	79.88
Na_2SO_3	126.04	$ZnCl_2$	136.30
Na_2SO_4	142.04	ZnO	81.39
$Na_2SO_4 \cdot 10H_2O$	322.20	$ZnSO_4$	161.45

参 考 文 献

[1]　尚华.化学分析技术 [M].北京：中国纺织出版社，2013.

[2]　高晓松，薛富.分析化学 [M].北京：科学出版社，2007.

[3]　马金才，包志华，葛亮.分析化学 [M].北京：化学工业出版社，2007.

[4]　蒋云霞.分析化学 [M].北京：中国环境科学出版社，2007.

[5]　华中师范大学，陕西师范大学，东北师范大学.分析化学 [M].3 版.北京：高等教育出版社，2001.

[6]　廖力夫.分析化学 [M].武汉：华中科技大学出版社，2008.

[7]　苗凤琴，于世林.分析化学实验 [M].2 版.北京：化学工业出版社，2006.

[8]　熊秀芳.分析化学 [M].北京：科学出版社，2006.

[9]　贺红举.化学分析 [M].北京：中国劳动社会保障出版社，2012.

[10]　甘中东，张怡.化工分析 [M].北京：中国劳动社会保障出版社，2012.

[11]　符明淳，王霞.分析化学 [M].北京：化学工业出版社，2009.

[12]　王安群.分析化学实训 [M].北京：科学出版社，2011.

[13]　张英.分析化学实训 [M].北京：科学出版社，2011.